普通高等教育"十二五"规划教材

Access 数据库技术及应用

冯伟昌　编著

科学出版社

北　京

内 容 简 介

本书是按照教育部高等教育司组织制定的《高等学校文科类专业大学计算机教学基本要求》中有关数据库技术的教学基本要求编写的。以 Microsoft Access 2003 关系数据库为背景，以作者精心设计的"教学管理"数据库案例贯穿全书，系统介绍了数据库基础知识、Access 2003 数据库的七大对象和数据安全知识。教学案例中精选的十个基本表，覆盖了双字段组合和三字段组合主键，其表间关联复杂但表述清晰、层次分明、结构严谨，突破了现有教材教学案例的瓶颈制约，彰显了主键与表间关系的重要性。重点章节中挑选的具有极强实用性和连贯性的教学例题，从不同角度、深度挖掘了查询、窗体、报表和宏对象设计的操作技巧。根据各章的重要程度安排了相应的实验项目，练习内容丰富且重点明确。

本书的突出特色是：教学案例数据翔实逼真，基本表结构设计严谨，表间关系复杂但层次分明；例题设计新颖、脉络清晰，内容循序渐进、环环相扣、深度和广度兼备、贴近实战应用，既展示了 Access 的应用精髓，又有极强的操作性和实用性；实验内容丰富，练习重点明确。

本书配套光盘提供了全部教学案例数据、每个实验项目的初始环境与参考结果及全书教学课件。

本书适合作为普通高等学校文科各专业学生数据库应用课程的教材，也可作为教师教学的参考书。

图书在版编目(CIP)数据

Access 数据库技术及应用 / 冯伟昌编著. —北京：科学出版社，2011
(普通高等教育"十二五"规划教材)
ISBN 978-7-03-030708-8

Ⅰ. ①A… Ⅱ. ①冯… Ⅲ. ①关系数据库－数据库管理系统，Access－高等学校－教材 Ⅳ. ①TP311.138

中国版本图书馆 CIP 数据核字(2011)第 057973 号

责任编辑：匡 敏 潘斯斯 张丽花 / 责任校对：刘小梅
责任印制：张克忠 / 封面设计：耕者设计工作室

科 学 出 版 社 出版
北京东黄城根北街 16 号
邮政编码：100717
http://www.sciencep.com

北京市文林印务有限公司 印刷

科学出版社发行 各地新华书店经销

*

2011 年 5 月第 一 版　　开本：787×1092 1/16
2011 年 5 月第一次印刷　　印张：24 1/2　插页：1
印数：I—5 000　　　　　 字数：624 000

定价：49.00 元(含光盘)
(如有印装质量问题，我社负责调换)

前　言

作为计算机软件的一个重要分支，数据库技术一直是备受信息技术界关注的一个重点。尤其是在信息技术高速发展的今天，数据库技术已成为现代计算机信息系统和应用系统开发的核心技术。数据库技术主要研究如何存储、使用和管理数据，是计算机技术中发展最快、应用最广泛的技术之一，其应用范围已深入到生产和生活的各个领域。

为了适应全球信息化进程快速发展的现状，培养和提高学生使用数据库技术的实际应用能力，作者按照教育部高等教育司组织制定的《高等学校文科类专业大学计算机教学基本要求》中有关数据库技术的教学基本要求编写了本书。围绕如何加强高等学校学生计算机应用能力的培养问题，结合 Access 数据库应用软件操作方便、直观且功能强大的特点，在教学中如何设计教材结构，如何组织教学内容，如何选择教学例题，如何编排实验项目和实验题目，以及采用何种方法与手段才能为学生提供最佳的操作环境演示和足够丰富的实验模拟数据等，这一系列问题的根源可归结为：要将"案例教学"成功引入课堂，其前提条件是要有一个好的教学案例系统。

作者在近几年从事数据库程序设计语言的教学过程中，深切感受到一个好的教学案例系统对于讲好这类课的重要性，从而萌生了开发一个不仅好用而且实用的案例系统的想法，最终下定决心并投入时间实现了该想法，这就是贯穿本书全程的"教学管理"数据库教学案例系统。其突出特点如下。

（1）选题贴近用户。"教学管理"数据库系统与学生的学习、管理工作关系密切，每个学生都可以对号入座，将自身融入其中，从而减少了题材的生疏感，使学生更能专注于软件功能的挖潜和拓展。

（2）结构严谨可靠。为数据库精心设计了 10 个基本表，覆盖了双字段组合和三字段组合主键，表间关联复杂但表述清晰、层次分明、结构严谨，突破了现有教材教学案例的瓶颈。

（3）数据翔实可信。数据原型来源于一所高等学校（已经过技术处理）。采集了 1375 名学生信息，他们分布于 4 个年级、22 个不同专业、39 个不同班级之中（根据专业特点，最大的班采集学生数达 40 人，最小的班学生数也有 20 人）；收集了 59 个不同专业的人才培养方案和数千门的课程信息；录入了 1195 名学生的 621 门不同课程的 43955 条成绩记录；录入了 466 名教师讲授的 578 门课程的授课信息。正是基于这样丰富、全面的数据，为用户搭建起了一个场面宏大、逼真、能够"真枪实弹"演练的实战舞台，为用户深度挖掘 Access 的应用潜能提供了丰富的题材资源。

（4）例题构思连贯。数据库管理工作的重点和难点是如何快速实现各种条件的数据查询、统计和汇总。作者仅在"查询设计"一章中就精心设计了 25 个具有极强实用性和连贯性的教学例题，从不同角度、正反例结合，深度解析实用操作技巧，大大拓宽了学生的视野，真正将"案例教学"引入课堂。

本书共分 10 章，内容结构安排如下：

第 1 章：数据库系统概述。主要介绍了数据库、数据模型、关系数据库系统的基本概念以及 Access 的主要特点和 Access 2003 的 7 个数据对象。重点讲述了与查询应用密切相关的关系运算，给出了应用 Access 实现的各种关系运算示例结果。

第 2 章：数据库操作。主要介绍了数据库设计的一般方法与步骤、使用向导创建数据库、自定义创建数据库、数据库的版本转换、数据库的压缩与修复等内容。本章紧密联系教学实际，给出了"教学管理"数据库中各个关系实体模型的设计思路。

第 3 章：表操作。重点章节。主要介绍了表的多种创建方法、字段属性设置技巧、数据的输入方法、表的维护、主键和索引、表间关系的建立与修改、表的各种高级操作、数据的导入与导出等内容。本章通过精心设计并创建完成的"教学管理"数据库中的 10 个基本表，深度讲解了主键的作用及其创建方法（覆盖了三字段主键）、10 个基本表间复杂关系网的创建过程、表的高级操作技巧、使用子表的操作技巧等，该章内容操作性极强。

第 4 章：查询设计。重点、难点、精华章节。主要介绍了查询的作用、类型与工具以及创建选择查询、重复项查询、不匹配项查询、参数查询、交叉表查询，以及四种动作查询的设计方法与操作技巧等内容。从掌握 Access 应用软件的程度来说，其查询对象的应用程度就能表明一个用户使用 Access 的水平。在数据量足够大的"教学管理"数据库支撑下，根据讲授内容精心设计了 25 个循序渐进、环环相扣的例题，既包含大场面、大气魄的恢弘巨作，又不乏小陷阱、小机关的经典反例。一切从实战角度出发，深度挖掘了 Access 查询对象的设计精髓。

第 5 章：窗体设计。重点、特色章节。主要介绍了窗体的类型与结构、使用向导创建窗体、使用设计视图创建窗体等内容。结合 18 个实用例题，重点讲授了数据透视表、主子窗体设计、主要控件属性设置、汇总统计函数设计、子窗体控件设计及窗体信息快速检索等的使用和设计技巧，该章内容操作性极强。

第 6 章：报表设计。主要介绍了报表的类型与结构、创建报表的各种方法、报表的页面设置与打印输出等内容。重点讲解了使用向导创建分组报表（到二级分组）、使用图表向导创建图表报表、使用标签向导创建实用标签报表、使用设计视图创建和修改各种报表，以及打印设置的方法和技巧。

第 7 章：页设计。主要介绍了数据访问页的作用、存储与调用方式、数据访问页的创建方法与编辑技巧。

第 8 章：宏设计。重点、特色章节。主要介绍了宏的作用、宏与宏组的定义、宏的创建与编辑、宏的运行方法，以及宏与窗体对象和查询对象的综合调用设计等内容。重点讲解了宏组与条件宏的创建使用技巧、宏的各种运行方法、宏与窗体对象和查询对象的综合调用设计，该章内容操作性极强。

第 9 章：模块与 VBA。重点、特色章节。主要介绍了面向对象的基本概念、VBA 编程环境、模块、VBA 编程基础、程序基本结构、过程调用、程序的调试与出错处理等内容。重点讲解了数据类型、常量、变量、运算符与表达式、各类函数的使用方法与技巧，三种基本结构的设计特点，Sub 子过程和函数过程的设计、参数运用及调用方法，程序调试工具的使用方法和程序出错处理技巧等，具有很强的实用性和可操作性。

第 10 章：数据安全。主要介绍了设置数据库密码、建立用户级安全机制、管理安全机制和编码/解码数据库等内容。

本书在编写过程中，得到了张磊教授、郝兴伟教授、冯烟利教授的热情指导，得到了教研室精品课程项目组全体同仁的大力支持，在此一并表示衷心的感谢。

由于时间紧迫以及作者水平有限，书中难免有不足之处，恳请读者批评指正。

作　者

2011 年 2 月

目　录

第1章 数据库系统概述

一年多来，从 IT 界到一些国家首脑，都高度关注传感网、物联网与智慧地球的发展动态，认为这是继 20 世纪 80 年代 PC 机、90 年代因特网（Internet，又称互联网）、移动通信网之后，将引发 IT 业突破性发展的第三次 IT 产业化浪潮。在展开讲述数据库系统概念之前，有必要简要介绍一下"物联网"概念。

顾名思义，物联网就是"物物相连的互联网"，英文名称为"The Internet of Things"，是指通过射频识别（RFID）、红外感应器、全球定位系统、激光扫描器等信息传感设备，按约定的协议，把任何物品与互联网连接起来，进行信息交换和通信，以实现智能化识别、定位、跟踪、监控和管理的一种网络。

在物联网时代，通过在各种各样的日常用品上嵌入一种短距离的移动收发器，人类在信息与通信世界里将获得一个新的沟通维度，从任何时间任何地点的人与人之间的沟通连接扩展到人与物和物与物之间的沟通连接。

有人将 2010 年称为中国的物联网元年。请看以下典型事例：

（1）2009 年 8 月，温家宝总理在无锡视察时指出："要在激烈的国际竞争中，迅速建立中国的传感信息中心或'感知中国'中心"。目前无锡正举全市之力推进"感知中国"中心规划建设进程，努力打造 6 个千亿级新兴主导产业，欲以物联网领先中国。

（2）2010 年 3 月 5 日，温家宝总理在《政府工作报告》中，将"加快物联网的研发应用"明确纳入重点产业振兴。重点产业振兴是 2010 年"加快转变经济发展方式，调整优化经济结构"的首要任务。物联网走进《政府工作报告》，物联网已经被提升到国家战略。

（3）2010 年 1 月 23 日，海尔集团推出了世界首台"物联网冰箱"。海尔的"物联网冰箱"不仅可以储存食物，而且可以通过与网络连接，实现了冰箱与冰箱里的食品进行"对话"的功能。譬如，它知晓储存其中的食物的保质期、食物特征、产地等信息，并会及时将信息反馈给消费者，让消费者对冰箱里的食品做出必要的反应。同时，海尔"物联网冰箱"能与超市相连，让消费者足不出户就知道超市货架上的商品信息，它还能够根据主人放入及取出冰箱内食物的习惯，制定合理的膳食方案，给消费者提供健康、营养的生活方案。这一切曾经在科幻小说中描述的场景，已经真切地出现在现实生活中。这就是继互联网之后，物联网将给我们生活带来的变化，它为全球消费者创造了一种颠覆性的生活方式。

从本质上讲，物联网是国民经济和社会的深度信息化。其深度体现在"信息与通信技术水平更高，信息技术、通信技术与其他技术（如传感技术等）的融合更深入，信息化涉及的领域、对象更多（从计算机、手机扩展到轮胎、牙刷等），信息基础设施更完善，数据更海量，信息互联互通更广泛深入，信息处理能力更高，信息化为人类生产、生活作出的贡献更大"。

谈物联网的用意是想提醒人们：我们早已进入信息时代！现正从"E 社会"（Electronic Society，信息社会的初级阶段）向"U 社会"（Ubiquitous Society，信息社会的高级阶段）大踏步迈进。面对物联网时代将要处理的海量数据，数据库技术作为信息系统的核心技术和基础会更加引人注目，必将迎来更大的发展机遇。

1.1 数据库的基本概念

早期的计算机主要用于科学计算，当计算机应用于生产管理、商业财贸、情报检索等领域时，它面对的是数量惊人的各种类型的数据。为了有效地管理和利用这些数据，就产生了数据库技术。

1.1.1 数据和信息

数据是数据库系统研究和处理的对象，本质上讲是描述事物的符号记录。数据用类型和值来表示。在现实世界中，数据类型不仅有数字符号、文字符号，而且还有图形、图像、声音等。

信息是加工过的数据，这种数据对人类社会实践、生产及经营活动能产生决策性影响。也就是说，信息是一种数据，是经过数据处理后对决策者有用的数据。

所有的信息都是数据，而只有经过提炼和抽象之后，对决策者具有使用价值的数据才能成为信息。经过加工所得到的信息仍以数据的形式表现，此时的数据是信息的载体，是人们认识信息的一种媒体。

1.1.2 数据处理技术的发展概况

数据处理也称为信息处理。所谓数据处理，实际上就是利用计算机对各种类型的数据进行加工处理。它包括对数据的采集、整理、存储、分类、排序、维护、加工、统计和传播等一系列操作过程。数据处理的目的是从人们收集的大量原始数据中，获得人们所需要的资料并提取有用的数据成分，作为行为和决策的依据。

数据处理的核心问题是数据管理。数据管理指的是对数据的分类、组织、编码、存储、检索和维护等。在计算机软、硬件发展的基础上，在应用需求的推动下，数据管理技术得到了很大的发展，它主要经历了人工管理、文件系统和数据库系统 3 个发展阶段。

1. 人工管理阶段

20 世纪 50 年代中期以前，计算机主要用于数值计算。在这一阶段，外存储器还只有卡片机、纸带机、磁带机，没有像硬盘一样可供客户快速、随机存储的外存储器；软件方面，没有操作系统和数据管理软件支持，数据处理方式基本是批处理。在这一管理方式下，应用程序与数据之间不可分割，当数据有所变动时程序则随之改变，数据的独立性差；另外，各程序之间的数据不能相互传递，缺少数据的共享性。在人工管理阶段，应用程序与数据的关系如图 1.1 所示。

人工管理阶段数据处理的特点如下。

（1）数据不保存。这一阶段处理数据的过程，是将数据与其对应的程序一同输入内存，通过应用程序对数据进行加工处理后输出处理结果，计算任务完成，随着应用程序的释放，数据也将从内存中释放。

（2）应用程序与数据之间缺少独立性。应用程序与数据之间相互依存，不可分割，设计应用程序时不仅要设计数据处理的算法、数据的逻辑结构，还要指明数据在存储器上的存储地址，当数据有所变动时应用程序则随之改变，编程效率很低。

（3）数据不能共享。由于数据与应用程序不具有独立性，一个应用程序只能对应一组数据，各程序之间的数据不能相互传递，若多个应用程序需要使用同一组数据，仍然需要逐个进行数据定义，不能进行相互调用。数据不能共享，造成应用程序之间的大量数据冗余。

2. 文件系统阶段

20 世纪 50 年代后期至 60 年代中后期，硬件方面，磁鼓、磁盘等联机的外存储器的研制成功并投入使用；软件方面，高级语言和操作系统软件出现，计算机的应用不仅仅用于科学计算，同时也开始以"文件"的方式介入数据处理。

在这一阶段，数据被组织成数据文件，这种数据文件可以脱离应用程序而独立存在，数据文件可长期保存在硬盘中多次存取。由于使用专门的文件管理系统实施数据管理，应用程序与数据文件之间具有一定的独立性，同时数据的逻辑结构与物理结构之间也具有一定的相对独立性。文件系统阶段应用程序与数据的关系如图 1.2 所示。

图 1.1　人工管理阶段应用程序与数据的关系　　　图 1.2　文件系统阶段应用程序与数据的关系

文件系统阶段数据处理的特点如下。

（1）数据可长期保存。由于外存储器的出现，使得数据处理过程中用到的数据可以以文件形式长期保存在硬盘上，供用户反复调用和进行更新操作。

（2）应用程序与数据之间有了一定的独立性。在文件系统阶段，操作系统提供了文件管理功能和访问文件的存取方法，应用程序与数据之间有了数据存取接口，应用程序可以通过文件名对数据进行访问，不必再寻找数据的物理位置，至此，数据有了物理结构与逻辑结构的区别，因此比人工管理阶段前进了一大步。但此时，应用程序是基于特定的物理结构和特定的存取方法进行程序访问的，数据文件与应用程序仍彼此依赖，它们之间的独立性只是相对的"设备独立性"。

（3）数据文件形式多样化。由于有了直接存取的存储设备，文件的形式不局限于顺序文件，还有了随机文件等，因此对数据文件的访问可以是顺序访问，也可以是随机访问。

（4）数据文件不再只属于一个应用程序。在文件系统阶段，一个数据文件可被多个应用程序使用，一个应用程序也可使用多个数据文件。由于应用程序对数据的访问基于物理结构和特定的存取方法，因此应用程序对数据的依赖不能从根本上改变。

（5）仍有一定的数据冗余。由于数据文件的设计很难满足多个用户的不同需求，大多数情况下，仍是一个应用程序对应一个数据文件，同样的数据会出现在不同的应用程序中。

（6）数据的不一致性。由于有一定的数据冗余，在进行数据更新时，可能导致同样的数据在多个应用程序中的不一致问题。

3. 数据库系统阶段

在 20 世纪 60 年代后期，计算机性能得到很大提高，人们为了克服文件系统的不足，开发出一种软件系统，称之为数据库管理系统（DataBase Management System，DBMS），从而将传统的数据库管理技术推向一个新阶段，即数据库系统阶段。

一般来说，数据库系统由计算机软、硬件资源组成。它实现了有组织地、动态地存储大量的相关联数据，方便多用户访问。它与文件系统的重要区别是数据的充分共享、交叉访问及应用程序的高度独立性。通俗地讲，数据库系统可把日常一些表格、卡片等数据有组织地集合在一起，输入到计算机，然后通过计算机处理，再按一定要求输出结果。所以，数据库相对文件系统来说，主要解决了以下 3 个问题。

（1）有效地组织数据，主要指对数据进行合理设计，以便计算机存取。

（2）将数据方便地输入到计算机中。

（3）根据用户的要求将数据从计算机中抽取出来（这是人们处理数据的最终目的）。

数据库也是以文件方式存储数据的，它把所有应用程序中使用的数据汇集在一起，并以

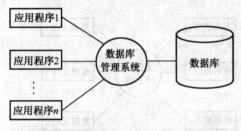

图 1.3　数据库系统阶段应用程序与数据的关系

记录为单位存储起来，便于应用程序查询和使用。其关系如图1.3所示。

数据库系统与文件系统的区别是，数据库对数据的存储是按照同一结构进行的，不同的应用程序都可以直接操作这些数据（体现了应用程序的高度独立性）。数据库系统，而不是应用程序，对数据的完整性、唯一性和安全性提供一套有效的管理手段（体现了数据的充分共享性）。数据库系统还提供管理和控制数据的各种简单操作命令，使用户编写程序时容易掌握（体现了操作的方便性）。

数据库系统的出现是计算机数据处理技术的重大进步，它具有以下特点。

（1）实现数据共享。数据共享允许多个用户同时存取数据而互不影响。数据共享包括3 个方面：首先，所有用户可以同时存取数据；其次，数据库不仅可以为当前的用户服务，也可以为将来的新用户服务；最后，可以使用多种语言完成与数据库的接口设计。

（2）实现数据独立。所谓数据独立，是指应用程序不随数据存储结构的改变而改变。数据独立包括两个方面：物理数据独立和逻辑数据独立。

物理数据独立是当数据的存储格式和组织方法改变时，不影响数据库的逻辑结构，从而不影响用户设计的应用程序，即用户的应用程序无须修改。

逻辑数据独立是当数据库逻辑结构变化时（如数据定义的修改、数据间联系的变更等），也不会影响到用户的应用程序。

数据独立性提高了数据处理系统的稳定性，从而提高了程序维护的效率。

（3）减少了数据冗余度。在数据库系统中，用户的逻辑数据文件和具体的物理数据文件不必一一对应，存在着"多对一"的重叠关系，有效地节约了存储资源。

（4）避免了数据的不一致性。由于数据只有一个物理备份，所以数据的访问不会出现不一致的情况。

（5）加强了对数据的保护。数据库中加入了安全保密机制，可以防止对数据的非法存取。由于进行集中控制，故有利于控制数据的完整性。数据库系统还采取了并发访问控制，保证了数据的正确性。

4. 数据库技术的新进展

20 世纪 80 年代以来，数据库技术经历了从简单应用到复杂应用的巨大变化，数据库系统的发展呈现出百花齐放的局面。目前在新技术内容、应用领域和数据模型 3 个方面都取得了很大进展。

数据库技术与其他学科的有机结合是新一代数据库技术的一个显著特征，出现了各种新型的数据库。例如：

- 数据库技术与分布处理技术相结合，出现了分布式数据库。
- 数据库技术与并行处理技术相结合，出现了并行数据库。
- 数据库技术与人工智能技术相结合，出现了知识库和主动数据库系统。
- 数据库技术与多媒体处理技术相结合，出现了多媒体数据库。
- 数据库技术与模糊技术相结合，出现了模糊数据库等。

数据库技术应用到其他领域中，出现了数据仓库、工程数据库、统计数据库、时态数据库、空间数据库、时空数据库、实时数据库、内存数据库、科学数据库，以及 Web 数据管理、流数据管理、无线传感器网络数据管理等多种数据库技术，扩大了数据库的应用领域。

1.1.3 数据库的定义

数据库是利用信息技术和方法管理数据的成果。数据库（DataBase，DB）顾名思义是存放数据的仓库，可以把数据库简单地定义为"人们为解决特定的任务，以一定的组织方式存储在计算机中的相关数据的集合"。

所谓数据库，是指长期存储在计算机内的、有组织的、可共享的数据集合。数据库中的数据按照一定的数据模型组织、描述和存储，具有较小的冗余度、较高的数据独立性和易扩张性，并可以为各种用户共享。

1.1.4 数据库管理系统

在收集、整理出一个系统所需要的数据之后，如何合理地组织与存储数据，如何高效地处理这些数据都是必须解决的问题，这些问题都可以交给数据库管理系统来解决。

数据库管理系统（DataBase Management System，DBMS）是数据库系统的一个重要组成部分，是操纵和管理数据库的软件系统，在计算机软件系统的体系结构中，数据库管理系统位于用户和操作系统之间，如 Access、Visual FoxPro、SQL Server、Oracle 等都是常用的数据库管理系统。数据库管理系统负责数据库在建立、使用、维护时的统一管理和统一控制。数据库管理系统使用户能方便地定义数据和操纵数据；能够保证数据的安全性、完整性；能够保证多用户对数据的并发使用以及发生错误后的系统恢复。

数据库管理系统（DBMS）的功能包括以下几点。

（1）数据库定义功能。DBMS 提供数据定义语言（Data Definition Language，DDL），使得用户通过它可以方便地对数据库结构进行定义和描述。

（2）数据操纵功能。DBMS 提供数据操纵语言（Data Manipulation Language，DML），实现对数据库的数据增加、修改、删除、检索等操作。

（3）数据库运行控制功能。包括数据的完整性控制、数据的安全性控制、数据库的恢复等。

（4）数据组织、存储和管理功能。DBMS 实现分类组织、存储和管理各种数据，包括数据字典、用户数据、存取路径等。

1.1.5 数据库系统

数据库系统（DataBase System，DBS）是指安装和使用了数据库技术的计算机系统。数据库系统由硬件系统、数据库、数据库管理系统、应用系统、数据库管理员（DataBase Administrator，DBA）和数据库的终端用户组成。可以说数据库系统是一个结合体。

通常情况下，把数据库系统简称为数据库，数据库系统组件之间的关系如图1.4所示。

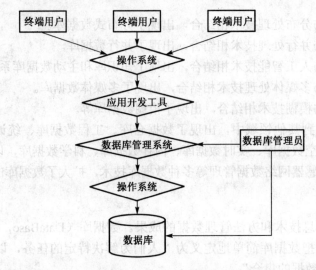

图 1.4   数据库系统组成示意图

1.2 数 据 模 型

在数据库系统中，对现实世界中数据的抽象、描述以及处理等都是通过数据模型来实现的。数据模型是数据库系统设计中用于提供信息表示和操作手段的形式构架，是数据库系统实现的基础。

数据模型应满足以下3个方面的要求。

（1）能够比较真实地模拟现实世界。

（2）容易被人理解。

（3）便于在计算机系统中实现。

1.2.1 组成要素

数据模型由数据结构、数据操作和完整性规则3部分组成。

1. 数据结构

数据结构用于描述系统的静态特性。研究的对象包括两类：一类是与数据类型、内容、性质有关的对象，另一类是与数据之间的联系有关的对象。

数据结构是描述一个数据模型性质最重要的方面，因此常按数据结构的类型命名数据模型，如网状结构、层次结构和关系结构的数据模型分别命名为网状模型、层次模型和关系模型。

2. 数据操作

数据操作是指对数据库中各种对象（型）的实例（值）允许执行的操作的集合，包括操作及其有关的操作规则。数据库的操作主要包括查询和更新两大类，数据模型必须定义操作的确切含义、操作符号、操作规则和实施操作的语言。

3. 完整性规则

数据模型中数据及其联系所具有的制约和依存的规则是一组完整性规则，这些规则的集合构成数据的约束条件，以确保数据的正确性、有效性和相容性。

数据模型应该反映和规定此数据模型必须遵守的基本完整性约束条件，还要提供约束条件的机制，以反映具体的约束条件是什么。

1.2.2　实体模型

计算机所管理的对象是对现实世界中客观事物的抽象，要实现这种管理，首先必须观察和了解客观事物，从观测中得到大量描述具体事物的数据（即获得描述客观事物的实体模型）。但是这些数据是无法送入计算机的，必须进一步整理和归类，进行数据的规范化（以得到数据模型），然后才能将规范化数据送入计算机的数据库中保存起来。

实体模型与数据模型是对客观事物及其相互联系的两种抽象描述。数据库的核心问题是数据模型。为了得到正确的数据模型，首先要充分了解客观事物，抽象出正确的实体模型。

客观事物在人们头脑中的反映称为实体。反映实体之间联系的模型称为实体模型。在实体模型中，需要用到以下几个术语。

1. 实体（Entity）

实体是客观事物在人们头脑中的反映。实体可以是实际的事物，也可以是抽象的事物。例如，学生、课程等都属于实际的事物；教学计划、学生选课等都是抽象的事物。

2. 属性（Attribute）

实体有许多特性，这些描述实体的特性称为属性。例如，"学生"实体用学号、姓名、性别、专业代码、出生日期、籍贯、电话、备注等属性来描述，而"课程"实体用课程代码、课程名称、开课学院代码、学分、考核方式等属性来描述。

3. 实体型（Entity Type）

实体型就是对实体的型的描述，通常用实体名和属性名的集合来表示实体型。

如"学生"实体的实体型表示为：学生（学号、姓名、性别、专业代码、出生日期、籍贯、电话、备注）。

而"课程"实体的实体型表示为：课程（课程代码、课程名称、开课学院代码、学分、考核方式）。

4. 实体集（Entity Set）

性质相同的同类实体的集合称为实体集。对于学生实体来说，全体学生就是一个实体集。

5. 实体值（Entity Value）

实体值是实体的具体实例，是属性值的集合。例如，学生于钦鹏的实体值为：06040140301、于钦鹏、男、0401、1988-2-9、福建省莆田市、13500000033、略。

6. 实体联系（Entity Relationship）

在描述实体模型中的实体、属性以及实体之间的联系时，用得最多的实用工具是 E-R 图，即实体关系图，也被称为 E-R 模型（实体联系模型），如图1.5所示。E-R 模型包括 3 个组成要素。

（1）实体（集）。用矩形框表示，框内标注实体名称。

（2）属性。用椭圆形表示，并用连线与实体集联系起来。

（3）实体之间的联系。用菱形框表示，框内标注联系名称，用连线将菱形框分别与有关实体集相连，并在连线上注明联系类型。

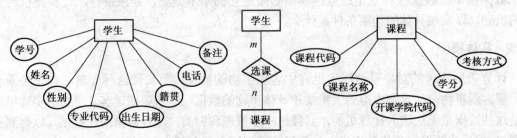

图 1.5　E-R 图示例

建立实体模型的一个重要任务就是要找出实体集之间的联系。在数据库设计中，常用的两个实体集之间的联系有以下 3 种。

（1）一对一联系（1∶1）。设 A、B 为两个实体集。若 A 中的每个实体至多和 B 中的一个实体有联系，反过来，B 中的每个实体至多和 A 中的一个实体有联系，称 A 对 B 或 B 对 A 是一对一联系。例如，电影院中观众与座位之间、乘车旅客与车票之间、医院病人与病床之间等都是一对一联系。

（2）一对多联系（1∶n）。如果 A 实体集中的一个实体可以和 B 实体集中的多个实体有联系，而 B 中的一个实体只和 A 中的一个实体有联系，那么称 A 对 B 是一对多联系。例如，专业与教师之间、班级与学生之间等都是一对多联系。

（3）多对多联系（m∶n）。若 A 实体集中的一个实体可以和 B 实体集中的多个实体有联系，反过来，B 中的一个实体也可以和 A 中的多个实体有联系，则称 A 对 B 或 B 对 A 是多对多联系。例如，学生与课程之间、专业与课程之间等都是多对多联系。

两个实体集之间的 3 种联系如图1.6所示。

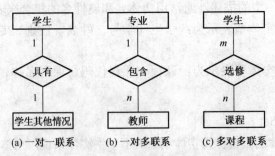

图 1.6　三种联系示例

1.2.3　常用数据模型

数据模型是数据库系统的基石，任何一个数据库管理系统都是基于某种数据模型的，即根据不同的数据模型可以开发出不同的数据库管理系统。常用的数据模型有 3 种：层次模型、网状模型和关系模型。另外，面向对象的数据模型发展也很迅速。

1. 层次模型（Hierarchical Model）

层次模型是最早出现的数据模型，它用树形结构来表示数据间的从属关系结构。层次模型如同一棵倒置的树，结点从根开始定义，向下发展，如图1.7所示。

图1.7 层次模型

层次模型的特点如下：

（1）有且仅有一个结点，无父结点，此结点是根结点。

（2）其他结点有且仅有一个父结点。

层次模型适合于表示一对多的联系，直观、自然、方便。

2. 网状模型（Network Model）

网状模型是层次模型的扩展，呈现一种交叉关系的网络结构，可以表示较复杂的数据结构。其特点如下：

（1）允许一个结点有多于一个的父结点。

（2）允许有一个以上的结点无父结点。

网状模型适用于表示多对多的联系，如图1.8所示。

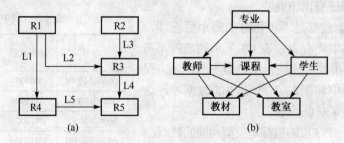

图1.8 网状模型

3. 关系模型（Relational Model）

关系模型对数据库的理论和实践产生了很大的影响，它比层次模型和网状模型具有更多的优点，已成为当今计算机数据处理技术的主流模型。

关系模型中的"关系"具有特定含义。一般地说，任何数据模型都描述一定事物数据之间的关系。层次模型描述数据之间的从属层次关系；网状模型描述数据之间的多种从属的网状关系；而关系模型的"关系"虽然也适用于这种一般的理解，但同时又特指那种虽具有相关性而非从属性的按照某种平行序列排列的数据集合关系。从用户的角度来看，一个关系就是一张二维表，多个相关的关系组成一个关系模型，即关系模型是采用二维表结构来表示实体以及实体之间联系的模型。关系模型是以关系数学理论为基础的，在关系模型中，操作的对象以及操作结果都是二维表（即关系），如表1.1、表1.2所示。

表 1.1	学生信息表		
学号	姓名	性别	籍贯
06040140301	于钦鹏	男	福建省莆田市
06120140235	郭合顺	男	山东省烟台市
06130240106	孙艳红	女	吉林省四平市
07040240310	王 鹏	男	安徽省蚌埠市
07100440204	尹春力	女	安徽省贵池市
08160140702	高远丽	女	湖南省怀化市

表 1.2	专业信息表	
专业代码	专业名称	学制
0401	国际经济与贸易	4
0402	市场营销	4
1004	对外汉语	4
1201	法学	4
1302	历史学	4
1601	体育教育	4

关系模型中的基本术语如下。

（1）字段（Field）。从数据库的角度讲，实体模型中实体的属性就是字段；从表格的角度讲，属性称为列（Column）。例如，学生的学号、姓名、性别和籍贯就是字段的名称（即列名）。字段和属性一样，也用类型和值来表示。由此可见，字段、属性和列这 3 个术语所描述的对象是相同的，只是从不同角度描述，叫法不同而已。

（2）记录（Record）。字段值的有序集合称为记录。在表格中，记录称为行；在实体模型中，记录称为实体值；在关系代数中，记录称为元组。也就是说，实体值、记录、元组和行分别是从不同角度描述同一对象的术语。

（3）表（Table）。表是具有相同性质的记录的集合。表也分为型和值，表的型就是表结构（又叫关系模式），由字段名称、字段类型、宽度、小数位数等构成。表的值就是记录的集合。

（4）关系（Relation）。一个关系的逻辑结构是一张不可再分的二维表。简单地说，一个关系就是一张二维表，如表 1.1 所示的学生信息表。但关系与日常工作中使用的表又有区别，并不是说任何一张表都是一个关系，只有符合下面关系特征的表才能称为关系。

关系的主要特征有以下几点。

① 关系中的字段都是不可再分的最小数据项，也就是说不允许表中还有表。表 1.3 所示的表就不符合关系的要求。其中的"成绩"不是最小数据项，又被分成了平时、期中和期末 3 个更小的数据项，这相当于大表中又套了一张小表。

② 关系中每一个字段的值都是类型相同的数据。

③ 字段不能重名，字段的顺序可以任意排列。

表 1.3	表中有表示例			
学号	课程代码	成 绩		
		平时	期中	期末
06040140301	0404001	8	26	53
06040140301	0412001	7	25	53
06040140301	0412005	8	22	46
06040140301	0412009	9	29	58

④ 记录的顺序也可以任意，但关系中任意两条记录不能完全相同（即没有重行）。

这就是关系的基本性质，也是用来衡量某个表是否是关系的基本要素。在这些性质中，有一条是关系结构的关键，即关系中的字段都是不可再分的最小数据项。也就是说，字段是关系表中的基本单元格，不能表中套表。这样规定的目的是将复杂的问题表达简单化，但是带来的后果却是使得应用复杂化，这可以看做是关系模型的一个缺点。也正是由于这一点，才引入了面向对象数据模型的概念。

（5）主键（Primary Key）。主键又称为主关键字，是能够唯一确定某一条记录的字段或字段的集合。有了主键，就可以很方便地使用特定的记录。

（6）关系模式（Relation Schema）。对关系的描述称为关系模式，关系模式与实体模型中的实体型相对应。关系模式可以用表格的表结构来描述，也可以采用实体型的描述方式：

实体名（属性 1，属性 2，…，属性 n）

如"学生"的关系模式可以表示为：学生（学号、姓名、性别、专业代码、出生日期、籍贯、电话、备注）。

（7）关系数据库（Relation Database）。关系数据库是由若干个相互联系的关系组成的集合。在实际应用中，关系数据库是由若干关系有机地组合在一起，以满足某类应用系统的需求，如本书后面章节采用的"教学管理"数据库实例就是关系数据库在众多应用领域中的一个缩影。

4. 面向对象数据模型（Object Oriented Model，OO 模型）

面向对象模型是近几年来发展起来的一种新兴的数据模型，该模型是在吸收了以前的各种数据模型优点的基础上，借鉴了面向对象程序设计方法而建立的一种模型。一个 OO 模型是用面向对象观点来描述现实世界实体（对象）的逻辑组织、对象间限制、联系等的模型。这种模型具有更强的表示现实世界的能力，是数据模型发展的一个重要方向。目前对于 OO 模型还缺少统一的规范说明，尚没有一个统一的严格的定义。但在 OO 模型中，面向对象核心概念构成了面向对象数据模型的基础。OO 模型的基本概念如下。

（1）对象（Object）与对象标识（OID）。现实世界中的任何实体都可以统一地用对象来表示。每一个对象都有它唯一的标识，称为对象标识，对象标识始终保持不变。

（2）类（Class）。所有具有相同属性和操作集的对象构成一个对象类（简称类）。任何一个对象都是某一对象类的实例（Instance）。

（3）事件。客观世界是由对象构成的，客观世界中的所有行动都是由对象发出且能够为某些对象感受到，把这样的行动称为事件，如鼠标的单击事件、移动事件等。

1.3 关系数据库系统

在一个给定的应用领域中，对应于一个关系模型的所有关系的集合称为关系数据库。关系数据库是建立在严密的数学基础之上的，它应用数学方法来处理数据库中的数据。

关系数据库是目前各类数据库中最重要、最流行的数据库，也是目前使用最广泛的数据库系统。关系数据库管理系统采用关系模型作为数据的组织方式。Access 就是一种基于关系模型的关系数据库管理系统。

1.3.1 关系模型的组成

关系模型由关系数据结构、关系操作和关系完整性约束 3 部分组成。

1. 关系数据结构

关系模型中数据的逻辑结构是一张二维表。在用户看来非常单一，但这种简单的数据结构能够表达丰富的语义。可描述出现实世界的实体以及实体间的各种联系。

2. 关系操作

关系操作是关系模型上的基础操作，这只是数据库操作中的一部分。关系操作的对象和结果都是关系。关系模型中常用的关系操作包括两类。

（1）对记录（元组）的增加（Insert）、删除（Delete）、修改（Update）操作。

（2）查询操作。查询操作的对象以及结果都是关系，包括选择（Select）、投影（Project）、连接（Join）、除（Divide）、并（Union）、交（Intersection）、差（Difference）和广义笛卡儿积（Extended Cartesian Product）等，具体操作详见下面的关系运算。

3. 关系完整性约束

数据库中数据的完整性是指数据的正确性和相容性。例如，在教学管理数据库的"成绩"表中，成绩字段在设计中采用了"单精度型"数据存储，这个范围是很大的，而且还包括负数，但实际使用中大部分课程的成绩是采用百分制（在 0～100 之间）来描述的，这就需要对成绩字段作进一步的范围约束。另外，在已经输入到"成绩"表的记录中，字段"学号"中的每一个记录值，必须是教学管理数据库的"学生"表中存在的学号值，否则就意味着数据库中存在着不属于任何一个学生的学习成绩。这显然与实际情况不符，这就是数据不完整的表现。

为了保证数据库中数据的完整性，就要求对创建的关系数据库提供约束机制。关系的完整性规则是对关系的某种约束条件，包括实体完整性、参照完整性和用户定义完整性。其中，实体完整性和参照完整性是关系模型必须满足的完整性约束条件，适用于任何关系数据库系统；用户定义的完整性是针对某一具体领域的约束条件，它反映某一具体应用所涉及的数据必须满足的语义要求。

1）实体完整性（Entity Integrity）

一个基本关系通常对应现实世界中的一个实体集。例如，"学生"关系表对应于学生的集合。现实世界中的实体是可区分的，即它们具有某种唯一性标识。相应地，关系模式以主键（又叫主关键字）作为唯一标识。

实体完整性规则要求，主键不能取空值。所谓空值，就是"不知道"或"无意义"的值。如果主键取空值，就说明存在某个不可识别的记录，即存在不可识别的实体，这与现实世界的实际情况相矛盾。如在"学生"关系中，如果某一学号取空值，就无法说明该记录描述的是哪个学生的情况。

2）参照完整性（Referential Integrity）

现实世界中实体之间往往存在某种联系。在关系模型中实体与实体间的联系也是用关系来描述的，这样就自然存在着关系与关系间的引用。在关系数据库系统中，保证关系间引用正确性的规则，称为参照完整性规则。例如，教学管理数据库中的学生、课程和成绩三者之间的引用关系，如图 1.9 所示。

图 1.9　参照完整性规则示意图

关系：学生（学号、姓名、性别、专业代码、出生日期、籍贯、电话、备注），课程（课程代码、课程名称、开课学院代码、学分、考核方式）和成绩（学号、课程代码、学期、成绩），它们之间存在着属性（即字段）的引用。例如，成绩表引用了学生表中主关键字"学号"和课程表中的主关键字"课程代码"。因此，成绩表中的学号值必须是学生表中确实存在的学号，即学生表中有该学生的记录；成绩表中的课程代码值也必须是课程表中确实存在的课程代码，即课程表中有该课程的记录。换句话说，成绩表中某些属性（即字段）的取值要参照其他关系表的属性取值。

3）用户定义完整性（User-Defined Integrity）

实体完整性和参照完整性适用于任何关系数据库系统。用户定义的完整性则是针对某一具体数据库的约束条件，由应用环境决定，它反映某一具体应用所涉及的数据必须满足的语义要求。通常用户定义的完整性主要是字段有效性规则。

当关系中的一个字段在被定义后，可以根据情况，对该字段进行字段有效性设置。例如，对于学生表中的"性别"字段，定义的是 1 个字符宽度的文本型数据，但其取值范围只能是"男"或"女"。则可在定义学生表的结构时，对"性别"字段设置有效性规则：选定"性别"字段并在"字段属性"的"有效性规则"编辑栏中输入："男" Or "女"，并在"有效性文本"框中输入提示信息：只能输入"男"或"女"。这样一来，就实现了对"性别"字段有效性规则的设置。类似的约束有很多，可视具体情况而定。

注意：像这类的字段有效性规则约束最好是在设计数据库时就设计好、定义清楚，而不要在后期使用过程中才进行约束设置和说明。

1.3.2 关系运算

通过后面章节学习，用户会发现关系数据库中的查询操作功能是非常强大的。尤其是用户可以方便地设置筛选条件，快速实现从单个表或多个有关联的表中提取有用信息。这都基于关系模型中蕴含的关系数学理论基础——关系代数（Relation Algebra）。

关系代数是一种抽象的查询语言，用对关系的运算来表达查询，是研究关系数据语言的数学工具。关系代数的运算对象是关系，运算结果亦为关系。关系代数的运算可以分为传统的关系运算和专门的关系运算两类。

传统的关系运算是二目运算，包括并、交、差、广义笛卡儿积 4 种运算。专门的关系运算包括选择、投影和连接。

设有两个关系 R 和 S，它们具有相同的结构，如图1.10（a）、图1.10（b）所示。

1. 并（Union）

R 和 S 的并是由属于 R 或属于 S 的元组（即记录）组成的集合，运算符为"∪"，记为 R∪S，如图1.10（c）所示。

2. 交（Intersection）

R 和 S 的交是由既属于 R 又属于 S 的元组组成的集合，运算符为"∩"，记为 R∩S，如图1.10（d）所示。

3. 差（Difference）

R 和 S 的差是由属于 R 但不属于 S 的元组组成的集合，运算符为"－"，记为 R－S，如图1.10（e）、图1.10（f）所示。

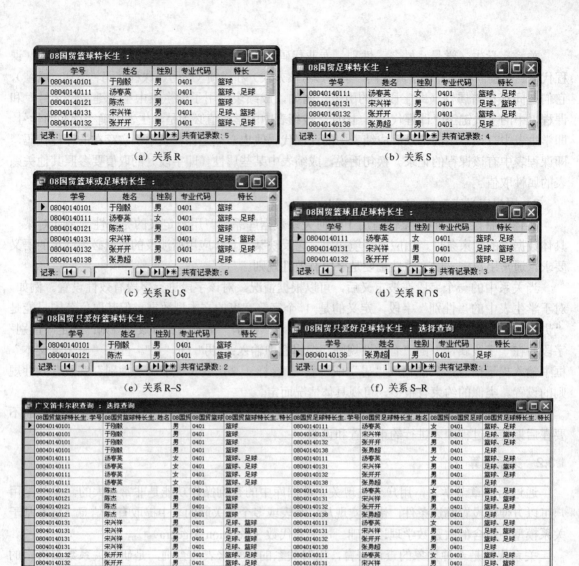

图 1.10　关系运算中的并、交、差、广义笛卡儿积 4 种运算示例图

4. 广义笛卡儿积（Extended Cartesian Product）

关系 R（假设为 n 列，具有 K_1 个元组）和关系 S（假设为 m 列，具有 K_2 个元组）的广义笛卡儿积仍然是一个关系，该关系具有 $n+m$ 列（字段），并拥有 $K_1 \times K_2$ 个元组（记录）。每一个元组的前 n 列是来自关系 R 的一个元组，后 m 列是来自关系 S 的一个元组。运算符为"×"，记为 R×S，如图 1.10（g）所示。

5. 选择（Selection）

选择又称为限制（Restriction）。它是在一个关系中选择满足给定条件的元组的运算。其中的条件是以逻辑表达式给出的，值为真的元组将被选取。例如，对于关系"专业"，如图 1.11（a）所示，从中挑选出学院代码为"04"的元组就是一个选择运算，条件表达式为："学院代码"="04"，运算结果如图 1.11（b）所示。

6. 投影（Projection）

投影运算是在关系中选择某些属性列组成新的关系。这是从列的角度进行选择的运算。例如，对于关系"专业"，从中只挑选出属性"专业代码"和"专业名称"，组成一个新的关系的运算就是一个投影运算，运算结果如图1.11（c）所示。

（b）对关系"专业"的一次选择运算

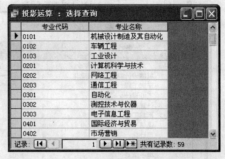

（a）关系"专业"　　　　　　　　　　（c）对关系"专业"的一次投影运算

图 1.11　专门关系运算中的选择、投影运算示例图

7. 连接（Join）

在关系代数中，连接运算是由一个广义笛卡儿积运算和一个选取运算构成的。首先用广义笛卡儿积完成对两个关系的乘运算，然后对生成的结果集合进行选取运算，确保只把分别来自两个关系并且具有重叠部分的行合并在一起。连接的主要意义就在于在水平方向上合并两个关系，并产生一个新的关系（结果集合），其方法是将一个关系中的行与另一个关系中和它匹配的行组合成一个新关系的行（元组）。

选择和投影运算的操作对象只是一个关系，连接运算需要两个关系作为操作对象，是从两个关系的笛卡儿积中选取属性间满足一定条件的元组。最常用的连接运算有两种：等值连接（Equi Join）和自然连接（Natural Join）。

连接条件中的运算符为比较运算符，当此运算符取"="时即为等值连接。即从两个关系的笛卡儿积中选取属性值相等元组的运算就是等值连接运算。如图 1.12（a）为关系"专业"，图1.12（b）为关系"学院"，这两个关系中有一个相同的属性"学院代码"。设定连接条件为：专业.学院代码=学院.学院代码，则从这两个关系的笛卡儿积中选取满足该连接条件的元组的运算就是一次等值连接运算，结果如图1.12（c）所示。

自然连接是一种特殊的等值连接，它要求两个关系中进行比较的分量必须是相同的属性组，并且要在结果中把重复的属性去掉。图 1.12（d）就是对图 1.12（c）中的等值连接运算采用了更加清晰、直观的自然连接运算后得到的结果。

一般的连接操作是从行的角度进行运算。但自然连接还需要取消重复列，所以是同时从行和列的角度进行运算。自然连接是最常用的连接运算，在关系运算中起着重要作用。

（a）关系"专业"　　　　　　　　　　（b）关系"学院"

（c）一次等值连接运算（专业.学院代码=学院.学院代码）

（d）对（c）采用自然连接运算的结果

图 1.12　专门关系运算中的连接运算（等值连接和自然连接）示例图

1.3.3　关系数据库管理系统

由于关系数据库理论是建立在关系代数理论基础之上的，借助数学工具形成了一整套数据库设计的理论与方法，因此关系数据库理论具有科学的严谨性和严密性。

1. 关系数据库管理系统的功能

关系数据库管理系统（RDBMS）主要有 4 方面的功能：数据定义、数据处理、数据控制和数据维护。

（1）数据定义功能。RDBMS 一般均提供数据定义语言（DDL），允许用户定义数据在数据库中存储所使用的类型（如文本或数字类型等），以及各主题之间的数据如何相关。

（2）数据处理功能。RDBMS 一般均提供数据操纵语言（DML），允许用户使用多种方法来操纵数据。例如，可以通过设置筛选条件，只显示满足条件的数据等。

（3）数据控制功能。可以管理在工作组中使用、编辑数据的权限，完成数据安全性、完整性及一致性的定义与检查，还可以保证数据库在多个用户间正常使用。

（4）数据维护功能。包括数据库中初始数据的装载，数据库的转储、重组、性能监控、系统恢复等功能，它们大都由 RDBMS 中的实用程序来完成。

2. 常见的关系数据库管理系统

目前，关系数据库管理系统的种类很多。常见的有 Oracle、DB2、Sybase、Informix、Ingres、RDB、SQL Server、Access、FoxPro 等系统。

Oracle 是大型关系数据库管理系统，它功能强大、性能卓越，在当今大型数据库管理系统中占有重要地位。

DB2 是 IBM 公司出口的一系列关系型数据库管理系统，分别在不同的操作系统平台上服务。

SQL Server 关系数据库管理系统具有众多的版本。Microsoft 将 SQL Server 移植到 Windows NT 系统上之后，专注于开发推广 SQL Server 的 Windows NT 版本，目前主要有 SQL Server 2000、SQL Server 2005、SQL Server 2008 等版本。Sybase 则较专注于 SQL Server 在 UNIX 操作系统上的应用。

Access 是微软公司推出的基于 Windows 的桌面关系数据库管理系统，是 Microsoft Office 组件中重要的组成部分，是目前较为流行的关系数据库管理系统。Access 具有大型数据库的一些基本功能，支持事务处理功能，具有多用户管理功能，支持数据压缩、备份和恢复功能，能够保证数据的安全性。Access 不仅是数据库管理系统，而且还是一个功能强大的开发工具，具有良好的二次开发支持特性，有许多软件开发者把它作为主要的开发工具。与其他的数据库管理系统相比，Access 更加简单易学，一个普通的计算机用户即可掌握并使用它。

1.4   Access 2003 概述

Access 作为 Microsoft Office 软件的一个重要组成部分，随着版本的一次次升级，现已成为世界上最流行的桌面数据库管理系统。

1.4.1 Access 的发展历程

在 Windows 3.x 时代，Access 2.0 第一次作为 Office 4.3 企业版的一部分，它将所有数据库对象全部封装于同一个文件中，且对宏、VBA 及 OLE 技术提供了很好的支持，加上丰富的数据库管理的内置功能，对数据完整性提供了有力的保障，而且也更易于维护，因而受到小型数据库最终用户的关注。Access 保持了 Word、Excel 的风格，它在作为一种数据库管理软件的开发工具时，具有当时流行的 Visual Basic 6.0 所无法比拟的生产效率，所以备受青睐，且越来越广泛地被应用于办公室的日常业务。

Access 历经多次升级改版，从 Access 2.0 逐步升级到 Access 2003。

Access 2003 是 Microsoft 公司出品的强大的桌面数据库平台的第七代产品。Access 2003 提供了完整的数据库应用程序开发工具（如 VBA 等），内建了非常易用的操作向导，使得用户可以非常高效地进行数据库开发。

Access 2003 不仅可用于小型数据库管理，可供本地单机使用，也可以与工作站、数据库服务器或者主机上的各种数据库相互连接（如 SQL Server），并可用于建立 C/S 应用程序中的服务端。

从 Access 2000 开始，Access 除保留了原来好的功能外，还增加了一种全新的功能——数据工程（ADP），并对 ADO 提供了全面的支持，这更使 Access 超越了简单的桌面数据库管理系统，而是作为一种高效的 RAD 工具。此外，Access 还加强了对 ActiveX、多媒体、Unicode、Internet 等新技术的支持。

Access 与其他数据库开发系统之间比较显著的区别是：可以在很短的时间里开发出一个功能强大而且相当专业的数据库应用程序，并且这一过程是完全可视的，如果能给它加上一些简短的 VBA 代码，那么开发出的程序功能将更丰富。

无论从应用还是开发的角度看，Access 数据库管理系统都具有许多特性。

1.4.2 Access 的特点

Access 使用与 Windows 完全一样的风格，方便了用户快速开发、使用数据库系统。

Access 的优点主要包括以下几点。

（1）存储方式简单。Access 管理的对象有表、查询、窗体、报表、页、宏和模块，以上对象都存放在后缀为（.mdb）的数据库文件中，便于用户的操作和管理。

（2）面向对象。Access 是一个面向对象的开发工具，利用面向对象的方式将数据库系统中的各种功能对象化，将数据库管理的各种功能封装在各类对象中。它将一个应用系统当作是由一系列对象组成的，对每个对象它都定义一组方法和属性，以定义该对象的行为和外观，用户还可以按需要给对象扩展方法和属性。通过对象的方法、属性完成数据库的操作和管理，极大地简化了用户的开发工作。同时，这种基于面向对象的开发方式，使得开发应用程序更为简便。

（3）界面友好、易操作。Access 是一个可视化工具，其风格与 Windows 完全一样，用户想要生成对象并应用，只要使用鼠标进行拖放即可，非常直观、方便。系统还提供了表生成器、查询生成器、报表设计器，以及数据库向导、表向导、查询向导、窗体向导、报表向导等工具，使得操作简便，容易使用和掌握。

（4）集成环境、处理多种数据信息。Access 基于 Windows 操作系统下的集成开发环境，该环境集成了各种向导和生成器工具，极大地提高了开发人员的工作效率，使得建立数据库、创建表、设计用户界面、设计数据查询、报表打印等均可以方便有序地进行。

（5）Access 支持 ODBC。ODBC（Open DataBase Connectivity，开放数据库互联）利用 Access 强大的 DDE（动态数据交换）和 OLE（对象的链接和嵌入）特性，可以在一个数据表中嵌入位图、声音、Excel 表格、Word 文档，还可以建立动态的数据库报表和窗体等。Access 还可以将程序应用于网络，并与网络上的动态数据相连接。利用数据库访问页对象生成 HTML 文件，轻松构建 Internet/Intranet 的应用。

Access 属于小型数据库管理系统，在实际应用中存在一定的局限性，其缺点主要表现在以下几方面。

（1）当数据库过大时（一般当 Access 数据库达到 50MB 左右时）性能会急剧下降。

（2）当网站访问太频繁时（经常达到 100 人左右的在线时）性能会急剧下降。

（3）当记录数过多时（一般记录数达到 10 万条左右）性能就会急剧下降。

1.4.3 Access 的数据对象

Access 作为一个数据库管理系统，实质上是一个面向对象的可视化的数据库管理工具，采用面向对象的方式将数据库系统中的各项功能对象化，通过各种数据库对象来管理信息，Access 中的对象是数据库管理的核心。Access 数据库中包括 7 种数据对象，分别是表、查询、窗体、报表、页、宏和模块，如图 1.13 所示。

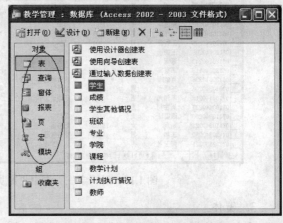

图 1.13 "教学管理"数据库窗口

1. 表

表是 Access 数据库的基础。一个 Access 数据库一般包含多个表，每个表都是关于特定实体的数据集合。一般来说，表是一个关系数据库中最基本的对象，它是实际存储数据的地方。如图 1.13 中右边所列的就是"教学管理"数据库包含的 10 个基本表：学院、专业、教师、课程、班级、教学计划、计划执行情况、学生、学生其他情况和成绩。

表由字段和记录组成。一个字段就是表中的一列，一个记录就是表中的一行，一个记录包含表中的所有字段。图 1.14 所示为教学管理数据库中"学生"表的浏览情况，从中可以看到，"学生"表中每一名学生（一个记录）的信息都是由 8 个字段组成的，它们是"学号"、"姓名"、"性别"、"专业代码"、"出生日期"、"籍贯"、"电话"和"备注"。

学号	姓名	性别	专业代码	出生日期	籍贯	电话	备注
06040140301	于钦鹏	男	0401	1988-2-9	福建省莆田市	13500000033	略
06040140302	尹文刚	男	0401	1987-5-27	辽宁省鞍山市	13800000018	略
06040140303	毛新丽	女	0401	1987-6-21	安徽省阜阳市	13800000048	略
06040140304	王东东	男	0401	1988-2-12	山东省菏泽市	13500000038	略
06040140305	王祝伟	男	0401	1987-9-29	湖北省荆门市	13800000153	略
06040140306	王艳	女	0401	1988-1-14	天津市河东区	13500000011	略
06040140307	叶璎炎	女	0401	1987-11-28	福建省龙岩市	13800000213	略
06040140308	田莉莉	女	0401	1987-7-5	上海市嘉定区	13500000064	略
06040140309	刘岚	女	0401	1987-10-17	山东省济宁市	13800000175	略
06040140310	刘青	女	0401	1987-7-20	上海市杨浦区	13500000083	略
06040140311	刘振娟	女	0401	1987-9-16	陕西省铜川市	13800000142	略
06040140312	刘舒秀	女	0401	1988-2-18	天津市河北区	13500000047	略
06040140313	华小栩	男	0401	1987-11-5	山东省济宁市	13800000195	略
06040140314	年士静	女	0401	1987-9-21	广西壮族自治区北海市	13800000146	略
06040140315	朱崇帅	男	0401	1987-10-22	广东省揭西市	13800000178	略
06040140316	闫英会	女	0401	1987-9-1	河南省驻马店市	13800000130	略
06040140317	何瑾	女	0401	1988-2-1	河南省开封市	13500000023	略
06040140318	张佳秀	女	0401	1987-12-9	新疆维吾尔自治区克拉玛依市	13800000221	略
06040140319	张兴润	男	0401	1988-2-2	陕西省咸阳市	13500000024	略
06040140320	张赛男	女	0401	1987-12-19	江西省新余市	13800000227	略
06040140321	李立督	男	0401	1987-5-2	海南省海口市	13800000001	略

记录：1 共有记录数：1375

图 1.14 "学生"表的浏览窗口

2. 查询

查询是数据库的核心操作。利用查询可以按照不同的方式查看、更改和分析数据。也可以利用查询作为窗体、报表和数据访问页的记录源。查询的目的就是根据指定条件对数据表或其他查询进行检索，筛选出符合条件的记录，构成一个新的数据集合，从而方便用户对数据库进行查看和分析。Access 中的查询包括选择查询、参数查询、交叉表查询、动作查询和 SQL 查询。图 1.15 所示为对"学生"表中"籍贯"字段的一次选择查询结果。

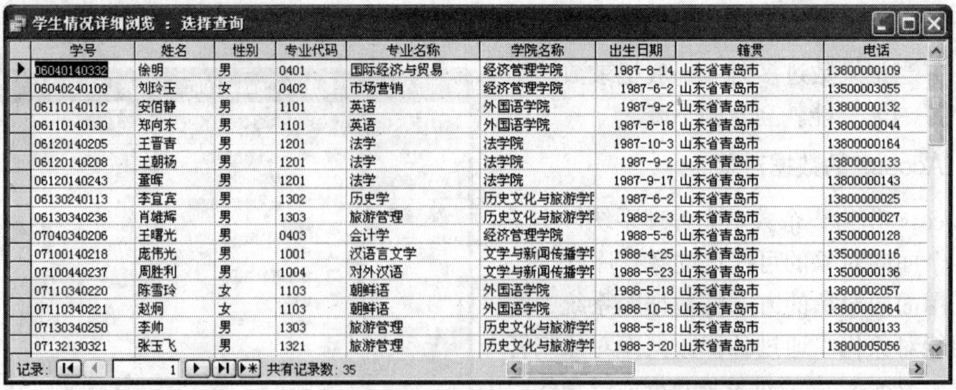

学生情况详细浏览 ：选择查询

学号	姓名	性别	专业代码	专业名称	学院名称	出生日期	籍贯	电话
06040140332	徐明	男	0401	国际经济与贸易	经济管理学院	1987-8-14	山东省青岛市	13800000109
06040240109	刘玲玉	女	0402	市场营销	经济管理学院	1987-6-2	山东省青岛市	13500003055
06110140112	安佰静	男	1101	英语	外国语学院	1987-9-2	山东省青岛市	13800000132
06110140130	郑向东	男	1101	英语	外国语学院	1987-6-18	山东省青岛市	13800000044
06120140205	王晋青	男	1201	法学	法学院	1987-10-3	山东省青岛市	13800000164
06120140208	王朝杨	男	1201	法学	法学院	1987-9-2	山东省青岛市	13800000133
06120140243	董晖	男	1201	法学	法学院	1987-9-17	山东省青岛市	13800000143
06130240113	李宜宾	男	1302	历史学	历史文化与旅游学院	1987-6-2	山东省青岛市	13800000025
06130340236	肖雄辉	男	1303	旅游管理	历史文化与旅游学院	1988-2-3	山东省青岛市	13500000027
07040340206	王曙光	男	0403	会计学	经济管理学院	1988-5-6	山东省青岛市	13500000128
07100140218	庞伟光	男	1001	汉语言文学	文学与新闻传播学院	1988-4-25	山东省青岛市	13500000116
07100440237	周胜利	男	1004	对外汉语	文学与新闻传播学院	1988-5-23	山东省青岛市	13500000136
07110340220	陈雪玲	女	1103	朝鲜语	外国语学院	1988-5-18	山东省青岛市	13800002057
07110340221	赵炯	女	1103	朝鲜语	外国语学院	1988-10-5	山东省青岛市	13800002064
07130340250	李帅	男	1303	旅游管理	历史文化与旅游学院	1988-5-18	山东省青岛市	13500000133
07132130321	张玉飞	男	1321	旅游管理	历史文化与旅游学院	1988-3-20	山东省青岛市	13800005056

记录: 1 共有记录数: 35

图 1.15　对“学生”表中“籍贯”字段的一次选择查询结果

3. 窗体

窗体是数据信息的主要表现形式，用于创建表的用户界面，是数据库与用户之间的主要接口。在窗体中可以直接查看、输入和更改数据。通常情况下，窗体包括 5 个节，分别是窗体页眉、页面页眉、主体、页面页脚及窗体页脚。并不是所有的窗体都必须同时包括这 5 个节，可以根据实际情况选择需要的节。设计一个好的窗体会给使用者带来极大方便。窗体如图 1.16 所示。

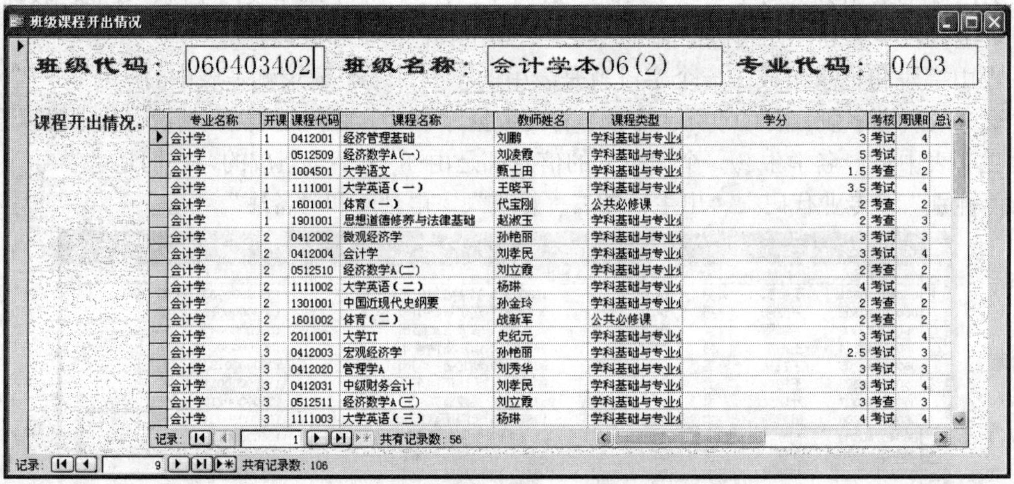

班级课程开出情况

班级代码: 060403402　班级名称: 会计学本06(2)　专业代码: 0403

课程开出情况:

专业名称	开课	课程代码	课程名称	教师姓名	课程类型	学分	考核	周课时	总
会计学	1	0412001	经济管理基础	刘鹏	学科基础与专业	3	考试	4	
会计学	1	0512509	经济数学A(一)	刘凌霞	学科基础与专业	5	考试	6	
会计学	1	1004501	大学语文	甄士田	学科基础与专业	1.5	考查	2	
会计学	1	1111001	大学英语(一)	王晓平	学科基础与专业	3.5	考试	4	
会计学	1	1601001	体育(一)	代宝刚	公共必修课	2	考查	2	
会计学	1	1901001	思想道德修养与法律基础	赵淑玉	学科基础与专业	2	考查	3	
会计学	2	0412002	微观经济学	孙艳丽	学科基础与专业	3	考试	3	
会计学	2	0412004	会计学	刘孝民	学科基础与专业	3	考试	4	
会计学	2	0512510	经济数学A(二)	刘立霞	学科基础与专业	2	考查	2	
会计学	2	1111002	大学英语(二)	杨琳	学科基础与专业	4	考试	4	
会计学	2	1301001	中国近现代史纲要	孙金玲	学科基础与专业	2	考查	2	
会计学	2	1601002	体育(二)	战新军	公共必修课	2	考查	2	
会计学	2	2011001	大学IT	史纪元	学科基础与专业	3	考试	4	
会计学	3	0412003	宏观经济学	孙艳丽	学科基础与专业	2.5	考试	3	
会计学	3	0412020	管理学A	刘秀华	学科基础与专业	3	考试	3	
会计学	3	0412031	中级财务会计	刘孝民	学科基础与专业	3	考试	4	
会计学	3	0512511	经济数学A(三)	刘立霞	学科基础与专业	3	考查	3	
会计学	3	1111003	大学英语(三)	杨琳	学科基础与专业	4	考试	4	

记录: 1 共有记录数: 56

记录: 9 共有记录数: 106

图 1.16　窗体“班级课程开出情况”的运行窗口

4. 报表

报表是以打印的形式表现用户数据。如果想要从数据库中打印某些信息就可以使用报表。通常情况下，我们需要的是打印到纸上的报表。在 Access 中，报表中的数据源主要来自基本表、查询或 SQL 语句。用户可以控制报表上每个对象（也称为报表控件）的大小和外观，并可以按照所需的方式选择查看或打印输出。报表如图1.17 所示。

5. 页

页又称为数据访问页，它是允许用户同 Web 进行数据交互的一类 Access 对象。简单地说，页就是一个网页，它是独立于 Access 数据库以外的 HTML 文件。用户通过数据访问页能够查看、编辑和操作来自 Internet 或 Intranet 的数据，而这些数据是保存在 Access 数据库中的。数据访问页如图1.18 所示。

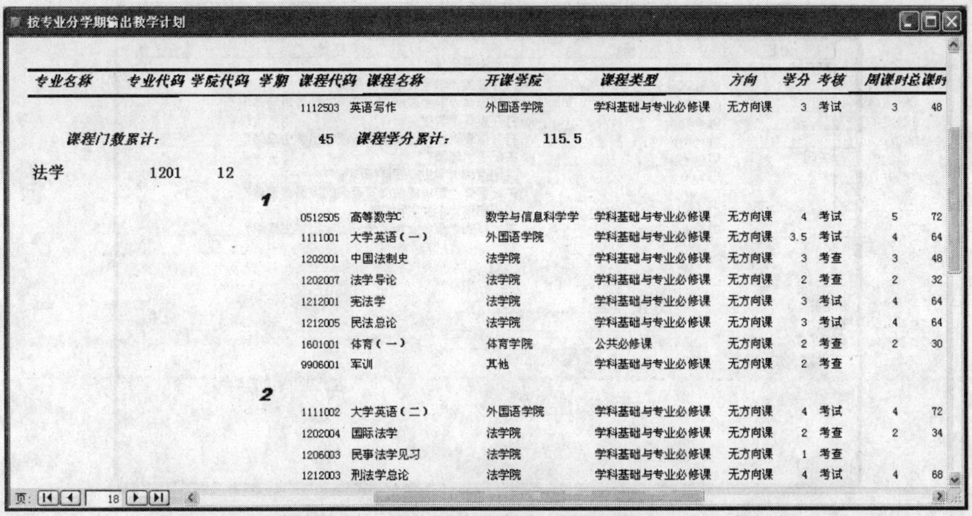
按专业分学期输出教学计划
专业名称 专业代码 学院代码 学期 课程代码 课程名称 开课学院 课程类型 方向 学分 考核 周课时总课时
1112503 英语写作 外国语学院 学科基础与专业必修课 无方向课 3 考试 3 48
课程门数累计: 45 课程学分累计: 115.5
法学 1201 12
1
0512505 高等数学C 数学与信息科学学 学科基础与专业必修课 无方向课 4 考试 5 72
1111001 大学英语(一) 外国语学院 学科基础与专业必修课 无方向课 3.5 考试 4 64
1202001 中国法制史 法学院 学科基础与专业必修课 无方向课 3 考查 3 48
1202007 法学导论 法学院 学科基础与专业必修课 无方向课 2 考查 2 32
1212001 宪法学 法学院 学科基础与专业必修课 无方向课 3 考试 4 64
1212005 民法总论 法学院 学科基础与专业必修课 无方向课 3 考试 4 64
1601001 体育(一) 体育学院 公共必修课 无方向课 2 考查 2 30
9906001 军训 其他 学科基础与专业必修课 无方向课 2 考查
2
1111002 大学英语(二) 外国语学院 学科基础与专业必修课 无方向课 4 考试 4 72
1202004 国际法学 法学院 学科基础与专业必修课 无方向课 2 考查 2 34
1206003 民事法学见习 法学院 学科基础与专业必修课 无方向课 1 考查
1212003 刑法学总论 法学院 学科基础与专业必修课 无方向课 4 考试 4 68
页: 18

图 1.17　报表“按专业分学期输出教学计划”的打印预览窗口

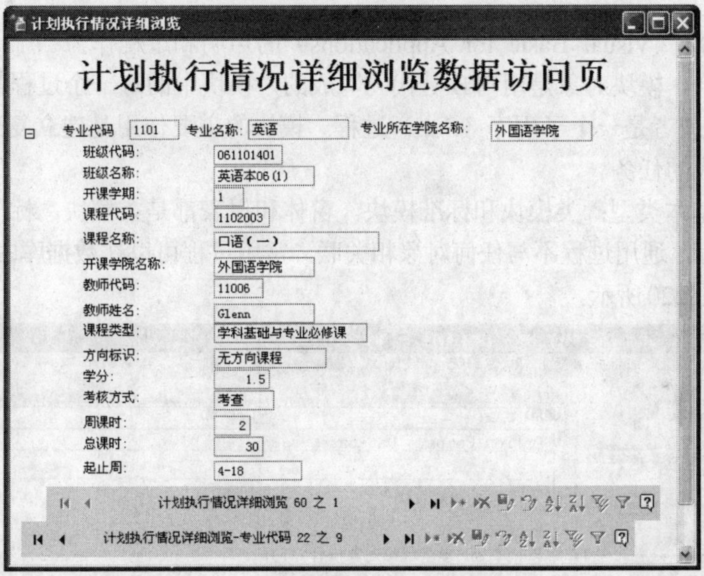
计划执行情况详细浏览
计划执行情况详细浏览数据访问页
专业代码 1101 专业名称: 英语 专业所在学院名称: 外国语学院
班级代码: 061101401
班级名称: 英语本06(1)
开课学期: 1
课程代码: 1102003
课程名称: 口语(一)
开课学院名称: 外国语学院
教师代码: 11006
教师姓名: Glenn
课程类型: 学科基础与专业必修课
方向标识: 无方向课程
学分: 1.5
考核方式: 考查
周课时: 2
总课时: 30
起止周: 4-18
计划执行情况详细浏览 60 之 1
计划执行情况详细浏览-专业代码 22 之 9

图 1.18　数据访问页“计划执行情况详细浏览”的运行窗口

在 Access 中，用户可以根据需要设计不同类型的数据访问页。如设计数据输入用的页，用于查看、添加和编辑记录，或创建交互式的报表访问页，用于数据的及时传递与更新。

页是直接与数据库连接的。当用户在 Microsoft Internet Explorer 中显示页时，实际上正在查看的是该页的副本。对所显示数据进行的任何筛选、排序和其他相关数据格式的改动，只影响该页的副本。但是，通过页对数据本身的改动，例如修改值、添加或删除数据，都会被保存在基本数据库中。

6. 宏

宏是指一个或多个操作的集合，其中每个操作实现特定的功能，如打开某个窗体或打印某个报表。宏可以使某些普通的、需要多个指令连续执行的任务能够通过一条指令自动完成。宏是进行重复性工作最理想的解决办法。宏可以是包含一个操作序列的单个宏，也可以是若干个宏的集合所组成的宏组。宏设计视图如图1.19所示。

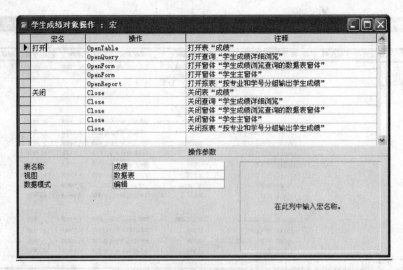

图 1.19 宏组"学生成绩对象操作"的设计视图窗口

7. 模块

模块是将 VBA（Visual Basic for Applications）的声明和过程作为一个单元进行保存的集合，即程序的集合。模块对象是用 VBA 代码写成的，模块中的每一个过程都可以是一个函数（Function）过程或者是一个子程序（Sub）过程。模块的主要作用是建立复杂的 VBA 程序以完成宏等不能完成的任务。

模块有两个基本类型：类模块和标准模块。窗体和报表都是类模块。标准模块包含的是通用过程和常用过程，通用过程不与任何对象相关联，常用过程可以在数据库中的任何位置执行。模块设计窗口如图1.20所示。

图 1.20　模块"学生成绩对象操作"的 VBE 窗口

习　题　1

1. 思考题

（1）简述常用的数据模型及它们的主要特征。

（2）简述数据库管理系统的主要功能。

（3）解释实体、实体型和实体集。

（4）解释关系、属性和元组。

（5）简述实体的联系类型有几种。

2. 选择题

（1）数据库管理系统属于_____。

    A）应用软件   B）系统软件   C）操作系统   D）编译软件

（2）不属于数据模型的是_____。

    A）概念模型   B）层次模型   C）网状模型   D）关系模型

（3）数据库技术的发展阶段不包括_____。

    A）人工管理阶段   B）文件系统阶段   C）数据库管理阶段 D）操作系统阶段

（4）在关系中选择某些元组以组成新的关系的操作是_____。

    A）选择运算   B）投影运算   C）等值运算   D）自然运算

（5）在关系模式中，指定若干属性以组成新的关系的操作是_____。

    A）选择运算   B）投影运算   C）等值运算   D）自然运算

（6）不属于专门的关系运算的是_____。

    A）选择   B）投影   C）连接   D）广义笛卡儿积

（7）数据库（DB）、数据库系统（DBS）和数据库管理系统（DBMS）之间的关系是_____。

    A）DBMS 包括 DB 和 DBS   B）DBS 包括 DB 和 DBMS

    C）DB 包括 DBS 和 DBMS   D）DB、DBS 和 DBMS 是平等关系

（8）下列关于数据库系统的叙述中，正确的是_____。

    A）数据库系统只是比文件系统管理的数据更多

    B）数据库系统中数据的一致性是指数据类型一致

    C）数据库系统避免了数据冗余

    D）数据库系统减少了数据冗余

（9）关系数据库管理系统中的"关系"是指_____。

    A）各条记录中的数据之间存在一定的关系

    B）一个数据库文件与另一个数据库文件之间存在一定的关系

    C）数据模型是满足一定条件的二维表

    D）数据库中的各字段之间存在一定的关系

（10）Access 表之间的联系中不包括_____。

    A）一对一   B）一对多   C）多对多   D）多对一

（11）用二维表来表示实体之间联系的数据模型是_____。

    A）实体-联系模型   B）层次模型   C）网状模型   D）关系模型

（12）在数据库中，能够唯一地标识一个元组的属性的组合称为_____。

    A）记录   B）字段   C）域   D）关键字

3. 设计题

（1）设计一个"学生信息管理"数据库。

（2）设计一个"工资管理"数据库。

（3）设计一个"人事档案管理"数据库。

（4）设计一个"运动会成绩管理"数据库。

第 2 章　数据库操作

根据前面介绍，数据库指的是长期存储在计算机内、有组织、可共享的数据集合，数据库中的数据都是按照某种数据模型来进行组织、描述和存储的。并且知道 Access 数据库是按照关系模型（二维表）进行数据管理的关系数据库，一个 Access 数据库是由表、查询、窗体、报表、页、宏和模块 7 种对象组成的。其中，表对象是 Access 数据库中实际存储数据的最基本对象，其他对象都是 Access 设计的高级使用工具。使用这些对象工具，可以更加方便、灵活地对数据库中的数据进行维护和管理，完成查询、统计、计算、汇总、打印、编辑和修改等操作。

在创建和使用一个数据库之前，通常需要先对数据库进行设计。数据库设计最基本、最主要的任务就是设计表对象，包括通过需求分析确定需要的表、确定需要的字段和确定各表之间的关系。

数据库操作是一个泛称。应该说，从本章开始至最后一章结束，对数据库所有对象进行的任何操作均可看做是对数据库的操作。本章主要介绍 Access 数据库的基本操作，包括 Access 数据库的设计、创建、打开与关闭、版本转换，以及压缩与修复操作。

2.1　数据库设计概述

在数据库管理系统（DBMS）的支持下，按照用户的需求为某一部门或组织设计和开发一个功能强、效率高、使用方便、结构优良的数据库及其配套的应用程序系统，如常见的管理信息系统（Management Information System，MIS）和企业资源计划（Enterprise Resource Planning，ERP）系统等的设计与开发是数据库技术的主要研究领域之一，而数据库设计却是数据库应用系统设计与开发的核心问题。

由于数据库系统的复杂性及它与实际应用环境联系的密切性，使得数据库设计成为一个困难、复杂和费时的过程。一个大型数据库的设计和实施需要涉及多学科的综合与交叉，是一项开发周期长、耗资巨大、风险较高的系统工程。设计人员应明确使用单位的管理目标、使用规模、数据量极限估算、实时数据传输速率等具体要求。可以说，数据库设计的好坏将直接影响整个数据库系统的效率和质量。通常要求从事数据库设计的专业人员具备数据库基本知识和数据库设计技术、程序设计的方法和技巧、软件工程的原理和方法及应用设计领域的知识。

其中，应用领域的知识是随着应用系统所属的领域不同而变化的，所以数据库设计人员必须深入实际与用户密切结合，对应用环境、具体专业业务有具体深入的了解才能设计出符合实际领域要求的数据库应用系统。这也是本书选择和学生关系密切的"教学管理"数据库作为教学和实验用例的重要原因。

在介绍"教学管理"数据库的设计之前，首先给出数据库设计的一般步骤。

2.1.1 数据库设计的一般步骤

数据库设计是指在创建数据库之前对数据库功能与实现策略的分析、研究和定位，设计步骤主要包括以下几项内容。

1. 确定创建数据库的目的

设计数据库和用户的需求息息相关。首先，要明确创建数据库的目的以及如何使用，用户希望从数据库得到什么信息，由此可以确定需要什么样的表和定义哪些字段；其次，要与用户进行交流，集体讨论需要数据库解决的问题，并描述需要数据库完成的各项功能。

2. 确定数据库中需要的表

一个数据库可能是由若干个表组成的，所以确定表是数据库设计过程中最重要的环节。在设计表时，应该按以下设计原则对信息进行分类。

（1）每个表最好只包含关于一个主题的信息。

（2）同一个表中不允许出现同名字段。

（3）表间不应有重复信息。

（4）当一个表中的字段信息太多时，可根据使用频率将其分解为两个表。

3. 确定字段

确定表的过程实际上就是定义字段的过程，字段是表的结构，记录是表的内容。所以确定字段是设计数据库不可缺少的环节。在定义每个表字段时，注意以下几点。

（1）主题相关。将所有原始字段信息分配至各个表中，使每个字段直接与表的主题相关。

（2）信息独立。字段信息不包含能够使用推导和计算得出的数据信息。

（3）方便维护。除主键字段外，两个不同表之间不能包含其他的相同字段。

4. 确定主键

为了连接保存在不同表中的信息，使多表协同工作，在 Access 数据库的表中必须要确定主键。主键是表中能够唯一确定一个记录的字段或字段集合。如"学号"字段可以作为"学生"表和"学生其他情况"表中的主键，而"学号"和"课程代码"两个字段可以共同承担"成绩"表中的主键责任。

5. 确定表之间的关系

因为已经将信息分配到各个表中，并且定义了主键字段，若想将保存在不同表中的相关信息重新组合到一起，必须定义表与表之间的关系，不同表之间确立了关系，才能进行相互访问。

6. 确定各个表的使用数据

表的结构设计达到设计要求后，就可针对各个表分别准备要存放的数据了，即常说的表中记录内容。

7. 确定数据的使用场所和管理手段

利用 Access 2003 数据库提供的查询、报表、窗体等高级工具，根据实际使用要求，考虑在数据库中创建哪些查询，设计哪些打印报表，规划输入数据窗体与显示结果窗体的设计风格等具体应用。

下面将结合学校教学管理工作中的教学常规，简要介绍"教学管理"数据库基本表的抽象、提炼与归纳的过程。

2.1.2 "教学管理"数据库中关系的设计过程

设计"教学管理"数据库的目的是使用 Access 数据库管理软件，实现学校教与学两方面综合管理的现代化，进一步提高教学管理的质量和效率。限于本课程的教学目标，下面仅就管理学校的专业设置情况、各专业的人才培养方案情况、在校学生的基本信息管理以及学生的成绩管理等功能给出"教学管理"中各个关系（表）实体模型的设计思路。

1. 根据专业培养方案可以确定的关系及其属性（表与字段）

每个学校都有自己的专业培养方案，类似图2.1～图2.3所示。这里面包括了各教学院系信息、专业设置信息以及具体的专业培养方案，其中自然少不了课程信息。牵涉到的字段（属性）包括学院名称、专业名称、课程类别、课程代码、课程名称、学分、总课时、周课时、考试方式、开课学期等。根据前面介绍的数据库设计原则，可以归纳提炼出以下4个关系的关系模式。

八、市场营销专业人才培养方案总表

课程类别	课程代码	课程名称	学分	课内学时分配				各学期周学时分配							
				共计	讲课	实验	考试	一	二	三	四	五	六	七	八
公共必修课	1901001	思想道德修养与法律基础	2	36	36			3							
	1301001	中国近现代史纲要	2	28	28				2						
	1911001	马克思主义基本原理	2	36	36		√			2					
	1901002	毛泽东思想、邓小平理论和"三个代表"重要思想	3	54	54						3				
	1111001	大学英语（一）	3.5	64	64		√	4							
	1111002	大学英语（二）	4	72	72		√		4						
	1111003	大学英语（三）	4	72	72		√			4					
	1111004	大学英语（四）	4	72	72		√				4				
	1601001	体育（一）	2	30	30			2							
	1601002	体育（二）	2	32	32				2						
	1601003	体育（三）	2	32	32					2					
	1601004	体育（四）	2	32	32						2				
	2011001	大学IT	3	56	28	28	√	3							
	2011003	Visual FoxPro程序设计	3	54	36	18	√			3					
学科基础及专业必修课	0512509	经济数学A（一）	5	90	90		√	6							
	0512510	经济数学A（二）	2	36	36				2						
	0512511	经济数学A（三）	3	54	54					3					
	0412001	经济管理基础	2.5	52	52		√	4							
	0412002	微观经济学	3	54	54		√		3						
	0412003	宏观经济学	2.5	48	48		√			3					
	0412004	会计学	3	60	60		√		4						
	0412020	管理学A	3	54	54					3					
	0412006	统计学	2.5	48	48		√				3				
	0412021	经济法A	2.5	48	48		√				3				
	0412017	电子商务	2.5	48	32	16					3				
	0412022	财务管理	2.5	48	48		√				3				
	0412023	市场营销	3	60	54	6	√				4				
	0412024	消费行为学	2	42	42		√					3			
	0412025	市场调查	2	42	30	12	√					3			
	0402004	谈判与推销实务	2	42	30	12						3			
	0412009	国际贸易实务A	2	36	36		√					3			
	0412026	广告学	2	36	36		√					3			
	0412027	营销渠道管理	3	56	50	6	√						4		
	0412028	定价策略与技巧	3	56	56		√						4		
	0412029	管理信息系统	2.5	48	32	16	√					3			
	0412019	国际市场营销	2	36	36									3	
	0412030	营销活动分析与策划	3	54	42	12	√						4		
专业限选课（统计）			15	288	254	34							5	9	6
专业任选课（统计）			13	258	252	6		2					2	2	8
公共选修课（统计）			11	200	200			√	√	√	√	√	√	√	
实践教学环节（统计周数）			25						2			2	2	2	1
总 计			163	2564	2398	166		21	20	20	25	22	22	21	

图 2.1 某高校市场营销专业本科人才培养方案（一）

模块	课程代码	课程名称	学分	课内学时分配				开设学期	备注
				共计	讲课	实验	周学时		
服务营销模块	0403007	服务营销	2	36	36		3	5	
	0403008	服务运营管理	2	42	30	12	2	6	
	0403009	顾客关系管理	2	36	30	6	2	6	
	0403020	服务营销策略	2	36	36		3	7	
	0403021	非营利组织营销	1.5	30	30		3	7	
		小　计	9.5	180	162	18			
销售管理模块	0403022	销售管理	2	36	36		3	5	
	0403023	物流与供应链管理	2	42	30	12	2	6	
	0403024	企业经营风险管理	2	36	30	6	2	6	
	0403025	人力资源管理	2	36	36		3	7	
	0403026	品牌管理实务	1.5	30	30		3	7	
		小　计	9.5	180	162	18			
限定选修	0403027	经贸英语（一）	1.5	30	30		2	5	
	0403028	经贸英语（二）	1.5	30	30		2	6	
	0403029	网络营销	2.5	48	32	16	3	6	
		小　计	5.5	108	92	16			
专业任选课	1004501	大学语文	1.5	30	30		2	1	修满13学分
	1004502	演讲与口才	1.5	30	30		2	1	
	0404001	商品学	1.5	30	30		2	1	
	0412008	财政学	2	36	36		2	5	
	0404009	产业经济学	2	36	36		2	5	
	0403041	金融学	2	36	36		2	5	
	0403020	公司战略	1.5	30	24	6	2	6	
	0404021	新产品开发与管理	1.5	30	24	6	2	6	
	0404022	企业资源计划	1.5	30	24	6	2	6	
	0404010	商务礼仪	1	24	24		2	7	
	0404023	企业文化	1	24	24		2	7	
	0404024	公司创建与成长	1	24	24		2	7	
	0404025	商务沟通	1	24	24		2	7	
	1004503	应用文写作	1.5	30	30		2	7	
	0404026	质量管理	1.5	30	30		2	7	
	0404027	英文商务函电与契约	1.5	30	30		2	7	
	0404028	税收知识	1.5	30	30		2	7	
	0404029	项目管理专题	1	16	16		2	7	
	0404030	知识管理专题	1	16	16		2	7	
	0404031	创业营销专题	1	16	16		2	7	
	0404032	工业品营销专题	1	16	16		2	7	
	0404033	高新技术产品营销	1	16	16		2	7	
	0404034	商务模式设计与创新	1	16	16		2	7	
	0404035	营销管理改善与创新	1	16	16		2	7	
专业限选课学时（统计）			15	288	254	34			

图 2.2　某高校市场营销专业本科人才培养方案（二）

学院（<u>学院代码</u>、学院名称）。

专业（<u>专业代码</u>、专业名称、学制、学院代码）。

课程（<u>课程代码</u>、课程名称、开课学院代码、学分、考核方式）。

教学计划（<u>专业代码</u>、<u>课程代码</u>、开课学期、课程类型、方向标识、周课时、总课时、起止周）。

说明：

（1）前 3 个关系（学院、专业和课程）的主键容易确定，分别是"学院代码"、"专业代码"和"课程代码"，它们均为单字段主键。而关系教学计划中的任何单一字段都不能担当其主键的重任，经分析得知只有字段"专业代码"和"课程代码"组合起来，才能唯一确定表中一条记录，即这两个字段的组合作为该关系的主键。

（2）在关系课程的属性中增加了"开课学院代码"属性，即将每一门课指定由一个教学院系承担，这只是为了方便后面内容的学习和研究（注意区别该属性与关系学院中“学院代码”属性的异同点，为后面建立表学院和课程之间的关联做好准备）。

年级	学院	学制	专业代码	专业名称	课程代码	课程名称	课程类型	方向标识	学分	周课时	总课时	开课学期	起止周	开课部门	考核方式
2006	经济管理学院	4	0403	会计学	1601001	体育（一）	公共必修课	无方向课程	2	2	30	1	4-18	体育学院	考查
2006	经济管理学院	4	0403	会计学	0412001	经济管理基础	学科基础与专业必修	无方向课程	3	4	52	1	4-16	经济管理学院	考试
2006	经济管理学院	4	0403	会计学	9906001	军训	学科基础与专业必修	无方向课程	2			1	2-3	其他	考查
2006	经济管理学院	4	0403	会计学	0512509	经济数学A(一)	学科基础与专业必修	无方向课程	5	6	90	1	4-18	数学与信息科学学院	考试
2006	经济管理学院	4	0403	会计学	1901001	思想道德修养与法	学科基础与专业必修	无方向课程	2	3	36	1	4-15	马列教学部	考查
2006	经济管理学院	4	0403	会计学	1004501	大学语文	学科基础与专业必修	无方向课程	1.5	2	30	1	4-18	文学与新闻传播学院	考查
2006	经济管理学院	4	0403	会计学	1111001	大学英语（一）	学科基础与专业必修	无方向课程	3.5	4	64	1	4-19	外国语学院	考试
2006	经济管理学院	4	0403	会计学	1004502	演讲与口才	学科基础与专业必修	无方向课程	1.5	2	30	1	4-18	文学与新闻传播学院	考查
2006	经济管理学院	4	0403	会计学	0412004	会计学	学科基础与专业必修	无方向课程	3	4	60	2	1-18	经济管理学院	考试
2006	经济管理学院	4	0403	会计学	0512510	经济数学A(二)	学科基础与专业必修	无方向课程	2	2	36	2	1-18	数学与信息科学学院	考查
2006	经济管理学院	4	0403	会计学	1111002	大学英语（二）	学科基础与专业必修	无方向课程	4	4	72	2	1-18	外国语学院	考试
2006	经济管理学院	4	0403	会计学	1601002	体育（二）	公共必修课	无方向课程	2	2	32	2	1-16	体育学院	考查
2006	经济管理学院	4	0403	会计学	2011001	大学IT	学科基础与专业必修	无方向课程	3	4	56	2	1-14	计算机与通信工程学院	考试
2006	经济管理学院	4	0403	会计学	0412002	微观经济学	学科基础与专业必修	无方向课程	3	3	54	2	1-18	经济管理学院	考试
2006	经济管理学院	4	0403	会计学	1301001	中国近现代史纲要	学科基础与专业必修	无方向课程	2	2	28	2	1-14	历史文化与旅游学院	考查
2006	经济管理学院	4	0403	会计学	0412031	中级财务会计	学科基础与专业必修	无方向课程	3	4	54	3	1-14	经济管理学院	考试
2006	经济管理学院	4	0403	会计学	0412003	宏观经济学	学科基础与专业必修	无方向课程	2.5	3	48	3	1-16	经济管理学院	考试
2006	经济管理学院	4	0403	会计学	0512511	经济数学A(三)	学科基础与专业必修	无方向课程	3	3	54	3	1-18	数学与信息科学学院	考查
2006	经济管理学院	4	0403	会计学	1601003	体育（三）	公共必修课	无方向课程	2	2	32	3	1-16	体育学院	考查
2006	经济管理学院	4	0403	会计学	0412020	管理学A	学科基础与专业必修	无方向课程	3	3	54	3	1-18	经济管理学院	考试
2006	经济管理学院	4	0403	会计学	2011003	Visual FoxPro 程	学科基础与专业必修	无方向课程	3	3	54	3	1-18	计算机与通信工程学院	考试
2006	经济管理学院	4	0403	会计学	1911001	马克思主义基本原	学科基础与专业必修	无方向课程	2	2	36	3	1-18	马列教学部	考试
2006	经济管理学院	4	0403	会计学	1111003	大学英语（三）	学科基础与专业必修	无方向课程	4	4	72	3	1-18	外国语学院	考试
2006	经济管理学院	4	0403	会计学	0412006	统计学	学科基础与专业必修	无方向课程	2.5	3	45	4	1-15	经济管理学院	考试
2006	经济管理学院	4	0403	会计学	0412008	财政学	学科基础与专业必修	无方向课程	1.5	2	30	4	1-15	经济管理学院	考查
2006	经济管理学院	4	0403	会计学	1004503	应用文写作	学科基础与专业必修	无方向课程	1.5	2	30	4	1-15	文学与新闻传播学院	考查
2006	经济管理学院	4	0403	会计学	0412023	市场营销	学科基础与专业必修	无方向课程	2.5	3	45	4	1-15	经济管理学院	考试
2006	经济管理学院	4	0403	会计学	1111004	大学英语（四）	学科基础与专业必修	无方向课程	4	4	72	4	1-18	外国语学院	考试
2006	经济管理学院	4	0403	会计学	0403025	人力资源管理	学科基础与专业必修	无方向课程	2	2	30	4	1-15	经济管理学院	考查
2006	经济管理学院	4	0403	会计学	1601004	体育（四）	公共必修课	无方向课程	2	2	32	4	1-16	体育学院	考查
2006	经济管理学院	4	0403	会计学	0406016	中级财务会计实训	学科基础与专业必修	无方向课程	3			4		经济管理学院	考查
2006	经济管理学院	4	0403	会计学	1901002	毛泽东思想、邓小	学科基础与专业必修	无方向课程	3	3	54	4	1-18	马列教学部	考查
2006	经济管理学院	4	0403	会计学	0404038	国际贸易实务B	学科基础与专业必修	无方向课程	1.5	2	30	4	1-15	经济管理学院	考查

图 2.3　某高校会计学专业本科人才培养方案（部分图）

2. 根据每个学院具体教学任务可以确定的关系及其属性（表与字段）

每个学期，各个学院都有一个类似图 2.4 所示的教学任务安排总表，这里面包括了一个学期中某教学单位教学任务的具体落实情况。

经济管理学院2010-2011(1)课表.xls

	A	C	D	E	F	G	H	I	J	K	L	M	N	O	Q	R	S
1		经济管理学院2010-2011学年第1学期总课表															
2	课表信息	一/3,4	一/5,6	一/7,8	二/1,2	二/3,4	二/5,6	二/7,8	三/1,2	三/3,4	三/5,6	三/7,8	四/1,2	四/3,4	四/7,8	五/1,2	五/3,4
11	会计学本07(1-3)	国际结算B(01-12)李光芹【6405】		论文写作专题(01-02)刘建波【6406】	会计与财务案例研究(01-16)王李霞【6401】	国际财务管理(01-16)刘丹【6408】		企业资源计划专题(01-06)赵德昌【6412】	管理信息系统(01-14)邢明青【6114】	电子商务(01-15)邵鹏【6114】				会计准则讲解(01-16)王李霞【6114】		证券投资学(01-16)徐向荣【6114】	管理信息系统单(01-14 邢明青【6114】
12	会计学本08(1-4)		审计学(01-15)王来群【6401】		高级财务会计 01-14)李维浩【7518】	管理会计(01-15)王玉娟【6114】	政府与非营利组织会计(01-15)张建华【7322】	经济法A单(01-15)周永【7322】	成本会计单(01-15)张国义【7512】	自然辩证法(01-15)郭宗仁【7512】			财经英语(01-15)刘娜【7512】	高级财务会计(01-14)李维浩【7518】		管理会计/审计学单/双[1-2节](01-15)王玉娟/王来	经济法(01-15 周永【7416】
13	会计学本09(1-3)	数据库技术与应用(02-16, 18-18)张敏【7217】	数据库技术与应用(02-16, 18-18)34班冯伟昌【7208】		宏观经济学 02-15, 17-18)李军培【6412】	经济数学A(三)(02-15, 17-18)李敏【6412】	中级财务会计(02-15)刘孝民【6401】		数据库技术与应用1班单2班双(02-16, 18-18)张敏【7320】	管理学A(02-15, 17-18)邱祝军【6102】	马克思主义基本原理(02-18)王幸平【7416】	体育（三）(02-17)陈东伟/战新军/于健	经济数学A(三)双(02-15, 17-18)李敏【7322】	大学英语（三）(02-18)郭春林【7416】		中级财务会计(02-15)刘孝民【6401】	管理学A 宏观经济学单/双(02-15, 17-18)邱祝军 李军培【6412】
14	会计学本09(4-5)	大学英语（三）02-18)马秀芹【6102】	数据库技术与应用(02-16, 18-18)34班冯伟昌【7208】	体育（三）(02-17)姜鲁川（4班）	宏观经济学(01-16)吴光敏【7512】	管理学A(02-15, 17-18)张金珍【7208】		中级财务会计(02-15)刘孝民【6114】	数据库技术与应用4班单【7321】冯伟昌		马克思主义(02-18)王幸平【7416】	体育（三）(02-17)郑春波（5班）	大学英语（三）(02-18)马秀芹【7416】	经济数学A(三)/宏观经济学单/双(02-15, 17-18)李敏/吴光敏【7208】/【7407】	数据库技术与应用(02-16, 18-18)张敏【7411】5班	数据库技术与应用双(02-16, 18-18)张敏【7321】5班	中级财务会计(02-15 刘孝民 6411】
		会计与财务案例研	电子商务(01-15)	论文写作专题	会计电算化	会计电算化上机			国际会计(01-15)			论文写作专题	财务报表分析			国际会计单(01-	

就绪　　数字

图 2.4　某高校经济管理学院 2010～2011 学年第一学期会计学专业的部分课表

而某个教学班级在校期间培养方案的执行情况类似图 2.5 所示。

年级	班级名称	开课学期	课程名称	开课部门	教师姓名	课程类型	学分	考核方式	周课时	总课时	起止周
2006	会计学本06 (2)	1	经济管理基础	经济管理学院	刘鹏	学科基础与专业必修课	3	考试	4	52	4-16
2006	会计学本06 (2)	1	经济数学A(一)	数学与信息科学学院	刘凌霞	学科基础与专业必修课	5	考试	6	90	4-18
2006	会计学本06 (2)	1	大学语文	文学与新闻传播学院	甄士田	学科基础与专业必修课	1.5	考试	2	30	4-18
2006	会计学本06 (2)	1	大学英语(一)	外国语学院	王晓平	学科基础与专业必修课	3.5	考试	4	64	4-18
2006	会计学本06 (2)	1	体育(一)	体育学院	代宝刚	公共必修课		考查	2	30	4-18
2006	会计学本06 (2)	1	思想道德修养与法律基础	马列教学部	赵淑玉	学科基础与专业必修课	2	考查	2	36	4-15
2006	会计学本06 (2)	2	微观经济学	经济管理学院	孙艳丽	学科基础与专业必修课	3	考试	3	54	1-18
2006	会计学本06 (2)	2	会计学	经济管理学院	刘孝民	学科基础与专业必修课	3	考试	4	60	1-18
2006	会计学本06 (2)	2	经济数学A(二)	数学与信息科学学院	刘立霞	学科基础与专业必修课	2	考试	2	36	1-18
2006	会计学本06 (2)	2	大学英语(二)	外国语学院	杨琳	学科基础与专业必修课	4	考试	4	72	1-18
2006	会计学本06 (2)	2	中国近现代史纲要	历史文化与旅游学院	孙金玲	学科基础与专业必修课	2	考查	2	28	1-14
2006	会计学本06 (2)	2	体育(二)	体育学院	战新军	公共必修课		考查	2	32	1-16
2006	会计学本06 (2)	2	大学IT	计算机与通信工程学院	史纪元	学科基础与专业必修课	3	考试	4	56	1-14
2006	会计学本06 (2)	3	宏观经济学	经济管理学院	孙艳丽	学科基础与专业必修课	2.5	考试		48	1-16
2006	会计学本06 (2)	3	管理学A	经济管理学院	刘秀华	学科基础与专业必修课	3	考试	3	54	1-18
2006	会计学本06 (2)	3	中级财务会计	经济管理学院	刘孝民	学科基础与专业必修课	3	考试	4	54	1-14
2006	会计学本06 (2)	3	经济数学A(三)	数学与信息科学学院	刘立霞	学科基础与专业必修课	3	考试	3	54	1-18
2006	会计学本06 (2)	3	大学英语(三)	外国语学院	杨琳	学科基础与专业必修课	4	考试	4	72	1-18
2006	会计学本06 (2)	3	体育(三)	体育学院	王福祥	公共必修课		考查	2	32	1-16
2006	会计学本06 (2)	3	马克思主义基本原理	马列教学部	孙宏忠	学科基础与专业必修课	2	考查		36	1-18
2006	会计学本06 (2)	3	Visual FoxPro 程序设计	计算机与通信工程学院	魏军	学科基础与专业必修课	3	考试	3	54	1-18
2006	会计学本06 (2)	4	国际贸易实务B	经济管理学院	陈丽	学科基础与专业必修课	1.5	考查	2	30	1-15
2006	会计学本06 (2)	4	统计学	经济管理学院	范赞成	学科基础与专业必修课	2.5	考查		45	1-15
2006	会计学本06 (2)	4	财政学	经济管理学院	李晓君	学科基础与专业必修课	1.5	考查	2	30	1-15
2006	会计学本06 (2)	4	市场营销	经济管理学院	秦世波	学科基础与专业必修课	2.5	考查		45	1-15
2006	会计学本06 (2)	4	中级财务会计	经济管理学院	李维清	学科基础与专业必修课	3	考试	2	48	1-16
2006	会计学本06 (2)	4	应用文写作	文学与新闻传播学院	牟海英	学科基础与专业必修课	1.5	考查	2	30	1-15
2006	会计学本06 (2)	4	大学英语(四)	外国语学院	安丽	学科基础与专业必修课	4	考试	4	72	1-18
2006	会计学本06 (2)	4	体育(四)	体育学院	王福祥	公共必修课		考查	2	32	1-16
2006	会计学本06 (2)	4	毛泽东思想、邓小平理论和	马列教学部	张守德	学科基础与专业必修课	3	考查	3	54	1-18
2006	会计学本06 (2)	5	政府与非营利组织会计	经济管理学院	刘国英	学科基础与专业必修课	2	考查	2	30	1-15
2006	会计学本06 (2)	5	企业税务会计	经济管理学院	张洪友	学科基础与专业必修课	1.5	考查	2	30	1-15
2006	会计学本06 (2)	5	财经英语	经济管理学院	李英	学科基础与专业必修课	2	考查		32	1-16

图 2.5 某高校 2006 级会计学 2 班培养方案执行情况（部分图）

根据这些资料，再结合前面已经确定的 4 个关系（学院、专业、课程和教学计划），经过分析归纳又可得到以下 3 个关系的关系模式：

教师（<u>教师代码</u>、教师名称、性别、职称、出生日期、学院代码）。

班级（<u>班级代码</u>、班级名称、专业代码）。

计划执行情况（<u>班级代码</u>、<u>课程代码</u>、<u>教师代码</u>）。

说明：

（1）前 2 个关系（教师和班级）的主键分别是"教师代码"和"班级代码"，它们均为单字段主键。

（2）入选关系计划执行情况中的任何一个字段或者任何两个字段的组合都不能担当其主键的重任，只有三个字段"班级代码"、"课程代码"和"教师代码"共同组合起来，才能唯一确定表中一条记录，即该关系的主键只能是三个字段的组合。在本书中引入三字段主键并展开深入研究，这是作者精心设计"教学管理"数据库作为教学用例的一大亮点。

3. 根据学生信息和成绩信息可以确定的关系及其属性（表与字段）

学生基本信息管理和成绩管理是教学管理工作的重要组成部分，其数据量大、要求更新快、查阅方便的管理特点恰好能够体现数据库管理软件的优势。

表 2.1 所示的学生信息卡是学生信息管理中常见的表现形式，涵盖了学生个人基本信息、家庭信息以及奖惩情况等。

类似图 2.6 所示的学生成绩管理是学籍管理的重点，学校以此衡量每个学生在校期间完成学业情况。该表是"教学管理"数据库中数据量最大、使用最频繁的基本关系。类似图 2.7 所示的任课教师报送成绩单是每学期末一门课程结束后考试成绩的存档凭证。

表 2.1　学生信息卡

学号	06040140301		姓名	于钦鹏
性别	男	出生年月	1988-2-9	
籍贯	福建省莆田市			
身份证号	000000000000000138			
学院	经济管理学院		专业	国际经济与贸易
联系电话	13500000033		E-mail	06040140301@163.com
入学成绩	534		贷款否	否
家庭住址	福建省莆田市		家庭电话	13900000898
特长	篮球			
奖惩情况				
健康状况	健康			
简历				
备注				

学号	姓名	性别	专业代码	专业名称	学期	课程代码	课程名称	学分	考核方式	成绩
06040340201	丁小燕	女	0403	会计学	1	0412001	经济管理基础	3	考试	62
06040340201	丁小燕	女	0403	会计学	1	0512509	经济数学A（一）	5	考试	73
06040340201	丁小燕	女	0403	会计学	1	1004501	大学语文	1.5	考查	84
06040340201	丁小燕	女	0403	会计学	1	1004502	演讲与口才	1.5	考查	99
06040340201	丁小燕	女	0403	会计学	1	1111001	大学英语（一）	3.5	考试	82
06040340201	丁小燕	女	0403	会计学	1	1601001	体育（一）	2	考查	91
06040340201	丁小燕	女	0403	会计学	1	1901001	思想道德修养与法律基础	2	考查	74
06040340201	丁小燕	女	0403	会计学	1	9906001	军训	2	考查	80
06040340201	丁小燕	女	0403	会计学	2	0412002	微观经济学	3	考试	73
06040340201	丁小燕	女	0403	会计学	2	0412004	会计学	3	考试	76
06040340201	丁小燕	女	0403	会计学	2	0512510	经济数学A（二）	2	考试	79
06040340201	丁小燕	女	0403	会计学	2	1111002	大学英语（二）	4	考试	96
06040340201	丁小燕	女	0403	会计学	2	1301001	中国近现代史纲要	2	考查	82
06040340201	丁小燕	女	0403	会计学	2	1601002	体育（二）	2	考查	76
06040340201	丁小燕	女	0403	会计学	2	1901002	毛泽东思想、邓小平理论和"三	3	考查	84
06040340201	丁小燕	女	0403	会计学	2	2011001	大学IT	3	考试	85
06040340201	丁小燕	女	0403	会计学	3	0412003	宏观经济学	2.5	考试	69
06040340201	丁小燕	女	0403	会计学	3	0412020	管理学A	3	考试	72
06040340201	丁小燕	女	0403	会计学	3	0412031	中级财务会计	3	考试	74
06040340201	丁小燕	女	0403	会计学	3	0512511	经济数学A（三）	3	考查	78
06040340201	丁小燕	女	0403	会计学	3	1111003	大学英语（三）	4	考试	70
06040340201	丁小燕	女	0403	会计学	3	1601003	体育（三）	2	考查	99
06040340201	丁小燕	女	0403	会计学	3	1911001	马克思主义基本原理	2	考试	91
06040340201	丁小燕	女	0403	会计学	3	2011003	Visual FoxPro 程序设计	3	考试	79
06040340201	丁小燕	女	0403	会计学	4	0404038	国际贸易实务B	1.5	考试	81
06040340201	丁小燕	女	0403	会计学	4	0412006	统计学	2.5	考试	88
06040340201	丁小燕	女	0403	会计学	4	0412008	财政学	1.5	考试	92
06040340201	丁小燕	女	0403	会计学	4	0412023	市场营销	2.5	考试	75
06040340201	丁小燕	女	0403	会计学	4	0412047	中级财务会计	2	考试	76
06040340201	丁小燕	女	0403	会计学	4	1004503	应用文写作	1.5	考查	82
06040340201	丁小燕	女	0403	会计学	4	1111004	大学英语（四）	4	考试	91
06040340201	丁小燕	女	0403	会计学	4	1601004	体育（四）	2	考查	63

图 2.6　学生成绩管理（部分图）

通过分析以上资料，经提炼分解得到以下 3 个关系的关系模式：

学生（学号、姓名、性别、专业代码、出生日期、籍贯、电话、备注）。

学生其他情况（学号、身份证号、E-mail、入学成绩、贷款否、照片、特长、家庭住址、家庭电话、奖惩情况、健康状况、简历）。

成绩（学号、课程代码、学期、成绩）。

学院　　　专业　　级（本/专）科　班考试成绩单

课程名称：　　　　　20__至20__　学年　第__学期　　填表时间：　　年　月　日

序号	学号	姓名	期中成绩	期末成绩	总评成绩	备注	序号	学号	姓名	期中成绩	期末成绩	总评成绩	备注
1							24						
2							25						
3							26						
4							27						
5							28						
6							29						
7							30						
8							31						
9							32						
10							33						
11							34						
12							35						
13							36						
14							37						
15							38						
16							39						
17							40						
18							41						
19							42						
20							43						
21							44						
22							45						
23							46						

应考人数：　　　实考人数　　　不及格人数　　　（用*斜体字*注明）

授课教师签字　　　教研室主任签字　　　院部主任签字　　　（加盖公章）

注：1.总评成绩为期中成绩（30%）与期末成绩（70%）之和；无期中考试的课程，总评成绩即为期末考试成绩；2.不及格成绩用斜体字填写；3.无成绩者请在对应成绩栏中注明原因（缓考、旷考、违纪、休学等）；4.缓考考生应在各注栏中注明"缓考"。

图2.7　任课教师报送的考试成绩单

说明：

（1）前 2 个关系（学生和学生其他情况）表述的都是学生信息，完全可以合并为一个关系。之所以将其分解成两个关系，主要是因为有许多属性的使用频率较低，分解成常用属性集和非常用属性集更能体现关系的灵活性，使用更加方便。另外，这两个关系也是建立一对一关联的代表，它们具有相同的主键字段。

（2）对关系成绩来说，主键是字段"学号"和"课程代码"的组合。因为该关系数据量大，为了表中数据排序方便，特意对其增加了字段"学期"（成绩表中可以没有该字段）。

以上归纳得到的 10 个关系模式，就是本书"教学管理"数据库中的 10 个基本关系。这 10 个基本关系不仅包含了丰富的属性内容，而且 10 个基本关系之间存在着复杂但清晰、条理的内在关联（图2.8），为充分挖掘和展示 Access 数据库管理软件的精髓提供了丰富的题材资源。

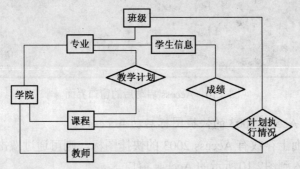

图 2.8　"教学管理"数据库中 10 个关系的 E-R 模型关系简图（缺少属性）

将这 10 个基本关系套用 Access 数据库表结构的设计规则，即可得到"教学管理"数据库 10 个基本表的表结构，详见第 3 章的 3.1.2 节。

2.2　启动 Access

Access 的启动方法与一般的 Windows 应用程序的启动方法相同。主要采用以下两种方法。

1. 从"开始"菜单中启动 Access

在 Windows 操作系统下，单击任务栏左下角的"开始"按钮，选择"程序"/"Microsoft Office"|"Microsoft Office Access 2003"命令（图2.9），则将启动 Access 2003。启动后的 Access 窗口如图2.10所示。

图 2.9　通过"开始"菜单启动 Access

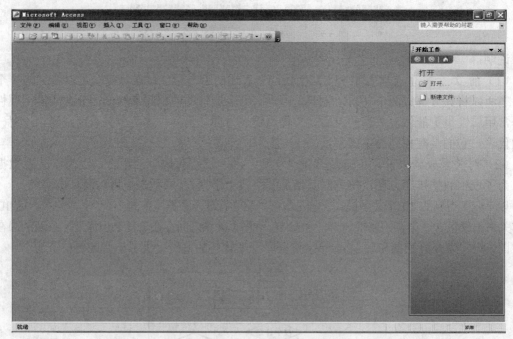

图 2.10　Access 启动后的窗口界面

2. 从桌面上双击 Access 2003 的快捷图标启动 Access

如果 Windows 桌面上存放有 Access 2003 的快捷图标，则可通过双击该快捷图标，迅速启动 Access 2003，并进入到图2.10所示的 Access 窗口。

2.3 创建 Access 数据库

在数据库设计完成后，就可以进入到使用 Access 软件创建数据库文件阶段了。创建 Access 数据库通常有以下两种方法。

第一种方法是使用数据库向导，利用系统提供的模板或现有文件，创建一个具有一定数据和功能的数据库。用这种方法创建数据库比较快捷，在向导引领下只需一次操作就可以创建所需的表、窗体和报表等，其缺点是用这种方法创建的对象往往不能符合实际需要，还应该做进一步的修改或调整。向导法比较适合熟练用户使用。

第二种方法是先建立一个空数据库，然后在其中新建（或添加）表、查询、窗体和报表等对象。用这种方法创建数据库比较灵活，是一般用户最常用的方法，其缺点是用户必须分别定义数据库中的每一个对象。

但不管用哪种方法，在数据库创建之后，都可以在任何时候修改或扩展数据库。

2.3.1 使用向导创建数据库

Access 2003 提供了 10 种典型的数据库管理业务模板，它们是订单、分类总账、服务请求管理、工时与账单、讲座管理、库存控制、联系人管理、支出、资产追踪和资源调度。用户可以根据需要，利用这些模板建立一个比较完整的数据库管理系统，它包括了系统所需的表、窗体和报表，只是表中没有数据。用户也可以借助互联网，找到更多的模板。

【例 2.1】 使用数据库模板创建"订单"数据库。

操作步骤如下。

（1）在 Access 2003 主窗口菜单栏中，选择"文件"｜"新建"命令或单击数据库工具栏上的"新建"按钮，打开"新建文件"任务窗格（通常在屏幕窗口的右侧，如图 2.11 所示）。选择"本机上的模板"选项，弹出"模板"对话框，单击其中的"数据库"选项卡，出现如图 2.12 所示的 10 种数据库模板。

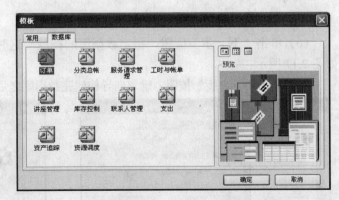

图 2.11 "新建文件"任务窗格   图 2.12 "模板"对话框

（2）选择"订单"模板后，单击"确定"按钮，在打开的"文件新建数据库"对话框中输入新建数据库文件的路径及名称（如订单.mdb），单击"创建"按钮，进入"数据库向导"的第一步，告诉用户"订单"数据库将包含哪些表，如图2.13所示。

（3）单击"下一步"按钮，向导提供了每个表中包含的字段及可选的部分字段，可以根据自己的需要进行选择，单击字段前面的复选框可选定此字段（出现对号），如图 2.14 所示。

图 2.13　"数据库向导"对话框

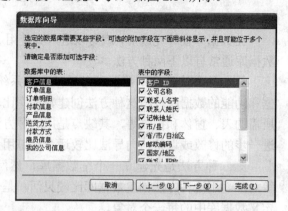

图 2.14　表中包含字段及部分可选字段

（4）单击"下一步"按钮，选择一种屏幕的显示样式，如图 2.15 所示。

（5）单击"下一步"按钮，选择一种打印报表所用的样式，如图 2.16 所示。

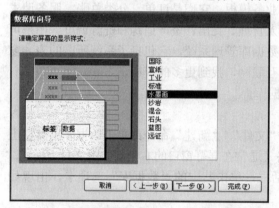

图 2.15　确定屏幕的显示样式

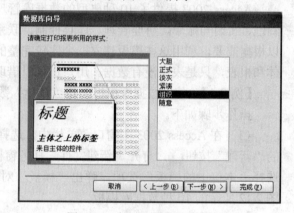

图 2.16　确定打印报表所用的样式

（6）单击"下一步"按钮，指定数据库的标题，这时还可以为打印报表添加单位的徽标，如图 2.17 所示。

（7）单击"下一步"按钮，确定向导构建完数据库之后是否启动数据库，如图 2.18 所示。

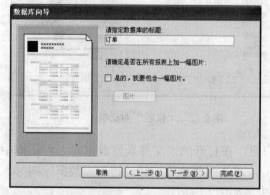

图 2.17　确定数据库的标题（可添加单位徽标）

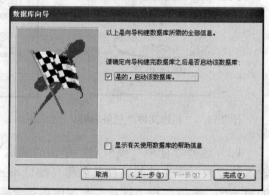

图 2.18　确定向导构建完数据库之后是否启动数据库

（8）单击"完成"按钮，向导按照要求开始创建数据库，会看到类似图 2.19 所示的生成数据库进度条。当数据库生成完毕后，会出现让用户输入公司信息的对话框，如图2.20 所示。

图 2.19　数据库生成过程

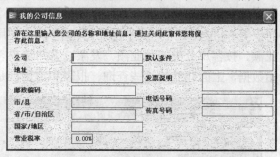

图 2.20　输入公司信息

（9）输入公司信息后，关闭公司信息输入对话框，进入"主切换面板"窗口，如图 2.21 所示，可根据需要选择其中一项开始操作。注意在图2.21 中左下角区域，有一个最小化的"订单"数据库图标，单击其上的"还原"按钮，即可看到"订单"数据库的全貌，如图 2.22 所示，数据库建立完成。

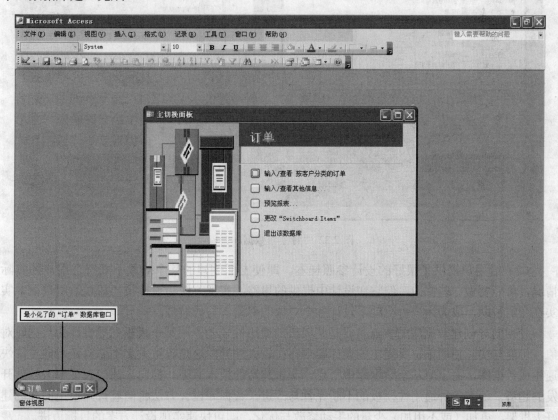

图 2.21　"主切换面板"窗口

使用向导创建数据库的两个主要特点如下。

（1）快捷。在上面创建的"订单"数据库（仅仅点了几下鼠标而已，参见图2.22）中，表对象列表中已经建立了8个表（产品、订单、订单明细、付款额、付款方式、雇员、客户、送货方式），查询对象列表中已经创建了 4 个常用查询（按雇员分类的营业额子查询、按客户分类的营业额子查询、付款总计查询、应收账款账龄报表查询），窗体对象列表中已经创建了 14 个窗体（按客户分类的订单、报表日期范围、产品、订单明细子窗体、客户订单子窗体、切换面板等），报表对象列表中已经创建了 6 个常用报表（按产品分类的营业额、按雇员分类的营业额、按客户分类的营业额、发票、客户清单、应收账款账龄）。只要在 8 个表对象中输入原始数据，上面建立的这些查询、报表和窗体都是可用且功能非常强大的。

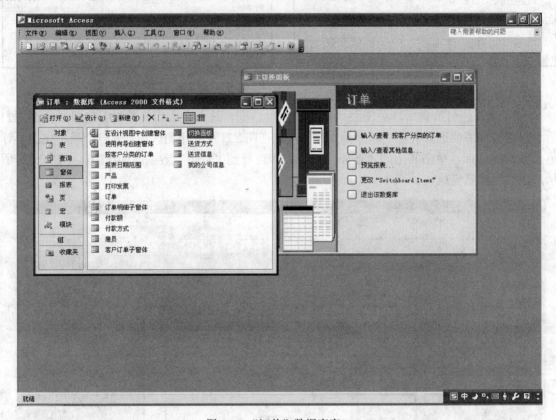

图 2.22 "订单"数据库窗口

（2）给用户提供了很好的设计参照样本。即使上面创建的某个对象不太符合用户的实际情况，可能要做一些修改，但它在设计中提供的思路、实现方法与设计技巧却能给用户很多实实在在的帮助，成为用户自己动手设计各个对象的引路者与导航灯。

使用向导创建数据库的缺点主要是些模板的通用性较差。用某个模板向导设计的数据库对象，可能与实际使用单位所提出的设计要求存在较大差异，这是导致大家不愿意使用向导法快速生成数据库，而宁愿从空数据库中一点一滴去建造的根本原因。但向导法代表了未来软件开发的趋势。随着各种通用性模板的不断完善与改进，数据库设计方法将向着首先使用向导创建好大框架，再加（或不用加）少量的手动修改与优化，即可快速实现设计方案的目标迈进。

2.3.2 自定义创建数据库

自定义创建数据库的方法是，先创建一个空数据库，然后自己动手向里面添加所需的表、查询、窗体、报表以及其他对象。下面以贯穿全书的教学实例数据库"教学管理"的建立过程为例，来介绍创建空数据库的方法和相关操作。

【**例 2.2**】 创建空数据库"教学管理0"，并观察新建数据库的默认版本。

操作步骤如下。

（1）在启动后的 Access 2003 主窗口菜单栏中，选择"文件"Ⅰ"新建"命令或单击数据库工具栏上的"新建"按钮，打开"新建文件"任务窗格，如图2.23所示。

（2）选择"新建"栏目中的"空数据库…"选项，打开"文件新建数据库"对话框，确定数据库的保存位置为"D:\Access 范例"（如果该文件夹不存在，可先行建立），在"文件名"文本框中输入数据库名称"教学管理0"，数据库文件的扩展名为".mdb"，如图 2.24 所示。

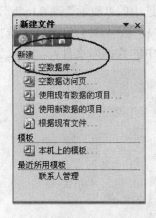

图 2.23 "新建文件"任务窗格

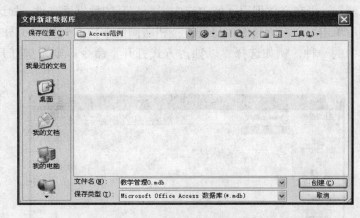

图 2.24 "文件新建数据库"对话框

（3）单击"创建"按钮，系统将打开新建数据库"教学管理0"窗口，如图2.25所示。

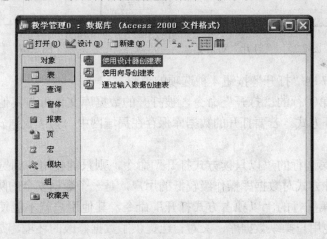

图 2.25 "教学管理 0"数据库窗口

（4）观察新建数据库的默认版本。在图 2.25 所示的数据库"教学管理 0"窗口的标题栏上注明了数据库的版本信息："Access 2000 文件格式"，这就是 Access 系统当前默认的版本。

Access 数据库的版本是可转换的。具体转换方法参见 2.5 节内容。

2.4　打开与关闭数据库

在 Access 中，对数据库中的数据进行操作之前，需要先打开数据库，操作结束后还需要关闭数据库。

2.4.1 打开数据库

可以使用两种方法打开一个已有 Access 数据库文件（扩展名为.mdb）。

1. 在已启动的 Access 窗口中使用"打开"命令

如果 Access 窗口已经打开，则可通过在主窗口菜单栏上选择"文件"|"打开"命令或通过单击数据库工具栏上的"打开"按钮，打开如图 2.26 所示的"打开"对话框。

首先从对话框的"查找范围"下拉列表中选中数据库所在位置（如这里选择"D:\Access范例"），再在文件列表区域中选中将要打开的数据库文件（如这里选中的"教学管理 0.mdb"），最后单击位于左下角的"打开"按钮右侧的下拉箭头列表（图 2.27），从 4 种打开方式中选择其中的一种，例如选择"以独占方式打开"命令，则系统打开选中的数据库文件，如图 2.25所示。

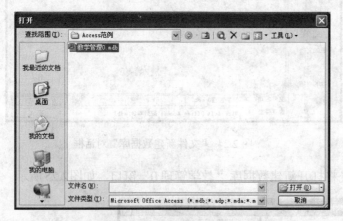

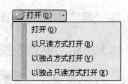

图 2.26 "打开"对话框   图 2.27 "打开"按钮的可选项

以下是对图 2.27 中"打开"按钮 4 种选项的说明。

（1）如果选择第①行的"打开"命令，被打开的数据库文件可与其他用户共享，这是默认的数据库文件打开方式。若要打开的数据库保存在局域网中，为了数据安全，最好不要选用这种方式打开文件。

（2）如果选择第②行的"以只读方式打开"命令，则只能使用、浏览数据库对象，不能对其进行修改。这种方式对数据库操作级较低的用户，是一个数据安全的防范方法。

（3）如果选择第③行的"以独占方式打开"命令，其他用户就不能使用该数据库。这种方式既可以屏蔽其他用户操纵数据库，又对自己提供了数据修改的环境，是一种常用的数据库文件打开方式。

（4）如果选择第④行的"以独占只读方式打开"命令，则只能使用、浏览数据库对象，不能对其进行修改，其他用户也不能使用数据库。这种方式既可以屏蔽其他用户操纵数据库，又限制了自己修改数据的操作，一般只是在进行数据浏览、查询操作时才用这种数据库文件打开方式。

2. 通过双击一个 Access 数据库文件（扩展名为.mdb），直接打开数据库

在未启动 Access 软件之前，首先使用工具"资源管理器"或"我的电脑"找到存放 Access数据库文件（扩展名为.mdb）的位置，然后用鼠标双击数据库文件名，则可直接启动 Access，并同时打开相应的数据库。该方法是 Access 数据库用户最常用的方法（该方法相当于上述"打开"按钮 4 个选项中的第 1 个）。

2.4.2 关闭数据库

使用完数据库之后应关闭数据库文件，首先将数据库窗口选定为当前工作窗口，再从下面列出的几种方法中任选一种，都可关闭当前数据库文件。

（1）单击"数据库"窗口右上角的"关闭"按钮。

（2）打开"文件"菜单，选择"关闭"命令或按 C 键。

（3）按 Ctrl+F4 键。

（4）单击 Access 应用程序窗口右上角的"关闭"按钮，关闭 Access 应用程序的同时必将关闭数据库文件。

（5）按 Alt+F4 键，效果同（4）。

2.5　数据库的版本转换

使用不同版本创建的 Access 数据库，可以实现低版本向高版本的升级，也可以实现高版本向低版本的转换，从而使创建的同一个数据库在不同版本的 Access 环境下都能得以生存。

用户使用的 Access 版本主要有 97 版、2000 版、2002—2003 版以及 2007 版。它们基本上是向下兼容的，即高版本一般可以兼容低版本的数据文件，而低版本的一般无法打开高版本的数据文件。虽然 Access 版本有向下兼容的特点，但是在高版本中使用低版本的数据文件都存在有一定的局限性。如在 2003 版中只能打开 97 版的数据文件，但无法进行必要的编辑或修改，同样在 2007 版中使用 2003 版也会存在某些障碍。但通过数据库的版本转化功能将会解决此类问题。

软件 Access 2003 可以实现"Access 97 文件格式"、"Access 2000 文件格式"和"Access 2002—2003 文件格式"三种版本之间的相互转换。版本的转换是通过"工具"|"数据库实用工具"|"转换数据库"命令实现的，如图2.28所示。

图 2.28　"工具"菜单下的"转换数据库"命令

2.5.1 从低版本到高版本转换

从低版本向高版本转化是软件发展的趋势和必然，通过版本升级既保留了原来的数据，又可以享受到高版本的新增功能。

执行数据库版本转换，可以在不打开数据库或已经打开数据库两种情况下进行。

【例 2.3】　在不打开数据库"教学管理 0"的前提下将其转换成 2003 格式，并为转换得到的新数据库取名"教学管理"。

操作步骤如下。

（1）在启动后的 Access 2003 主窗口菜单栏中，参照图 2.28 所示方法，选择 "工具"｜"数据库实用工具"｜"转换数据库"｜"转为 Access 2002—2003 文件格式"命令，系统将打开 "数据库转换来源" 对话框。首先从对话框的 "查找范围" 下拉列表中选中数据库所在位置（如这里选择 "D:\Access 范例"），再在文件列表区域中选中将要转换的数据库文件 "教学管理0.mdb"，如图 2.29 所示。

图 2.29 "数据库转换来源" 对话框

（2）单击 "转换" 按钮，系统打开 "将数据库转换为" 对话框。确定保存位置，并在 "文件名" 文本框中输入 "教学管理"，如图2.30 所示。

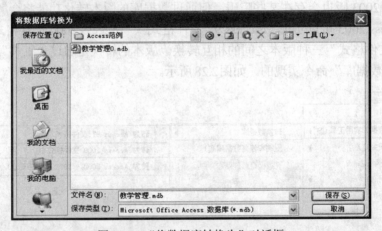

图 2.30 "将数据库转换为" 对话框

（3）单击 "保存" 按钮，弹出如图 2.31 所示的提示信息窗口，再单击 "确定" 按钮，格式转换结束，新的 "教学管理" 数据库已经生成，只要将其打开便可使用了。

图 2.31 提示信息窗口

【例 2.4】 在已经打开数据库"教学管理 0"的窗口下将其转换成 2003 格式，并为转换得到的新数据库取名"教学管理 1"。

操作步骤如下：

在已经打开了数据库"教学管理 0"的窗口菜单栏中，参照图2.28所示方法，选择"工具" | "数据库实用工具" | "转换数据库" | "转为 Access 2002—2003 文件格式"命令（如图 2.32 所示，注意文件格式中的"转为 Access 2000 文件格式"是灰色不可用状态，恰好说明该数据库是这种版本的），系统将直接进入"将数据库转换为"对话框（类似图2.30所示）。确定保存位置，并在"文件名"文本框中输入"教学管理 1"，单击"保存"按钮，在弹出的提示信息窗口中单击"确定"按钮，格式转换结束，仍然返回到原来"教学管理 0"的窗口，但新的"教学管理 1"数据库已经生成。

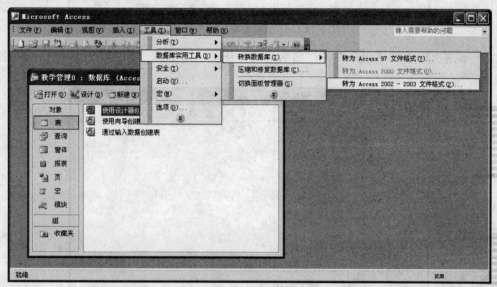

图 2.32　在已打开数据库窗口中选择版本转换的操作窗口

2.5.2　从高版本到低版本转换

从高版本向低版本转化主要是为了适应当前的版本环境，如计算机内安装的是 Access 2000 版本，无法正常打开 Access 2003 版本的数据库，则可通过将 2003 版本的数据库转换为 2000 版本的数据库，从而实现数据的操作。从高版本向低版本转化的操作与上面类似，不再赘述。

2.6　数据库的压缩与修复

随着数据库使用次数的不断增加以及创建、修改、删除各种对象的操作，数据库文件中会产生大量的"碎片"，致使数据库文件变得很大，将会导致数据库文件使用率下降。另外，数据库在使用过程中，若遭到破坏，也会导致数据不正确。

压缩/修复数据库功能可以对数据库文件进行重新整理和优化，清除磁盘中的碎片，修复遭到破坏的数据库，从而提高数据库的使用效率，保证数据库中数据的正确性。

操作步骤如下。

（1）当数据库文件处于关闭状态时，在启动后的 Access 2003 主窗口菜单栏中，选择"工具" | "数据库实用工具" | "压缩和修复数据库"命令，将打开"压缩数据库来源"对话框，选择被压缩的数据库文件，如图2.33所示。

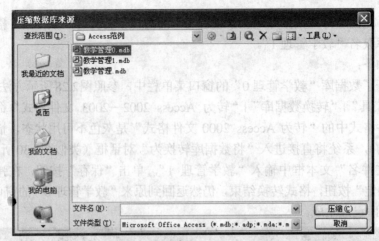

图 2.33 "压缩数据库来源"对话框

（2）单击"压缩"按钮，打开"将数据库压缩为"对话框，输入压缩后的数据库名称，如图2.34所示。

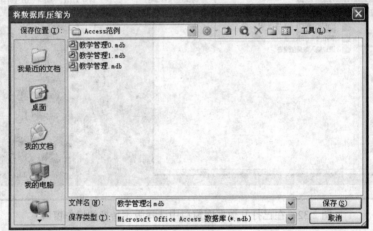

图 2.34 "将数据库压缩为"对话框

（3）单击"保存"按钮，压缩/修复完成。

以下是对压缩/修复数据库功能的说明。

（1）在进行压缩/修复数据库文件之前，必须保证磁盘有足够的存储空间存放数据库压缩/修复产生的文件，如果磁盘空间不够，将导致压缩/修复数据库失败。

（2）如果压缩/修复后的数据库文件与源文件同名且同路径，压缩/修复后的文件将替换原始文件。

（3）如果要压缩/修复的数据库文件已经打开，可直接选择"工具" | "数据库实用工具" | "压缩和修复数据库"命令，系统将对打开的数据库文件立即进行压缩/修复，不再弹出对话框。

习 题 2

1. 思考题

（1）设计数据库有哪些基本步骤？

（2）列出"教学管理"数据库中的 10 个基本关系。

（3）简述使用向导创建数据库的优缺点。

（4）简述打开数据库时，如何根据需要选择"打开"按钮的 4 种选项。

（5）简述 Access 2003 可以实现哪几种版本之间的相互转换。

2. 选择题

（1）利用 Access 创建的数据库文件，其扩展名为_____。

　　A）.dbf　　　　　B）.mdb　　　　　C）.adp　　　　　D）.xls

（2）Access 2003 版本转换中不包括的版本是_____。

　　A）97 版　　　　　B）2000 版　　　　C）95 版　　　　　D）2002—2003 版

（3）启动 Access 2003 最快捷的方法是_____。

　　A）从开始菜单中打开　　　　　　　　B）在桌面建立 Access 2003 的快捷方式

　　C）从 Office 快捷菜单中打开　　　　　D）在 Office 的安装文件夹中打开

（4）在 Access 中，可以使用_____菜单下的数据库实用工具进行数据库版本的转换。

　　A）文件　　　　　B）视图　　　　　C）编辑　　　　　D）工具

3. 上机操作题

（1）使用数据库模板创建"订单"数据库，并观察浏览数据库中已有对象。

（2）以 Access 2003 默认版本手动创建"教学管理 0"数据库。

（3）在不打开数据库的前提下，将数据库"教学管理 0"转换为 2003 格式，并为新数据库取名为"教学管理"。

实验 1　创建 Access 数据库

一、实验目的和要求

1. 熟悉 Access 的打开与关闭方法，并了解其主界面的组成结构。

2. 掌握使用向导建立数据库的操作步骤与方法。

3. 掌握建立空数据库的方法以及格式转换的操作技巧。

4. 掌握数据库的压缩与修复方法。

二、实验内容

1. 启动 Access 的方法。

2. 使用向导建立"联系人管理"数据库，并存放在文件夹"E:\Access 实验\实验 1"（如果此文件夹不存在，请先行建立）中。

3. 建立空数据库"教学管理 0"，并将其转换成 2003 格式的数据库"教学管理"，二者均存放在"E:\Access 实验\实验 1"文件夹中。

4. 修改 Access 系统设置，实现直接创建"Access 2002—2003 文件格式"数据库的操作要求，并创建"运动会成绩管理"数据库。

5. 分别打开"联系人管理"数据库和"教学管理"数据库，查看数据库主界面。

6. 退出 Access 的方法。

第3章 表 操 作

在 Access 数据库的 7 种对象中,表对象是用于实际存储数据的最基本对象,数据库设计最基本、最主要的任务就是设计表对象,数据库中其他对象都是用来更好地组织和管理表中数据的高级实用工具。

本章将详细介绍 Access 表对象的各种操作,主要包括按照 Access 的规则定义和设计表结构、创建表的方法、修改表结构、根据表主键创建实用的表间关联网、表中数据的输入与编辑、表的复制与删除操作、记录排序和子表操作、数据的导入与导出等。其中字段的数据类型及其属性设置、创建并使用多字段组合主键、建立复杂的表间关系网是本章操作的重点和难点。

3.1 表 概 述

任何一个 Access 表对象都是由表名、表结构和表记录 3 部分组成的,如图 3.1 所示。通常把定义表名、定义表中字段的属性、定义表的主键视为是对表结构的设计,把对表中数据的输入与编辑视为对表中记录的操作。创建 Access 表一般需要两个步骤:一是建立表结构,二是输入表记录(表中数据)。本节主要介绍表结构的组成,并给出"教学管理"数据库中 10 个基本表的表结构设计以及部分数据样例。

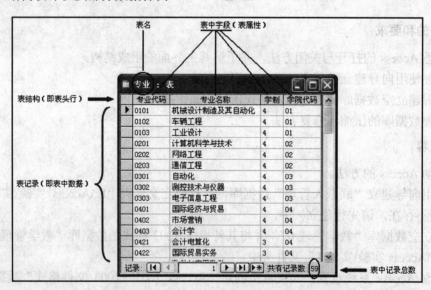

图 3.1 Access 表的组成

3.1.1 表结构的组成

Access 的表结构主要包含表名以及组成该表的所有字段信息。表名是该表存储到磁盘的唯一标识,也可以理解为,它是用户访问该表中数据的唯一标识。字段信息主要由 4 部分组成:字段名称、字段类型、字段属性及字段说明。下面对这 4 个部分分别说明。

1．字段名称

字段名称是为表中每个属性起的名字。对于字段名称，需要遵守以下约束规则。

（1）字段名称可以包含字母、汉字、数字、空格（只能用在字段名称中间，不能以空格作开头）和其他字符。

（2）字段名称中不能包含点（.）、惊叹号（!）、方括号（[ ]）、先导空格（即以空格开头）或不可打印的符号（如 Enter 键）。

（3）字段名称长度为 1～64 个字符（注意：一个汉字、一个英文字母都算一个字符）。

（4）同一个表中不允许出现相同字段名称。

注意：Access 的字段名约束条件比其他一些数据库管理软件（如 Visual FoxPro 等）的字段命名规则宽松了许多。

2．字段类型

根据关系数据库的相关定义，数据表中同一列数据必须具有相同的数据特征，称为字段的数据类型。表中每一个字段名称，都要为其选择一个明确的数据类型。Access 支持丰富的数据类型，因此能够满足各种各样的应用需求。具体到版本 Access 2003，它为数据表提供了以下 10 种数据类型：文本、备注、数字、日期/时间、货币、自动编号、是/否、OLE 对象、超级链接和查阅向导。表 3.1 列出了 Access 中使用的所有字段类型、用法及占用的存储空间。

表 3.1　字段数据类型

数据类型	用　　法	占用存储空间大小
文本	文本或文本与数字的组合，例如姓名、地址等。也可以是不需要计算的数字，如电话号码、学号、课程代码、邮编等	最多 255 个字符。Microsoft Access 只保存输入到字段中的字符，而不保存文本字段中未用位置上的空字符。设置"字段大小"属性可以控制输入字段的最大字符数
备注	长文本及数字，例如备注、简历或说明等	最多 64000 个字符
数字	可用来进行算术计算的数字数据，涉及货币的计算除外（使用货币类型）。再配合"字段大小"属性定义一个特定的数字类型	1、2、4 或 8 字节。16 字节仅用于"同步复制 ID"
日期/时间	日期、时间或日期时间组合	8 字节
货币	货币是数字数据类型的特殊类型（等价于具有双精度属性的数据类型），输入数据时不必输入美元符号和千位分隔符，默认小数位数是 2 位	8 字节
自动编号	在添加记录时自动插入的唯一顺序，与记录永久连接，不会因删除记录而重新编号	4 字节
是/否	字段只包含两个值中的一个，如"是/否"、"真/假"、"开/关"	1 字节
OLE 对象	在其他程序中使用 OLE 协议创建的对象（如 Microsoft Word 文档、Microsoft Excel 电子表格、图像、声音或其他二进制数据），可以将这些对象链接或嵌入到 Microsoft Access 表中，必须在窗体或报表中使用绑定对象框来显示 OLE 对象。OLE 类型数据不能排序、索引和分组	最大可为 1GB（受磁盘空间限制）
超级链接	存储超级链接的字段。超级链接可以是 UNC 路径或 URL	最多 64000 个字符
查阅向导	创建允许用户使用组合框选择来自其他表或来自列表中的值的字段。在数据类型列表中选择此选项，将启动向导进行定义	与主键字段的长度相同，且该字段也是"查阅"字段，通常为 4 字节

3. 字段属性

一个字段的字段属性是对该字段的具体操作规则。用户可以针对表中的不同字段以及不同的字段类型，设置不同的字段属性，包括字段大小、格式、输入掩码、标题、默认值、有效性规则、有效性文本等。字段属性的详细设置参见 3.2.4 节。

4. 字段说明

字段说明是对该字段的一些解释和注释信息，可以帮助用户更好地理解该字段的组成特征或使用规则。

3.1.2 "教学管理"数据库实例用表设计

根据上面介绍，一个表的结构主要包含表名和组成该表的所有字段信息：字段名称、字段类型、字段属性以及字段说明。针对在第 2 章中经过归纳后得到的"教学管理"数据库中的 10 个关系模式（图 3.2），并结合教学管理数据库的应用实际，给出对应的 10 个表结构的具体设计。

学院（学院代码、学院名称）
专业（专业代码、专业名称、学制、学院代码）
课程（课程代码、课程名称、开课学院代码、学分、考核方式）
教师（教师代码、教师名称、性别、职称、出生日期、学院代码）
班级（班级代码、班级名称、专业代码）
教学计划（专业代码、课程代码、开课学期、课程类型、方向标识、周课时、总课时、起止周）
学生（学号、姓名、性别、专业代码、出生日期、籍贯、电话、备注）
学生其他情况（学号、身份证号、E-mail、入学成绩、贷款否、照片、特长、家庭住址、家庭电话、奖惩情况、健康状况、简历）
成绩（学号、课程代码、学期、成绩）
计划执行情况（班级代码、课程代码、教师代码）

图 3.2 "教学管理"数据库的 10 个关系模式

表 3.2～表 3.11 所示是"教学管理"数据库中的 10 个表结构的具体设计。

表 3.2 "学院"表结构

字段名称	数据类型	字段大小	小数位数	主键类型
学院代码	文本	2	—	单一字段作主键
学院名称	文本	15	—	—

表 3.3 "专业"表结构

字段名称	数据类型	字段大小	小数位数	主键类型
专业代码	文本	4	—	单一字段作主键
专业名称	文本	15	—	—
学制	文本	1	—	—
学院代码	文本	2	—	—

表 3.4 "课程"表结构

字段名称	数据类型	字段大小	小数位数	主键类型
课程代码	文本	7	—	单一字段作主键

字段名称	数据类型	字段大小	小数位数	主键类型
课程名称	文本	25	—	—
开课学院代码	文本	2	—	—
学分	数字	单精度	1	—
考核方式	文本	2	—	—

表 3.5 "教师"表结构

字段名称	数据类型	字段大小	小数位数	主键类型
教师代码	文本	5	—	单一字段作主键
教师名称	文本	15	—	—
性别	文本	1	—	—
职称	文本	5	—	—
出生日期	日期/时间	—	—	—
学院代码	文本	2	—	—

表 3.6 "班级"表结构

字段名称	数据类型	字段大小	小数位数	主键类型
班级代码	文本	9	—	单一字段作主键
班级名称	文本	15	—	—
专业代码	文本	4	—	—

表 3.7 "教学计划"表结构

字段名称	数据类型	字段大小	小数位数	主键类型
专业代码	文本	4	—	双字段组合作主键
课程代码	文本	7	—	
开课学期	文本	2	—	—
课程类型	文本	15	—	—
方向标识	文本	25	—	—
周课时	数字	字节	0	—
总课时	数字	整型	0	—
起止周	文本	25	—	—

表 3.8 "学生"表结构

字段名称	数据类型	字段大小	小数位数	主键类型
学号	文本	11	—	单一字段作主键
姓名	文本	5	—	—
性别	文本	1	—	—
专业代码	文本	4	—	—
出生日期	日期/时间	—	—	—
籍贯	文本	30	—	—
电话	文本	13	—	—
备注	备注	—	—	—

表 3.9 "学生其他情况"表结构

字段名称	数据类型	字段大小	小数位数	主键类型
学号	文本	11	—	单一字段作主键
身份证号	文本	18	—	—
E-mail	超链接	—	—	—
入学成绩	数字	单精度型	1	—
贷款否	是/否	—	—	—
照片	OLE 对象	—	—	—
特长	文本	60	—	—
家庭住址	文本	30	—	—
家庭电话	文本	13	—	—
奖惩情况	文本	60	—	—
健康状况	文本	50	—	—
简历	备注	—	—	—

表 3.10 "成绩"表结构

字段名称	数据类型	字段大小	小数位数	主键类型
学号	文本	11	—	双字段组合作主键
课程代码	文本	7	—	
学期	文本	2	—	
成绩	数字	单精度型	1	—

表 3.11 "计划执行情况"表结构

字段名称	数据类型	字段大小	小数位数	主键类型
班级代码	文本	9	—	三字段组合作主键
课程代码	文本	7	—	
教师代码	文本	5	—	

表 3.12～表 3.21 所示为上面 10 个基本表准备的部分数据，供用户在创建好表结构后，练习向表中输入数据时使用。

表 3.12 "学院"表的部分数据

学院代码	学院名称	学院代码	学院名称
01	机电工程学院	13	历史文化与旅游学院
02	计算机与通信工程学院	14	音乐学院
03	信息与控制工程学院	15	美术学院
04	经济管理学院	16	体育学院
05	数学与信息科学学院	17	教育科学与技术系
06	物理与电子科学学院	19	马列教学部
07	化学化工学院	28	土木建筑学院
08	生物工程学院	77	教务处
10	文学与新闻传播学院	88	图书馆
11	外国语学院	99	其他
12	法学院		

表 3.13 "专业"表的部分数据

专业代码	专业名称	学制	学院代码	专业代码	专业名称	学制	学院代码
0101	机械设计制造及其自动化	4	01	1004	对外汉语	4	10
0102	车辆工程	4	01	1006	播音与主持艺术	4	10
0103	工业设计	4	01	1022	文秘	3	10
0201	计算机科学与技术	4	02	1101	英语	4	11
0202	网络工程	4	02	1102	日语	4	11
0203	通信工程	4	02	1103	朝鲜语	4	11
0301	自动化	4	03	1104	法语	4	11
0302	测控技术与仪器	4	03	1201	法学	4	12
0303	电子信息工程	4	03	1202	行政管理	4	12
0401	国际经济与贸易	4	04	1221	司法助理	3	12
0402	市场营销	4	04	1301	思想政治教育	4	13
0403	会计学	4	04	1302	历史学	4	13
0421	会计电算化	3	04	1303	旅游管理	4	13
0422	国际贸易实务	3	04	1304	公共事业管理	4	13
0501	数学与应用数学	4	05	1305	旅游管理（空乘）	4	13
0502	信息与计算科学	4	05	1321	旅游管理	3	13
0603	光信息科学与技术	4	06	1501	艺术设计	4	15
0701	化学	4	07	1502	美术学	4	15
0702	化学工程与工艺	4	07	1601	体育教育	4	16
0703	应用化学	4	07	1602	社会体育	4	16
1001	汉语言文学	4	10	2802	土木工程	4	28
1003	广播电视新闻学	4	10	2803	建筑学	5	28

表 3.14 "课程"表的部分数据

课程代码	课程名称	开课学院代码	学分	考核方式
0412001	经济管理基础	04	3	考试
0412002	微观经济学	04	3	考试
0412003	宏观经济学	04	2.5	考试
0412004	会计学	04	3	考试
0412005	国际贸易	04	3	考试
0412006	统计学	04	2.5	考试
0412038	财务报表分析	04	2	考试

表 3.15 "教师"表的部分数据

教师代码	教师名称	性别	职称	出生日期	学院代码
02002	马明祥	男	讲师		02
02004	王桂东	女	副教授		02
02006	冯伟昌	男	副教授		02
02009	张凤云	女	讲师		02
02010	张敏	女	副教授		02

教师代码	教师名称	性别	职称	出生日期	学院代码
02011	张磊	男	教授		02
02018	周金玲	女	讲师		02
02019	徐英娟	女	讲师		02
02021	崔玲玲	女	讲师		02
02022	黄忠义	男	副教授		02
02026	薛莹	女	讲师		02
02027	魏军	男	讲师		02
02029	魏建国	男	讲师		02

表3.16　"班级"表的部分数据

班级代码	班级名称	专业代码	班级代码	班级名称	专业代码
060401401	国贸本06(1)	0401	071103401	朝鲜语本07(1)	1103
060402401	市场营销本06(1)	0402	071104402	法语本07(2)	1104
060403401	会计学本06(1)	0403	071321302	旅管专07(2)	1321
061001401	汉语言本06(1)	1001	071602401	社会体育本07(1)	1602
061101401	英语本06(1)	1101	080401401	国贸本08(1)	0401
061201401	法学本06(1)	1201	080403401	会计学本08(1)	0403
061304401	公共事业本06(1)	1304	081103401	朝鲜语本08(1)	1103
071102402	日语本07(2)	1102	091303401	旅管本09(1)	1303

表3.17　"教学计划"表的部分数据

专业代码	课程代码	开课学期	课程类型	方向标识	周课时	总课时	起止周
0403	0412001	1	学科基础与专业必修课	无方向课程	4	52	4~16
0403	0412004	2	学科基础与专业必修课	无方向课程	4	60	1~18
0403	0412003	3	学科基础与专业必修课	无方向课程	3	48	1~16
0403	1601004	4	公共必修课	无方向课程	2	32	1~16
0403	1901002	4	学科基础与专业必修课	无方向课程	3	54	1~18

表3.18　"学生"表的部分数据

学号	姓名	性别	专业代码	出生日期	籍贯	电话	备注
06040140301	于钦鹏	男	0401	1988-2-9	福建省莆田市	13500000033	略
06040140302	尹文刚	男	0401	1987-5-27	辽宁省鞍山市	13800000018	略
06040140303	毛新丽	女	0401	1987-6-21	安徽省阜阳市	13800000048	略
06040140304	王东东	男	0401	1988-2-12	山东省菏泽市	13500000038	略
06040140305	王祝伟	男	0401	1987-9-29	湖北省荆门市	13800000153	略
06040140340	蒋琼	女	0401	1987-8-26	天津市津南区	13800000122	略

表3.19 "学生其他情况"表的部分数据

学号	身份证号	E-mail	入学成绩	贷款否	特长	家庭住址	家庭电话
06040140301	00000000000000138	06040140301@163.com	566	TRUE	篮球	福建省莆田市	13900000898
06040140302	00000000000000191	06040140302@163.com	591	FALSE	足球	辽宁省鞍山市	13900000128
06040140303	00000000000000220	06040140303@163.com	582	TRUE	音乐	安徽省阜阳市	13900000255
06040140305	00000000000000278	06040140305@163.com	576	FALSE	长跑	湖北省荆门市	13900000349
06040140310	00000000000000558	06040140310@163.com	525	FALSE	美术	上海市杨浦区	13900001020

表3.20 "成绩"表的部分数据

学号	课程代码	学期	成绩	学号	课程代码	学期	成绩
06040140301	0404001	1	95	06040140302	0404001	1	84
06040140301	0412004	2	93	06040140302	0412004	2	81
06040140301	0412003	3	85	06040140302	0412003	3	76
06040140301	0412009	4	61	06040140302	0412009	4	74
06040140301	0402002	5	66	06040140302	0402002	5	93
06040140301	0412015	6	61	06040140302	0412015	6	68
06040140301	0403004	7	67	06040140302	0403004	7	64
06040140301	0406008	8	74	06040140302	0406008	8	91

表3.21 "计划执行情况"表的部分数据

班级代码	课程代码	教师代码	班级代码	课程代码	教师代码	班级代码	课程代码	教师代码
060401403	0402001	04039	061001401	1002001	10039	061201402	0413502	04011
060401403	0402002	04053	061001401	1002002	10008	061201402	0413503	04023
060402401	0403023	04017	061101401	1013501	10014	061201402	1911001	19006
060402401	0403024	04007	061101401	1102001	11062	061201402	2011001	02012
060402401	0403025	04011	061101401	1102002	11062	061201402	2011003	02011

3.2 表 的 创 建

在创建了一个数据库之后,经常(或首先)要做的事情就是在其中的表对象中创建(或添加)若干个数据表。在 Access 中建立表的方法通常有以下 3 种:使用表向导创建表、通过直接输入数据方式创建表、使用设计器创建表。另外,通过导入外部数据可以创建表,通过表的复制方法再经过适当修改也可快速创建表。下面分别进行介绍。

3.2.1 使用表向导创建表

Access 提供了强大的向导功能,帮助用户快速、有效地建立各种对象。在创建数据库时,已经初步介绍了模板向导的功能。数据表向导利用示例数据表,帮助用户建立所需的数据表。

【例3.1】 在"订单"数据库中,使用数据表向导创建一个"供应商"表。

操作步骤如下。

(1)打开"订单"数据库。

(2)在"订单"数据库窗口中,单击"表"对象,然后单击"数据库"窗口工具栏上的

"新建"按钮 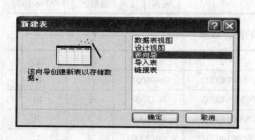，打开"新建表"对话框（图3.3），选中"表向导"，单击"确定"按钮，进入"表向导"对话框，或者直接在"表"对象窗口中双击"使用向导创建表"选项，也可进入"表向导"对话框，如图3.4所示。

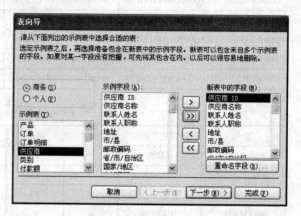

图3.3 "新建表"对话框　　　　　　　　图3.4 "表向导"对话框之一

（3）在图3.4所示的"表向导"对话框中，从 Access 提供的商务和个人两类实例表中选择合适的表来帮助用户完成表的创建工作。在本例中选择左侧商务类实例表中的"供应商"表，从中部"示例字段"列表中选择需要的字段，单击"单选"工具按钮 ⊳ 将其添加到右侧"新表中的字段"区域中（或单击"全选"工具按钮 ⊳⊳，选择所有字段）。

（4）如果感觉出现在"新表中的字段"中哪个字段的名称不合适，可以先选中该字段，再单击其下的"重命名字段"按钮，将打开"重命名字段"对话框，在"重命名字段"文本框中可以更改字段的名称（如将"联系人职称"改为"联系人职务"），如图 3.5 所示。输入新的字段名后单击"确定"按钮，即可完成对一个字段名的修改。

（5）单击"下一步"按钮，进入"表向导"的第二步，为当前创建的表进行命名和指定主键。本例中使用系统默认的表名"供应商"，并选中"是，帮我设置一个主键(Y)"单选按钮，如图3.6所示。

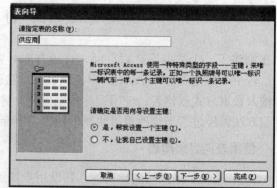

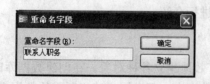

图3.5 "重命名字段"对话框　　　　　　图3.6 "表向导"对话框之二

（6）单击"下一步"按钮，切换到表向导的"指定关系"对话框。在"指定关系"对话框中，用户可以指定新创建的表和数据库中已存在的其他表是否相关。在"新建的'供应商'表"列表中选中某一选项，然后单击"关系"按钮，在接下来打开的"关系"对话框中设置新表与指定表的相关性后，单击"确定"按钮返回"表向导"对话框。本例中设置当前新建的表与数据库中的其他任何表都不相关，如图3.7所示。

（7）单击"下一步"按钮切换到"表向导"的最后一步，表向导将提示用户选择向导完成之后的动作。有 3 个单选按钮可供选择："修改表的设计"、"直接向表中输入数据"和"利用向导创建的窗体向表中输入数据"，本例中选择"直接向表中输入数据"，如图3.8所示。

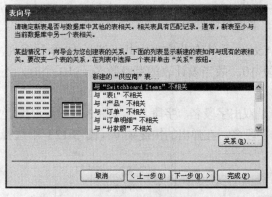
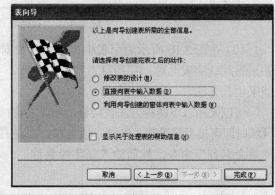

图 3.7 "表向导"对话框之三   图 3.8 "表向导"对话框之四

（8）单击"完成"按钮即可完成表字段结构的创建，并跳到与所选动作相应的设置界面，本例中将进入图3.9所示的数据输入窗口。

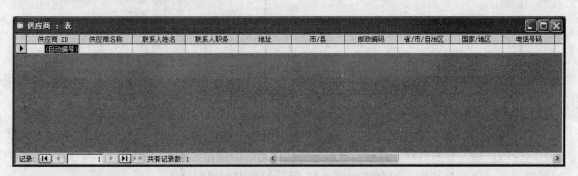

图 3.9 用表向导创建完表之后的数据输入窗口

总之，利用表向导创建数据表比较方便、快捷。但是，由于受到示例表的限制，影响了表的设计。不过可以在使用表向导创建表以后，再通过设计视图设置表字段的常规属性和查阅属性等，以完善所创建的数据表。

3.2.2 通过直接输入数据方式创建表

Access 2003 已经预先为用户准备了一个空表的模板，叫做数据表视图，用户通过输入数据创建表是指直接向该空表输入数据，系统会根据用户所输入的数据确定新表的字段数以及各字段的数据类型。

【例 3.2】 在"订单"数据库中，通过直接输入数据方式创建一个"常用联系电话"表。

操作步骤如下。

（1）在"订单"数据库的"表"对象窗口，单击工具栏上的"新建"按钮 新建(N)，打开"新建表"对话框（图 3.3），选中"数据表视图"，单击"确定"按钮（或者直接在"表"对象窗口中双击"通过输入数据创建表"图标），即可进入"数据表视图"窗口，如图3.10所示。

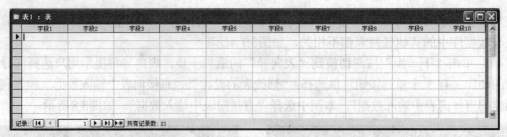

图 3.10 "数据表视图"的数据输入窗口

（2）在图 3.10 所示的空表中直接输入数据。Access 系统在此空表中共设置了 10 个数据列，并采用默认字段名称：字段 1、字段 2、…、字段 10。故当设计表的字段数多于 10 个时，不能采用此方法。

可以采用以下两种方法直接修改字段名称：一是双击字段名，字段名变为图 3.11 所示的黑色区域时即可接受键盘输入的新字段名称；二是右击字段名，在弹出的快捷菜单（图 3.12）中选择"重命名列"命令，然后输入新字段名称。

图 3.11 双击字段名可直接修改字段名称

图 3.12 快捷菜单

（3）保存表。输入数据后单击工具栏上的"保存"按钮，弹出如图 3.13 所示的"另存为"对话框，输入表的名称，再单击"确定"按钮后，会弹出如图3.14所示的"是否添加主键"对话框，单击"是"按钮，得到类似图 3.15 所示的数据表视图结果。

图 3.13 "另存为"对话框

图 3.14 "是否添加主键"对话框

图 3.15 表"常用联系电话"的数据表视图窗口

一般情况下不采用这种方式来创建新表。这种方式面向的是对 Access 2003 操作熟练的用户。

3.2.3　使用设计器创建表

这种方法相对于前两种方法而言，更方便、直观和易于掌握，也是最重要、最常用的创建表的方法。

使用表的设计视图方法创建表只是建立表的结构，并不包括向表中输入数据记录。

【例 3.3】　使用表的设计视图方法，根据表 3.4 给出的"课程"表结构，在"教学管理"数据库中创建"课程"表，创建结果如图3.16所示。

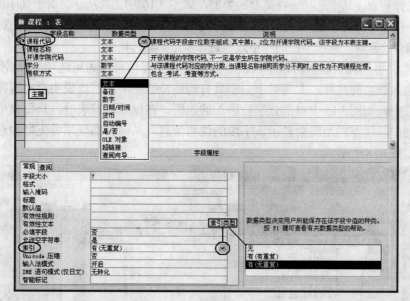

图 3.16　创建完成的"课程"表的设计视图注解

主要操作要点说明（该说明适用于大多数新建表）如下。

（1）在"教学管理"数据库的"表"对象窗口中双击"使用设计器创建表"或在图 3.3 所示的"新建表"对话框中选择"设计视图"，均可打开新建表的设计视图窗口，如图 3.17 所示。

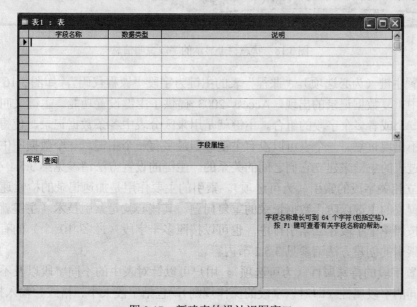

图 3.17　新建表的设计视图窗口

（2）在"字段名称"栏中输入该表包含的所有字段名称（为必填项）。字段名称应尽量简明扼要，还要符合 3.1.1 节介绍的字段名称约束规则，如这里的"课程代码"、"课程名称"、"开课学院代码"、"学分"和"考核方式"。

（3）在"数据类型"栏中选择与该字段相对应的数据类型（为必选项）。对于每一个字段名称，都要为其选择一个明确的数据类型（表 3.1）。数据类型选择方法：单击对应字段的数据类型列，即可激活数据类型选项，系统默认为"文本"型，单击该栏右侧出现的下拉箭头，则弹出十种数据类型选择列表，从中选择一种需要的类型，如图 3.16 中上部所示。对于其中的"数字"型还要结合设计视图下方的"常规"选项卡中的"字段大小"进一步选择具体类型，对于"日期/时间"型还可结合"常规"选项卡中的"格式"进一步选择具体格式。

（4）在"说明"栏中输入对该字段的一些解释和注释信息（为可选项）。这不是必须的，但推荐用户输入适当的注释，尤其对于一些具有构造特征的字段，该说明会出现在数据表视图窗口的状态栏中。如图 3.16 中对部分字段添加的说明。在以后浏览表时，只要光标进入添加了字段说明的列中，状态栏上就会显示该字段的说明信息，从而帮助使用者更好地理解该字段的组成特征，如图 3.18 所示。

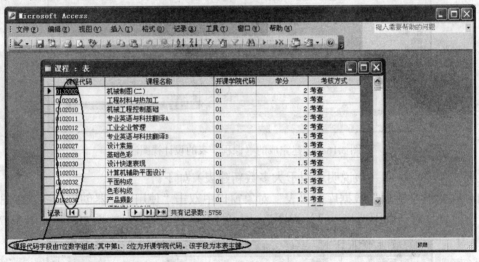

图 3.18　状态栏上显示的字段说明信息

（5）设置主键（为必选项）。"课程"表的主键为字段"课程代码"，如图 3.16 所示。为了防止数据表中重复数据记录的出现，Access 2003 提供了主键设置功能。主键又叫主关键字，是数据表中一个或者多个字段的组合。主键就是用来区分表中各条数据记录，使得设置为主键的字段数据不出现重复。一个表可以没有主键，但最多有一个主键。一个数据库中的若干个表通常都是通过表的主键来建立它们之间的关系的。主键的设置方法请参见第 3.5.1 小节内容。

（6）建立相关字段的索引（为可选项）。索引的主要作用是加速记录的检索速度。第（5）步介绍的设置表的主键以防止数据记录的重复问题，其核心就是索引技术（主键就是主索引）。索引既可以按照单个字段建立索引排序，也可以按照多个字段（最多 10 个）的有序组合建立索引排序。索引的创建方法请参见 3.5.2 节内容。

（7）设置字段的特殊属性（为可选项）。用户可以针对表中的不同字段以及不同的字段类型，设置不同的字段属性（即对该字段的操作规则），包括字段大小、格式、输入掩码、标题、默认值、有效性规则、有效性文本等。详细设置参见 3.2.4 节。

3.2.4　字段的属性设置

在定义字段的过程中，除了定义字段名称及字段的类型外，还需要对每一个字段进行属性说明。在表的设计视图中，只要将鼠标定位于字段区域中的一个字段（光标在该字段的哪一列中都可）中，或用鼠标选定整个字段行，则设计视图下方的"常规"和"查阅"两个选项卡中显示的就是该字段当前的全部属性设置情况。对字段的属性设置或修改也是在这两个选项卡中进行。下面对部分主要属性展开说明。

1）字段大小

使用"字段大小"属性可以设置"文本"、"数字"或"自动编号"类型的字段中可保存数据的最大容量。

对于"文本"类型的数据，其"字段大小"可设置从 0 到 255 之间的一个数字作为其字段长度的最大值。默认值为 50。

对于"自动编号"类型的数据，其"字段大小"属性可设为"长整型"或"同步复制 ID"（可参见表 3.22 中相关内容）。

对于"数字"类型的数据，其"字段大小"属性的设置及其值将按表 3.22 中的说明进行匹配。

表 3.22　数字类型的"字段大小"属性设置

设　置	说　明	小数位数	存储量大小
字节	保存 0～255 的数字	无	1B
整型	保存−32768～32767 的数字	无	2B
长整型	（默认值）保存−2147483648～2147483647 的数字	无	4B
单精度型	保存−3.402823E38～−1.401298E−45 的负值，1.401298E−45～3.402823E38 的正值	7	4B
双精度型	保存 −1.79769313486231E308 ～ −4.94065645841247E−324 的负值，以及 4.94065645841247E−324～1.79769313486231E308 的正值	15	8B
同步复制 ID	全局唯一标识符（GUID）	N/A	16B
小数	存储−10^{38}−1～10^{38}−1 范围的数字（.adp），存储−10^{28}−1～10^{28}−1 范围的数字（.mdb）	28	12B

对"字段大小"属性的几点说明。

（1）在设置一个字段的"字段大小"属性时，并不是设置的越大越好，而应坚持"够用即可"原则，或者说应该使用最小的"字段大小"属性设置，因为较小的数据处理的速度更快，需要的内存更少。

（2）如果在一个已包含数据的字段中，将"字段大小"的值由大变小时，可能会产生丢失数据现象。例如，如果把某一"文本"类型字段的"字段大小"设置从 255 改为 50，则超过 50 个字符以外的数据都会丢失。

（3）如果"数字"数据类型字段中的数据大小不适合新的"字段大小"设置，则小数位可能被四舍五入，或得到一个 Null 值。例如，如果将单精度型数据类型变为整型，则小数值将四舍五入为最接近的整数，而且如果值大于 32767 或小于−32768 都将成为空字段。

（4）在表设计视图中，保存对"字段大小"属性的更改之后，无法撤消由更改该属性所产生的数据更改。

2）格式

使用"格式"属性可以指定字段的数据显示格式。"格式"设置对输入数据本身没有影响，只是改变数据输出的样式。若要让数据按输入时的格式显示，则不要设置"格式"属性。

"格式"有预定义格式和自定义格式两种格式类型。预定义格式设置方法比较简单，只要从下拉列表中选取即可，适合于大多数应用领域对数据的一般要求，而自定义格式的设置方法比较麻烦，适合于熟练用户对某些有特殊要求的字段数据进行细致的格式设置。

在 Access 2003 提供的 10 种数据类型中，自动编号、数字、货币、日期/时间和是/否 5 种数据类型既可以进行预定义格式设置，又可以进行自定义格式设置；而文本、备注和超链接 3 种数据类型只可以进行自定义格式设置，没有预定义格式设置；OLE 对象没有"格式"属性。

由于自定义格式的设置较为复杂，本书不做介绍，用户若要使用自定义格式，可借助于 Access 提供的帮助。下面只对具有预定义格式的 5 种数据类型的"格式"属性进行说明。

（1）自动编号、数字、货币 3 种数据类型的预定义格式选项如图 3.19 所示。每个选项的功能如表 3.23 所示。

图 3.19　自动编号、数字和货币 3 种
数据类型的预定义格式选项

表 3.23　自动编号、数字、货币 3 种数据类型的预定义格式

设　置	说　　明
常规数字	（默认值）以输入的方式显示数字
货币	使用千位分隔符；对于负数、小数以及货币符号、小数点位置按照 Windows "控制面板"中的设置
欧元	使用欧元符号(€)，不考虑 Windows 的"区域设置"中指定的货币符号
固定	至少显示一位数字，对于负数、小数以及货币符号、小数点位置按照 Windows "控制面板"中的设置
标准	使用千位分隔符；对于负数、小数以及货币符号、小数点位置按照 Windows "控制面板"中的设置
百分比	乘以 100 再加上百分号(%)；对于负数、小数以及货币符号、小数点位置按照 Windows "控制面板"中的设置
科学记数	使用标准的科学记数法

（2）"日期/时间"类型的预定义格式选项如图 3.20 所示。每个选项的功能如表 3.24 所示。

表 3.24　"日期/时间"类型的预定义格式

设　置	说　　明
常规日期	（默认值）如果值只是一个日期，则不显示时间；如果值只是一个时间，则不显示日期。该设置是"短日期"与"长时间"设置的组合。 示例：4/3/93，05:34:00 PM，以及 4/3/93 05:34:00 PM
长日期	与 Windows 区域设置中的"长日期"设置相同。 示例：1993 年 4 月 3 日
中日期	示例：93-04-03
短日期	与 Windows 区域设置中的"短日期"设置相同。 示例：93-4-3。 **警告**："短日期"设置假设 00-1-1 和 29-12-31 之间的日期是 21 世纪的日期（即假定年从 2000 到 2029 年）。而 30-1-1～99-12-31 之间的日期假定为 20 世纪的日期（即假定年为 1930～1999）
长时间	与 Windows 区域设置中的"时间"选项卡上的设置相同。 示例：17:34:23
中时间	示例：下午 5:34
短时间	示例：17:34

（3）"是/否"类型的预定义格式选项如图3.21所示。

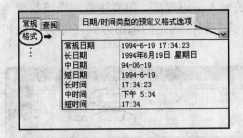

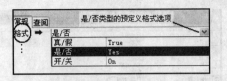

图 3.20　日期/时间类型的预定义格式选项　　　　图 3.21　是/否类型的预定义格式选项

说明：Access 2003 使用一个复选框类型的控件作为"是/否"数据类型的默认控件。当使用复选框时，将忽略预定义及自定义的格式。因此，这些格式只适用于文本框控件中显示的数据。

"是/否"类型提供了 Yes/No、True/False 和 On/Off 预定义格式。其中，Yes、True 和 On 是等效的，No、False 和 Off 也是等效的。如果指定了某个预定义的格式并输入了一个等效值，则将显示等效值的预定义格式。例如，如果在一个是/否属性被设置为 Yes/No 的文本框控件中输入了 True 或 On，数值将自动转换为 Yes。

3）输入掩码

输入掩码用于设置字段中的数据格式，可以控制用户按指定格式在文本框中输入数据，输入掩码主要用于文本型和日期/时间型字段，也可以用于数字型和货币型字段。

与前面讲过的"格式"属性对比，"格式"是用来限制数据输出格式的属性，而"输入掩码"则是用来控制数据输入格式的属性。但要注意，如果同时使用"格式"和"输入掩码"属性，它们的结果不能互相冲突。

输入掩码操作方法：首先选择需要设置的字段类型，然后在"常规"选项卡下部单击"输入掩码"属性框右侧的按钮，即启动"输入掩码向导"对话框，如图 3.22 所示。比如对于表中的出生日期字段将它的输入掩码设置为"短日期"型，单击"下一步"按钮，在弹出的如图 3.23 所示的向导对话框中可以保持设置不变，可以尝试体验输入掩码，也可以更改占位符。

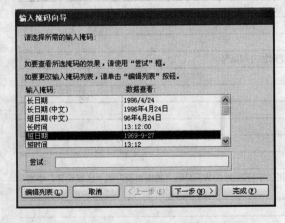

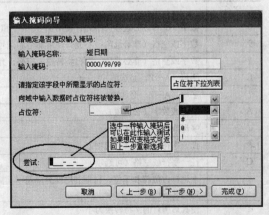

图 3.22　输入掩码向导之一　　　　　　　　　图 3.23　输入掩码向导之二

单击"下一步"按钮，则结束输入掩码的设计向导过程，单击"完成"按钮返回表的设计视图，即可看到向导生成的如图 3.24 所示的出生日期字段的输入掩码格式："0000/99/99;0;_"。

保存表的设计视图并切换到"数据表视图"方式，将光标定位在没有输入出生日期数据记录的出生日期字段中时，就会看到弹出的如图3.25所示的输入掩码规范。但要注意，当该数据输入完毕后在出生日期字段中显示的却是由字段的"格式"属性选定的输出方式（即有可能和输入掩码格式不同）。

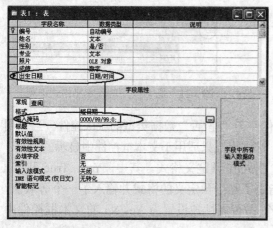

图 3.24 输入掩码向导结束后生成的输入掩码

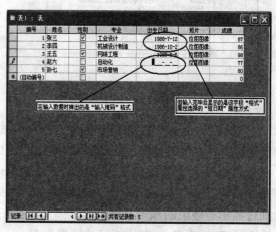

图 3.25 设置了输入掩码后的数据输入窗口

设置字段的输入掩码也可以不使用向导，直接人工按照规则输入掩码。输入掩码的属性构成由 3 个用分号（；）分隔的节组成，如上面向导生成的"0000/99/99;0;_"。每个节的具体含义如表 3.25 所示，而可以用来作为输入掩码的有效字符集如表 3.26 所示。

表 3.25 输入掩码的属性含义

节	含　义
第一节	输入掩码本身
第二节	确定是否保存原义显示字符。0 表示以输入的值保存原义字符，1 或空白表示只保存输入的非空格字符
第三节	显示在输入掩码处的非空格字符。可以使用任何字符。" "代表一个空格。如果省略该节，将显示下划线（_）

表 3.26 输入掩码字符集

字符	说　明
0	数字（0~9，必选项；不允许使用加号"+"和减号"–"）
9	数字或空格（非必选项；不允许使用加号和减号）
#	数字或空格（非必选项；空白将转换为空格，允许使用加号和减号）
L	字母（A~Z，必选项）
?	字母（A~Z，必选项）
A	字母或数字（必选项）
a	字母或数字（可选项）
&	任一字符或空格（必选项）
C	任一字符或空格（可选项）
.,:;-/	十进制占位符和千位、日期和时间分隔符（实际使用的字符取决于 Windows "控制面板"的"区域设置"中指定的区域设置）
<	使其后所有的字符转换为小写
>	使其后所有的字符转换为大写
!	输入掩码从右到左显示，输入掩码的字符一般都是从左向右的。可以在输入掩码的任意位置包含叹号
\	使其后的字符显示为原义字符。可用于将该表中的任何字符显示为原义字符（例如，\A 显示为 A）
密码	将"输入掩码"属性设置为"密码"，可以创建密码输入项文本框。文本框中输入的任何字符都按原字符保存，但显示为星号"*"

4）默认值

"默认值"是一个非常有用的属性。使用"默认值"属性可以指定添加新记录时自动输入的值，通常在表中某字段数据内容相同或含有相同部分时使用，目的在于简化输入，提高输入速度。如对"学生"表中的"性别"字段可以设置默认值为"男"，如图3.26所示。

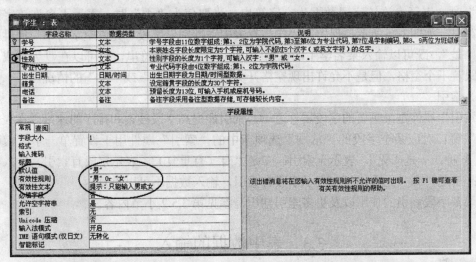

图 3.26　"学生"表中的默认值、有效性规则、有效性文本属性设置

5）有效性规则

有效性规则是 Access 中另一个非常有用的属性，使用有效性规则可以防止非法数据输入到表字段中。通常将"有效性规则"属性和下面的"有效性文本"属性结合使用，起到对字段数据进行规范输入的约束作用。

设置"有效性规则"的操作方法：

首先在表的设计视图中选定进行"有效性规则"设置的字段（选定字段或将光标定位于该字段内），再单击"常规"选项卡中"有效性规则"的属性框，可在其中人工输入有效性规则，或单击右侧的"表达式生成器"按钮借助"表达式生成器"来创建有效性规则。如对"学生"表中的"性别"字段可以设置"有效性规则"属性为"男"Or"女"，如图 3.26 所示。

6）有效性文本

"有效性规则"能够检查错误的输入或者不符合逻辑的输入。当系统发现输入错误时，会显示提示信息，为了使提示信息更加清楚、明确，可以定义"有效性文本"属性。有效性文本属性值将操作错误提示信息显示给用户。如对"学生"表中的"性别"字段可以设置"有效性文本"属性为"提示：只能输入男或女"，如图 3.26 所示。

7）标题

字段的"标题"属性用来设置字段的显示标题的属性。字段名称在通常情况下就是字段的显示标题，但也可以给字段名称另外起一个标题名称专用于显示。

设置方法：在字段的"标题"属性框中直接输入标题名称即可。"标题"属性最长为 255个字符。如果没有为字段设置标题属性，那么 Access 会使用该字段名作为显示标题名。

8）必填字段

"必填字段"属性有"是"和"否"两个取值。当取值为"是"时，表示必须填写本字段，不允许该字段数据为空；当取值为"否"时，表示可以不必填写本字段数据，也就是允许该字段数据为空。如图3.26所示，保留了“学生”表中“性别”字段“必填字段”属性的默认设置为“否”，既可以不输入某名学生的性别字段值（为空）。

9）允许空字符串

“允许空字符串”属性仅用来设置文本字段，也只有“是”和“否”两个取值。当取值为“是”时，表示允许该字段数据为空字符串；当取值为“否”时，表示不允许该字段数据为空字符串。如图3.26所示，保留了“学生”表中“性别”字段“允许空字符串”属性的默认设置为“是”，既可以输入某名学生的性别字段值为一个空字符串，也可以在“男”或“女”的后面跟若干个空格，但是不允许出现空格开头后面输入“男”或“女”的情况。

10）索引

“索引”属性是最重要的字段属性之一，索引能提高字段搜索和排序的速度。在表的“设计视图”窗口对应某个字段的“常规”选项卡中的“索引”属性用于设置单一字段索引。属性值有 3 种：一是“无”，表示无索引；二是“有（有重复）”，表示字段有索引，输入数据可以重复；三是“有（无重复）”，表示字段有索引，输入数据不可以重复。

关于多字段索引的使用以及更多索引知识请参见第 3.5.2 小节内容。

3.3 表中数据的输入

前面使用表设计视图创建的表，只是建立起了表的框架结构，所有表中均没有数据记录。例如，在“教学管理”数据库的“表”对象列表中，双击表“学生”即可进入表的浏览窗口，如图3.27所示。

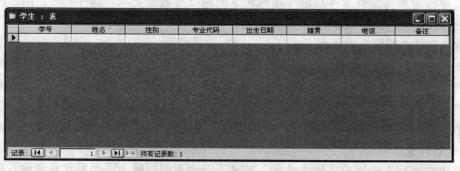

图 3.27　还没有输入数据记录的“学生”表浏览窗口

参照表 3.18，输入“学生”表的部分数据，如图 3.28 所示。其他表的数据可以参照表3.12～表 3.21 提供的数据样例进行输入与编辑。

学生 ：表

学号	姓名	性别	专业代码	出生日期	籍贯	电话	备注
06040140301	于钦鹏	男	0401	1988-2-9	福建省莆田市	13500000033	略
06040140302	尹文刚	男	0401	1987-5-27	辽宁省鞍山市	13800000018	略
06040140303	毛新丽	女	0401	1987-6-21	安徽省阜阳市	13800000048	略
06040140304	王东东	男	0401	1988-2-12	山东省菏泽市	13500000038	略
06040140305	王祝伟	男	0401	1987-9-29	湖北省荆门市	13800000153	略
06040140340	蒋琼	女	0401	1987-8-26	天津市津南区	13800000122	略

记录: 1 共有记录数: 6

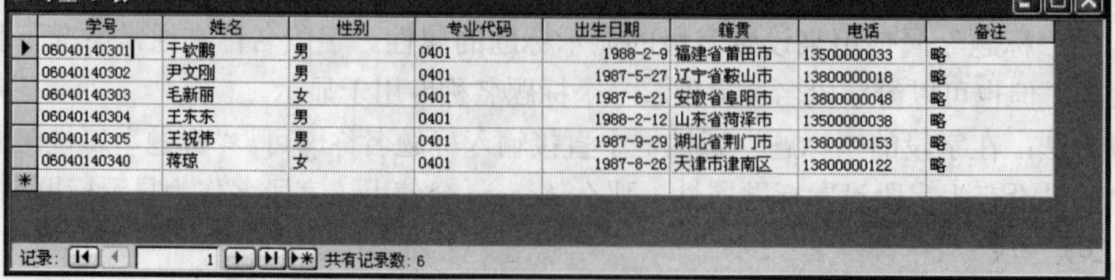

图 3.28　已经输入了部分数据记录的“学生”表浏览窗口

在 Access 数据表中输入数据的过程，与 Office 家族其他应用程序输入数据的方法类似。可以完全手动输入，也可以使用复制、粘贴加修改技巧，以提高输入速度。下面仅就 Access 数据表中输入数据时需要注意的操作进行说明。

1. 遇到主键值重复的处理方法

由于各个基本表均设置了主键，而主键的首要任务就是防止表中主键字段出现重复。对于单一字段主键来说，比较容易判断是否出现了主键值的重复，例如在"学生"表中，对于主键字段"学号"，只要再次输入一个表中已经存在的学号，即被判定为主键值重复，当光标移开时，Access 系统就会给出图3.29所示的警告信息，直至用户修改学号以保证不再重复时为止，否则警告信息将一直出现。

图 3.29　主键值出现重复时的警告信息

而对于多字段组合主键来说，就不太容易判断是否出现了主键值的重复，例如在"成绩"表中，主键是由"学号"和"课程代码"两个字段共同承担的，只有当同一个学生的同一门课程在"成绩"表中出现两次时，才会被判定为主键值重复。类似地，在"计划执行情况"表中，主键是由"班级代码"、"课程代码"和"教师代码"三个字段共同承担的，只有当数据中出现两个记录的"班级代码"、"课程代码"和"教师代码"三个值完全相同时，才会被判定为主键值重复。

2. "日期/时间"型数据的输入方法

数据表中凡是与日期或时间有关的字段的数据类型均应选择"日期/时间"型。该类型的预定义格式选项如图3.20所示，每个选项的功能见表3.24。例如，要在"学生"表的"出生日期"字段中输入"1987-6-18"，可以有以下几种不同的输入方法，但保存结果均相同：输入"1987/6/18"或"1987-6-18"或"87-6-18"或"6-18-87"或"18-6-87"，等等。

只有当输入的"日期/时间"型数据超出了正确值范围（例如输入"87-6-32"）时，才会弹出图3.30所示的警告信息。

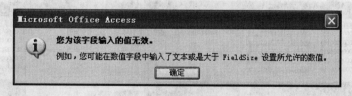

图 3.30　"日期/时间"型数据输入过程中出现的警告信息

3. "备注"型数据的输入方法

当表中某个字段值的文本内容较长时，可将该字段设置为"备注"型。例如在"学生其他情况"表中，"简历"字段即为"备注"型字段。当将光标移入其中并输入内容时，随着输入内容长度的不断增加，前面输入的内容会自动隐藏（但不会丢失）。用户可随时改变"备注"型字段的显示宽度，以显示所要浏览的内容，如图3.31所示。

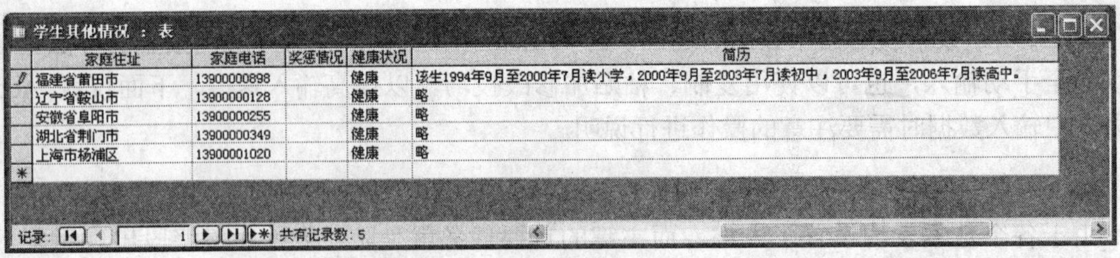

图 3.31 "备注"型数据输入窗口

4. "超链接"型数据的输入方法

当表中字段的内容是邮箱地址或网站、网页地址时，该字段数据类型应设置为"超链接"型。例如在"学生其他情况"表中，"Email"字段即为"超链接"型字段，当将光标移入其中并输入内容时，一条下划线始终伴随着输入内容，如图 3.32 所示。当输入完毕后再次将光标移至该字段上方时，就会出现超链接的手形标志，单击即可打开链接地址（网络连接正常情况下）。

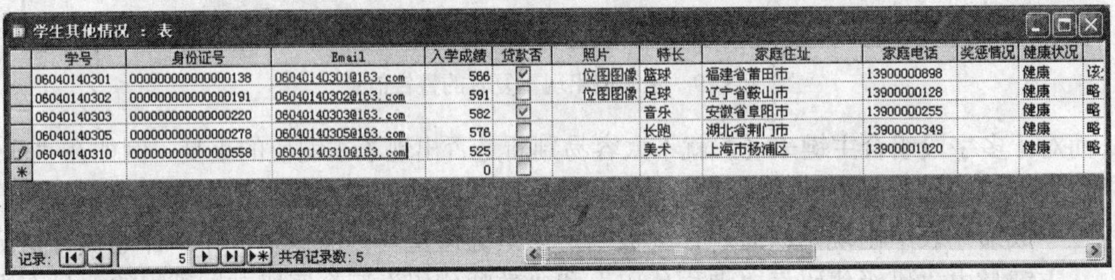

图 3.32 "超链接"型数据输入窗口

5. "OLE 对象"型数据的输入方法

当表的字段中需要嵌入或链接其他对象类型时，该字段数据类型应设置为"OLE 对象"型。OLE（Object Linking and Embedding，对象链接和嵌入）对象数据类型，不能直接输入数据，而需要从其他地方导入数据。例如"学生其他情况"表中的"照片"字段就是"OLE 对象"型数据，下面介绍"照片"数据的两种常用操作方法。

方法一：采用"插入对象"法。操作步骤如下。

（1）打开"学生其他情况"表的数据表视图，并在相应记录的"照片"字段数据区上右击，打开如图3.33所示的快捷菜单。

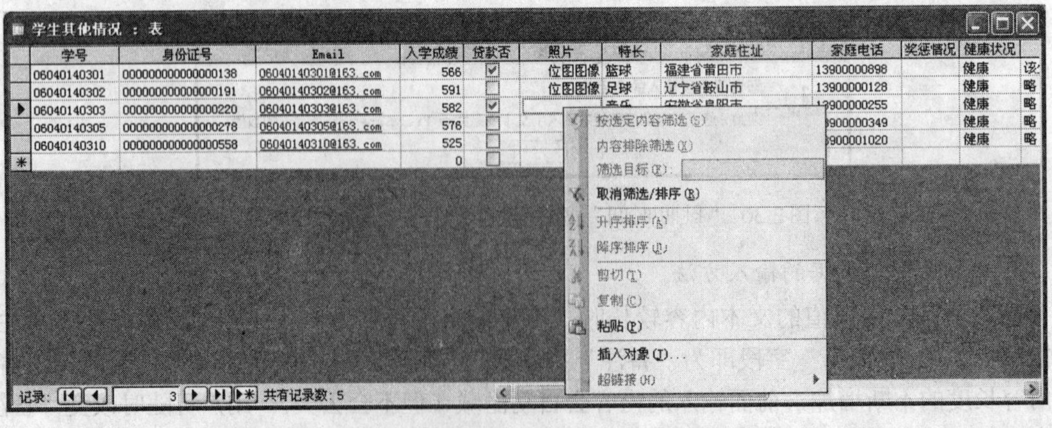

图 3.33 右击"照片"字段数据区弹出的快捷菜单

（2）选择快捷菜单中的"插入对象"命令，打开如图 3.34 所示的对话框。Access 提供了许多可以嵌入和链接的对象，其中比较实用的有图片、图表、文档、声音、媒体等，通过这些嵌入对象可以帮助用户完成许多复杂的任务。

（3）选择"新建"单选按钮，将对象类型设置为"位图图像"（结果如图 3.34 所示），然后单击"确定"按钮，系统将弹出一个图片的编辑框（一般是 Windows 系统"附件"中的"画图"应用软件），如图 3.35 所示。但此时编辑框中并没有所要插入的图片。

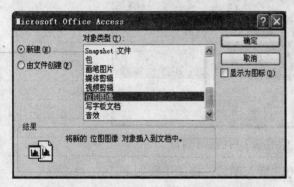
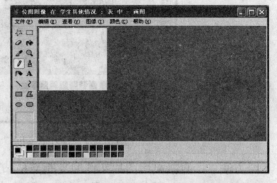

图 3.34　嵌入 OLE "位图图像"对象　　　　图 3.35　编辑"位图图像"的画图应用软件

（4）选择"编辑"|"粘贴来源"命令，打开"粘贴来源"对话框，从存放图片的文件夹（如 D:\Access 范例）中选择一个图片文件，如图 3.36 所示。

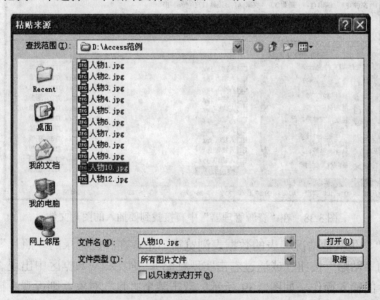

图 3.36　从"粘贴来源"对话框中选择插入图片

（5）单击"打开"按钮，则相应的图片将被粘贴到图片编辑框中。此时，可以对图片进行剪裁或缩放等编辑操作，直到满意为止。

（6）编辑完成后，选择"文件"|"更新 学生其他情况:表"命令，以完成对数据源的更新，关闭画图软件窗口，返回"学生其他情况"表的数据表视图窗口，并在相应记录的"照片"字段数据区中增加了"位图图像"四个字。再次双击该字段，即可打开嵌入的图片，如图3.37所示。

图 3.37　打开嵌入的"位图图像"时的显示窗口

方法二：直接采用图片文件的复制与粘贴方法插入图片。操作步骤如下。

（1）在"资源管理器"或"我的电脑"中直接找到要插入的图片文件，选中并单击"复制"按钮，如图3.38所示。

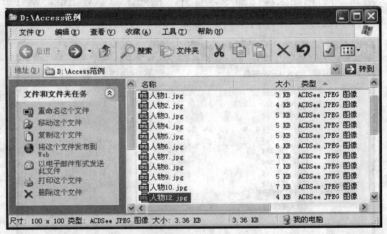

图 3.38　在"资源管理器"中直接找到要插入的图片文件

（2）回到"学生其他情况"表的数据表浏览窗口中，在相应记录的"照片"字段数据区中单击工具栏上的"粘贴"按钮（或通过右击实现粘贴），则在相应数据区中出现"包"字样，即表示完成了照片的输入操作，如图 3.39 所示。双击某个"包"对象，则可观看插入的照片文件（如电脑中安装了看图软件"ACDSEE"，则会通过该软件打开照片的"包"对象）。

学号	身份证号	Email	入学成绩	贷款否	照片	特长	家庭住址	家庭电话	奖惩情况	健康状况
06040140301	000000000000000138	060401403010163.com	566	☑	位图图像	篮球	福建省莆田市	13900000898		健康
06040140302	000000000000000191	060401403020163.com	591	☐	位图图像	足球	辽宁省鞍山市	13900000128		健康
06040140303	000000000000000220	060401403030163.com	582	☑	位图图像	音乐	安徽省阜阳市	13900000255		健康
06040140305	000000000000000278	060401403050163.com	576	☐	包	长跑	湖北省荆门市	13900000349		健康
06040140310	000000000000000558	060401403100163.com	525	☐	包	美术	上海市杨浦区	13900001020		健康
			0							

图 3.39　通过复制、粘贴操作插入的"包"对象

要想删除已经插入的照片对象，只需将光标移至相应数据区内，按"删除"键（Delete）即可。

3.4 表 的 维 护

在创建数据库和表时，由于种种原因，可能存在表结构设计不太合适，需要做某些调整或改动。另外，随着数据库的不断使用，也会增加一些内容或删除一些内容，这样结构和内容都会发生变化。为了使数据库中的表在结构上更合理，内容更新与使用更有效，就需要经常对表进行维护等操作。本节将分别介绍如何修改表结构、完善表内容、调整表的外观以及排序和筛选表中的数据等。

3.4.1 打开/关闭表

Access 的表操作提供了两种视图："数据表视图"和"设计视图"。打开表的方式有两种：一是在"数据表视图"下打开表，这时可以编辑表中的数据，常用的操作方法是选择表对象，在"数据库"窗口中单击"打开"按钮 或直接双击表对象；二是在"设计视图"中打开了所需的表，此时可以对表结构进行修改，常用的操作方法是选择表对象，在"数据库"窗口中单击"设计"按钮 或右击表对象，在弹出的快捷菜单中选择"设计视图"命令，在"设计视图"中可以对表结构进行修改。

结束表的操作后，应该将其关闭。不管表是处于"设计视图"状态，还是处于"数据表视图"状态，单击窗口中的"关闭"按钮或选择"文件"|"关闭"命令都可以将打开的表关闭。

3.4.2 修改表结构

修改表结构的操作主要包括添加字段、修改字段、删除字段、重新设置主键（主关键字）、设置字段属性等。修改表结构只能在"设计视图"中完成。

1. 添加字段

添加新字段的方法是：在表"设计视图"中，将光标移动到要插入字段的位置上，然后单击"表设计"工具栏上的"插入行"按钮 或在右击弹出的快捷菜单中选择"插入行"命令，在添加的新行中输入字段名称，选择字段的数据类型并设置字段的属性。

注意：在表中添加一个新字段不会影响其他字段和现有数据，但对于利用该表建立的查询、窗体或报表来说，新字段是不会自动加入的，需要人工添加。

2. 修改字段

修改字段包括修改字段名称、数据类型、说明、属性等。修改字段也是在"设计视图"中完成的。特别需要注意的是，修改、更换字段的数据类型有时会造成表中数据不可逆转的丢失或改变。因此，要在充分做好表数据备份的前提下才能进行修改操作。

3. 删除字段

可以将表中不需要的字段删除。删除某一字段的方法是：在表"设计视图"中，将光标移动到要删除字段的位置上，然后单击"表设计"工具栏上的"删除行"按钮 或在右击弹出的快捷菜单中选择"删除行"命令，则会弹出图3.40所示的警示窗口，单击"是"按钮将永久删除该字段及其所有数据（是不能恢复的）。当要删除的字段与其他表建立了关系时，会弹出类似图3.41所示的警示窗口，此次删除无效。

图 3.40 删除字段行时的警示信息   图 3.41 删除带有关系的字段行时的警示信息

4. 设置字段属性

设置字段属性是修改表结构的一项重要内容，其方法就是在表的"设计视图"中先选定将要设置属性的字段或将光标定位在该字段中，然后在"设计视图"下方的"字段属性"区相应的属性框中进行属性设置。具体属性的设置方法参见 3.2.4 小节内容。

3.4.3 编辑表内容

修改表结构是对表的框架结构与字段属性的修改，而编辑表内容则是对表中的数据记录的有关操作，包括添加新记录、修改原有记录、删除记录以及复制字段中数据等操作。编辑表内容的操作在"数据表视图"中完成。

1. 添加记录

在已建立的表中，添加新记录的方法是：在"数据表视图"中，单击工具栏上的"添加新记录"按钮，则光标将定位于"数据表视图"窗口的最下面一行（该行前面原来带有*号，这就是新记录行，如图 3.42 所示）中，然后在新记录行上输入所需的数据，此法为连续添加记录方式。也可直接将光标定位于"数据表视图"窗口的最下面带有*号的新记录行中，输入数据即可。

学号	姓名	性别	专业代码	出生日期	籍贯	电话	备注
09130340242	冯春光	男	1303	1989-10-21	江西省临川市	13800000921	略
09130340243	左梦莹	女	1303	1989-9-26	山东省济南市	13800000886	略
09130340244	刘书龙	男	1303	1990-2-24	黑龙江省阿城市	13800001047	略
09130340245	刘明智	男	1303	1990-3-11	北京市房山区	13800001069	略
09130340246	刘金明	男	1303	1989-8-17	山东省德州市	13800000813	略
09130340247	孙兵	男	1303	1990-3-19	北京市大兴区	13800001081	略
09130340248	朱朋	男	1303	1989-12-24	山东省济宁市	13800000992	略
09130340249	毕山力	男	1303	1990-3-20	山西省忻州市	13800001086	略
09130340250	齐文涛	男	1303	1989-12-4	山东省德州市	13800000965	略

新记录在表中的标记及其位置

记录：1 共有记录数：1375

图 3.42 添加新记录的操作窗口示意图

2. 修改数据

在已经建立并输入数据的表中修改数据是非常简单的。只要打开表的"数据表视图"窗口，将光标移动到要修改数据的相应字段处直接修改，修改完毕后关闭表即可。

3. 删除记录

如果要删除表中的一条记录，只要在表的"数据表视图"中，单击要删除记录的记录选定器（记录最左边的小矩形），然后单击工具栏上的"删除记录"按钮或从右击弹出的快捷菜单中选择"删除记录"命令，在接下来弹出的如图3.43所示的提示窗口中单击"是"按钮，则删除记录操作完成（该删除操作不能撤消）。如果要删除表中的多条记录，则要在表的"数据表视图"中，首先选定将要删除的多个记录行（可用鼠标拖动法或借助于 Shift 和 Ctrl 键的帮助），然后再单击工具栏上的"删除记录"按钮或从右击弹出的快捷菜单中选择"删除记录"命令，在接下来弹出的如图3.44所示的提示窗口中单击"是"按钮，则删除多条记录的操作完成。

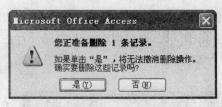

图 3.43　删除表中一条记录的提示信息

图 3.44　删除表中多条记录的类似提示信息

4. 复制数据

在表的"数据表视图"窗口中，可以像 Windows 其他应用程序那样，通过"复制"和"粘贴"操作来实现记录数据的快速输入与修改操作。如果要复制某个字段中的数据，只要选中该数据，单击工具栏上的"复制"按钮，再移动鼠标到目标位置后，单击工具栏上的"粘贴"按钮即可（可多次粘贴）；如果要复制一个或多个记录，则要先选中复制记录（通过单击记录的选定器），然后单击"复制"按钮，再单击目标记录选定器，最后单击工具栏上的"粘贴"按钮即可（也可多次粘贴）。

注意：复制并粘贴记录行的操作并不是所有表在任何情况下都能进行的操作。当表中设置了主键，或表中按某个字段建立了唯一索引［索引属性为"有（无重复）"］，或表中数据实施了"参照完整性"设置，则使用复制并粘贴记录行的操作基本上不能进行，多数情况下会弹出警告信息并导致复制、粘贴失败。

3.4.4　调整表外观

调整表的外观是为了使表看上去更清楚、美观。调整表格外观的操作包括调整行高和列宽、改变列的显示顺序、显示与隐藏列、冻结列和解除冻结列、设置数据字体、调整表中网格线样式及背景颜色等。

1. 调整行高和列宽

用数据表视图打开一个刚刚建好的表时，系统是以默认的表的布局格式来显示行列数据的，可能某些列的列宽太窄，字段数据不能完整显示，而另外有些列的列宽又太宽，显得很空，行高也不一定合适。通常需要对行高和列宽作适当调整。

1）调整行高

调整表的行高一般有两种方法：一是使用鼠标拖动法，将鼠标移动到表左侧的任意两个记录选定器之间的中缝处，此时光标变成上下箭头形状╋，拖动鼠标至认为合适的行高后释放鼠标，得到变动行高后的结果类似图 3.45 所示。

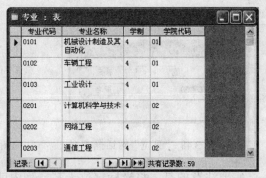

（a）调整行高之前的"专业"表　　　　　　（b）调整行高之后的"专业"表

图 3.45　使用鼠标拖动法调整表的行高

二是使用菜单法精确设定表的行高：将光标随意放入表中或随意选定表中一行，选择"格式"|"行高"命令，将会弹出"行高"对话框，如图 3.46 所示。也可以右击表中任一行左边的记录选定器，在弹出的快捷菜单中（图 3.47）选择"行高"命令，同样可以打开"行高"对话框。

图 3.46 "行高"对话框　　　　　　　　图 3.47 从右击弹击的快捷菜单中选择"行高"命令

需要注意的是，行高的设置将会对表中所有行生效，Access 2003 并不支持对一行或某几行的行高进行个别设置。

2）调整列宽

调整表的列宽一般也有两种方法：一是使用鼠标拖动法，将鼠标移动到"数据表视图"窗口最顶行上的两列之间的中缝处，此时光标变成左右箭头形状**↔**，左右拖动鼠标可改变鼠标左侧一列的列宽。二是使用菜单法精确设定表中某列的列宽：将光标放入表中准备改变列宽的一列内，或用鼠标选定表中该列（方法是用鼠标单击该列的标题区，则整列变为选中的黑色），再选择"格式"|"列宽"命令，将会弹出"列宽"对话框，如图 3.48 所示。也可以右击表中某列的标题区，在弹出的快捷菜单中（图 3.49）选择"列宽"命令，同样可以打开"列宽"对话框。在"列宽"文本框中输入合适的数值后单击"确定"按钮，即可改变该列的列宽。

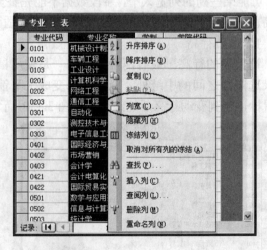

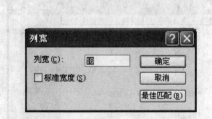

图 3.48 "列宽"对话框　　　　　　　　图 3.49 从右击弹出的快捷菜单中选择"列宽"命令

需要注意的是，将光标定位于某一列内或选定某一列后设置的列宽仅对该列起作用。如果要同时设置相邻多列的列宽（设为相同的宽度），则需要选定这些相邻的列，方法是将鼠标左键移动到第一个将要改变列宽的列标题区（此时光标变为一个向下的黑色箭头），按下鼠标左键向右（或向左）拖动到将要改变列宽的最后一列，被选中的列均为黑色。再打开“列宽”对话框输入一个共同的列宽值即可。

2. 改变列的显示顺序

当表中字段（列）较多时，为了阅读方便，有时需要临时改变列的显示顺序。操作方法如下。

（1）选定要移动的列。方法是单击该列的标题区，使整列变黑，如图3.50所示。

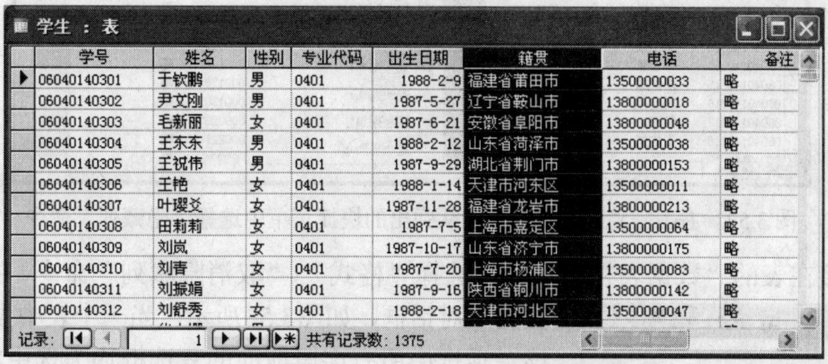

学号	姓名	性别	专业代码	出生日期	籍贯	电话	备注
06040140301	于钦鹏	男	0401	1988-2-9	福建省莆田市	13500000033	略
06040140302	尹文刚	男	0401	1987-5-27	辽宁省鞍山市	13800000018	略
06040140303	毛新丽	女	0401	1987-6-21	安徽省阜阳市	13800000048	略
06040140304	王东东	男	0401	1988-2-12	山东省菏泽市	13500000038	略
06040140305	王祝伟	男	0401	1987-9-29	湖北省荆门市	13800000153	略
06040140306	王艳	女	0401	1988-1-14	天津市河东区	13500000011	略
06040140307	叶璎爻	女	0401	1987-11-28	福建省龙岩市	13800000213	略
06040140308	田莉莉	女	0401	1987-7-5	上海市嘉定区	13500000064	略
06040140309	刘岚	女	0401	1987-10-17	山东省济宁市	13800000175	略
06040140310	刘青	女	0401	1987-7-20	上海市杨浦区	13500000083	略
06040140311	刘振娟	女	0401	1987-9-16	陕西省铜川市	13800000142	略
06040140312	刘舒秀	女	0401	1988-2-18	天津市河北区	13500000047	略

图 3.50　选定“籍贯”列但尚未移动

（2）移动鼠标到该列的标题区，当鼠标形状变为⇩时，按下鼠标左键即可左右移动该列，当移动到合适位置后松开鼠标，移动列操作完成，类似图 3.51 所示。

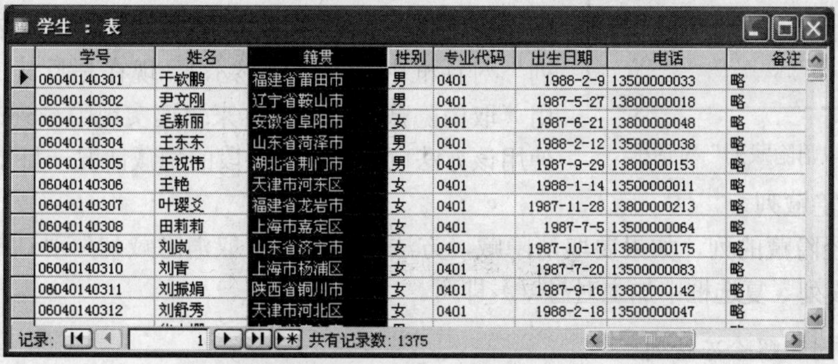

学号	姓名	籍贯	性别	专业代码	出生日期	电话	备注
06040140301	于钦鹏	福建省莆田市	男	0401	1988-2-9	13500000033	略
06040140302	尹文刚	辽宁省鞍山市	男	0401	1987-5-27	13800000018	略
06040140303	毛新丽	安徽省阜阳市	女	0401	1987-6-21	13800000048	略
06040140304	王东东	山东省菏泽市	男	0401	1988-2-12	13500000038	略
06040140305	王祝伟	湖北省荆门市	男	0401	1987-9-29	13800000153	略
06040140306	王艳	天津市河东区	女	0401	1988-1-14	13500000011	略
06040140307	叶璎爻	福建省龙岩市	女	0401	1987-11-28	13800000213	略
06040140308	田莉莉	上海市嘉定区	女	0401	1987-7-5	13500000064	略
06040140309	刘岚	山东省济宁市	女	0401	1987-10-17	13800000175	略
06040140310	刘青	上海市杨浦区	女	0401	1987-7-20	13500000083	略
06040140311	刘振娟	陕西省铜川市	女	0401	1987-9-16	13800000142	略
06040140312	刘舒秀	天津市河北区	女	0401	1988-2-18	13500000047	略

图 3.51　移动后的“籍贯”列

需要注意的是，通过鼠标拖动法只能临时改变某列的显示顺序，并没有改变其在表“设计视图”中的实际字段顺序。

3. 显示与隐藏列

有时为了突出两列数据的比较，或者在打印数据表时临时不需要某些列的内容，但这些列又有其他用途而不能删除，就可以把这些列临时隐藏起来，到需要时再将其恢复显示。

1）隐藏列

隐藏列的操作方法一般有以下三种方法。

一是选定需要隐藏的列（整列变黑）或将光标定位于需要隐藏的列中，选择“格式”|“隐藏列”命令，则刚才选定的列或光标所在的列被隐藏。

二是用鼠标右击需要隐藏的列标题，在弹出的快捷菜单中选择"隐藏列"命令，则选定的列被隐藏，如图3.52所示。

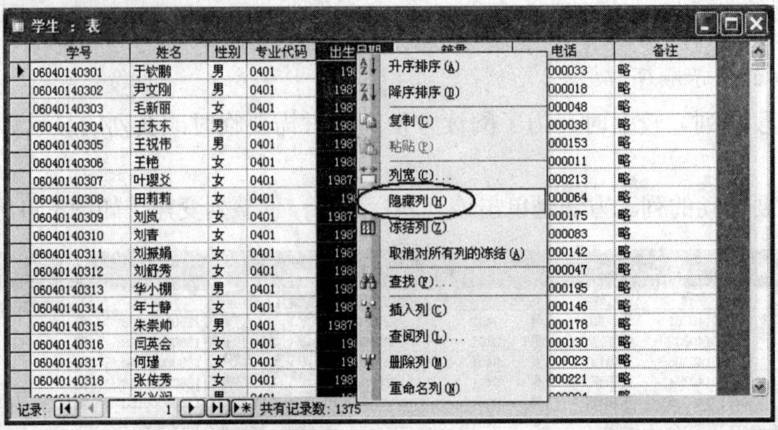

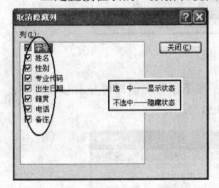

图3.52 右击需隐藏的列标题，从弹出的快捷菜单中选择"隐藏列"命令

三是直接在表的"数据表视图"中，选择"格式"|"取消隐藏列"命令，打开"取消隐藏列"对话框，如图3.53所示。当一个表中没有隐藏列时，该对话框中所有字段前面的复选框均为选中状态，即选中状态为正常显示状态，如果想隐藏某一列，只要单击该对话框中那一列前面的复选框，使之成为非选定状态（复选框中没有对号√），则该列立即被隐藏，可用此法快速隐藏若干列。"取消隐藏列"对话框的原意是取消被隐藏的列（采用第一、第二两种方法隐藏的列，可在"取消隐藏列"对话框中选中重新显示）。现在是反其道而用之，使用"取消隐藏列"对话框来快速实现隐藏列的操作，而且使用该方法可以对表中字段的隐藏情况一目了然。

图3.53 "取消隐藏列"对话框

2）取消隐藏列

对于已经隐藏的列，如果要取消隐藏，方法就是打开"取消隐藏列"对话框，选中要取消隐藏的字段列（复选框中加上对号√）即可。

4. 冻结列和解除冻结列

在表的"数据表视图"窗口中，有时因为列数太多需要经常左右拖动水平滚动条，这样一来，被重点关注的列就可能不在窗口视线内，Access 2003 提供了"冻结列"功能，可以让某列或某几列数据固定在窗口最左边，而不受左右拖动水平滚动条的影响，使得被关注的列永远保持在窗口视线之内。

1）冻结列

冻结列的操作方法如下：

一是选定需要冻结的列（整列变黑）或将光标定位于需要冻结的列中，选择"格式"|"冻结列"命令，则刚才选定的列或光标所在的列自动移动到窗口最左边，当左右拖动水平滚动条时，该列保持不动，如图3.54和图3.55所示。二是用鼠标右击需要冻结的列标题，在弹出的快捷菜单中选择"冻结列"命令，则选定的列被冻结。当然可以冻结多列，也是先选定后冻结。被冻结的列右侧有一条竖直的黑线作为分界线。

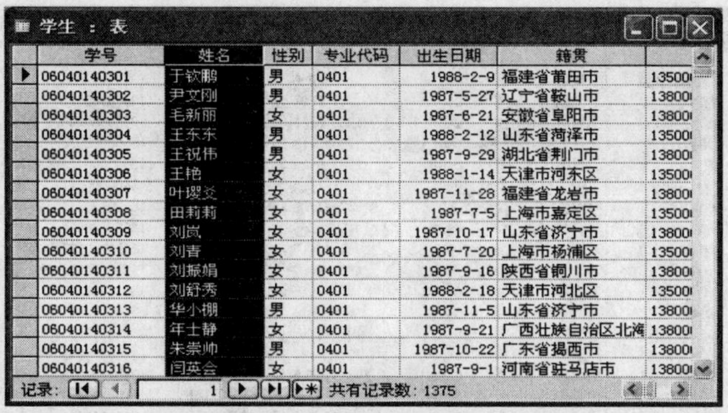

图 3.54　选择将要冻结的列

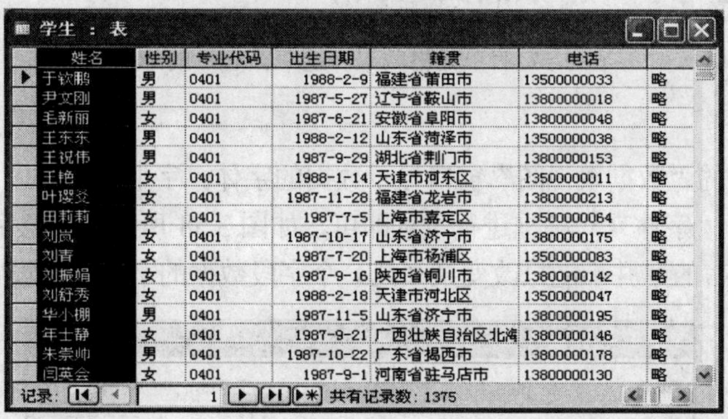

图 3.55　执行"冻结列"以后的窗口

2）解除冻结列

要解除被冻结的列，只要选择"格式"|"取消对所有列的冻结"命令（也可从右击弹出的快捷菜单中选取）即可。

5. 调整表中网格线样式及背景颜色

在"数据表视图"中，选择"格式"|"数据表"命令，弹出"设置数据表格式"对话框，如图 3.56 所示。从该对话框中看出，一般表采用的默认设置都是：单元格效果为"平面"，在水平方向和垂直方向都显示网格线，背景色为白色，网格线颜色为银白色等。用户可以根据自身需要，改变其中的某些属性，图3.57所示为单元格效果选为"凸起"后的效果。

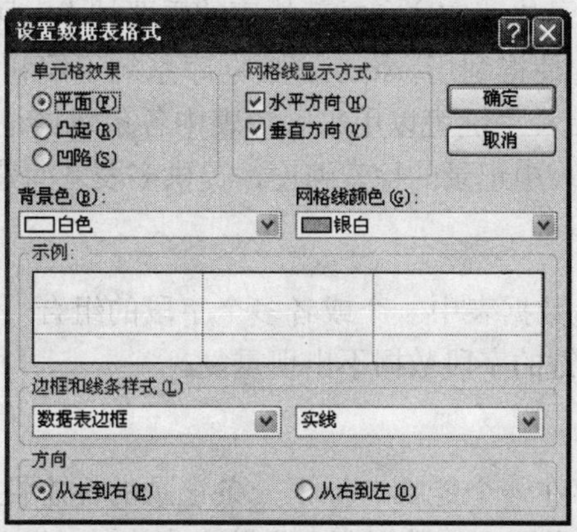

图 3.56　"设置数据表格式"对话框

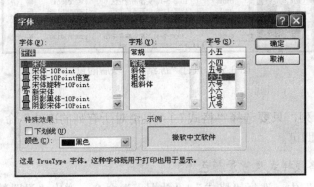

图 3.57 "单元格效果"选"凸起"的结果

6. 字体字号设置

可以重新设置表的"数据表视图"窗口显示数据的字体、字形、字号以及颜色。选择"格式"|"字体"命令，打开"字体"对话框进行设置即可，如图 3.58 所示。注意字体字号等的设置都是针对所有窗口数据而言的，并不能只改变某（几）个字段数据的字体字号设置。

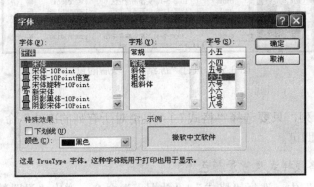

图 3.58 "字体"对话框

3.5 主键和索引

索引是一种实现数据记录快速定位和重新排序的重要技术。可以说正是因为 Access 数据库系统引入了索引技术，才使得利用 Access 数据库系统组织和管理庞大数据成为可能。在 Access 中，主键就是主索引，主键可以用来区分表中各条数据记录，保证设置为主键的字段数据不出现重复，并能加速表中记录的检索速度，提供多表之间建立关系的纽带。

3.5.1 主键

主键又叫主关键字，是数据表中一个或者多个字段的组合。主键的作用就是区分表中各条数据记录，使得设置为主键的字段数据不出现重复。

1. 主键为单一字段

当数据库的某个表中存在一个能唯一标识一条记录的标志性字段时，这个标志性字段就应设计为该表主键。如"教学管理"数据库"学院"表中的"学院代码"字段、"课程"表中的"课程代码"字段、"专业"表中的"专业代码"字段、"教师"表中的"教师代码"字段、

"班级"表中的"班级代码"字段、"学生"和"学生其他情况"表中的"学号"字段，都是表中的标志性字段，故定义为各表的主键。

单一字段作为主键的设置方法有以下两种：

一是在表设计视图中右击要设置为主键的字段行，在弹出的快捷菜单（如图3.59中左边所示）中选择"主键"命令即可。

二是在表设计视图中，先选中要设置为主键的字段行，方法是将鼠标移动到该字段的字段选择器（字段行最左边的小矩形）上方时光标会变成一个黑色横向箭头➡，再单击左键，则整个字段行全部变成黑色，再单击工具栏上的主键按钮⑧。

两种方法的操作结果一样，都是在此行最左边的字段选择器上出现主键标识⑧，如图3.59中"课程代码"字段即为表"课程"的主键。将来在输入数据时，如果新添加的记录中的课程代码字段与表中原有记录的课程代码相同，就会发出记录重复警告（图3.29），从而保证了数据的唯一性（不重复）。

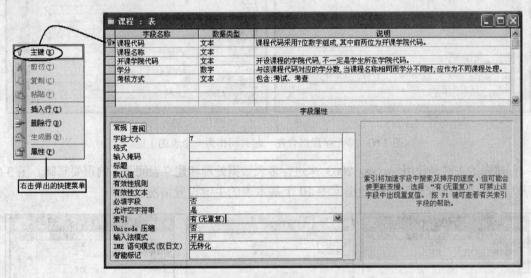

图 3.59　主键设置方法及其结果

2. 主键为多个字段的组合

当发现某个表仅靠其中任何一个字段都不能唯一标识一条记录时，该表主键就应该设计为多个字段的组合。多字段组合主键适用最少字段组合原则，即当表中存在两个字段组合就能唯一确定该表中任何一条记录时，该表主键就是这两个字段的组合，而不能将该表主键设计为三个或更多字段的组合，以此类推。

如在"教学管理"数据库中，对于"成绩"表而言，由"学号"和"课程代码"两个字段组合就能唯一确定成绩表中任何一条记录，则可将这两个字段的组合设为主键；对于"教学计划"表来说，由"专业代码"和"课程代码"两个字段组合就能唯一标识教学计划表中任何一条记录，故可将这两个字段的组合设为主键，如图 3.60（a）所示；但对于"计划执行情况"表，因为其中任何两个字段都不能唯一确定该表中一条记录，所以只能选"班级代码"、"课程代码"和"教师代码"三个字段的组合作为主键，如图3.60（b）所示。

多个字段的组合作为主键的设置方法如下：

在表设计视图中，首先选中要设置为主键的多个字段行（如果这几个字段行是连续排列的，可在选中第一个字段行的同时拖动鼠标至最后一个字段行，则几个字段行全部变成黑色。也可借助于 Shift 键的帮助，在选中第一个字段行后，按下 Shift 键的同时单击最后一个字段行的字段选择器。如果这几个字段行是不连续的，则只有借助于 Ctrl 键的帮助，按下 Ctrl 键的同时逐个单击字段行选择器），再单击工具栏上的"主键"按钮或从右击弹出的快捷菜单中选择"主键"命令，则多字段组合主键创建完成，如图3.60所示，表中凡是字段行左边带有主键标识的字段行均为该表主键的组成字段。

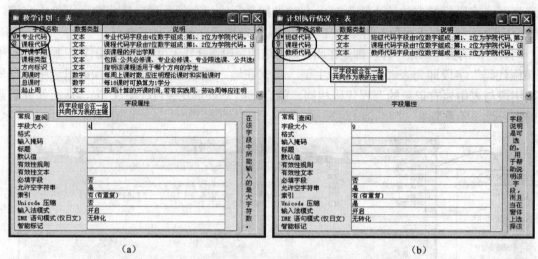

(a)   (b)

图 3.60　多个字段组合在一起共同作为一个表的主键

创建表的主键是使用 Access 2003 来进行多表数据处理和建立表间关系的重要基础。图 3.61 所示为本书"教学管理"实例数据库中 10 个基本表的主键设置情况。

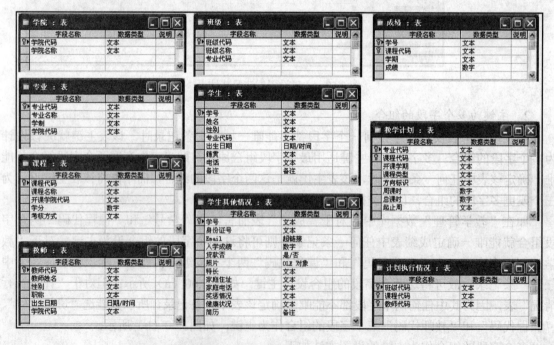

图 3.61　"教学管理"数据库中 10 个基本表的主键设置情况

3. 主键的删除与更改

前面说过，设置主键是为了防止表中出现重复数据（或自相矛盾的记录），起到把关的作用。但在某些情况下，数据重复又不能避免，这就需要暂时地删除主键。例如，要将记录导入到表，而这些记录中可能会有一些重复的记录，如果不删除主键，将无法完成导入工作。再如，要执行追加查询，若不删除主键，则追加工作有时也会失败。

删除主键的操作方法如下：

在"设计视图"中打开相应的表，单击主键字段选择器或将光标定位于主键行内，然后单击工具栏上的"主键"按钮 ，即可删除主键（也就是说主键按钮是一个开关键：第一次使用是设置主键，第二次使用则为删除主键）。或右击主键字段，从弹出的快捷菜单中选择"主键"命令。

注意：

（1）删除主键操作并不会从表中删除指定为主键的字段，它只是简单地从表中删除了主键的特性。

（2）如果主键用在某个关系中，在进行删除主键操作时，会弹出图3.62所示的警告信息。即必须在删除了这个表的主键与其他表的所有关系后，再回来执行删除主键的操作。

图 3.62　在删除建立了关系的表主键时遇到的警告提示

对于数据库中的基本表来说，每个表的主键应该是相对固定的。假如要更改一个表的主键，方法是先删除原有主键，然后再设置新的主键。

3.5.2　索引

一般情况下，表中记录的顺序是由数据输入的前后次序决定的（将数据的这种原始顺序叫做物理顺序），除非有记录被删除，否则表中记录的顺序总是不变的。但用户在日常管理和使用这些数据时，花费精力最多（与处于手工管理数据阶段时一样）的工作是数据的快速检索与定位、数据的各种排序结果以及大量的汇总计算。人们迫切希望有一套计算机软件系统（像Access 2003 数据库管理系统）能够处理和实现数据的快速检索问题、按照某个字段（或某几个字段）的重新排序问题、多表数据的综合处理问题以及数据的汇总计算问题，而解决这一系列问题的最核心技术就是索引技术。

索引技术还是建立数据库内各表间关联关系的必要前提。也就是说，在 Access 中，对于同一个数据库中的多个表，若想建立这多个表间的关联关系，就必须先在各自表中的关联字段上建立索引，然后才能建立多表之间的关联关系。

可以基于单个字段或多个字段来创建索引。在使用多字段索引排序表时，Access 将首先使用定义在索引中的第一个字段进行排序。如果在第一个字段中出现有重复值的记录，则Access 会用索引中定义的第二个字段进行排序，以此类推。也就是说，采用多字段索引能够区分开第一个字段值相同的记录。

1. 索引类型

按照索引的功能分，索引有以下三种类型。

（1）唯一索引。要求建立索引的字段值不能重复。若在该字段中输入了重复值，系统会提示操作错误，若要在已有重复值的字段上创建索引，就不能创建唯一索引。一个表可以建立多个唯一索引。

（2）普通索引。对建立索引的字段值没有要求，即可以出现重复值。一个表可以建立多个普通索引。对于建立了普通索引的字段进行排序时，凡该字段值相同的记录会自动排在一起。

（3）主索引。严格意义上讲，主索引并不是一种新的索引类型。主索引就是主键，主索引一定是唯一索引，是一种赋予了特殊使命的唯一索引。一个表只能有一个主索引（主键）。

2. 创建单一字段索引

首先，单一字段主键就是一类特殊的单一字段索引。在前面创建表的任一单一字段主键时，系统都会自动为表的主键字段创建唯一索引。图3.63所示为"专业"表设计视图窗口中的主键字段"专业代码"的"索引"属性值选择了"有（无重复）"（唯一索引）。

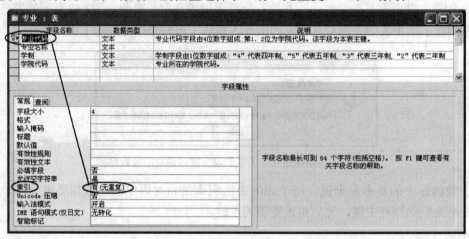

图3.63 "专业"表设计视图窗口中主键字段的索引属性

创建一般单一字段索引最快、最常用的方法是在表的"设计视图"中进行。

【例3.4】 对"教学管理"数据库中的表"专业"建立按字段"学院代码"的普通索引。操作步骤如下。

（1）在数据库"教学管理"窗口中，单击"表"对象下的"专业"表，然后单击"数据库"窗口工具栏上的"设计"按钮，进入表的"设计视图"窗口，如图3.63所示。

（2）单击要创建普通索引的字段"学院代码"，然后在窗口下方的"索引"属性下拉列表中选择其中的属性值"有（有重复）"即可，如图3.64所示。

（3）保存表，完成索引创建工作。

其中，"索引"属性下拉列表中的属性值的含义如下。

① 无。表示该字段无索引。

② 有（有重复）。表示该字段有索引，且索引字段的值是可重复的，创建的索引类型是普通索引，排序规则默认为"升序"排列。

③ 有（无重复）。表示该字段有索引，且索引字段的值不允许重复，创建的索引类型是唯一索引，排序规则默认为"升序"排列。

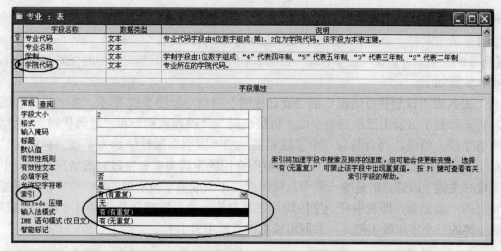

图 3.64 为"专业"表的"学院代码"字段创建普通索引

前面说过主键就是主索引,要想看到主索引的标志,或者要查看一个表中的全部索引情况,就需要打开"索引"对话框,从中可以读到任一索引的全部信息。

【例 3.5】 查看"教学管理"数据库中的表"专业"的全部索引信息。

操作步骤如下。

(1)选中数据库"教学管理"表对象下的"专业"表,然后单击"数据库"窗口工具栏上的"设计"按钮 设计⒞,进入表的"设计视图"窗口。

(2)选择"视图"|"索引"命令(或单击工具栏上的"索引"按钮),打开表"专业"的"索引"对话框,如图3.65所示。

在图3.65中上半区域显示的是该表已建立的全部三个索引,包括索引名称、字段名称和排序次序。其中的索引名称"PrimaryKey"就代表主键,主键"PrimaryKey"只对应其后一个字段"专业代码",说明这是单一字段主键。与其对应的索引属性(图下方部分)表达的信息有:主键是主索引,当然也是唯一索引。

另外,两个索引名称"学院代码"和"专业名称"都是单一字段普通索引。图3.66所示是"专业"表中普通索引"学院代码"的有关信息。从图下方的索引属性可以得到结论:当一个索引既不是主索引,也不是唯一索引时,它只能是普通索引。

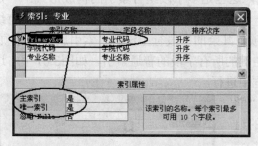

图 3.65 "专业"表的"索引"对话框中的主键信息　　图 3.66 "专业"表的"索引"对话框中的普通索引信息

3. 创建多字段组合索引

如果经常需要同时搜索或排序两个或更多个字段,可以为该字段组合创建索引。在多字段索引中最多可以包含 10 个字段。

在自己动手创建多字段组合索引之前,首先来看一类多字段组合索引的实例,这就是"教学管理"数据库中建立了多字段组合主键的三个表"教学计划"、"成绩"和"计划执行情况"。因为主键就是主索引，故多字段主键肯定对应多字段组合索引。

【例 3.6】 查看并解读"教学管理"数据库中的表"计划执行情况"中的全部索引信息。

操作步骤如下。

（1）进入表"计划执行情况"的"设计视图"窗口，如图 3.67 所示。在"设计视图"窗口中，首先看到了该表主键由三个字段"班级代码"、"课程代码"和"教师代码"（这也是该表的所有字段）组成，而且与每一个字段相关联的"索引"属性值均为"有（有重复）"（这表明单个字段建立的都是普通索引），这和前面介绍的主键为单一字段时的情况不同，主键为单一字段时主键字段建立的是唯一索引。原因就在于组成多字段主键的任一个字段都不能唯一标识该表的一条记录，即表中任一字段均存在重复值，故只能建立普通索引（允许值重复）。但组成主键的三个字段联手把关，共同组成主键（即主索引）。

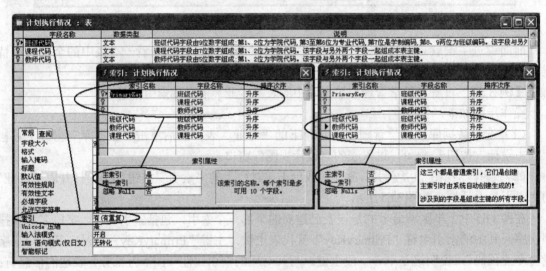

图 3.67 "计划执行情况"表的设计视图与"索引"对话框

（2）选择"视图"|"索引"命令（或单击工具栏上的"索引"按钮 ），打开表"计划执行情况"的"索引"对话框，如图 3.67 中部所示。在"索引"对话框中，我们看到了索引名称为"PrimaryKey"（主键、主索引）的构成形式，这也是多字段组合索引的构成形式：一是只在组合字段中的第一个字段行上输入索引名称，其余的字段行上索引名称为空；二是只有组合字段中的第一个字段行对应有"索引属性"选项，其余的字段行上没有"索引属性"选项；三是只有系统在创建主索引的同时才会创建组成主键的所有字段的普通索引，如图3.67 中右边所示；四是创建多字段索引只能在"索引"对话框中进行。

【例 3.7】 在"教学管理"数据库中，建立表"学生"关于字段"出生日期"和"姓名"两个字段的组合索引"生日与姓名"。

操作步骤如下。

（1）进入表"学生"的"设计视图"窗口。

（2）选择"视图"|"索引"命令（或单击工具栏上的"索引"按钮 ），打开表"学生"的"索引"对话框，该表原先建立的全部索引如图 3.68 所示。

图 3.68 "学生"表的"索引"对话框

（3）在"索引名称"列的空白行中输入索引名称为"生日与姓名"（可由用户自己命名），从该行第二列的"字段名称"下拉列表中选择字段"出生日期"，默认第三列的"排序次序"为"升序"，下方的"索引属性"均保持默认值，如图3.69所示。

（4）在"字段名称"列的下一行选择组合索引的第二个字段"姓名"（该行的"索引名称"列为空），第三列的"排序次序"仍选"升序"，此时下方的"索引属性"为空，如图3.70所示。到此为止，组合索引建立完毕。

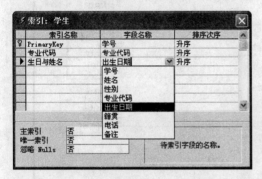 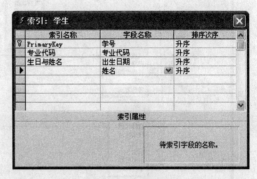

图3.69 对"学生"表设置组合索引"生日与姓名"　　图3.70 选择组合索引的第二个字段（注意下方无属性）

（5）关闭"索引"对话框，返回表的"设计视图"窗口，关闭并保存修改，创建索引工作结束。

4. 查看、更改或删除索引

查看、更改或删除表中索引，都是在表的"设计视图"窗口通过打开"索引"对话框进行的。

若要更改索引（如要改变索引名称或排序次序等），可参照建立索引的相关步骤方法操作。

若要删除索引，可在"索引"对话框中首先选定将要删除的索引行（整行变成黑色），按键盘上的 Delete 键（或从右击弹出的快捷菜单中选择"删除行"命令）。这样将删除选定索引，而不会删除字段本身。

3.6 表间关系的建立与修改

在设计一个数据库中用到的若干个基本表时，已经考虑到了它们之间的联系。所谓表间关系，是指两个表中各自有一个含义相同并且数据类型相同的字段（其字段名称可以相同，也可以不相同），利用这个字段建立两个表之间的关系。简言之，关系是在两个表的公用字段之间所创建的联系，关系的主要作用是使建立了关系的多个表之间的字段协调一致，以便准确、快速地提取信息。通过在相关表之间建立关系，进而将数据库中的所有表联结成一个有机的整体，最终实现数据库多表数据的精确控制与管理。

根据表间记录的对应规则，关系可以分为一对一、一对多和多对多三种类型。

（1）一对一关系。若有两个表分别为 A 和 B，对于 A 表中的一条记录仅能在 B 表中有一条匹配的记录，并且 B 表中的一条记录仅能在 A 表中有一条匹配的记录。例如"教学管理"数据库中的表"学生"和"学生其他情况"之间的关系即为一对一关系（通过字段"学号"进行关联），如图3.71所示。

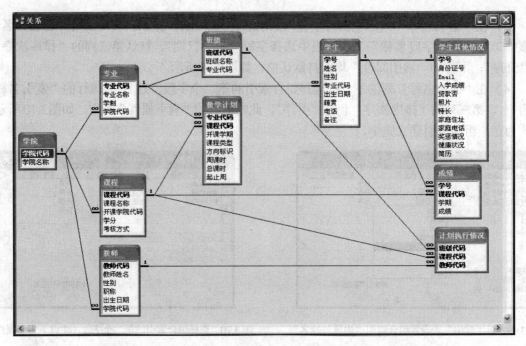

图 3.71 "教学管理"数据库中十个基本表的"关系"参考图

（2）一对多关系。在一对多关系中，A 表中的一条记录能与 B 表中的多条记录匹配，但是 B 表中的一条记录仅能与 A 表中的一条记录匹配。"教学管理"数据库的基本表之间存在大量的一对多关系，如图3.71所示。例如表"学院"和"专业"之间的关系是一对多关系（通过字段"学院代码"进行关联），表"专业"和"班级"之间的关系是一对多关系（通过字段"专业代码"进行关联），表"学院"和"教师"之间的关系是一对多关系（通过字段"学院代码"进行关联）。特别指出：表"学院"和"课程"之间的关系也是一对多关系，因为"学院"表包含"学院代码"字段，"课程"表包含"开课学院代码"字段，这两个字段虽然名称不相同，但"开课学院代码"字段中的数据实质上都是"学院代码"字段中的已有数据，两表通过含有相互匹配字段中的数据进行关联。

（3）多对多关系。在多对多关系中，A 表中的一条记录能与 B 表中的多条记录匹配，并且 B 表中的一条记录也能与 A 表中的多条记录匹配。要建立具有多对多关系的两个表之间的关联，只能通过先构造定义第三个表（称为纽带表），再通过第三个表分别和原先的两个表建立一对多关系。也就是说，一个多对多关系最终将转化为通过使用第三个表的两个一对多关系。此种关系类型最为复杂，研究并解决好这种复杂的多对多关系（主要指设计好作为纽带表的第三个表）是数据库设计的重要任务。例如"教学管理"数据库中存在多个多对多关系，表"学生"和"课程"之间的关系是多对多关系，因为一名学生可以选修多门课程，而一门课程也可以被多名学生选修，这两个表之间的多对多关系是通过第三个表"成绩"（纽带表）转化为两个一对多关系：表"学生"和"成绩"之间（通过字段"学号"进行关联）、表"课程"和"成绩"之间（通过字段"课程代码"进行关联）的一对多关系。同样表"专业"和"课程"之间的关系也是多对多关系，因为一个专业开设多门课程，而同一门课程也可以被多个专业开设，这两个表之间的多对多关系是通过第三个表"教学计划"（纽带表）转化为两个一对多关系：表"专业"和"教学计划"之间（通过字段"专业代码"进行关联）、表"课程"和"教学计划"之间（通过字段"课程代码"进行关联）的一对多关系。需要特别指出的是，"班级"、

"课程"和"教师"这三个表之间的任意两个表都存在多对多关系，而表"计划执行情况"就是解决这组多对多关系的纽带表（是第四个表），通过这个纽带表可转化为三个一对多关系，这也是"教学管理"数据库精心设计的点睛之处。

实际上，两表之间存在的上述三种关系中，一对一的关系并不常用，甚至可以将存在一对一关系的两个表合并为一个表，如"教学管理"数据库中的"学生"和"学生其他情况"两个表就属于这种情况，当然不合并也是有理由的（使用更加方便）。而任何多对多关系最终都将拆成多个一对多的关系来处理。因此，讨论表间关系就变成了主要是讨论一对多的关系以及如何设计纽带表的问题了。

一个数据库设计的好用还是不好用、实用还是不实用，关键就看数据库中的基本表的选取与设计工作是否细致入微，一个重要且简单的评判标准就是看数据库中所有基本表之间"关系"网的编织水平。

下面就如何定义关系、编辑关系、删除关系、查看关系以及设置参照完整性规则等内容展开讨论。

3.6.1　创建表间关系的前提条件

1. 要求创建关系的两个表中相关联的字段类型相同

并不是任何两个表都可以随意建立关系的，两个表之间能够创建关系的前提条件之一就是两个表中存在含义相同并且数据类型相同的字段。创建表之间的关系时，两个表中相关联的字段不一定要有相同的名称，但必须有相同的字段类型，除非主键字段类型是"自动编号"。仅当类型是"自动编号"的字段与类型是"数字"字段且"字段大小"属性为"长整型"时才符合匹配条件。即便两个字段都是"数字"字段，也必须具有相同的"字段大小"属性设置才可以匹配。

2. 要求在创建关系的两个表中相关联的字段上建立索引

两个表之间能够创建关系的前提条件之二是先在创建关系的两个表中相关联的字段上建立索引，并且两个索引中至少有一个唯一索引（充当一方）。两个表之间究竟能够创建一对一关系还是一对多关系，取决于两表中的相关联字段是如何定义索引的。

（1）如果两表中的相关联字段都是单一字段主键，则两表间将创建一对一关系。

（2）如果其中一个表的相关联字段是单一字段主键，而另一个表是按照相关联字段创建的唯一索引（但不是主键），则两表间也将创建一对一关系。

（3）如果其中一个表的相关联字段是单一字段主键，而另一个表中的相关联字段是创建了普通索引的一般字段（不是主键），则两表间将创建一对多关系。这是一对多关系的基本形式（大多数）。

（4）如果其中一个表的相关联字段是单一字段主键，而另一个表中的相关联字段是多字段组合主键之一，则两表间将创建一对多关系。所有多对多关系都是通过纽带表（第三个表，该表肯定是多字段组合主键）转化为此种情况。

（5）如果其中一个表按照相关联字段创建了唯一索引，而另一个表中的相关联字段创建了普通索引，则两表间也将创建一对多关系。这种情况有但不多见。

3.6.2　创建表间关系

在做好了创建表间关系的准备工作之后，就可以开始创建关系了。创建表间关系是在"关系"窗口中进行的。打开"关系"窗口的操作方法是在数据库窗口中，单击工具栏上的关系按

钮  或从"工具"菜单中选择"关系"命令，或在数据库窗口内右击，从弹出的快捷菜单中选择"关系"命令，如果此前已经对数据库中的表建立了关系，则可打开类似图 3.71 所示的"关系"窗口。如果数据库中还没有定义任何关系，则会在打开"关系"窗口的同时也打开"显示表"对话框，如图 3.72 所示。下面通过例题来详细说明关系的创建过程。

1. 创建一对一关系

【例 3.8】 在"教学管理"数据库中，创建表"学生"和"学生其他情况"之间的一对一关系。

操作步骤如下。

（1）在"教学管理"数据库窗口中，单击工具栏上的"关系"按钮 ，假设在此之前没有建立其他关系，则将打开"关系"窗口并同时打开"显示表"对话框，如图3.72所示。

图 3.72 数据库中没有定义任何关系时打开"关系"窗口会连带打开"显示表"对话框

（2）从"显示表"对话框的"表"选项卡中选中"学生"表，单击"添加"按钮，则"学生"表出现在"关系"窗口中。用同样的方法将"学生其他情况"表也添加到"关系"窗口中，关闭"显示表"对话框，返回到"关系"窗口，如图 3.73 所示。

（3）从图 3.73 中可以读到的信息：这两个表中的主键字段（以粗体文本显示）都是单一字段"学号"，这两个表按照"学号"字段将会建立一对一关系。用鼠标按下一个表中的主键字段"学号"拖动到另一表中的主键字段"学号"之上松开鼠标，在随后弹出的"编辑关系"对话框中，选中"实施参照完整性"复选框，并同时选中其下"级联更新相关字段"和"级联删除相关记录"复选框，如图3.74和图3.75所示。

图 3.73 添加了两个表之后的"关系"窗口

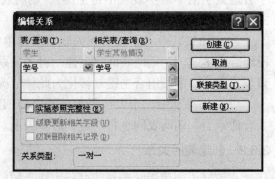

图 3.74 "学生"表的全部索引信息

（4）在"编辑关系"对话框中，单击"确定"按钮，则这两个表按照"学号"字段建立起来的一对一关系如图3.76所示。

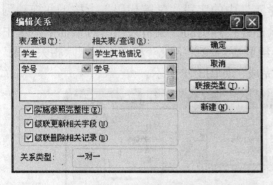
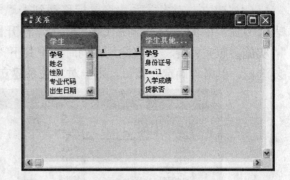

图 3.75　选择了"实施参照完整性"后的"关系"窗口　　图 3.76　建立了一对一关系的"关系"窗口

（5）保存关系。关闭"关系"窗口，在弹出的"保存关系"对话框中单击"是"按钮，则"关系"被保存。

2. 创建一对多关系

【例 3.9】　在"教学管理"数据库中，创建表"学院"和"专业"之间的一对多关系。

操作步骤如下。

（1）在"教学管理"数据库窗口中，单击工具栏上的"关系"按钮或从"工具"菜单中选择"关系"命令，或在数据库窗口内右击，从弹出的快捷菜单中选择"关系"命令，打开"关系"窗口。

（2）添加表"学院"和"专业"。单击"关系"工具栏上的"显示表"按钮或从"关系"菜单中选择"显示表"命令或从右击弹出的快捷菜单中选择"显示表"命令，即可打开"显示表"对话框。分别添加表"学院"和"专业"，关闭"显示表"对话框，返回到"关系"窗口，如图3.77所示。

图 3.77　添加了表"学院"和"专业"的"关系"窗口

（3）确定相关联字段及其索引类型。从图 3.77 中可以看出，新添加的表"学院"和"专业"存在相同字段"学院代码"，并且该字段还是表"学院"的主键，是表"专业"的一般字段（值有重复，因为可能有多个专业的学院代码都相同）。在建立一对多关系之前，首先应确定表"专业"中按照"学院代码"字段建立普通索引。检查方法（也是一种建立索引的方法）是：在"关系"窗口中，右击表"专业"，从弹出的快捷菜单中选择"表设计"命令，即可打开表的"设计视图"，将光标定位于字段"学院代码"，看下方的索引属性中是否选择了"有

（有重复）"属性值（如果原先没有选择，现在选择该值就是建立了普通索引），关闭并保存表的"设计视图"，返回到"关系"窗口。

（4）建立一对多关系。将鼠标移动到表"学院"中的字段"学院代码"上按下并拖动到表"专业"中的字段"学院代码"之上，松开鼠标并在弹出的"编辑关系"对话框中，选中"实施参照完整性"复选框，并同时选中其下"级联更新相关字段"和"级联删除相关记录"复选框。单击"确定"按钮，则一对多关系建立完成，如图3.78所示。

图 3.78　建立了一对一和一对多关系的"关系"窗口

3. 创建多对多关系

【例3.10】 在"教学管理"数据库中，创建表"专业"和"课程"之间的多对多关系（表"教学计划"充当纽带表）。

操作步骤如下。

（1）在"教学管理"数据库窗口中，单击工具栏上的"关系"按钮或从"工具"菜单中选择"关系"命令，或在数据库窗口内右击，从弹出的快捷菜单中选择"关系"命令，打开类似图3.78所示的"关系"窗口。

（2）再添加表"课程"和"教学计划"（表"专业"已经存在，不用添加）。单击"关系"工具栏上的"显示表"按钮打开"显示表"对话框，分别添加表"课程"和"教学计划"，关闭"显示表"对话框，返回到"关系"窗口，可参考图3.79，适当移动几个表的位置，目的是让建立的关系清晰明了。

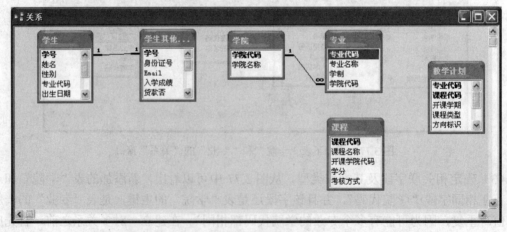

图 3.79　再次添加了表"课程"和"教学计划"后的"关系"窗口

（3）建立通过纽带表的两个一对多关系，从而实现表"专业"和"课程"的多对多关系。"教学计划"表是精心设计的"教学管理"数据库基本表之一，其独特之处就在于它同时担当起了表"专业"和"课程"的纽带表。因为"教学计划"表的主键是两个字段的组合，而这两个字段恰好分别是表"专业"和"课程"的单一字段主键，符合纽带表的条件。后面的操作即可参照例 3.9 中建立一对多关系的方法，分别建立表"专业"和"教学计划"、表"课程"和"教学计划"之间的两个一对多关系。两个关系建立之后的"关系"窗口类似图3.80所示。

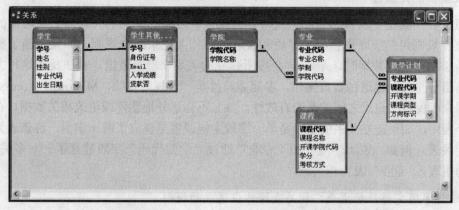

图 3.80　包含了一对一、一对多和多对多关系的"关系"窗口

注意：细心的用户通过对照表"专业"和"课程"的所有字段可以发现，好像"专业"表中的字段"学院代码"与"课程"表中的字段"开课学院代码"是符合建立直接关系的相匹配字段（它们的含义相同且数据类型相同）。事实上，当用鼠标将"专业"表中的字段"学院代码"拖动到"课程"表中的字段"开课学院代码"后，松开鼠标并在弹出的"编辑关系"对话框中，不选中"实施参照完整性"复选框，直接单击"确定"按钮，则建立如图3.81所示的关系，该关系没有任何应用价值。这两个相匹配字段不能建立有价值的关系，原因在于它们在各自表中都存在重复值，不符合两个表之间能够创建关系的前提条件之二（在创建关系的两个表中相关联的字段上建立的索引中至少有一个唯一索引，即值不重复），故必须通过纽带表（第三个表）的桥梁作用才能实现多对多关系。

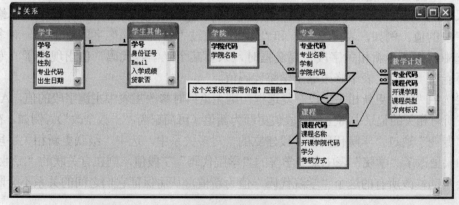

图 3.81　表"专业"和"课程"之间通过相匹配字段建立了一个无实用价值的关系

以上三个例题（例 3.8、例 3.9 和例 3.10）分别介绍了一对一关系、一对多关系和多对多关系的建立方法。在"教学管理"数据库中的十个表之间，还有许多关系需要建立，读者可参照本节中的"关系"图3.71所示，添加剩余的表到"关系"窗口，并建立其他的多个关系。该练习不仅有助于掌握三种关系的创建方法，而且在创建过程中还将学到如何摆放这十个表，才能使创建的所有关系看起来更加清晰、直观。

有的初学者可能会问：究竟表间关系有何用途？致使我们花费了如此多的篇幅和精力来创建表间关系。在此可以先明确声明：表间关系的作用太大了，它是整个 Access 2003 多表数据管理最重要的基础。从下章开始介绍的各种查询设计工具无一例外地都要用到表间关系。

3.6.3 设置参照完整性

参照完整性就是在输入和删除记录时，为维持表之间已定义的关系而必须遵循的规则。参照完整性规则包括级联更新相关字段和级联删除相关记录两个规则。如果实施了参照完整性，则当添加或修改数据时，Access 会按所建立的关系来检查数据。若违反了这种关系，就会显示出错信息且拒绝这种数据操作。参照完整性是一个规则系统，Microsoft Access 使用这个系统用来确保相关记录之间关系的有效性，并且不会意外地删除或更改相关数据。在建立关系的两个表中，如果建立关系的字段是单一字段主键或者是建立了唯一索引，称该表为主表，否则为相关表。例如，表"学院"和"专业"通过"学院代码"字段建立了一对多关系，"学院"表为主表，"专业"表为相关表。

1. 实施参照完整性后主表、相关表操作应遵循的规则

（1）不能将主表中没有的键值添加到相关表中。

（2）不能在相关表存在匹配记录时删除主表中的记录。

（3）不能在相关表存在匹配记录时更改主表中的主键字段值。

也就是说，实施了参照完整性后，对表中主键字段进行操作时，系统会紧盯对主键字段的任何操作，看看该字段是否被添加、修改或删除。如果对主键字段的修改违背了参照完整性的要求，就会显示出错信息且拒绝这种数据操作。

2. "级联更新相关字段"选项

在"编辑关系"对话框中，只有选中"实施参照完整性"复选框后，"级联更新相关字段"和"级联删除相关记录"两个复选框才可以使用，而在没有选中"实施参照完整性"复选框之前，这两个复选框为灰色不可用状态，如图 3.74 和图 3.75 所示。

如果不选中"级联更新相关字段"复选框，就不能在相关表中存在匹配记录时修改主表中主键字段的值。例如，表"学院"和"专业"通过"学院代码"字段建立了一对多关系，在没有选中"级联更新相关字段"复选框时，只要某个"学院代码"值出现在了"专业"表中，就不能在"学院"表中修改这个学院代码值。

如果选中"级联更新相关字段"复选框，则无论何时修改主表中主键字段的值，Access 都会自动在所有相关的记录中将主键字段值更新为新值（可简记为"一改全改"）。例如，在表"学院"和"专业"通过"学院代码"字段建立的一对多关系中，选中"级联更新相关字段"复选框后，如果更改了"学院"表中某个学院的"学院代码"字段值，则在有关联的"专业"表中，系统将会自动修改所有的这个"学院代码"值为新值，从而保证它们之间的关系不会断裂。

3. "级联删除相关记录"选项

如果不选中"级联删除相关记录"复选框，则不能在相关表中存在匹配记录时删除主表中的记录。例如，在没有选中"级联删除相关记录"复选框时，只要某个"学院代码"值出现在了"专业"表中，就不能在"学院"表中删除这个学院代码的记录。

如果选中"级联删除相关记录"复选框，则在删除主表中的记录时，Access 将会自动删除相关表中相关的记录（可简记为"一删全删"）。例如，选中"级联删除相关记录"复选框

后，如果删除了"学院"表中某个学院的记录，则在"专业"表中，系统将会自动删除该学院的所有专业记录。

3.6.4 删除或修改表间关系

表间关系建立之后并不是一成不变的。有时根据需要可能将临时或永久删除某个关系，也可能需要修改某个关系。

1. 删除关系

如果要删除一个关系，前提是表处于关闭状态，也就是说，不能删除已打开的表之间的关系。

删除关系的方法：一是单击所要删除关系的关系连线（当选中时，关系线会变成粗黑），然后按 Delete 键；二是右击关系连线，在弹出的快捷菜单中选择"删除"命令。无论使用哪种方法，都将会弹出如图 3.82 所示的删除"关系"确认对话框，如果单击"是"按钮，则选中的关系被删除，否则将不执行删除操作。

图 3.82 删除"关系"确认对话框

2. 修改关系

修改一个关系的前提也是要求表处于关闭状态，也就是说，不能修改正处于打开状态的表之间的关系。

进入编辑关系窗口的方法：一是通过双击要编辑关系的关系连线；二是右击关系连线，在弹出的快捷菜单中选择"编辑关系"命令。两种方法都将打开"编辑关系"对话框，类似图3.83（a）所示。

在"编辑关系"对话框中，除了可以修改前面已经介绍的设置"实施参照完整性"规则之外，有时还会用到一个称为"联接类型"的设置选项，如图3.83（b）所示。

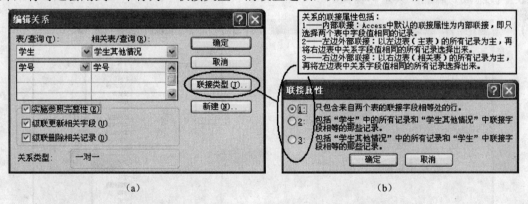

图 3.83 "编辑关系"对话框和"联接属性"选项

关系的联接属性包括三种方式：内部联接、左边外部联接和右边外部联接，如图3.83右下方所示。

1——内部联接：Access 中默认的联接属性为内部联接，即只选择两个表中字段值相同的记录。例如，在使用"学生"表和"学生其他情况"表进行查询时，默认的内部联接方式将使得查询结果中只包含两个表中学号相同的记录（两层含义：学号存在并且学号相同）。

2——左边外部联接：以左边表（主表）的所有记录为主，再将右边表中关系字段值相同的所有记录选择出来。例如，在使用"学生"表和"学生其他情况"表进行查询时，如果修改联接属性为左边外部联接方式（选 2），将使得查询结果中包含"学生"表中的所有记录和"学生其他情况"表中与联接字段（此处即为"学号"）相等的记录（查询结果中可能出现某些记录中的数据不全，缺少的字段数据是对应"学生其他情况"表中还没有输入的那部分记录数据）。

3——右边外部联接：以右边表（相关表）的所有记录为主，再将左边表中关系字段值相同的所有记录选择出来。例如，在使用"学生"表和"学生其他情况"表进行查询时，如果修改联接属性为右边外部联接方式（选 3），将使得查询结果中包含"学生其他情况"表中的所有记录和"学生"表中与联接字段（此处即为"学号"）相等的记录（查询结果中可能出现某些记录中的数据不全，缺少的字段数据是对应"学生"表中还没有输入的那部分记录数据，这种情况比较少见，因为通常都是先输入"学生"表中信息，再输入"学生其他情况"表中信息）。

3.6.5　查看表间关系

要查看数据库的表间关系，需要先将窗口切换到"数据库"窗口（可按 F11 键），再单击工具栏上的"关系"按钮 或从"工具"菜单中选择"关系"命令，或在数据库窗口内右击，从弹出的快捷菜单中选择"关系"命令，即可打开"关系"窗口，类似图 3.71 所示。

图 3.71 显示的是"教学管理"数据库中十个基本表的表间关系，而且已建立的全部关系都处于显示状态。有时为了直观、简洁，或者说为了突出局部显示，可以将与本次应用无关的表和关系先隐藏起来（但是这些被隐藏的表和关系并没有被删除，只是被临时隐藏）。

隐藏表和关系的方法是：在"关系"窗口中，右击要隐藏的表，在弹出的快捷菜单中选择"隐藏表"命令，则该表以及与该表相连的所有关系都被隐藏。图 3.84 所示为隐藏了表"专业"、"课程"和"计划执行情况"后的"关系"窗口，而图 3.85 所示为只剩下表"班级"（其余表全被隐藏）后的"关系"窗口。

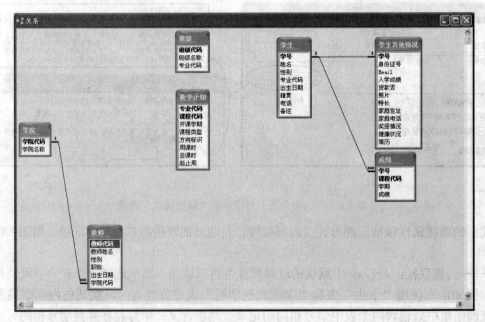

图 3.84　隐藏了表"专业"、"课程"和"计划执行情况"后的"关系"窗口

当"关系"窗口中隐藏了一些表及其关系之后，关系工具栏上在此之前一直没有用武之地的两个按钮：一个是"显示直接关系"按钮，另一个是"显示所有关系"按钮也就派上用场了。

例如，在图 3.85 所示的"关系"窗口中，单击工具栏上的"显示直接关系"按钮，将会显示出仅与表"班级"建立了直接关系的表和关系（从隐藏状态转为显示状态），类似图 3.86 所示的"关系"窗口（几个表的位置可能不一样是正常现象）。而在图 3.85（或在图 3.86）的"关系"窗口中，如果单击了工具栏上的"显示所有关系"按钮，将会显示出"教学管理"数据库中所有已建立的关系（所有被隐藏的表和关系都将从隐藏状态转为显示状态），可能得到类似图3.87所示的"关系"窗口。

图 3.85　其余表全被隐藏后的"关系"窗口

读者可以比较图3.87和图3.71所示的"关系"结果，哪个更加直观相信会一目了然。当然可以通过拖动、改变表的位置将图3.87的"关系"窗口变成另一番景象。

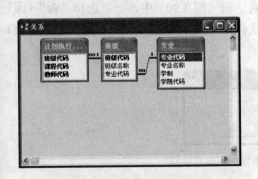

图 3.86　表"班级"的所有直接关系

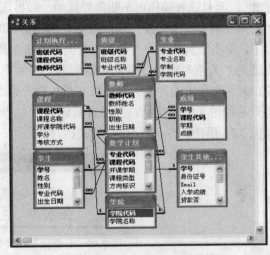

图 3.87　单击"显示所有关系"按钮后的"关系"窗口

如果某表（如表"学院"）被隐藏之后，再想使其恢复显示状态，可单击关系工具栏上的"显示表"按钮，打开"显示表"对话框，选中将要恢复显示的表"学院"，单击"添加"按钮，则表"学院"重新出现在"关系"窗口中，类似图3.88所示。

但读者千万不要认为此时图 3.88 所示的"关系"窗口中就是只有一个"学院"表。因为实施了隐藏操作，此时看到的"关系"窗口中的内容仅仅可以理解为是你此时最为关注的内容，其实图3.88所示的"关系"窗口与图3.87、图3.71所示的"关系"窗口包含的实际内容是完全一样的，只是大部分被临时隐藏了而已。如在图3.88所示的"关系"窗口中，单击工具栏上的"显示直接关系"按钮，将会显示出仅与表"学院"建立了直接关系的表和关系，得到类似图 3.89 所示的"关系"窗口。如果单击工具栏上的"显示所有关系"按钮，又将得到类似图3.87所示的"关系"窗口。

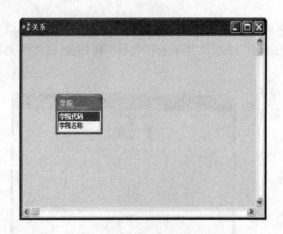
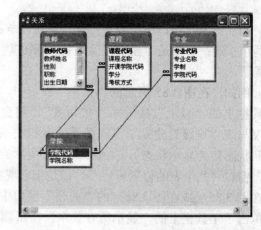

图 3.88　通过"显示表"对话框将表"学院"恢复显示　　　　图 3.89　表"学院"的所有直接关系

通过上面的操作图示，得到以下操作经验：一是当一个数据库的"关系"窗口很复杂时，可以通过隐藏表功能将部分表及其关系临时隐藏起来，仅保留特别关注的表及其关系；二是在实施了隐藏操作后，要显示某个表的关系，可以在选中该表的情况下单击"显示直接关系"按钮 ※，而且这种操作可不断向外延伸：即再选中刚显示出来的某个表后继续单击 ※ 按钮，则"关系"网会不断向外扩张，直至显示出全部的表及其所有关系；三是在任何"关系"窗口情况下，单击工具栏上的"显示所有关系"按钮 ▦，都会取消所有隐藏设置，得到该数据库没有隐藏的"关系"窗口，但此时得到的"关系"窗口往往会显得有些乱；四是在关闭"关系"窗口时，在弹出的"是否保存对关系布局的更改？"对话框（图 3.90）中，一定选择"否"（因为只是使用了隐藏功能，并没有新建关系），则在下次打开"关系"窗口时，看到的仍然是类似图 3.71 那样整齐、规范的"关系"窗口。

图 3.90　是否保存对"关系"布局的更改对话框

3.7　表的综合操作

3.7.1　复制表操作

在学习数据库操作的过程中，对于已经输入了大量数据记录的表制作数据备份（复制表）至关重要。在进行更改表中数据、向表中追加数据之前，将原表通过复制粘贴操作留下数据备份，属于数据库管理的常规操作，是一种良好的习惯。

复制表的操作步骤如下。

（1）打开数据库窗口，然后选中要复制的表。

（2）单击"数据库"工具栏上的"复制"按钮 📋，或者右击选中的表，在弹出的快捷菜单中选择"复制"命令。此操作看不到系统有明显反应，但事实上系统已经将要复制的表放到内存的"剪贴板"上了。

（3）单击"数据库"工具栏上的"粘贴"按钮，或者右击选中的表，在弹出的快捷菜单中选择"粘贴"命令。这时会弹出如图 3.91 所示的"粘贴表方式"对话框。

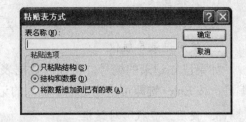

图 3.91　复制表操作中的"粘贴表方式"对话框

（4）在"表名称"文本框中输入复制表的名称，并在下面的 3 个"粘贴选项"中选择其中一个。

① "只粘贴结构"选项。表示复制表为一张具有原表同样结构的空表（没有记录）。

② "结构和数据"选项。表示复制得到的表和原表具有同样的结构，还存储着同样的数据。这是复制表操作的默认选项。

③ "将数据追加到已有的表"选项。表示只把原表中的数据复制到输入的表名中去，但此时输入的表名应该是早已经存在的某个表名。

（5）单击"确定"按钮，这样就完成了复制表的操作。如果在"粘贴选项"中选择的是前两项之一，则在数据库的"表"对象窗口中，将会看到复制后得到的表文件名称。

3.7.2　删除表操作

删除表的操作步骤如下。

（1）打开数据库窗口，然后选中要删除的表。

（2）接下来有两种按键操作：一是单击"数据库"工具栏上的"剪切"按钮，要删除的表立即从"表"对象窗口中消失了。但事实上此时该表还没有被真正删除，只是被移动到了系统内存的"剪贴板"上（还可以通过"粘贴"操作实现复制功能，或单击"撤消"按钮将表恢复）。二是按 Delete 键或者右击选中的表并在弹出的快捷菜单中选择"删除"命令，这时会弹出类似图 3.92 所示的删除表操作警示信息窗口。单击"是"按钮，则选中的表即被删除（此时单击"撤消"按钮仍可恢复删除的表）。

图 3.92　删除表操作中的警示信息窗口

3.7.3　重命名表操作

重命名表的操作步骤如下。

（1）打开数据库窗口，然后选中要重命名的表。

（2）再次单击该表，或者右击要重命名的表，在弹出的快捷菜单中选择"重命名"命令，或者按 F2 键。这时的表名称会变成一个输入框，输入新的表名，按 Enter 键即可完成表重命名操作。

3.7.4　查找或替换数据操作

在数据库的某个表中查找或替换数据的方法有很多，不论是查找特定的数值、一条记录，还是一组记录，可用的方法有以下几种。

1. 直接查找

打开表的"数据表视图"方式，通过上下、左右拖动滚动条，直接在窗口中查找。

2. 使用记录导航仪

如果已知记录的编号，可在"数据表视图"窗口下方的记录导航仪的编号框中输入记录编号，按 Enter 键即可快速定位于输入的记录编号处。

3. 使用"查找"对话框

使用"查找"对话框，可以查找字段中特定的数值。"查找"对话框的使用方法如下。

（1）在表的"数据表视图"窗口中，首先将光标定位于要查找数据所处的字段内（除非要搜索所有的字段，搜索单一字段比搜索整个窗体或数据表快）。例如要查找"学生"表中字段"籍贯"的内容，则将光标放置于"学生"表的"数据表视图"窗口中的"籍贯"列内。

（2）单击工具栏上的"查找"按钮 或从"编辑"菜单中选择"查找"命令，打开"查找和替换"对话框，如图3.93所示。

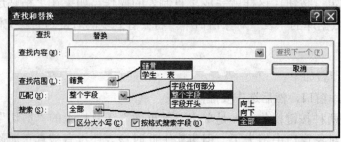

图 3.93 "查找和替换"对话框

"查找和替换"对话框中的属性设置如下。

① "查找范围"选项。可选择单个字段或整个表。由于打开对话框之前光标已经在"籍贯"列内，故默认显示的就是字段"籍贯"。

② "匹配"选项。有"字段任何部分"、"整个字段"和"字段开头"三个选项，默认选项是"整个字段"。该选项在查找数据时经常需要改变选择，经常选为"字段任何部分"，也常常使用"字段开头"选项。

③ "搜索"选项。有"向上"、"向下"和"全部"三种搜索方式，通常使用默认选项"全部"。

④ "区分大小写"复选框。选中则区分大小写，不选中则不区分大小写。

（3）在"查找内容"文本框中输入要查找的内容，并设置查找属性。例如输入"奉贤区"，并设置下面的"匹配"选项为"字段任何部分"，其余属性保留默认状态，如图 3.94 所示。在输入查找内容时，如果不完全知道要查找的内容，可以在"查找内容"文本框中使用通配符来指定要查找的内容。关于通配符的使用方法，请参考表 9-10。

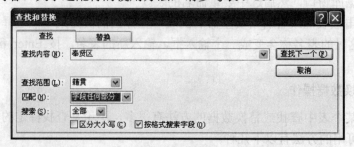

图 3.94 输入查找内容并设置"匹配"属性

（4）单击"查找下一个"按钮，开始查找输入内容。如果找到，则光标定位于找到的记录，还可继续单击"查找下一个"按钮，光标定位于找到的下一个记录，直到搜索完毕，弹出"Microsoft Office Access 已完成搜索记录，没有找到搜索项"的警示信息。如果没有找到输入内容（字段内不存在输入内容），则直接给出"Microsoft Office Access 已完成搜索记录，没有找到搜索项"的警示信息。

4. 替换数据操作

有时需要对表中多处数据进行统一替换修改，可使用"查找和替换"对话框中的"替换"选项卡进行统一替换操作。操作方法如下。

（1）在表的"数据表视图"窗口中，首先将光标定位于要替换数据所处的字段内。例如要将"学生"表中字段"籍贯"内容"黑龙江省佳木斯"替换为"黑龙江省佳木斯市"，则将光标放置于"学生"表的"数据表视图"窗口中的"籍贯"列内。

（2）单击工具栏上的"查找"按钮 或从"编辑"菜单中选择"查找"命令，打开"查找和替换"对话框，单击"替换"选项卡，并在"查找内容"文本框中输入查找内容"黑龙江省佳木斯"，在"替换为"文本框中输入替换内容"黑龙江省佳木斯市"，如图3.95所示。

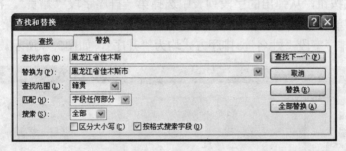

图3.95 "替换"选项卡

（3）单击"查找下一个"按钮，光标定位于找到的第一条记录，单击"替换"按钮，则该条记录已被替换，光标同时定位于下一条满足查找内容的记录，继续单击"替换"按钮直至全部替换完毕。也可在找到第一个符合条件的记录时，单击"全部替换"按钮，在弹出的如图3.96所示的警示对话框中单击"是"按钮，则表中所有符合替换条件的记录内容一次性替换完毕。

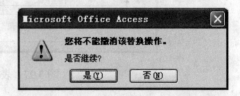

图3.96 "全部替换"按钮的警示对话框

3.7.5 排序记录操作

这里所说的排序记录操作是指在一个表的"数据表视图"窗口，为方便数据浏览而进行的重新排列。这种排序既可以只按照一列（一个字段）规则来重新组织排列顺序，也可以按照多列（多个字段的组合）规则来重新组织排列顺序，是数据表经常使用的基本操作。

1. 按一列（一个字段）重新排序

在表的"数据表视图"窗口中，要按照某一列（一个字段）重新排序，操作方法非常简单。只要选中该列或将光标定位于该列之内，单击工具栏上的"升序排序"按钮 或"降序排序"按钮 ，或者从右击弹出的快捷菜单中选择"升序排序"或"降序排序"命令，即可实现按该列重新排序的要求。

2. 按多列（多个字段的组合）重新排序

在 Access 中，不仅可以按照一列排序，也可以按照多列（多个字段的组合）重新排序。按照多列重新排序的规则是：表中记录首先根据第 1 个字段指定的顺序进行排序，当记录中出现第 1 个字段具有相同的值时，再按第 2 个字段排序，以此类推，直到表中记录按照全部指定的字段排好顺序为止。

按多列（多个字段的组合）重新排序的操作步骤通过下面的例题进行说明。

【例 3.11】 对"教学管理"数据库中表"学生"设计一个按照字段"籍贯"、"专业代码"和"姓名"重新排列的多列排序规则（三个字段均选择升序），从而实现排序要求。

操作步骤如下。

（1）在数据库"教学管理"的"表"对象窗口中，双击表"学生"，打开并进入"学生"表的"数据表视图"窗口。

（2）打开"记录"菜单中的"筛选"选项，单击其级联菜单中的"高级筛选/排序"命令，打开"筛选"设计窗口，如图3.97所示。

（3）排序字段及升降序设置。在"筛选"窗口下方的设计网格区域中，单击第一列字段行右侧的下拉箭头按钮，从弹出的字段列表中选择第一排序字段"籍贯"，再在"籍贯"字段下一行相应的排序单元格中选择排序方式为"升序"。以同样的方法再选择第二列排序字段"专业代码"、第三列排序字段"姓名"，排序方式均为"升序"，如图3.97所示。

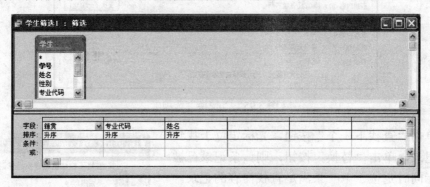

图 3.97　表"学生"的"筛选"设计窗口

（4）选择"筛选"菜单中的"应用筛选/排序"命令或在"筛选"设计窗口中右击，从弹出的快捷菜单中选择"应用筛选/排序"命令。这时 Access 就会按设定的多列排序方式对表中的记录进行排序。

图 3.98　关闭表"学生"的警示信息对话框

（5）如果要保存设计的多列排序规则，就在关闭表的"数据表视图"窗口时弹出的类似图 3.98 所示的警示信息对话框中单击"是"按钮，则在下次打开该表时"数据表视图"窗口中显示的还是应用了多列排序规则的排序结果。

（6）如果要取消多列排序功能，可随时选择"记录"菜单中的"取消筛选/排序"命令或从右击弹出的快捷菜单中选择"取消筛选/排序"命令，则恢复到原先的显示状态。当然，还可选择"记录"菜单中的"应用筛选/排序"命令，再次应用多列排序规则。

说明: 设计多列排序规则使用的"筛选"设计器实际上就是一个简单的查询设计器。当学习了第 4 章后,解决这类排序问题就将变得十分简单。

3.7.6 筛选记录操作

在日常数据库管理工作中,经常遇到查询满足某条件的记录问题,这就是筛选记录。筛选指的是只显示满足条件的记录,将不满足条件的记录暂时隐藏起来。

在表的"数据表视图"窗口中,Access 2003 通过"记录"菜单提供了四种方法用于筛选记录:"按选定内容筛选"、"内容排除筛选"、"按窗体筛选"和"高级筛选/排序",如图 3.99 所示。

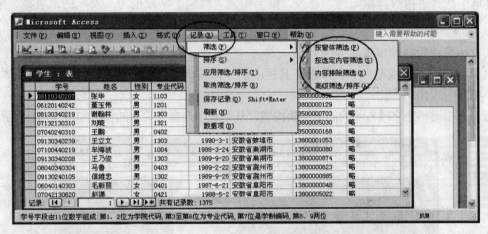

图 3.99   Access 2003 通过"记录"菜单提供的四种筛选记录的方法

下面介绍每种方法的操作步骤。

1. 按选定内容筛选

在表中筛选记录时,最常使用的方法就是"按选定内容筛选"。

(1)在表的"数据表视图"窗口中,选中将要筛选的内容(可以使用"编辑"菜单中的"查找"命令或直接在表中要筛选字段列中找到该值)。如在表"学生"的"籍贯"字段中选中"海南省海口市"(选中的标志为黑色)。

(2)单击工具栏上的"按选定内容筛选"按钮 ,或打开"记录" | "筛选" | "按选定内容筛选"命令,或在选定筛选内容上右击,从弹出的快捷菜单中选择"按选定内容筛选"命令。就会立即得到类似图3.100所示的筛选结果。

图 3.100   一次"按选定内容筛选"筛选记录的结果

(3)如果要取消本次筛选,可单击工具栏上的"取消筛选"按钮 ,或选择"记录" | "取

消筛选/排序"命令，或在"数据表视图"窗口中右击，从弹出的快捷菜单中选择"取消筛选/排序"命令，即可恢复到筛选之前的显示状态。

说明："按选定内容筛选"方法可以连续使用。即在上次使用"按选定内容筛选"的基础上，再次选定另一筛选值，继续单击工具栏上的"按选定内容筛选"按钮 ，不断加强筛选条件，得到的筛选结果会越来越符合用户要求。

2. 内容排除筛选

在表中筛选记录时，也常常使用"内容排除筛选"，此法是"按选定内容筛选"的反向操作（或称差集）。如在表"学生"中选定"性别"字段值"男"，从"记录"菜单的"筛选"级联菜单中选择"内容排除筛选"命令，则会得到"性别"字段值为"女"的记录集。

3. 按窗体筛选

按窗体筛选的操作步骤如下。

（1）在"数据表视图"中，单击工具栏上的"按窗体筛选"按钮 切换到"按窗体筛选"窗口，类似图3.101所示。

（2）单击要筛选字段右侧的向下箭头按钮，从列表中选择要筛选的值，如图3.101所示。

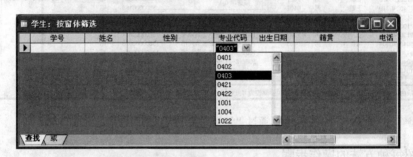

图 3.101 "按窗体筛选"设计窗口

（3）单击工具栏上的"应用筛选"按钮 ，即可得到筛选结果。

4. 高级筛选/排序

"高级筛选/排序"方法实际上就是第 4 章讲的选择查询设计方法。只要在图 3.97 所示的"筛选"设计器窗口下方的网格设计区中的对应筛选字段的"条件"行上输入具体筛选值即可。在此仅给出图3.102所示的"筛选"设计窗口供读者参考，筛选结果类似于图3.103所示。学习了第 4 章讲的选择查询设计方法之后，这部分内容将变得很简单。

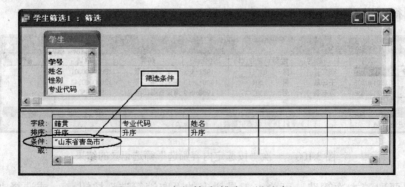

图 3.102 "高级筛选/排序"设计窗口

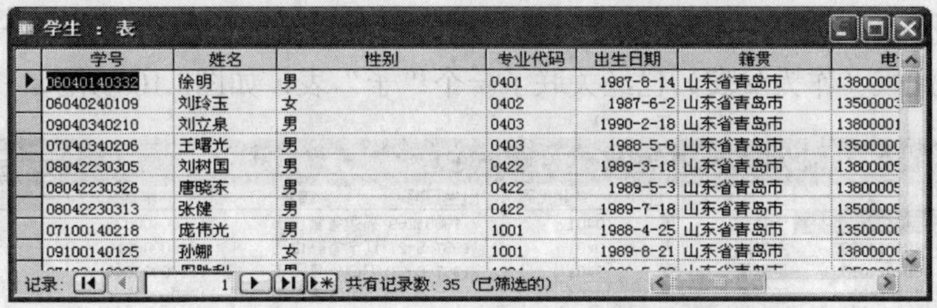

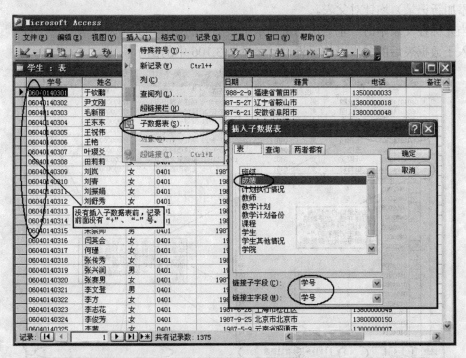

图 3.103 应用"高级筛选"的筛选结果

3.7.7 使用子表操作

当数据库中两个相关联的表建立了一对一或一对多关系之后，Access 2003 提供了插入"子数据表"操作功能，可以实现在浏览第一个表（这里称为父表）的同时也能方便地浏览插入的表（这里称为子表）中的数据。

"子"表的概念是相对"父"表而言的，"子"表是嵌套在"父"表中的表，两个表通过一个连接字段连接以后，当用户使用"父"表时，可以方便地使用"子"表。

【例 3.12】 在表"学生"的"数据表视图"窗口中，通过插入子数据表"成绩"，实现表"学生"和"成绩"的父子关联效果。

操作步骤如下。

（1）打开表"学生"的"数据表视图"窗口，在"表"对象窗口中双击"学生"表即可。

（2）选择"插入"|"子数据表"命令，打开"插入子数据表"对话框，如图3.104所示。

图 3.104 在"学生"表的数据表视图窗口中插入子数据表"成绩"

（3）注意观察还没有插入子数据表前，"学生"表中的每条记录前面是没有"+"、"-"号的，如图 3.104 中左边所示。从"插入子数据表"对话框中选择"成绩"表，单击"确定"按钮，"插入子数据表"对话框关闭，返回到表"学生"的"数据表视图"窗口，但此时的窗口发生了明显变化，显示窗口左侧增加了一列，即在每条记录的前面增加了一个"+"号，这个"+"号就表示此表（作为父表）已经关联了一个"子"表，如图3.105所示。

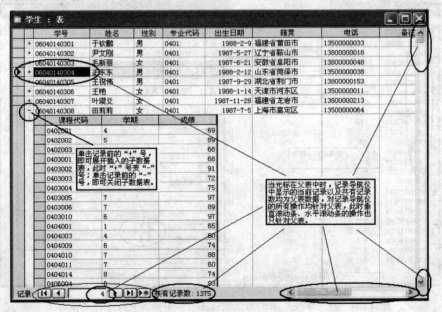

图3.105　插入子数据表"成绩"后"学生"表的数据表视图窗口发生的变化

（4）插入子数据表后的父表操作要领主要包括以下3条。

①单击父表中某个记录前的"+"号，即可展开插入的子数据表，此时"+"号变"–"号；再单击该"–"号，即可折叠插入的子数据表。

②当光标在父表中时，窗口下方记录导航仪中显示的当前记录以及共有记录数均为父表数据，此时对记录导航仪的所有操作（包括首记录、上一记录、记录快速定位、下一记录、末记录、添加新记录）均针对父表。

③当光标在父表中时，垂直滚动条和水平滚动条的操作也只针对父表。

插入子数据表后的父表操作要领也可参见图3.106中的图示说明。

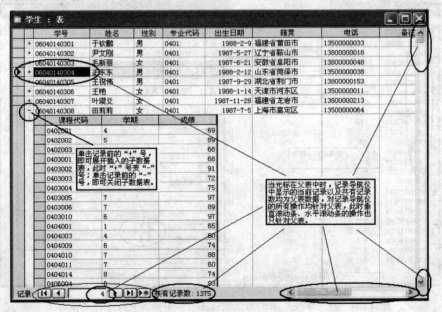

图3.106　插入子数据表后父表的操作要领

（5）插入子数据表后的子表操作要领也包括以下3条。

①当光标在子表中时，数据表视图窗口会出现两个当前记录标识▶，父表中的当前记录

标识▶标明记录指针在父表中所处的位置。子表中的当前记录标识▶标明记录指针在子表中所处的位置，并对应此时记录导航仪中显示的当前记录值。

②当光标在子表中时，记录导航仪中显示的当前记录以及共有记录数均为子表数据，对记录导航仪的所有操作（包括首记录、上一记录、记录快速定位、下一记录、末记录、添加新记录）均针对子表。

③当光标在子表中时，父表、子表均可拥有自己的垂直滚动条，但此时窗口下方记录导航仪右边出现的水平滚动条只针对子表（有时没有水平滚动条，说明子表数据不需要水平移动）。

插入子数据表后的子表操作要领也可参见图 3.107 中的图示说明。

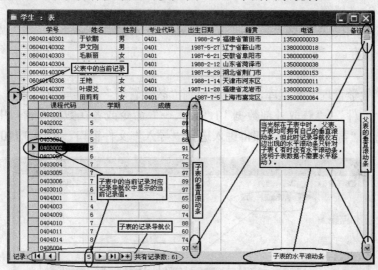

图 3.107　插入子数据表后子表的操作要领

而图 3.108 是由"成绩"表和"学生"表构成的父子表视图，从中可以看到子表的水平滚动条。

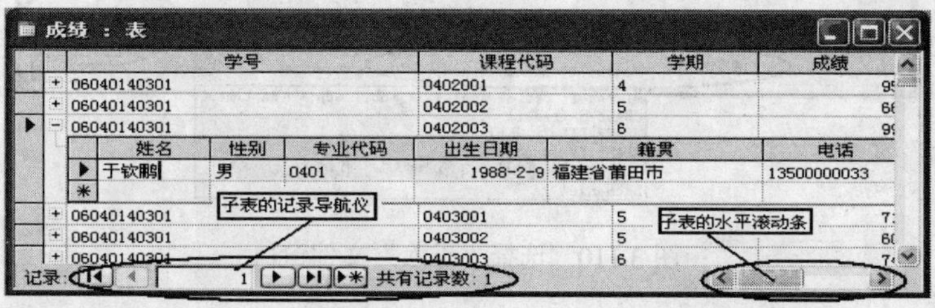

图 3.108　从"成绩"表和"学生"表构成的父子表可以看到子表的水平滚动条

删除关联子数据表的操作方法：

当要删除一个父表中插入的子表时，只要在父表的数据表视图窗口，选择"格式"|"子数据表"|"删除"命令即可，如图 3.109 所示。

从图 3.109 中还可以看出，"格式"菜单中的"子数据表"选项中除包括"删除"功能外，还有"全部展开"和"全部折叠"功能。

图 3.109　删除关联子数据表的操作方法

3.8 数据的导入与导出

3.8.1 数据的导入

用户可以将符合 Access 输入/输出协议的任一类型的表导入到 Access 数据库中，既可以简化用户的操作、节省用户创建表的时间，又可以充分利用现有数据。可以导入的表类型包括 Access 数据库中的表，Excel、Lotus 和 dBASE 或 FoxPro 等数据库应用程序所创建的表，以及文本文档、HTML 文档等。

【例 3.13】 将 Excel 表格"公选课选课表.xls"导入到"教学管理"数据库中，并以新表名"公选课表"保存。

操作步骤如下。

（1）打开"教学管理"数据库，或者切换到"教学管理"数据库窗口。

（2）选择"文件"|"获取外部数据"|"导入…"命令或者在数据库窗口中右击，从弹出的快捷菜单中选择"导入"命令，都将进入选择"导入"文件窗口，如图 3.110 所示。

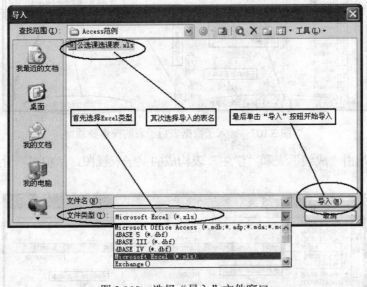

图 3.110 选择"导入"文件窗口

（3）在选择"导入"文件窗口，首先从窗口下方的"文件类型"下拉列表中选择"Microsoft Excel（*.xls）"，其次从中部的文件列表中选择导入的表名"公选课选课表.xls"，最后单击"导入"按钮进入到如图 3.111 所示的"导入数据表向导"之选择工作表对话框。

（4）由于导入的 Excel 文件中只有一个表"公选课选课表"，故在图 3.111 中无须改变，单击"下一步"按钮，进入到如图 3.112 所示的"导入数据表向导"之确定是否包含列标题对话框。

（5）由于导入的 Excel 表的第一行正是列标题所在行，故在图 3.112 中应选中"第一行包含列标题"复选框。单击"下一步"按钮，进入到如图 3.113 所示的"导入数据表向导"之选择数据保存位置对话框。

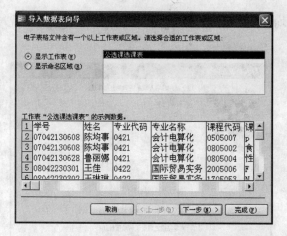
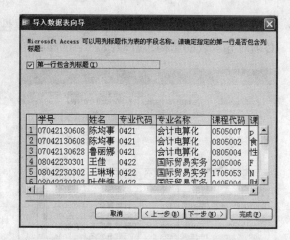

图3.111 "导入数据表向导"之选择工作表对话框　　图3.112 "导入数据表向导"之确定是否包含列标题对话框

（6）如果将导入的 Excel 表存放在数据库的一个新表中，故在图 3.113 中无须改变（保留默认值选项）。单击"下一步"按钮，进入到如图3.114 所示的"导入数据表向导"之改变字段信息对话框。

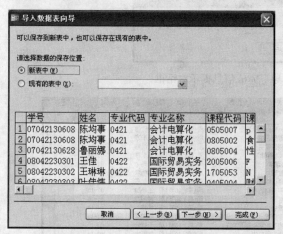
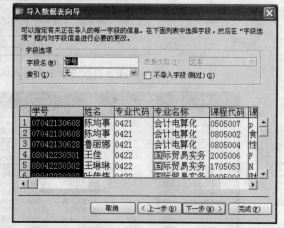

图3.113 "导入数据表向导"之选择数据保存位置对话框　　图3.114 "导入数据表向导"之改变字段信息对话框

（7）一般情况下不在图 3.114 所示的对话框中修改字段信息，故单击"下一步"按钮，进入到如图3.115 所示的"导入数据表向导"之确定主键对话框。

（8）由于 Excel 表中数据是否存在重复不好确定，故在图 3.115 所示的"导入数据表向导"之确定主键对话框中选择"不要主键"单选按钮。单击"下一步"按钮，进入到如图 3.116 所示的"导入数据表向导"之输入新表名对话框。

（9）在"导入到表"文本框中输入新表名"公选课表"。单击"完成"按钮，弹出如图3.117 所示的完成导入表信息提示对话框。单击"确定"按钮，则在"教学管理"数据库的"表"对象窗口中增加了新表"公选课表"。双击"公选课表"，即可打开该表的数据浏览窗口，如图3.118 所示。

（10）对于新导入的表，通常要对其表结构进行修改，尤其是各个字段的数据类型以及字段大小。因为在导入过程中，系统为避免发生数据丢失现象，特地将字段类型和字段大小设置为最大或最长状态。例如自动将所有的"文本"型数据的"字段大小"属性均设为上限值 255；

将所有的“数字”型数据的“字段大小”属性均设为“双精度”型等。为减少存储空间，就必须对导入表的结构进行修改。

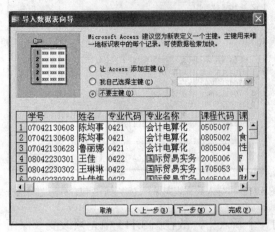

图 3.115 “导入数据表向导”之确定主键对话框

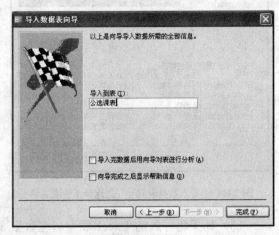

图 3.116 “导入数据表向导”之输入新表名对话框

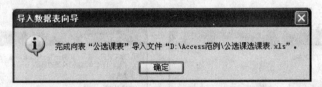

图 3.117 “导入数据表向导”完成信息提示对话框

公选课表 : 表

学号	姓名	专业代码	专业名称	课程代码	课程名称	上课时间	教师姓名	起止周
07042130608	陈均事	0421	会计电算化	0505007	photoshop 图像处理	周4第5,6节|周	年仁德	01-15
07042130608	陈均事	0421	会计电算化	0805002	食品营养卫生	周4第9,10节|周	王东方	01-15
07042130628	鲁丽娜	0421	会计电算化	0805004	性健康教育学	周3第9,10节|周	王汉海	01-18
08042230301	王佳	0422	国际贸易实务	2005006	FLASH动画制作	周1第9,10节|周/	高永存	01-14
08042230302	王琳琳	0422	国际贸易实务	1705053	NLP心理学	周1第9,10节|周/	李亮	01-12
08042230303	叶佳炜	0422	国际贸易实务	0405004	财务管理	周1第9,10节|周	曲明荣	01-18
08042230303	叶佳炜	0422	国际贸易实务	1705051	普通话训练与测试	周3第9,10节|周	韩秋菊	01-18
08042230304	田敏	0422	国际贸易实务	0405027	谈判与推销艺术	周4第9,10节|周	王伟鹏	01-18
08042230304	田敏	0422	国际贸易实务	0405004	财务管理	周1第9,10节|周	曲明荣	01-18
08042230305	刘树国	0422	国际贸易实务	0405002	市场营销	周4第9,10节|周	杨婷	01-18
08042230305	刘树国	0422	国际贸易实务	0405023	经济学原理	周3第9,10节|周	马学军	01-18
08042230306	刘璐	0422	国际贸易实务	1805013	英文电影欣赏与英语学习	周2第9,10节|周	于桂勤	01-16
08042230306	刘璐	0422	国际贸易实务	1705042	大学生实用口才	周1第9,10节|周	魏丽杰	01-18
08042230307	孙静静	0422	国际贸易实务	1305030	沟通的艺术	周3第9,10节|周	王峻	01-18
08042230307	孙静静	0422	国际贸易实务	0405027	谈判与推销艺术	周4第9,10节|周	王伟鹏	01-18
08042230308	吴伟	0422	国际贸易实务	1705053	NLP心理学	周1第9,10节|周/	李亮	01-12
08042230309	吴芸	0422	国际贸易实务	1305030	沟通的艺术	周3第9,10节|周	王峻	01-18

记录: 1 共有记录数: 110

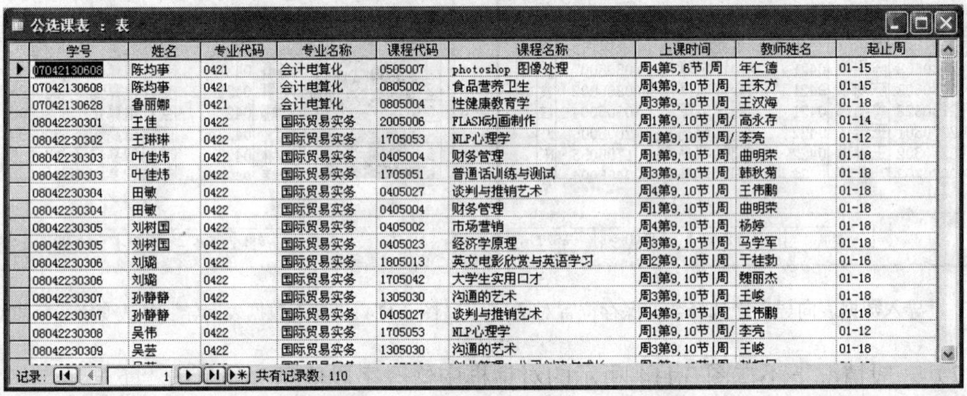

图 3.118 新导入的数据表“公选课表”的数据浏览窗口

3.8.2 数据的导出

导出是一种将数据和数据库对象输出到其他数据库、电子表格或文件格式的方法，以便其他数据库、应用程序或程序可以使用这些数据或数据库对象。通常，使用“文件”菜单中的“导出”命令可以导出数据或数据库对象。

【例 3.14】 将“教学管理”数据库中的“学生”表导出并保存为 Excel 表格“学生.xls”。

操作步骤如下。

(1) 打开“教学管理”数据库，在“表”对象窗口中选中“学生”表。

(2) 选择“文件”|“导出”命令，进入选择“导出”文件窗口，如图3.119所示。

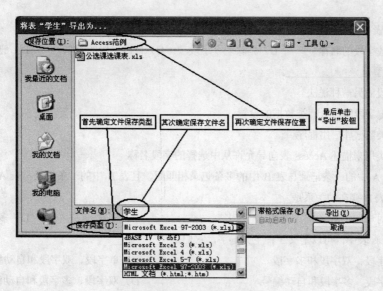

图 3.119　选择"导出"文件窗口

（3）在选择"导出"文件窗口，首先从窗口下方的"保存类型"下拉列表中选择"Microsoft Excel 97-2003（*.xls）"；其次确定保存文件的名称，系统默认与导出表同名，这里文件名即为"学生"，扩展名默认为（*.xls）；再次确定文件的保存位置，要改变保存位置，可从窗口上方的"保存位置"下拉列表中进行选择；最后单击"导出"按钮，导出操作结束。用户可根据文件的保存位置查看导出的文件（此例中选择的文件夹为 D:\Access 范例），数据表中的字段名被放置在了电子表格的第 1 行。

说明：

（1）除了 Access 的数据表可以导出之外，Access 的数据库其他对象，尤其是查询对象（即查询生成的结果）均可以导出为电子表格文件或其他数据库文件。

（2）也可将 Access 的数据表导出到 Access 的当前或早期版本中。

（3）导出 Access 数据库中的表时，Microsoft Access 只导出表的数据和数据定义，而不导出其属性（包括约束、关系和索引）。

习 题 3

1. 思考题

（1）简述解决多对多关系的处理方法，并说明"纽带"表的主键如何组成。

（2）数据表有"设计视图"和"数据表视图"，它们各有什么作用？

（3）简述设置与更改主键的过程。

（4）简述创建表间关系的前提条件以及创建表间关系的操作方法。

2. 选择题

（1）Access 提供的数据类型不包括_____。

    A）文本　　　　　　　　B）备注　　　　　　　　C）通用　　　　　　　　D）日期/时间

（2）表的组成内容包括_____。

    A）查询和字段　　　　　B）字段和记录　　　　　C）记录和窗体　　　　　D）报表和字段

（3）在数据表视图中，不能_____。

    A）修改字段的名称   B）删除一个字段   C）修改字段的类型   D）删除一条记录

（4）数据类型是_____。

    A）字段的另一种说法

    B）决定字段能包含哪类数据的设置

    C）一类数据库应用程序

    D）一类用来描述 Access 表向导允许从中选择的字段名称

（5）如果表 A 中的一条记录与表 B 中的多条记录相匹配，且表 B 中的一条记录与表 A 中的多条记录相匹配，则表 A 与表 B 存在的关系是_____。

    A）一对一   B）一对多   C）多对一   D）多对多

（6）在 Access 表中，可以定义 3 种主关键字，它们是_____。

    A）单字段、双字段和多字段   B）单字段、双字段和自动编号

    C）单字段、多字段和自动编号   D）双字段、多字段和自动编号

（7）有关字段属性，以下叙述错误的是_____。

    A）字段大小可用于设置文本、数字或自动编号等类型字段的最大容量

    B）可对任意类型的字段设置默认值属性

    C）有效性规则属性值是一个用于限制此字段输入值的条件

    D）不同的字段，其字段属性有所不同

（8）下面关于 Access 表的叙述中，错误的是_____。

    A）在 Access 表中，可以对备注型字段进行"格式"属性设置

    B）若删除表中含有自动编号字段的一条记录后，Access 不会对表中自动编号字段重新编号

    C）创建表之间的关系时，应关闭所有打开的表

    D）可在 Access 表的"设计视图"的"说明"列中，对字段进行具体的说明

（9）若要确保输入的电话号码只能是 8 位数，应该将该字段的输入掩码设置为_____。

    A）99999999   B）00000000   C）########   D）????????

（10）"按选定内容筛选"允许用户_____。

    A）查找所选的值

    B）输入作为筛选条件的值

    C）根据当前选定字段的内容，在"数据表"视图窗口中查看筛选结果

    D）以字母或数字顺序组织数据

（11）下面有关索引的描述，正确的是_____。

    A）建立索引以后，原来的数据表中记录的物理顺序将被改变

    B）创建索引，对表的使用与维护没有影响

    C）创建索引会降低表中记录维护的速度

    D）使用索引并不能加快对表的查询操作

3．上机操作题

（1）创建"教学管理"数据库中使用的十个基本表的结构，熟悉各种数据类型。

（2）设置各个基本表的主键，建立表间关系。

（3）为每个表输入部分记录数据，练习各种数据类型的输入方法，编辑表中内容。

（4）调整表外观：包括调整行高、列宽，显示与隐藏列，冻结列、解除冻结列，字体与字号设置等。

（5）练习显示表间关系操作。

（6）练习复制表、删除表、重命名表操作。

（7）进行记录排序、记录筛选、内容筛选操作。

（8）使用子表操作：根据表间关系，创建有关联的表之间的父子表联动操作。

（9）数据的导入与导出练习。

实验2　数据表的建立与数据的输入

一、实验目的和要求

1. 掌握在 Access 中使用表设计器建立表的操作方法。

2. 掌握字段的数据类型设置方法以及字段的常用属性设置方法。

3. 掌握数据记录的输入与编辑方法。

二、实验内容

1. 使用表设计器，创建"教学管理"数据库中的"学生"表结构。

2. 使用表设计器，创建"教学管理"数据库中的其他 9 个表结构。

3. 向"教学管理"数据库的基本表中输入部分数据记录。

4. 向"学生其他情况"表中输入"照片"数据。

实验3　数据表的常规操作

一、实验目的和要求

1. 掌握 Access 数据表的浏览技巧。

2. 掌握修改表主键的方法。

3. 掌握创建、更改、删除以及查看表中字段的索引方法。

二、实验内容

1. 在"教学管理"数据库中进行修改数据表结构（包括添加字段、修改字段、删除字段、设置与修改字段属性等）的方法与操作技巧练习。

2. 练习 Access 数据表的浏览技巧：设置数据表的行高与列宽、移动和改变数据表中列的显示顺序、隐藏列与取消隐藏列、冻结列和解除冻结列的操作。

3. 修改表的主键练习。

4. 创建、更改、删除以及查看表中字段的索引情况。

实验4　数据表的高级操作

一、实验目的和要求

1. 熟悉 Access 创建表间关系的前提条件，掌握 Access 的三种表间关系的建立方法。

2. 了解实施参照完整性后主表、相关表操作应遵循的规则，掌握删除、修改或查看表间关系的操作方法。

3. 掌握复制数据库、复制表、删除表、重命名表的操作方法。

4．掌握排序记录操作、筛选记录操作、使用子表操作的方法与技巧。

5．掌握表中数据的导入与导出操作方法。

二、实验内容

1．建立"教学管理"数据库中十个基本表之间的关系。

2．通过字段"学院代码"在表"学院"与"专业"、"学院"与"课程"、"学院"与"教师"之间建立的三个一对多关系，观察实施参照完整性后主表与相关表之间选择了"级联更新相关字段"选项后的连动效果（结论为"一改全改"）。

3．根据表"学生"、"学生其他情况"以及"成绩"三表之间建立的关系，通过在主表中的删除记录操作，观察实施参照完整性后主表与相关表之间选择了"级联删除相关记录"选项后"一删全删"的威力。

4．删除、修改或查看表间关系的操作方法。

5．复制数据库、复制表、删除表、重命名表的操作方法。

6．排序记录操作、筛选记录操作、使用子表操作的方法与技巧。

7．表中数据的导入与导出操作练习。

第4章 查 询 设 计

建立好数据库之后，就可以对数据库中的基本表进行各种管理操作了，其中最基本的操作就是查询。利用查询可以实现对数据表中的数据进行浏览、筛选、检索、统计、排序以及加工等各种操作。查询可以让我们轻松地完成从若干个数据表中提取更多、更有用的综合信息。查询是 Access 数据库七大对象中实用性最强的一个对象。

本章将结合"教学管理"数据库，通过众多实例来讲解和说明 Access 数据库各种类型查询的创建方法及设计技巧。

4.1 查 询 概 述

在设计数据库时，为了减少数据的冗余，一个数据库中的多个相关数据表之间基本不存在重复字段数据。这样做的好处是减少了数据维护过程中的工作量，最大限度地保证了数据库中相关表数据的一致性。但同时也带来了不利的一面，主要体现为增加了数据浏览的难度，因为数据信息被分放在了几个不同的数据表中，打开其中的任一个数据表浏览时，看到的都是部分数据，而不是数据全貌。要实现对数据库中的多个表中存储数据的一体化详细浏览以及其他加工操作，必须借助于 Access 提供的一组功能强大的数据管理工具——查询工具，简称查询。

4.1.1 查询的作用

当运行一个查询时，Access 首先从数据源（表或已有查询）中提取满足查询要求的数据记录，并将查询结果放在一个被称为动态记录集的临时表的窗体中。动态记录集看起来像一张"表"，但它并不是"表"，而是一个或多个"表"的动态数据的集合，通常被称为"虚表"。也就是说，查询的动态记录集并没有被存储到数据库中。当保存一个查询时，Access 并不保存查询结果生成的动态记录集，而只保存与查询有关的结构内容，如查询中用到的表、字段、排序次序、查询条件、查询类型等信息。当关闭一个运行过程中的查询时，生成的查询结果动态记录集会自动消失。所以，每次运行查询时，都是从查询所包含的数据源表中即时创建动态记录集，从而保证了查询结果永远是数据源表的最新反映。

在 Access 数据库中，查询的作用主要表现在以下方面。

（1）基于一个表或多个表或已知查询，创建一个满足某一特定条件的数据集。

（2）可以从单个表或一些通过共用数据相联系的多个表中获取信息。

（3）利用查询可以选择一个表、多个表或已知查询中的数据进行操作，使查询结果更加具有综合性，从而大大增强了对数据的使用效率。

（4）利用查询可以将表中数据按某个字段进行分组并汇总，帮助更好地查看和分析数据。

（5）利用查询可以生成新表，可以更新、删除数据源表中的数据，也可以向数据源表追加数据。

（6）查询还可以为窗体、报表提供数据来源。在 Access 中，对窗体、报表进行操作时，它们的数据来源只能是一个表或一个查询，但如果为其提供数据源的一个查询是基于多表创建的，那么其窗体、报表的数据来源就相当于多个表的数据源。

4.1.2 查询的类型

Access 支持的查询类型主要包括以下几种：选择查询、参数查询、交叉表查询、动作查询和 SQL 查询。

1. 选择查询

选择查询是最常见的查询类型。它将按照指定的准则，从一个或多个表中检索数据；也可以使用选择查询来对记录进行分组，并对记录进行总计、计数以及其他类型的累计计算。随着基本表中的数据记录的不断增加，迅速查找所需数据是数据管理工作的一项重要内容，这正是选择查询所能做的工作。

2. 参数查询

参数查询是在查询运行时通过输入不同的参数值之后，生成与输入参数相匹配的查询结果动态记录集，以便于更准确、更方便地查找到用户需求的信息。

3. 交叉表查询

交叉表查询可以汇总数据字段的内容，汇总计算的结果显示在行与列交叉的单元格中。在交叉表查询中还可以计算平均值、总计、最大值、最小值等，交叉表查询是综合功能很强的一种查询方式。

4. 动作查询

动作查询是在一个设定的操作中更改许多记录的查询，如删除记录、生成新表或修改数据。与主要用于查看数据的选择查询不同，动作查询实际上是对表中的数据进行操作。Access 提供了 4 种类型的动作查询。

（1）追加查询：向已有表中添加数据。

（2）删除查询：删除满足指定条件的记录。

（3）更新查询：改变已有表中所有满足指定条件记录的数据。

（4）生成表查询：提取满足查询条件的数据记录组成一个新表。

5. SQL 查询

SQL（Structure Query Language）是一种结构化查询语言，是数据库操作的工业化标准语言，使用 SQL 语言可以对任何的数据库管理系统进行操作。SQL 查询就是 SQL 语言所创建的查询，它又可分为联合查询、传递查询、数据定义查询等。联合查询可以将来自表或其他查询中的字段组合起来，作为查询结果中的一个字段；传递查询就是直接将命令发送到 ODBC 数据源的查询，在服务器上进行查询；数据定义查询可以通过 SQL 语句来创建、修改或删除表对象，并且可以动态地对表的结构进行修改。

4.1.3 查询工具

在 Access 中，主要有两种建立查询的方法，一种是使用向导建立查询，另一种是利用查询设计视图来建立查询和修改查询。

1. 使用向导创建查询

使用查询向导创建查询，就是在 Access 系统提供的查询向导的指引下，完成创建查询的整个操作过程。Access 提供了"简单查询向导"、"交叉表查询向导"、"查找重复项查询向导"、"查找不匹配项查询向导"4种创建查询的向导。它们创建查询的操作方法基本相同，用户可根据不同的查询需求选择合适的"查询向导"。

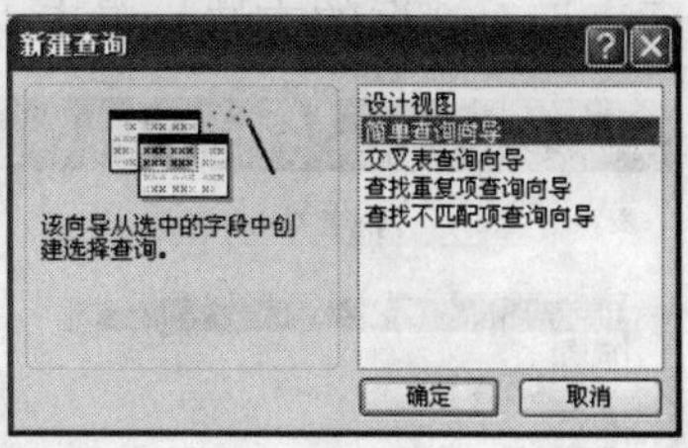

使用"查询向导"创建查询的基本操作步骤如下。

（1）打开数据库文件，进入"数据库"窗口。

（2）选择"对象"下的"查询"为操作窗口。

（3）单击"数据库"窗口工具栏上的"新建"按钮 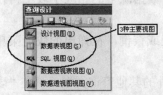，打开"新建查询"对话框，如图4.1所示。

（4）根据需要，在"新建查询"对话框中选择4种查询向导中的一种，并在接下来的人机对话过程中输入需要的各种参数。

（5）保存查询，结束查询的创建。

图4.1 "新建查询"对话框

2. 使用设计视图创建查询

在Access中，查询主要有3种视图方式：设计视图、数据表视图和SQL视图，如图4.2所示。其中，"设计视图"是使用查询设计器创建、修改各种类型查询的最常用方法。

1）查询设计器的启动

打开"设计视图"及其相应的查询设计器，通常有三种方法，一是在"查询"对象窗口，通过单击"数据库"窗口工具栏上的"新建"按钮 ，在打开的"新建查询"对话框中，选择"设计视图"，再单击"确定"按钮进入，这是新建一个查询最常用的方法；二是在"查询"对象窗口，选中一个已建立的查询名称，再单击"数据库"工具栏上的"设计"按钮 后进入"设计视图"；三是在查询结果浏览窗口通过"切换视图方式"按钮 进入"设计视图"。

图4.2 查询的3种主要视图

2）查询设计器的功能

查询设计器的界面由上下两部分组成，上半部分是"表/查询显示区"，下半部分是"网格设计区"，如图4.3所示。

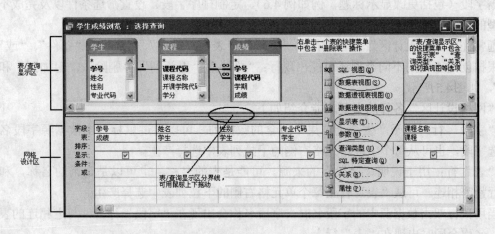

图4.3 "查询设计器"窗口组成

位于查询设计器上半部分的"表/查询显示区"的主要功能就是显示创建查询所使用的数据源。查询数据源可能是表，也可能是已建立的查询，或者是表和查询都有。对"表/查询显示区"的主要操作如下。

（1）添加创建查询所使用的数据源。添加数据源通过"显示表"对话框来完成。打开"显示表"对话框的方法：单击"查询设计"工具栏上的"显示表"按钮，打开"显示表"窗口进行添加操作；或者在"表/查询显示区"的空白区右击，在出现的快捷菜单中再选择"显示表(T)…"命令，也可打开"显示表"窗口供选择。"显示表"对话框如图4.4所示。

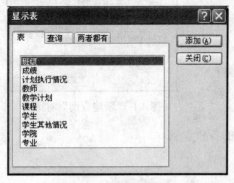

图4.4 "显示表"对话框

（2）手动建立（或保持默认）或删除数据源之间的关联关系。在完成"显示表"对话框操作之后，各个数据源之间可能建立了默认的关联关系，这些关系中绝大多数是有用的、需要保留的，但也有关联是多余的，必须手动删除其关联（如后面的例4.5，删除关联方法是右击关联线，在弹出的快捷菜单中选择"删除"命令）。或者新添加的表或查询没有建立与其他数据源的关联，需要手动建立关联以满足需要（方法是按下一个数据源中的字段拖动到另一个数据源中的相应字段上再松开鼠标）。

（3）删除查询不再需要的数据源。方法是右击将要删除的表或查询，在弹出的快捷菜单中选择"删除表"命令。

（4）确定创建查询的查询类型。要创建一个选择查询类型之外的其他查询类型，可在"表/查询显示区"的空白区右击，在出现的快捷菜单中再打开"查询类型"级联菜单来选择创建查询的类型。选择其他查询类型也可通过"查询设计"工具栏上的"查询类型"按钮进行选择。

（5）通过鼠标拖动"表/查询显示区"与"网格设计区"的分界线，改变显示区的高度，以方便浏览。

位于查询设计器下半部分的"网格设计区"的主要功能是根据查询要求，从数据源中选择所需字段（包括更改显示标题，例如例4.6）、定制排序字段、设置筛选条件以及完成不同查询类型的特殊设置要求。

通常在"网格设计区"包含的行有"字段"、"表"、"排序"、"显示"、"条件"、"或"。另外，根据创建查询的不同类型还可能出现行："总计"、"更新到"、"删除"、"追加到"和"交叉表"，如图4.5所示。

"网格设计区"各行的主要功能介绍如下。

"字段"行：用于产生查询结果中包含的数据列。可以通过鼠标双击数据源字段名称输入所选字段，也可从每个字段单元格右侧的下拉列表中选择产生。

"表"行：用于说明"字段"的来源。可能是表的名称，也可以是查询的名称，和"字段"行紧密相连。可从"表"行上每个单元格右侧的下拉列表中选择产生。

当用鼠标双击数据源中的字段名时，字段名称会出现在"字段"行上，与之相连的表（或查询）名称会同时出现在"表"行上。

"排序"行：用于确定对应字段的排序方式（升序、降序、不排序）。当"排序"行上出现了两个（含两个）以上的排序字段时，规定：左边的排序请求级别高于右边的排序请求级别。即首先按照最左边出现的排序字段请求进行排序，再按照第二个出现的排序字段请求进行二次排序，照此规律依次向右延伸。

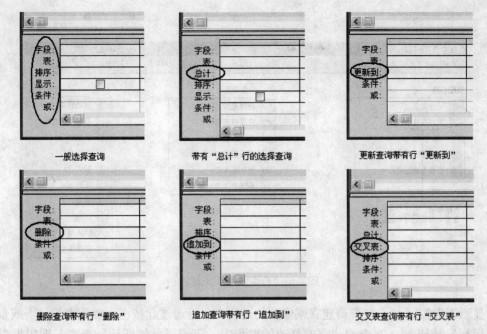

图 4.5　不同查询类型的"网格设计区"对比

"显示"行：用于确定对应字段是否在查询结果中显示。当"显示"行上对应单元格中的复选框被选中 ☑ 时，该列将出现在查询结果中。反之，该列将不会出现在查询结果中（当一个字段仅作为筛选条件使用时，经常不需要显示）。

"条件"行：用于设置查询的筛选条件。可以在该行上设置一个或多个查询筛选条件，同一行上的多个条件满足"逻辑与"运算关系（多个条件相当于符合"并且"的关系）。

"或"行：同样用于设置查询的筛选条件。与"条件"行上的查询条件构成"逻辑或"运算关系（多行条件相当于"或者"的要求）。

"总计"行：用于分组、汇总数据。当需要对查询字段数据进行分组、总计、求平均值、求最值、计数等操作时，单击"查询设计"工具栏上的"总计"按钮 Σ，即可在"网格设计区"出现"总计"行，可按对应字段要求选择其中的分组、总计、平均值、最小值、最大值、计数、标准差、方差、第一条记录、最后一条记录、表达式、条件等功能。

"更新到"行：负责接收更新内容。更新内容的组成经常用到常量、变量、函数和表达式。

"删除"行：用于确定对应字段的删除条件。

"追加到"行：用于设置追加操作时的追加条件。

"交叉表"行：用于设置行标题、列标题以及值等条件。

3）查询设计工具栏

在使用"设计视图"建立或修改查询的过程中，使用最多、最方便的工具栏是"查询设计"工具栏，如图4.6所示。

其中最常使用的部分工具按钮及其功能如下。

"保存查询"按钮 🖫：每当新建或修改一个查询后，通过该按钮进行保存。

"查询（数据表视图）切换"按钮 🖩：在查询建立或修改的过程中，可通过此按钮随时切换到查询结果视图（或称数据表视图），此时该按钮位置变为"设计视图"按钮 🖎，再单击"设计视图"按钮 🖎，即可返回查询设计器中。

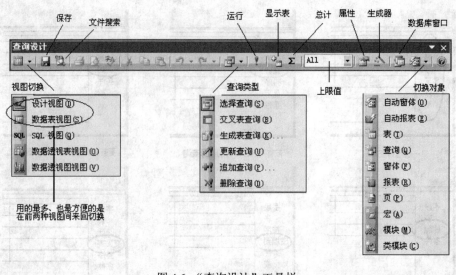

图 4.6 "查询设计"工具栏

"显示表"按钮 🔛：在查询建立或修改的过程中，可通过此按钮添加数据源（表或查询）。

"运行"按钮 ❗：在查询建立或修改的过程中，可通过此按钮运行查询，即根据查询要求，提取生成动态记录集。对于一般的选择查询来说，该按钮的作用等价于"查询切换"按钮 🔲；但对于设计的动作查询（如生成新表或更新、删除数据）而言，单击"运行"按钮 ❗ 是要执行查询的动作：生成新表或更新、删除数据，而此时的"查询切换"按钮 🔲 只是显示将要发生动作的数据记录集，但并没有真正发生实际动作。

"查询类型选择"按钮 ▣·：通过该按钮选择建立查询的类型。

"总计"按钮 Σ：在查询建立过程中，可通过该按钮添加"总计"行（位于网格设计区中），以便实现数据的汇总功能。

"数据库窗口"按钮 🔳：在查询建立或修改的过程中，可通过此按钮将数据库窗口置于前台。

"切换对象"按钮 ▣·：在查询建立或修改的过程中，可通过此按钮切换到新建另外对象窗口。

4）使用设计视图创建查询的操作步骤

使用"设计视图"创建查询是 Access 提供的创建查询和修改查询的主要方法，也是本章内容的重点和难点，本章后面所有节次内容将结合大量实际应用例题对其进行详尽的讲述。使用"设计视图"创建查询的基本操作步骤如下。

（1）打开数据库文件，选择"对象"下的"查询"为操作窗口。

（2）单击"数据库"窗口工具栏上的"新建"按钮 ⊿新建(N)，打开"新建查询"对话框。

（3）在"新建查询"对话框中选择"设计视图"，单击"确定"按钮进入查询的"设计视图"窗口。

（4）选择查询的数据源（一个或多个基本表或已有查询）。

（5）选择创建查询的类型（选择查询、交叉表查询、生成表查询、更新查询、追加查询、删除查询）。

（6）从数据源中选择指定的字段（可以只选择需要的字段）。

（7）选择决定查询结果输出顺序的排序字段（一个或多个）。

（8）输入查询的筛选条件（进行"条件"行、"或"行等具体筛选条件的设置）。

（9）特殊行的设置。包括汇总计算的"总计"行；与动作查询有关的"更新到"行、"删除"行、"追加到"行；交叉表查询中用于进行行标题、列标题以及值等条件设计的"交叉表"行。

（10）保存查询，结束查询的创建。

4.1.4 运行查询

在建立完成查询对象之后，应该保存设计完成的查询对象。其方法是，关闭查询设计视图，在随后出现的"保存"对话框中指定查询对象的名称，然后单击"确定"按钮。

对于一个设计完成的查询对象，可以在数据库窗口的"对象"列表的"查询"窗口中看到它的图标，用鼠标在一个查询对象上双击，或先选中一个查询对象后再单击"数据库"工具栏上的"打开"按钮 打开(O)，即可运行这个查询对象。对于一个动作查询而言，其运行结果会反映在具体的数据源表对象中（如生成新表或更新、删除数据），而对于一个选择查询、参数查询和交叉表查询来说，运行查询后看到的是查询结果的数据表视图。查询结果的数据表视图与表的数据表视图是形式完全相同的视图，不同的是查询结果的数据表视图中显示的是一个动态记录集。

对于一个正在设计过程中的查询对象，可单击"查询设计"工具栏上的"运行"按钮 ！ 来运行查询对象，从而得到查询结果。

特别注意：对于一个动作查询（如生成新表或更新、删除数据）来说，由于运行动作查询后的结果直接反映在数据源表中，有些动作发生后数据是不可恢复的（如进行大批量更新或删除数据的操作）。所以，运行动作查询前要对原数据表做好备份处理工作，以免发生不可挽回的损失。

4.1.5 修改查询

如果查询结果不符合用户要求，或要改变查询要求，均可通过修改查询实现查询要求，并重新运行查询得到符合用户要求的查询结果。

修改查询主要在查询的"设计视图"中完成。进入查询"设计视图"有以下两种方法：一是在数据库的"查询"对象窗口选中将要修改的查询对象文件，再单击"数据库"工具栏上的"设计"按钮 设计(D)，进入查询的"设计视图"；二是在查询结果的数据表视图中单击"查询（数据表视图）"工具栏上的"设计视图"按钮 ，即可进入查询的设计视图。

但要注意：对于一个动作查询（如进行大批量更新或删除数据的操作）来说，由于运行动作查询后的结果直接反映在数据源表中，故对动作查询的修改并不意味着能够恢复该动作查询上次运行前的状态。

4.1.6 查询准则

准则是指在查询中用来限制检索记录的条件表达式，它是算术运算符、比较运算符、逻辑运算符、字符运算符、常量、字段值和函数等的组合。通过设计合适的准则，可以过滤掉查询结果中不需要的数据记录，从而得到精准的查询结果。

1. 常量

常量实际上就是常数，常量是最简单、最常见的查询条件表达式。根据数据类型的不同，常量可分为数值型常量、字符型常量、日期/时间型常量和是/否型常量。

（1）数值型常量：直接输入的数值，如 78、34.56 等。

（2）字符型常量：直接输入或者以英文双引号括起来的一串字符，如法学、"法学"、"张三"等。

（3）日期/时间型常量：直接输入或者用符号#括起来的日期/时间型数据，如 2009-1-12、#2009-1-12#。

（4）是/否型常量：是/否型常量主要有 Yes、No、True、False 四个。

2. 运算符

在 Access 的查询条件表达式中，使用的运算符包括算术运算符、比较运算符、逻辑运算符、字符串运算符和其他运算符。具体内容可以参考 9.4.6 节内容。

3. 函数

Access 提供了大量的标准函数，如数学函数、字符函数、日期/时间函数和统计函数等。利用这些函数可以更好地构造查询准则，也为用户更准确地进行统计计算、实现数据处理提供了有效的方法。具体内容可参考 9.4.7 节内容。

4.2　创建选择查询

选择查询是最常见、最实用的查询类型，它能从一个或多个有联系的表中方便快捷地检索数据。运行选择查询时看到的是查询结果的数据表视图，在这个数据表视图中显示的是满足查询条件的动态记录集数据（又称为"虚表"）。

选择查询的一个常规用途是进行多个有关联的数据表之间的综合数据查询。我们在创建数据库中各个数据表时采取了最大限度减少数据冗余的做法，这种做法的优点主要是方便数据的维护、提高数据的准确性，其缺点是没有冗余的数据表给用户浏览和阅读数据造成了极大的不便。而利用选择查询可以轻松实现多个有关联的数据表之间的有冗余显示，从而方便用户的浏览。

下面结合"教学管理"数据库中大量实际应用例题，来详细介绍创建选择查询的设计方法。

4.2.1　使用"简单查询向导"创建选择查询

使用"简单查询向导"可以快速生成具有基本数据检索要求的选择查询。简单查询向导的基本特征如下。

（1）使用"简单查询向导"创建查询的过程中，不能为其添加选择条件或者指定查询的排序次序。

（2）使用"简单查询向导"创建查询的过程中，不能改变查询中字段的排列次序。其字段排列顺序将一直保持原始状态的顺序（最初添加字段时的排列顺序）。

（3）如果所选的字段中有一个或者多个数字字段，该向导允许放置一个汇总查询，用于显示数字字段的总计值、平均值、最小值或者最大值。在查询结果集中还可以包含一个记录数量的计数。

（4）如果所选的一个或者多个字段为"日期/时间"数据类型，则可以指定按日期范围分组的汇总查询——天、月、季或年。

使用简单查询向导创建查询，可以检索一个或多个表中的数据。如果只检索一个表中的数据，这种查询是单表查询；如果检索多个表中的数据，则这种查询是多表查询。通过"简单查询向导"方法创建的查询属于选择查询类型。

使用"简单查询向导"创建的选择查询，其功能仍然非常强大。下面的例 4.1～例 4.3 结合数据库"教学管理"，循序渐进地挖掘该向导的使用技巧。

【例 4.1】 使用"简单查询向导"方法创建选择查询"学生情况浏览"，用于查询数据库"教学管理"中表"学生"和"学生其他情况"的全部信息，即输出两个表中所有不重复字段的全部数据。

操作步骤如下。

（1）在数据库"教学管理"窗口中，单击"对象"下的"查询"，然后单击"数据库"窗口工具栏上的"新建"按钮 新建(N)，打开"新建查询"对话框，如图4.1所示。

（2）在"新建查询"对话框中，选择"简单查询向导"，单击"确定"按钮，进入"简单查询向导"对话框。

（3）从对话框左上区域的"表/查询"下拉列表中选择"表：学生"，如图4.7所示。

（4）使用"单选"工具按钮 > 从左侧的"可用字段"区域依次将字段"学号"、"姓名"、"性别"、"专业代码"、"出生日期"、"籍贯"、"电话"、"备注"移动到右侧"选定的字段"区域中（或单击"全选"工具按钮 >> ），如图4.8所示。

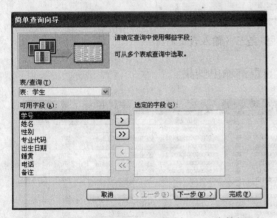

图 4.7 "简单查询向导"对话框之一（选数据源）

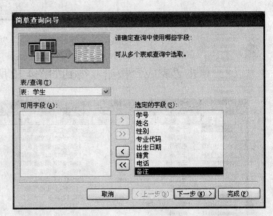

图 4.8 "简单查询向导"对话框之一（选字段）

（5）继续从"表/查询"下拉列表中选择"表：学生其他情况"，并选择除"学号"之外的所有字段到"选定的字段"区域中，如图4.9所示。

（6）单击"下一步"按钮，进入如图4.10所示的进一步明确查询类型选择窗口。

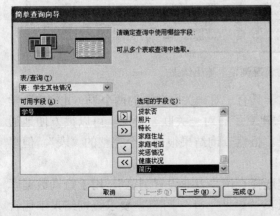

图 4.9 选表"学生其他情况"中的字段

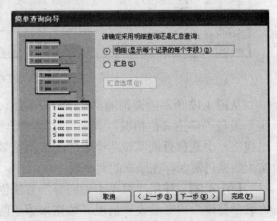

图 4.10 "简单查询向导"对话框之二

在图4.10所示的对话框中，将选择查询又分为明细查询和汇总查询两类。明细查询就是普通的选择查询，汇总查询是在普通的选择查询基础上对一些数字字段进行统计处理。本例中选择"明细（显示每个记录的每个字段）"单选按钮（也是默认设置）。

（7）再单击"下一步"按钮，输入查询指定标题"学生情况浏览"，并选择默认的"打开查询查看信息"单选按钮，如图4.11所示。

图4.11 "简单查询向导"对话框之三（输入查询名称）

（8）单击"完成"按钮，得到如图4.12所示的查询输出结果。

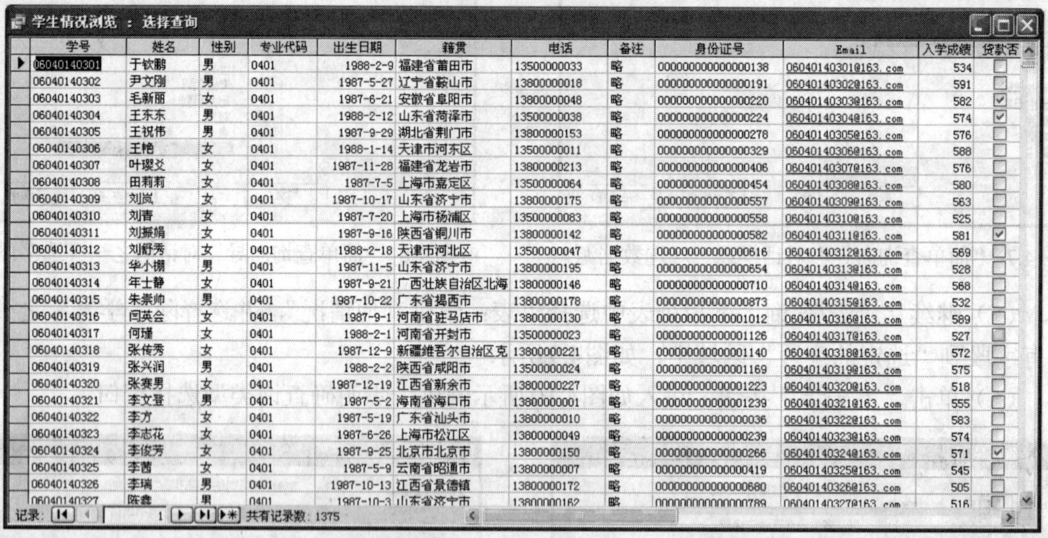

学号	姓名	性别	专业代码	出生日期	籍贯	电话	备注	身份证号	Email	入学成绩	贷款否
06040140301	于钦鹏	男	0401	1988-2-9	福建省莆田市	13500000033	略	000000000000000138	06040140301@163.com	534	□
06040140302	尹文刚	男	0401	1987-5-27	辽宁省鞍山市	13800000018	略	000000000000000191	06040140302@163.com	591	□
06040140303	毛新丽	女	0401	1987-6-21	安徽省阜阳市	13800000048	略	000000000000000220	06040140303@163.com	582	☑
06040140304	王东来	男	0401	1988-2-12	山东省菏泽市	13500000038	略	000000000000000224	06040140304@163.com	574	☑
06040140305	王视伟	男	0401	1987-9-29	湖北省荆门市	13800000153	略	000000000000000278	06040140305@163.com	517	□
06040140306	王艳	女	0401	1988-1-14	天津市河东区	13500000011	略	000000000000000329	06040140306@163.com	588	□
06040140307	叶璎炎	女	0401	1987-11-28	福建省龙岩市	13800000213	略	000000000000000406	06040140307@163.com	576	□
06040140308	田莉莉	女	0401	1987-7-5	上海市嘉定区	13500000064	略	000000000000000454	06040140308@163.com	580	□
06040140309	刘岚	女	0401	1987-10-17	山东省济宁市	13800000175	略	000000000000000557	06040140309@163.com	563	□
06040140310	刘青	女	0401	1987-7-20	上海市杨浦区	13500000083	略	000000000000000558	06040140310@163.com	589	□
06040140311	刘振娟	女	0401	1987-9-16	陕西省铜川市	13800000142	略	000000000000000582	06040140311@163.com	581	☑
06040140312	刘舒秀	女	0401	1988-2-18	天津市河北区	13500000047	略	000000000000000616	06040140312@163.com	569	□
06040140313	华小娴	男	0401	1987-11-5	山东省济宁市	13800000195	略	000000000000000654	06040140313@163.com	528	□
06040140314	年士静	女	0401	1987-9-21	广西壮族自治区北海	13800000146	略	000000000000000710	06040140314@163.com	568	□
06040140315	朱崇帅	男	0401	1987-10-22	广东省揭西县	13800000178	略	000000000000000873	06040140315@163.com	532	□
06040140316	闫英会	女	0401	1987-9-1	河南省驻马店市	13800000130	略	000000000000001012	06040140316@163.com	589	□
06040140317	何瑾	女	0401	1988-2-1	河南省开封市	13800000213	略	000000000000001126	06040140317@163.com	533	□
06040140318	张佐芳	女	0401	1987-12-9	新疆维吾尔自治区克	13800000221	略	000000000000001140	06040140318@163.com	572	□
06040140319	张英男	女	0401	1988-2-2	陕西省咸阳市	13500000024	略	000000000000001169	06040140319@163.com	575	□
06040140320	张赛寒	女	0401	1987-12-19	江西省新余市	13800000227	略	000000000000001187	06040140320@163.com	518	□
06040140321	李文督	男	0401	1987-5-2	海南省海口市	13800000001	略	000000000000001239	06040140321@163.com	555	□
06040140322	李方	男	0401	1987-5-19	广东省汕头市	13800000010	略	000000000000000036	06040140322@163.com	583	□
06040140323	李志花	女	0401	1987-6-26	上海市松江区	13800000049	略	000000000000000239	06040140323@163.com	574	□
06040140324	李俊秀	女	0401	1987-9-25	北京市北京市	13800000150	略	000000000000000266	06040140324@163.com	571	☑
06040140325	李茜	女	0401	1987-5-9	云南省昭通市	13800000007	略	000000000000000419	06040140325@163.com	545	□
06040140326	李瑞	男	0401	1987-10-13	江西省景德镇	13800000172	略	000000000000000680	06040140326@163.com	505	□
06040140327	陈鑫	男	0401	1987-10-3	山东省济宁市	13800000162	略	000000000000000789	06040140327@163.com	516	□

记录: |◄ ◄ | 1 ► ►| ►* 共有记录数: 1375

图4.12 选择查询"学生情况浏览"输出结果

从图4.12所示的查询输出结果可以看出，对于具有一对一关联关系的两个表（此例中"学生"表与"学生其他情况"表通过字段"学号"建立了一对一关联）来说，可以很方便地通过建立一个选择查询实现两个表的连接浏览效果。虽然查询结果很像一个完整的"表"，但事实上数据仍然保存在原来的两个表中。

【例4.2】 使用"简单查询向导"方法创建选择查询"专业设置浏览"，用于查询数据库"教学管理"中专业设置情况。数据来源于两张表"专业"和"学院"，要求查询结果中包含"专业代码"、"专业名称"、"学制"、"学院代码"、"学院名称"5个字段的数据信息。

操作步骤如下。

（1）在数据库"教学管理"窗口中，单击"对象"下的"查询"，然后单击"数据库"窗口工具栏上的"新建"按钮 ⏄新建(N)，打开"新建查询"对话框。在"新建查询"对话框中，选择"简单查询向导"，单击"确定"按钮，进入"简单查询向导"对话框。

（2）从"表/查询"下拉列表中选择"表：专业"，单击"全选"工具按钮 ⏵⏵，将表"专业"的所有字段选入"选定的字段"区域中；再从"表/查询"下拉列表中选择"表：学院"，将"可用字段"中的"学院名称"字段选入"选定的字段"区域中，如图4.13所示。

（3）单击"下一步"按钮，直接进入到输入查询指定标题对话框，在对话框中输入"专业设置浏览"，并选择默认的"打开查询查看信息"，再单击"完成"按钮，得到如图4.14所示的查询输出结果。

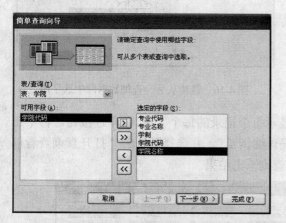

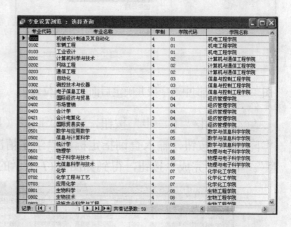

图4.13　"简单查询向导"对话框（从第2个表中选字段）　　图4.14　选择查询"专业设置浏览"输出结果

前面创建的查询也可以作为新建查询的数据来源。如在例 4.1 中创建的查询"学生情况浏览"中只有字段"专业代码"，而没有"专业名称"和"学院名称"字段，给浏览结果造成了一定的不便。恰好例 4.2 中创建的查询"专业设置浏览"中包含了"专业名称"和"学院名称"两个字段。下面仍然采用"简单查询向导"方法新建查询"学生情况详细浏览"，其中将添加"专业名称"和"学院名称"两个字段。

【例 4.3】　使用"简单查询向导"方法创建选择查询"学生情况详细浏览"。数据源为例 4.1 中创建的查询"学生情况浏览"和例 4.2 中创建的查询"专业设置浏览"。目的是在已有查询"学生情况浏览"的查询结果中"专业代码"之后添加"专业名称"和"学院名称"两个字段。

操作步骤如下。

（1）在数据库"教学管理"窗口中，打开"新建查询"对话框，并在"新建查询"对话框中，选择"简单查询向导"，单击"确定"按钮，进入"简单查询向导"对话框。

（2）从"表/查询"下拉列表中选择"查询：学生情况浏览"，单击"全选"工具按钮 ⏵⏵，将查询"学生情况浏览"的所有 19 个字段全部选入"选定的字段"区域中。接下来的操作很重要，根据简单查询向导的基本特征之二，不能改变查询中的字段排列顺序，其字段排列顺序将一直保持最初添加字段时的排列顺序。为实现查询要求，操作方法是：拖动"选定的字段"区域中的垂直滚动条，找到字段"专业代码"并将其选中（目的是确定后面将要插入的字段位置在"专业代码"之后），如图4.15所示。

（3）再从"表/查询"下拉列表中选择"查询：专业设置浏览"，将"可用字段"中的"专业名称"和"学院名称"两个字段选入到"选定的字段"区域中的字段"专业代码"之下，如图4.16所示。

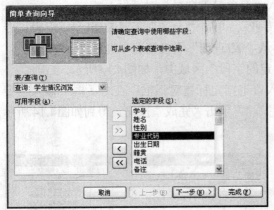 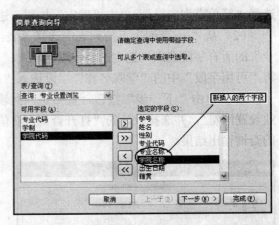

图4.15　从查询中选字段并确定后面的插入位置　　　　图4.16　继续从另一查询数据源中选字段

（4）单击"下一步"按钮，选择"明细（显示每个记录的每个字段）"单选按钮。再单击"下一步"按钮，输入查询指定标题"学生情况详细浏览"，并选择默认的"打开查询查看信息"。单击"完成"按钮，得到如图4.17所示的查询输出结果。

![学生情况详细浏览查询结果表](图4.17)

图4.17　选择查询"学生情况详细浏览"输出结果

对比查询结果图4.17和图4.12可以明显地看出，查询"学生情况详细浏览"包含的信息更全、更直观。但此查询结果仍然存在不足：缺少排序和指定条件浏览设置。排序设置分单列排序和多列排序两种情况，此时若要解决单列排序问题并不难，只要将光标定位在排序列上，然后使用工具栏上的升序按钮和降序按钮即可得到所要排序结果。但对多列排序和指定条件浏览的设置就要靠后面的查询设计器帮忙了。

一般来说，当新建选择查询的数据源为一至两个表（或查询）时，采用"简单查询向导"方法比较简单快捷。当新建选择查询的数据源超过三个以上表（或查询或两者皆有），而且查询结果字段排列顺序出现多次交叉换位时，采用"简单查询向导"方法往往比较麻烦（复杂在字段选取顺序上）。但并不是说"简单查询向导"方法就不能用了。对于超过三个以上数据源的查询，直接使用后面介绍的查询设计器方法效率最高。

如果需要，查询向导也可以对记录组或全部记录进行总计、计数、平均值、最小值或最大值，但如果要设置条件来限制筛选的记录，则需要在查询设计器的"设计视图"中加以完成。

4.2.2 使用"设计视图"创建选择查询

Access 提供了功能强大的创建查询和修改查询的工具——"设计视图"。

下面结合例 4.4～例 4.7 详细讲解使用"设计视图"法创建选择查询的操作方法与设计技巧，每一道例题都有独到之处，可谓环环相扣，步步深入。

1. "设计视图"的窗口调整技巧

【例 4.4】 使用查询设计器创建选择查询"学生成绩详细浏览"。数据来源于四张表"专业"、"学生"、"课程"和"成绩"，要求查询结果中包含学号（升序排列）、姓名、性别、专业代码、专业名称、学期（升序排列）、课程代码（升序排列）、课程名称、学分、考核方式、成绩 11 个字段的详细数据信息。

操作步骤如下。

（1）在数据库"教学管理"窗口中，单击"对象"下的"查询"，然后单击"数据库"窗口工具栏上的"新建"按钮 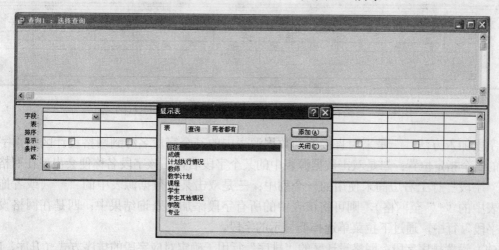，打开"新建查询"对话框，并选择"设计视图"，然后单击"确定"按钮，进入查询设计器的"显示表"窗口，如图4.18所示。

图 4.18 新建一个查询时的查询设计器窗口

（2）从"显示表"对话框的"表"选项卡中，分别选中并添加表"专业"、"学生"、"课程"和"成绩"，单击"关闭"按钮以关闭"显示表"对话框，进入如图4.19所示的查询设计器窗口。适当调整查询设计器上半部分"表/查询显示区"中的四张数据源表的位置关系（可通过鼠标拖动"表/查询显示区"与"网格设计区"的分界线，改变显示区的高度），以便看清楚所有字段的归属以及各表之间的关联关系（当然也可不作调整），如图4.20上半部分所示。

（3）根据查询要求，在设计网格中"字段"行上从四张数据源表中依次选择所需字段：学号、姓名、性别、专业代码、专业名称、学期、课程代码、课程名称、学分、考核方式、成绩 11 个字段，如图4.20所示。

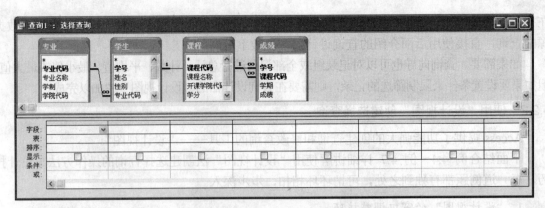

图 4.19　添加四张表之后的查询设计器窗口

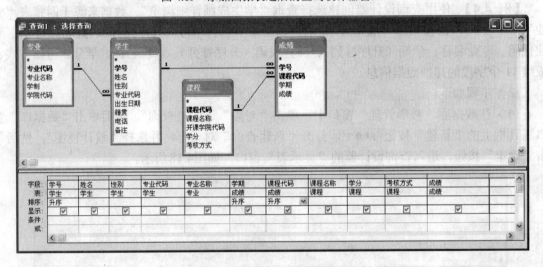

图 4.20　调整表之间布局及添加字段和排序后的查询设计器窗口

　　字段加入方法：一是采用直接拖动数据源表中的某个字段名称到网格设计区的"字段"行上的一个指定位置；二是双击数据源表中的某个字段名称，该字段名称便会出现在网格设计区的"字段"行上右边尚未使用的一个列中；三是双击某个数据源表中的"*"（或者拖动数据源表中的"*"至网格），则可将该表中的所有字段添加到查询结果中；四是在网格设计区的"字段"行中，通过下拉菜单选择要显示的字段。

　　（4）设置排序字段。网格设计区的"排序"行用于确定对应字段的排序方式（升序、降序、不排序）。规定：当"排序"行上出现了两个（含两个）以上的排序字段时，左边的排序请求级别高于右边的排序请求级别。按照题目要求，分别在对应字段"学号"、"学期"和"课程代码"下方的"排序"行上选择"升序"（可理解为：首先按"学号"的升序排列；当学号相同时，再按"学期"的升序排列；当学期相同时，再按"课程代码"的升序排列），如图 4.20 所示。

　　（5）保存并运行查询。关闭查询设计器，会弹出是否保存查询的询问对话框，单击"是"按钮，并在随后打开的"另存为"对话框中为新建查询取名"学生成绩详细浏览"，单击"确定"按钮，查询保存成功，并返回数据库对象窗口。在数据库"查询"对象右侧的列表区中找到并双击查询"学生成绩详细浏览"（或选中查询"学生成绩详细浏览"，再单击"数据库"窗口工具栏上的"打开"按钮 ），即可得到"学生成绩详细浏览"的一次查询运行结果，如图 4.21 所示。

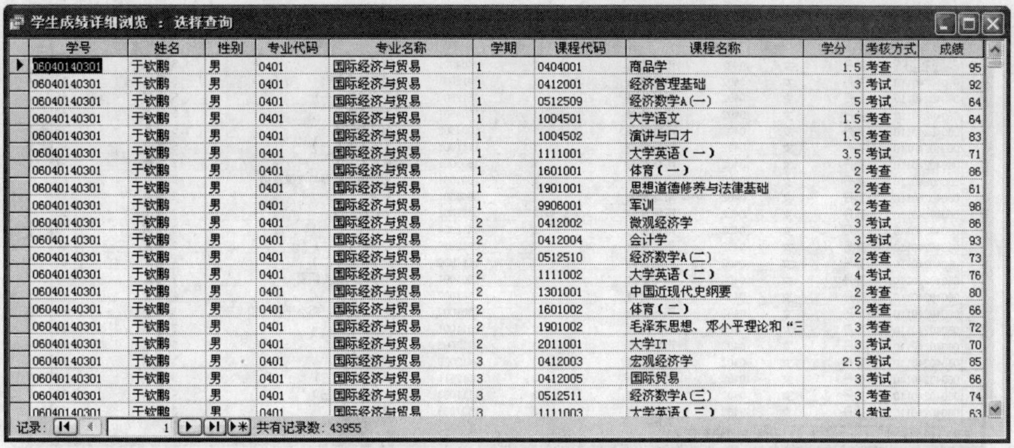

图 4.21 选择查询"学生成绩详细浏览"输出结果

2. 查询条件的设置方法

可以将例 4.4 创建的选择查询"学生成绩详细浏览"看做是一个能够用来方便浏览所有学生成绩的应用平台，因为它包含的信息比数据库中的任何一个基本表都丰富。但实际工作中每次查询数据，往往只是需要查看或筛选其中满足某些条件的部分数据。有了例 4.4 创建的应用平台，要实现带条件的查询功能，仅仅需要在其中加入查询条件即可。

先创建不带任何附加条件的查询应用平台，等到用时再加入具体查询条件，生成满足具体条件的动态数据记录集的做法，在实际工作中十分有效。本章中将此法称为例题的扩展应用。

例 4.4 的扩展应用：例 4.4 创建的查询"学生成绩详细浏览"可以看做是一个综合应用平台，在此平台基础上添加各种筛选条件，即可得到更加实用的查询结果。方法是：打开查询"学生成绩详细浏览"的"设计视图"，如图 4.20 所示。在查询设计器下半部分的网格设计区的对应字段下面的"条件"行上输入查询条件，再单击工具栏上的"视图切换"按钮■，即可得到满足具体查询条件的查询结果。

下面结合例 4.4 的具体应用，介绍查询条件的设置方法与使用技巧。

（1）单个常量条件查询。若在"设计视图"中某个字段名下面对应的"条件"行上输入一个常量（又叫常数，其数据类型要和对应列上的"字段"类型相同），则表示只查询包含该常量的记录集。

如在例 4.4 创建的查询"学生成绩详细浏览"中，要查看某个学生（如学号为"06040240110"）的成绩情况，可在字段"学号"下面的"条件"行上输入该生学号"06040240110"（是一个文本型常量），如图 4.22 所示。再单击工具栏上的"视图切换"按钮■，即可得到筛选后的查询结果（[学号]= "06040240110"的记录集），如图4.23 所示。

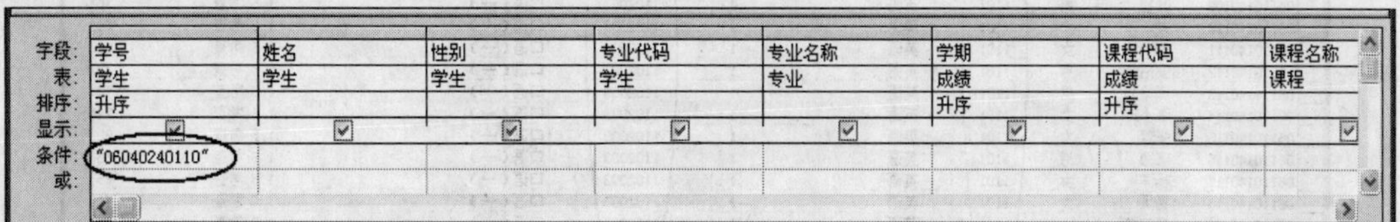

图 4.22　在查询"学生成绩详细浏览"的"设计视图"中输入筛选条件

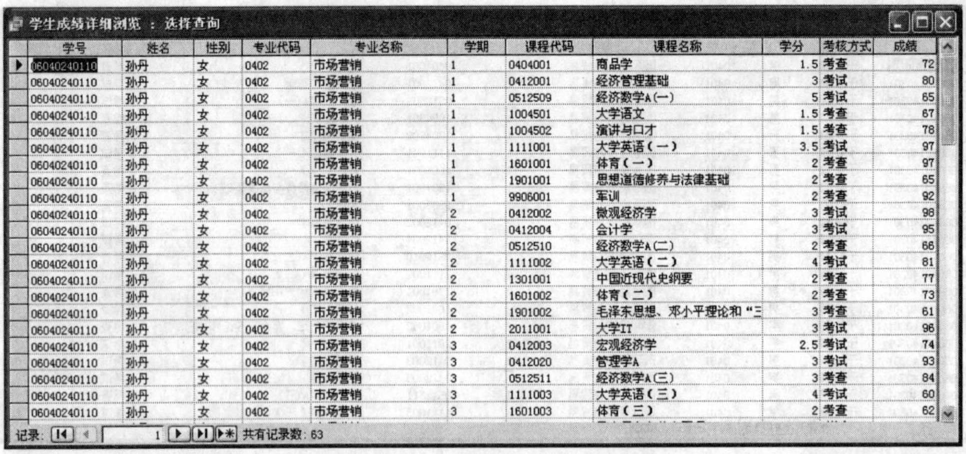

学生成绩详细浏览 : 选择查询

学号	姓名	性别	专业代码	专业名称	学期	课程代码	课程名称	学分	考核方式	成绩
06040240110	孙丹	女	0402	市场营销	1	0404001	商品学	1.5	考查	72
06040240110	孙丹	女	0402	市场营销	1	0412001	经济管理基础	3	考试	80
06040240110	孙丹	女	0402	市场营销	1	0512509	经济数学A(一)	5	考试	65
06040240110	孙丹	女	0402	市场营销	1	1004501	大学语文	1.5	考查	67
06040240110	孙丹	女	0402	市场营销	1	1004502	演讲与口才	1.5	考查	78
06040240110	孙丹	女	0402	市场营销	1	1111001	大学英语（一）	3.5	考试	97
06040240110	孙丹	女	0402	市场营销	1	1601001	体育（一）	2	考查	97
06040240110	孙丹	女	0402	市场营销	1	1901001	思想道德修养与法律基础	2	考查	65
06040240110	孙丹	女	0402	市场营销	1	9906001	军训	2	考查	92
06040240110	孙丹	女	0402	市场营销	2	0412002	微观经济学	3	考试	98
06040240110	孙丹	女	0402	市场营销	2	0412004	会计学	3	考试	95
06040240110	孙丹	女	0402	市场营销	2	0512510	经济数学A(二)	2	考查	66
06040240110	孙丹	女	0402	市场营销	2	1111002	大学英语（二）	4	考试	81
06040240110	孙丹	女	0402	市场营销	2	1301001	中国近现代史纲要	2	考查	77
06040240110	孙丹	女	0402	市场营销	2	1601002	体育（二）	2	考查	73
06040240110	孙丹	女	0402	市场营销	2	1901002	毛泽东思想、邓小平理论和“三	3	考查	61
06040240110	孙丹	女	0402	市场营销	2	2011001	大学IT	3	考试	96
06040240110	孙丹	女	0402	市场营销	3	0412003	宏观经济学	2.5	考试	74
06040240110	孙丹	女	0402	市场营销	3	0412020	管理学A	3	考试	93
06040240110	孙丹	女	0402	市场营销	3	0512511	经济数学A(三)	3	考查	84
06040240110	孙丹	女	0402	市场营销	3	1111003	大学英语（三）	4	考试	60
06040240110	孙丹	女	0402	市场营销	3	1601003	体育（三）	2	考查	62

记录: 1 共有记录数: 63

图 4.23　在查询“学生成绩详细浏览”中筛选学号为“06040240110”的查询输出结果

（2）多个常量条件查询。当查询条件多于一个时，Access 使用逻辑运算符 And 或 Or 对多个条件进行组合。分两种情况说明如下。

①多个常量条件分别属于多个字段（不在同一列上）。在“设计视图”中多个单元格下面对应的“条件”行上分别输入常量，则表示查询同时满足多个常量条件的记录集。也就是说，“条件”行上不同单元格中的多个限定条件满足语法“并且”的关系（逻辑与）。

如在例 4.4 创建的查询“学生成绩详细浏览”中，要查看某个专业（如专业代码为“1101”）的某门课程（如课程代码为“1102003”）的成绩情况，可在字段“专业代码”下面的“条件”行上输入该专业代码"1101"，在字段“课程代码”下面的“条件”行上输入该课程代码"1102003"，如图 4.24 所示。再单击工具栏上的“视图切换”按钮，即可得到筛选后的查询结果（[专业代码]= "1101"　and　[课程代码]= "1102003"的记录集），如图4.25 所示。

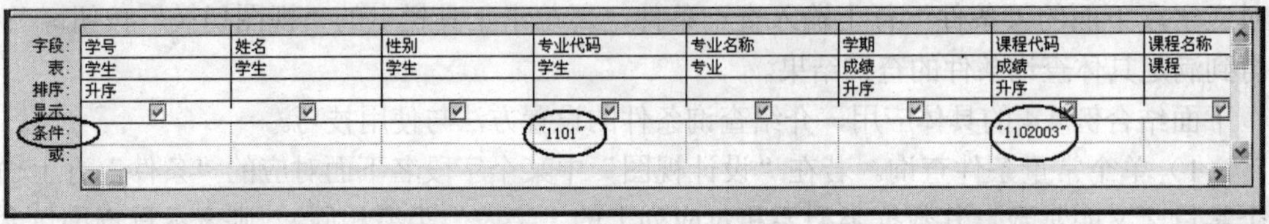

字段:	学号	姓名	性别	专业代码	专业名称	学期	课程代码	课程名称
表:	学生	学生	学生	学生	专业	成绩	成绩	课程
排序:	升序					升序	升序	
显示:	☑	☑	☑	☑	☑	☑	☑	☑
条件:				"1101"			"1102003"	
或:								

图 4.24　在查询“学生成绩详细浏览”的“设计视图”中输入筛选条件

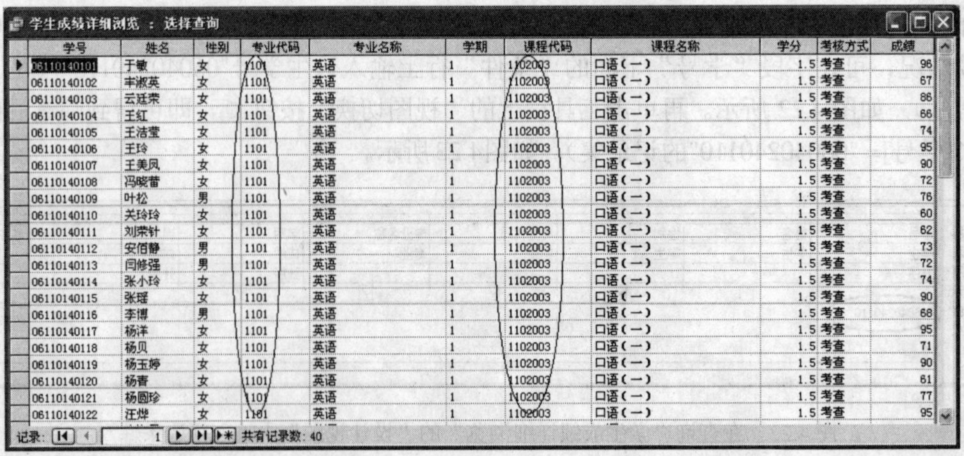

学生成绩详细浏览 : 选择查询

学号	姓名	性别	专业代码	专业名称	学期	课程代码	课程名称	学分	考核方式	成绩
06110140101	于敏	女	1101	英语	1	1102003	口语（一）	1.5	考查	96
06110140102	丰淑英	女	1101	英语	1	1102003	口语（一）	1.5	考查	67
06110140103	云廷荣	女	1101	英语	1	1102003	口语（一）	1.5	考查	86
06110140104	王红	女	1101	英语	1	1102003	口语（一）	1.5	考查	66
06110140105	王洁莹	女	1101	英语	1	1102003	口语（一）	1.5	考查	74
06110140106	王玲	女	1101	英语	1	1102003	口语（一）	1.5	考查	95
06110140107	王美凤	女	1101	英语	1	1102003	口语（一）	1.5	考查	90
06110140108	冯晓蕾	女	1101	英语	1	1102003	口语（一）	1.5	考查	72
06110140109	叶松	男	1101	英语	1	1102003	口语（一）	1.5	考查	76
06110140110	关玲玲	女	1101	英语	1	1102003	口语（一）	1.5	考查	60
06110140111	刘荣针	女	1101	英语	1	1102003	口语（一）	1.5	考查	62
06110140112	安佰静	男	1101	英语	1	1102003	口语（一）	1.5	考查	73
06110140113	闫修强	男	1101	英语	1	1102003	口语（一）	1.5	考查	72
06110140114	张小玲	女	1101	英语	1	1102003	口语（一）	1.5	考查	74
06110140115	张瑶	女	1101	英语	1	1102003	口语（一）	1.5	考查	90
06110140116	李博	男	1101	英语	1	1102003	口语（一）	1.5	考查	68
06110140117	杨洋	女	1101	英语	1	1102003	口语（一）	1.5	考查	95
06110140118	杨贝	女	1101	英语	1	1102003	口语（一）	1.5	考查	71
06110140119	杨玉婷	女	1101	英语	1	1102003	口语（一）	1.5	考查	90
06110140120	杨春	女	1101	英语	1	1102003	口语（一）	1.5	考查	61
06110140121	杨圆珍	女	1101	英语	1	1102003	口语（一）	1.5	考查	77
06110140122	汪烨	女	1101	英语	1	1102003	口语（一）	1.5	考查	95

记录: 1 共有记录数: 40

图 4.25　在查询“学生成绩详细浏览”中筛选专业代码为“1101”、课程代码为“1102003”的查询输出结果

②多个常量条件属于同一个字段。在"设计视图"中同一单元格下面对应的"条件"行、"或"行以及"或"行下面的空白行上分别输入常量（在同一列上，但不在同一行上），则表示查询包含任一常量条件的记录集。也就是说，"设计视图"中同一单元格下面对应的"条件"行、"或"行以及"或"行下面的空白行上的多个条件满足语法"或者"的关系（逻辑或）。

如在例 4.4 创建的查询"学生成绩详细浏览"中，若要同时查看三个专业（如专业代码为"1001"、"1101"和"1201"）学生的成绩情况，可在字段"专业代码"下面的"条件"行上输入专业代码"1001"，在同一列的"或"行上输入专业代码"1101"，再在其下的一个空白行上输入专业代码"1201"，如图4.26所示。再单击工具栏上的"视图切换"按钮，即可得到筛选后的查询结果（[专业代码]= "1001" or [专业代码]= "1101" or [专业代码]= "1201"的记录集），图略。

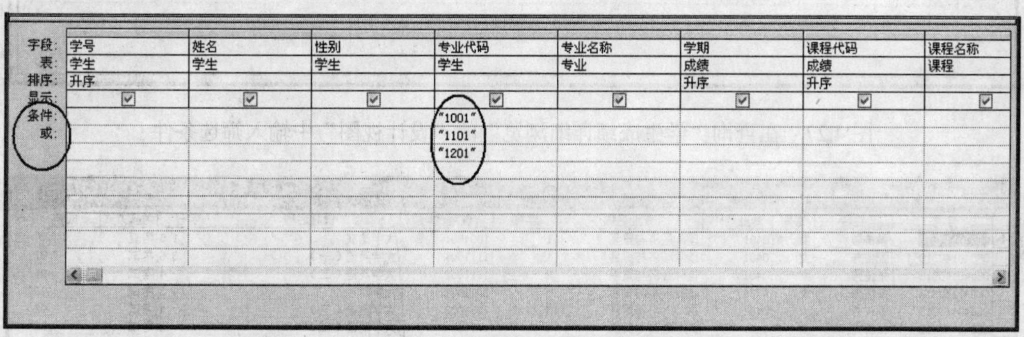

图 4.26 在查询"学生成绩详细浏览"的"设计视图"中输入筛选条件

（3）使用通配符设置查询条件。在设计查询条件时，如果仅知道要查找的部分内容，或符合某种样式的指定内容，可以在查询条件中使用通配符进行设计。最常用的通配符是"*"和"?"。

"*"，代表任意多个字符串。例如，在查找学生姓名时，采用通配符字符串"张*"，表示查找所有姓张的学生。

"?"，代表任意一个字符。例如，a?b 表示 a 与 b 之间可以是任意一个字符。

如在例 4.4 创建的查询"学生成绩详细浏览"中，查看满足以下条件的学生成绩：姓张，并且课程名称均以"大学"开头。操作方法：在字段"姓名"下面的"条件"行上输入含有通配符"*"的字符串"张*"（或输入 Like "张*"）；在字段"课程名称"下面的"条件"行上输入含有通配符"*"的字符串"大学*"（或输入 Like "大学*"），如图4.27所示。

再单击工具栏上的"视图切换"按钮，即可得到满足指定条件的查询结果，如图4.28所示。

（4）使用 Between…and 与 In 运算符设置查询条件。在设置查询条件时，Between…and 常用于指定记录的一个连续数据范围，例如成绩在 70～80 之间，可表示为条件：Between 70 and 80。这等价于使用 and 的逻辑表达式：>=70 And <=80。

In 运算符通常用于为查询的记录指定一个值域的范围，在记录中与指定值域范围相匹配的记录被包含在查询结果中，In 运算符可以看做是逻辑或运算（or）的简单描述。如查询如下几门课程："微观经济学"、"宏观经济学"、"销售管理"和"国际贸易法"的学生成绩，可在网格设计区"课程名称"字段下面的"条件"行上输入 In ("微观经济学","宏观经济学","销售管理","国际贸易法")。这等价于条件"微观经济学" Or "宏观经济学" Or "销售管理" Or "国际贸易法"。

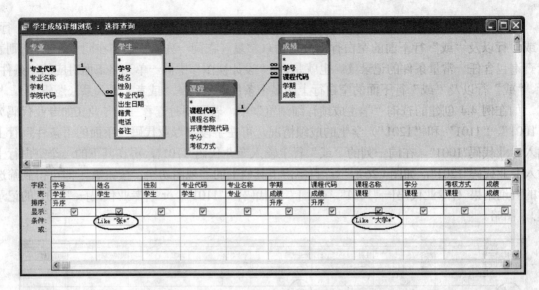

图 4.27　在查询“学生成绩详细浏览”的“设计视图”中输入筛选条件

学号	姓名	性别	专业代码	专业名称	学期	课程代码	课程名称	学分	考核方式	成绩
06040140318	张传秀	女	0401	国际经济与贸易	1	1004501	大学语文	1.5	考查	76
06040140318	张传秀	女	0401	国际经济与贸易	1	1111001	大学英语（一）	3.5	考试	87
06040140318	张传秀	女	0401	国际经济与贸易	2	1111002	大学英语（二）	4	考试	96
06040140318	张传秀	女	0401	国际经济与贸易	2	2011001	大学IT	3	考试	72
06040140318	张传秀	女	0401	国际经济与贸易	3	1111003	大学英语（三）	4	考试	92
06040140318	张传秀	女	0401	国际经济与贸易	4	1111004	大学英语（四）	4	考试	95
06040140319	张兴润	男	0401	国际经济与贸易	1	1004501	大学语文	1.5	考查	98
06040140319	张兴润	男	0401	国际经济与贸易	1	1111001	大学英语（一）	3.5	考试	77
06040140319	张兴润	男	0401	国际经济与贸易	2	1111002	大学英语（二）	4	考试	89
06040140319	张兴润	男	0401	国际经济与贸易	2	2011001	大学IT	3	考试	95
06040140319	张兴润	男	0401	国际经济与贸易	3	1111003	大学英语（三）	4	考试	70
06040140319	张兴润	男	0401	国际经济与贸易	4	1111004	大学英语（四）	4	考试	73
06040140320	张赛男	女	0401	国际经济与贸易	1	1004501	大学语文	1.5	考查	86
06040140320	张赛男	女	0401	国际经济与贸易	1	1111001	大学英语（一）	3.5	考试	65
06040140320	张赛男	女	0401	国际经济与贸易	2	1111002	大学英语（二）	4	考试	80
06040140320	张赛男	女	0401	国际经济与贸易	2	2011001	大学IT	3	考试	79
06040140320	张赛男	女	0401	国际经济与贸易	3	1111003	大学英语（三）	4	考试	76
06040140320	张赛男	女	0401	国际经济与贸易	4	1111004	大学英语（四）	4	考试	66
06040240114	张强	男	0402	市场营销	1	1004501	大学语文	1.5	考查	97
06040240114	张强	男	0402	市场营销	1	1111001	大学英语（一）	3.5	考试	62
06040240114	张强	男	0402	市场营销	2	1111002	大学英语（二）	4	考试	76
06040240114	张强	男	0402	市场营销	2	2011001	大学IT	3	考试	95
06040240114	张强	男	0402	市场营销	3	1111003	大学英语（三）	4	考试	62
06040240114	张强	男	0402	市场营销	4	1111004	大学英语（四）	4	考试	81

记录：1　共有记录数：449

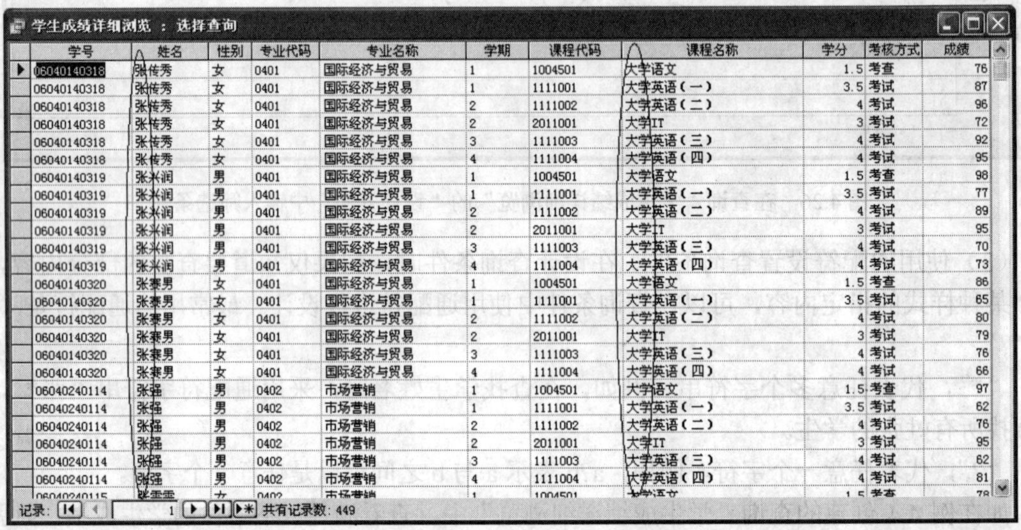

图 4.28　在查询“学生成绩详细浏览”中筛选姓“张”、并且课程名称均以“大学”开头的查询输出结果

如在例 4.4 创建的查询“学生成绩详细浏览”中，查看满足以下条件的学生成绩：学过课程“微观经济学”、“宏观经济学”、“销售管理”和“国际贸易法”，并且成绩介于 70 到 80 之间的学生成绩信息。条件设计如图4.29所示，查询结果如图4.30所示。

以上介绍的只是查询条件设置的几种简单用法，有关其他查询条件设置可参见后面例题。但从例 4.4 的这几个扩展应用可以看出，在一个创建好的查询应用平台之上，通过添加具体的查询条件即可得到想要的查询信息，这正是 Access 提供给我们的功能最强、最实用查询工具的魅力所在。而且随着本章内容讲解的不断深入，其魅力将充分表现出来。

3. 删除数据表间的多余关联

通常在使用“设计视图”创建查询时，在添加了数据源之后，查询设计器会将数据库中数据表之间的原有关联关系自动带入到“设计视图”中来，一般情况下这些关联关系是符合题目要求、不需要修改和删除的。但有时这些自动带入的关联关系会影响查询结果，即会让用

户得到一个错误的查询结果。这时就必须采用手动方法找到并删除数据源表间的某个关联关系，才会让用户得到正确查询结果。

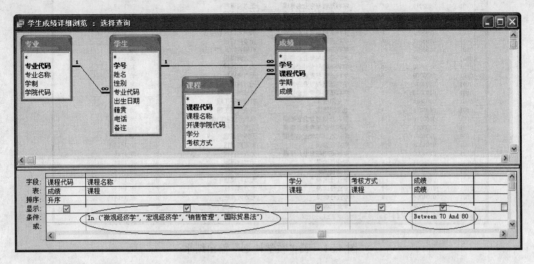

图 4.29　在查询“学生成绩详细浏览”的“设计视图”中输入筛选条件

学生成绩详细浏览 : 选择查询

学号	姓名	性别	专业代码	专业名称	学期	课程代码	课程名称	学分	考核方式	成绩
06040140302	尹文刚	男	0401	国际经济与贸易	2	0412002	微观经济学	3	考试	76
06040140302	尹文刚	男	0401	国际经济与贸易	3	0412003	宏观经济学	2.5	考试	76
06040140304	王东东	男	0401	国际经济与贸易	3	0412003	宏观经济学	2.5	考试	76
06040140306	王艳	女	0401	国际经济与贸易	2	0412002	微观经济学	3	考试	70
06040140308	田莉莉	女	0401	国际经济与贸易	2	0412002	微观经济学	3	考试	75
06040140310	刘青	女	0401	国际经济与贸易	3	0412003	宏观经济学	2.5	考试	79
06040140312	刘舒秀	女	0401	国际经济与贸易	2	0412002	微观经济学	3	考试	77
06040140312	刘舒秀	女	0401	国际经济与贸易	3	0412003	宏观经济学	2.5	考试	75
06040140316	闫英会	女	0401	国际经济与贸易	2	0412002	微观经济学	3	考试	76
06040140316	闫英会	女	0401	国际经济与贸易	3	0412003	宏观经济学	2.5	考试	76
06040140317	何瑾	女	0401	国际经济与贸易	3	0412003	宏观经济学	2.5	考试	72
06040140318	张传秀	女	0401	国际经济与贸易	3	0412003	宏观经济学	2.5	考试	79
06040140319	张兴润	男	0401	国际经济与贸易	3	0412003	宏观经济学	2.5	考试	72
06040140323	李志花	女	0401	国际经济与贸易	2	0412002	微观经济学	3	考试	72
06040140325	李茜	女	0401	国际经济与贸易	2	0412002	微观经济学	3	考试	77
06040140326	李瑞	男	0401	国际经济与贸易	2	0412002	微观经济学	3	考试	79
06040140329	范小博	男	0401	国际经济与贸易	2	0412002	微观经济学	3	考试	71
06040140332	徐明	男	0401	国际经济与贸易	3	0412003	宏观经济学	2.5	考试	80
06040140333	崔美善	女	0401	国际经济与贸易	3	0412003	宏观经济学	2.5	考试	79
06040140334	戚祥	男	0401	国际经济与贸易	2	0412002	微观经济学	3	考试	73
06040140334	戚祥	男	0401	国际经济与贸易	3	0412003	宏观经济学	2.5	考试	75
06040140335	康宪姬	女	0401	国际经济与贸易	3	0412003	宏观经济学	2.5	考试	71

记录: 1 共有记录数: 172

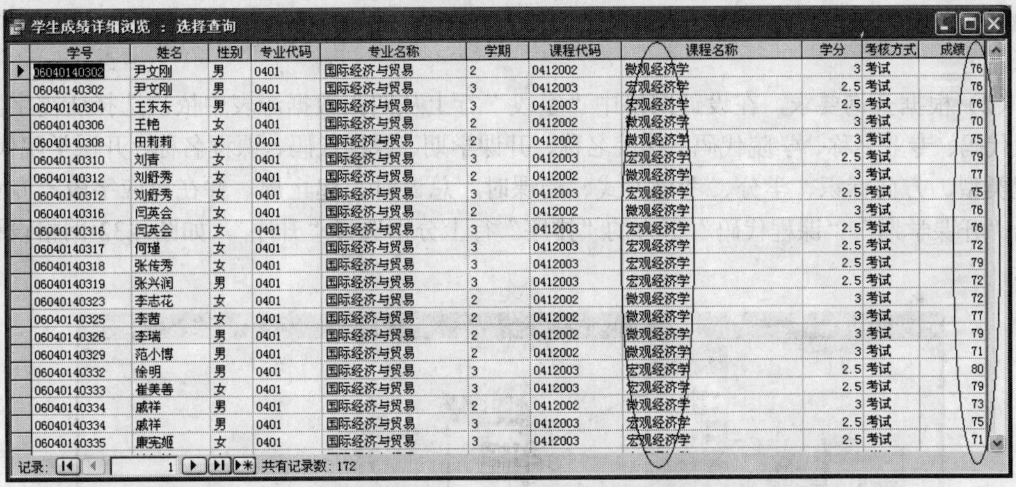

图 4.30　学过“微观经济学”、“宏观经济学”、“销售管理”和“国际贸易法”，并且成绩介于 70 到 80 之间的查询结果

【例 4.5】 使用查询设计器创建选择查询“教学计划浏览”。数据来源于四张表“学院”、“专业”、“课程”和“教学计划”，要求查询结果中包含专业代码（升序）、专业名称、学院代码、学院名称、开课学期（升序）、课程代码（升序）、课程名称、开课学院代码、课程类型、方向标识、学分、考核方式、周课时、总课时、起止周 15 个字段的详细数据信息。

在开始使用查询设计器之前，先浏览表“教学计划”，如图 4.31 所示。注意图中下方的记录器标明共有记录数（如图中显示的 3940 条），与后面建立的查询比对数目就会发现问题。

操作步骤如下。

（1）在数据库“教学管理”窗口中，单击“对象”下的“查询”，然后单击“数据库”窗口工具栏上的“新建”按钮 新建(N)，打开“新建查询”对话框，并选择“设计视图”，单击“确定”按钮，进入查询设计器的“显示表”窗口，并添加表“学院”、“专业”、“课程”和“教

教学计划 : 表

专业代码	课程代码	开课学期	课程类型	方向标识	周课时	总课时	起止周
0101	0102002	2	学科基础与专业必修课	无方向课程	2	40	1-16
0101	0102006	4	学科基础与专业必修课	无方向课程	3	54	1-16
0101	0102010	5	学科基础与专业必修课	无方向课程	2	34	1-17
0101	0102011	5	学科基础与专业必修课	无方向课程	2	30	1-17
0101	0102012	5	学科基础与专业必修课	无方向课程	2	30	1-17
0101	0103001	6	学科基础与专业必修课	机械设计及自动化	2	32	1-16
0101	0103002	6	学科基础与专业必修课	无方向课程	2	36	1-16
0101	0103003	6	学科基础与专业必修课	机械设计及自动化	2	36	1-16
0101	0103006	7	学科基础与专业必修课	无方向课程	2	36	1-14
0101	0103008	6	学科基础与专业必修课	无方向课程	2	32	1-16
0101	0103009	6	学科基础与专业必修课	无方向课程	3	40	1-16
0101	0103012	7	学科基础与专业必修课	无方向课程	2	36	1-14
0101	0103013	6	学科基础与专业必修课	机械电子工程	2	36	1-16
0101	0103014	7	专业限选课	机械电子工程	2	36	1-14
0101	0103015	7	专业限选课	机械电子工程	2	32	1-14
0101	0103016	6	学科基础与专业必修课	模具设计与制造	2	36	1-16
0101	0103017	7	学科基础与专业必修课	无方向课程	3	36	1-16
0101	0104001	6	学科基础与专业必修课	无方向课程	2	32	1-16
0101	0104002	7	专业任选课	无方向课程	2	20	1-14
0101	0104003	6	学科基础与专业必修课	无方向课程	2	32	1-16
0101	0104004	7	专业任选课	无方向课程	3	40	1-14
0101	0104005	7	专业任选课	无方向课程	2	36	1-14
0101	0104006	7	专业任选课	无方向课程	2	36	1-14
0101	0104007	7	专业任选课	无方向课程	2	32	1-14
0101	0104008	7	专业任选课	无方向课程	2	32	1-14
0101	0104009	7	专业任选课	无方向课程	2	32	1-14

记录: 1 共有记录数: 3940

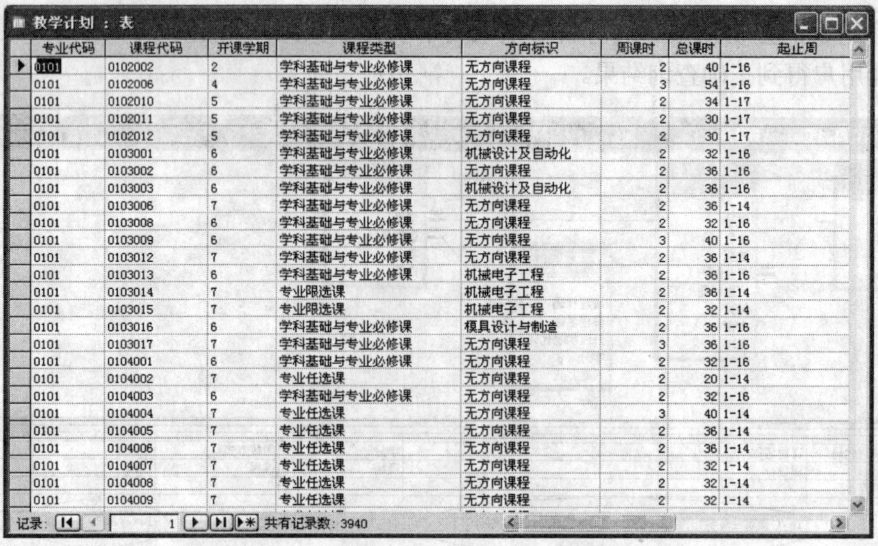

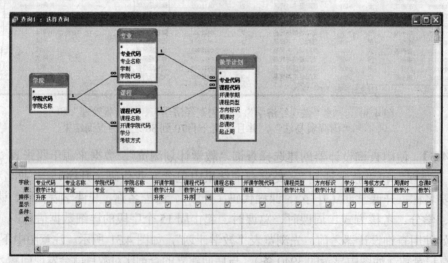

图 4.31　表“教学计划”输出结果

学计划”。适当调整查询设计器上半部分的表/查询显示区，以便看清楚所有字段的归属以及各表之间的关联关系，但先不改变四张表之间的关联关系（保留默认状态），如图 4.32 上半部分所示。

（2）根据查询要求，在设计网格中“字段”行上从四张数据源表中依次选择所需字段：专业代码、专业名称、学院代码、学院名称、开课学期、课程代码、课程名称、开课学院代码、课程类型、方向标识、学分、考核方式、周课时、总课时、起止周。并在对应字段“专业代码”、“开课学期”、“课程代码”下方的“排序”行上分别选择“升序”，如图 4.32 网格设计区所示。

图 4.32　调整表之间布局及添加字段和排序后的查询设计器窗口

（3）关闭查询设计器，并给新建查询取名“教学计划浏览”加以保存。

（4）在数据库“查询”对象列表中，找到并双击查询“教学计划浏览”，得到类似图 4.33 所示的查询结果。

专业代码	专业名称	学院代码	学院名称	开课学期	课程代码	课程名称	开课学院代码	课程类型	方向标识	学分	考核方式
0101	机械设计制造及其自动化	01	机电工程学院	1	0112001	机械制图(一)	01	学科基础与专业必修课	无方向课程	3.5	考试
0101	机械设计制造及其自动化	01	机电工程学院	2	0102002	机械制图(二)	01	学科基础与专业必修课	无方向课程	2	考查
0101	机械设计制造及其自动化	01	机电工程学院	2	0106002	机械制图测绘	01	学科基础与专业必修课	无方向课程	1	考查
0101	机械设计制造及其自动化	01	机电工程学院	2	0106003	计算机绘图	01	学科基础与专业必修课	无方向课程	1	考查
0101	机械设计制造及其自动化	01	机电工程学院	3	0106004	金工实习A	01	学科基础与专业必修课	无方向课程	3	考查
0101	机械设计制造及其自动化	01	机电工程学院	3	0112003	理论力学	01	学科基础与专业必修课	无方向课程	3	考试
0101	机械设计制造及其自动化	01	机电工程学院	4	0102006	工程材料与热加工	01	学科基础与专业必修课	无方向课程	3	考查
0101	机械设计制造及其自动化	01	机电工程学院	4	0112004	材料力学	01	学科基础与专业必修课	无方向课程	3.5	考试
0101	机械设计制造及其自动化	01	机电工程学院	4	0112005	机械原理	01	学科基础与专业必修课	无方向课程	3	考试
0101	机械设计制造及其自动化	01	机电工程学院	5	0102010	机械工程控制基础	01	学科基础与专业必修课	无方向课程	2	考查
0101	机械设计制造及其自动化	01	机电工程学院	5	0102011	专业英语与科技翻译A	01	学科基础与专业必修课	无方向课程	2	考查
0101	机械设计制造及其自动化	01	机电工程学院	5	0102012	工业企业管理	01	学科基础与专业必修课	无方向课程	2	考查
0101	机械设计制造及其自动化	01	机电工程学院	5	0106005	机械原理课程设计	01	学科基础与专业必修课	无方向课程	1	考查
0101	机械设计制造及其自动化	01	机电工程学院	5	0112007	机械设计	01	学科基础与专业必修课	无方向课程	3	考试
0101	机械设计制造及其自动化	01	机电工程学院	5	0112008	互换性与技术测量	01	学科基础与专业必修课	无方向课程	2	考试
0101	机械设计制造及其自动化	01	机电工程学院	5	0112009	液压与气压传动	01	学科基础与专业必修课	无方向课程	2	考试
0101	机械设计制造及其自动化	01	机电工程学院	5	0112013	机械工程测试技术	01	学科基础与专业必修课	无方向课程	2	考试
0101	机械设计制造及其自动化	01	机电工程学院	6	0103001	三维设计技术(软件应用	01	学科基础与专业必修课	机械设计及自动	2	考查
0101	机械设计制造及其自动化	01	机电工程学院	6	0103002	CAD/CAM技术	01	学科基础与专业必修课	无方向课程	2	考查
0101	机械设计制造及其自动化	01	机电工程学院	6	0103003	机械系统动力学	01	学科基础与专业必修课	机械设计及自动	2	考查
0101	机械设计制造及其自动化	01	机电工程学院	6	0103008	绿色制造	01	学科基础与专业必修课	无方向课程	2	考查
0101	机械设计制造及其自动化	01	机电工程学院	6	0103009	自动化制造系统	01	学科基础与专业必修课	无方向课程	2	考查
0101	机械设计制造及其自动化	01	机电工程学院	6	0103013	传感器原理及应用	01	学科基础与专业必修课	机械电子工程	2	考查
0101	机械设计制造及其自动化	01	机电工程学院	6	0103016	模具CAD/CAM	01	学科基础与专业必修课	模具设计与制造	2	考查
0101	机械设计制造及其自动化	01	机电工程学院	6	0104001	机械产品造型设计	01	学科基础与专业必修课	无方向课程	2	考查
0101	机械设计制造及其自动化	01	机电工程学院	6	0104003	可靠性设计	01	学科基础与专业必修课	无方向课程	2	考查
0101	机械设计制造及其自动化	01	机电工程学院	6	0106006	机械设计课程设计A	01	学科基础与专业必修课	无方向课程	2	考查

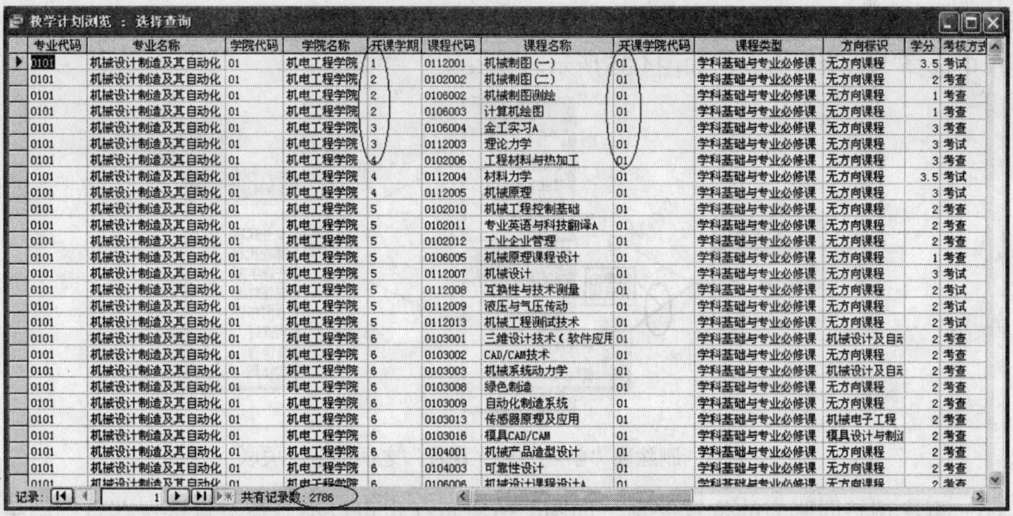

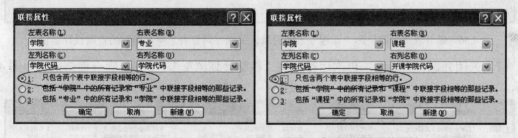

图 4.33 选择查询“教学计划浏览”输出结果（有错误）

但通过拖动垂直滚动条仔细观察出现在查询结果中的数据时就会发现，该查询结果与原表“教学计划”（可参考图 4.31）有很大差别：一是查询结果中的数据记录条数只有 2786 条，比原表“教学计划”中的 3940 条数据记录少了许多；二是查询结果中“开课学期”栏中开课学期值为“1”和“2”的课程门数特别少；三是从“开课学院代码”栏中发现，只出现了本专业所在学院的代码，其他学院（如开设公共课的所有其他学院）均不在查询结果之中。

显然该查询结果不正确，查询结果中漏掉了其他学院为本专业开设的所有课程的教学计划。

原因就出在四张表之间默认的关联关系上。由表“学院”、“专业”和“课程”之间形成的默认关联关系（两个一对多关系）的联接属性如图4.34所示。

图 4.34 表“学院”、“专业”和“课程”默认关联的联接属性

由于这两个一对多关系的联接属性均为“只包含两个表中联接字段相等的行”，可以理解为经过关系的传递后最终变成了“只包含三个表中联接字段相等的行”。这就是为什么查询结果的“开课学院代码”栏中只出现了本专业所属学院的代码的原因。

故在使用“设计视图”创建查询时，如果在添加表（或查询）后的默认关联关系中出现一个表中的同一个字段同时与其他多个表保持一对多关联，则查询结果可能会产生遗漏数据现象。解决方法是手动删除“表/查询显示区”中表之间的一个（或多个）一对多关联，使各个表之间（相同字段）仅保留单个关联。

（5）手动删除“表/查询显示区”中表“学院”与表“课程”之间的一对多关联。操作方法：在数据库“教学管理”窗口的“查询”对象列表中选中查询“教学计划浏览”，单击“数据库”工具栏上的“设计”按钮 设计(D)，即可打开查询“教学计划浏览”的设计视图，如图4.32

所示。右击“表/查询显示区”中表“学院”与表“课程”之间的一对多关联线，在弹出的快捷菜单中选择“删除”命令，如图4.35所示。

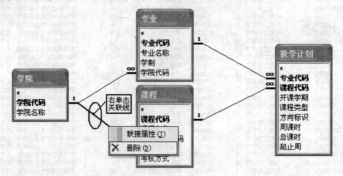

图4.35　删除表“学院”和“课程”之间的默认关联

（6）再次调整四张表的位置关系，如图4.36所示（也可以不调整，直接保存查询结果）。

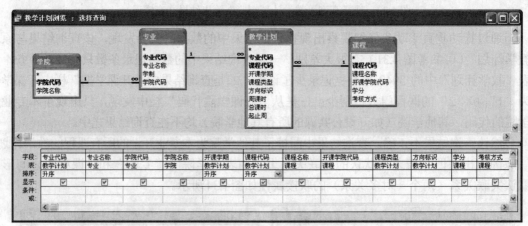

图4.36　断开表“学院”和“课程”之间的默认关联并调整表之间布局后的查询设计器窗口

（7）关闭并保存查询后，再次运行查询“教学计划浏览”，得到正确查询结果，如图4.37所示。

教学计划浏览 : 选择查询

专业代码	专业名称	学院代码	学院名称	开课学期	课程代码	课程名称	开课学院代码	课程类型	方向标识	学分	考核方式
0101	机械设计制造及其自动化	01	机电工程学院	1	0112001	机械制图(一)	01	学科基础与专业必修课	无方向课程	3.5	考试
0101	机械设计制造及其自动化	01	机电工程学院	1	0512501	高等数学A(一)	05	学科基础与专业必修课	无方向课程	5	考试
0101	机械设计制造及其自动化	01	机电工程学院	1	1111001	大学英语(一)	11	学科基础与专业必修课	无方向课程	3.5	考试
0101	机械设计制造及其自动化	01	机电工程学院	1	1601001	体育(一)	16	公共必修课	无方向课程	2	考查
0101	机械设计制造及其自动化	01	机电工程学院	1	1901001	思想道德修养与法律基础	19	学科基础与专业必修课	无方向课程	2	考查
0101	机械设计制造及其自动化	01	机电工程学院	1	2011001	大学IT	02	学科基础与专业必修课	无方向课程	3	考试
0101	机械设计制造及其自动化	01	机电工程学院	1	9906001	军训	99	学科基础与专业必修课	无方向课程	2	考查
0101	机械设计制造及其自动化	01	机电工程学院	2	0102002	机械制图(二)	01	学科基础与专业必修课	无方向课程	2	考查
0101	机械设计制造及其自动化	01	机电工程学院	2	0106002	机械制图测绘	01	学科基础与专业必修课	无方向课程	1	考查
0101	机械设计制造及其自动化	01	机电工程学院	2	0106003	计算机绘图	01	学科基础与专业必修课	无方向课程	1	考查
0101	机械设计制造及其自动化	01	机电工程学院	2	0512502	高等数学A(二)	05	学科基础与专业必修课	无方向课程	5	考试
0101	机械设计制造及其自动化	01	机电工程学院	2	0512506	线性代数	05	学科基础与专业必修课	无方向课程	2	考查
0101	机械设计制造及其自动化	01	机电工程学院	2	0602503	普通物理实验B(一)	06	学科基础与专业必修课	无方向课程	1	考查
0101	机械设计制造及其自动化	01	机电工程学院	2	0612503	普通物理B(一)	06	学科基础与专业必修课	无方向课程	2.5	考试
0101	机械设计制造及其自动化	01	机电工程学院	2	1111002	大学英语(二)	11	学科基础与专业必修课	无方向课程	4	考试
0101	机械设计制造及其自动化	01	机电工程学院	2	1301001	中国近现代史纲要	13	学科基础与专业必修课	无方向课程	2	考查
0101	机械设计制造及其自动化	01	机电工程学院	2	1601002	体育(二)	16	公共必修课	无方向课程	2	考查
0101	机械设计制造及其自动化	01	机电工程学院	2	2011002	C语言程序设计	02	学科基础与专业必修课	无方向课程	3	考试
0101	机械设计制造及其自动化	01	机电工程学院	3	0106004	金工实习A	01	学科基础与专业必修课	无方向课程	3	考查
0101	机械设计制造及其自动化	01	机电工程学院	3	0112003	理论力学	01	学科基础与专业必修课	无方向课程	3	考试
0101	机械设计制造及其自动化	01	机电工程学院	3	0312501	电工与电子技术A(一)	03	学科基础与专业必修课	无方向课程	3	考试
0101	机械设计制造及其自动化	01	机电工程学院	3	0512507	概率论与数理统计	05	学科基础与专业必修课	无方向课程	2	考查
0101	机械设计制造及其自动化	01	机电工程学院	3	0602504	普通物理实验B(二)	06	学科基础与专业必修课	无方向课程	1	考查
0101	机械设计制造及其自动化	01	机电工程学院	3	0612504	普通物理B(二)	06	学科基础与专业必修课	无方向课程	2.5	考试
0101	机械设计制造及其自动化	01	机电工程学院	3	1111003	大学英语(三)	11	学科基础与专业必修课	无方向课程	4	考试
0101	机械设计制造及其自动化	01	机电工程学院	3	1601003	体育(三)	16	公共必修课	无方向课程	2	考查

记录: 1 共有记录数: 3940

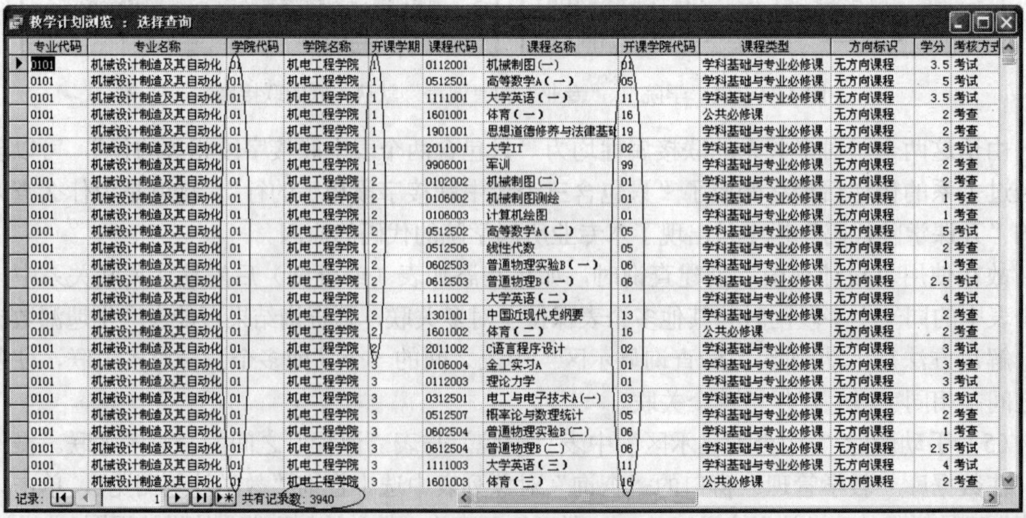

图4.37　选择查询“教学计划浏览”正确输出结果

4. 查询的复制操作以及字段标题的修改方法

利用各种方法创建的查询不仅都可以作为其他查询的数据源，而且查询也可以通过"复制"、"粘贴"操作，再加上必要的修改，从而得到更理想的查询结果。如在例 4.5 的查询结果中，仅可以看到每门课的开课学院代码，看不到开课学院名称。要想加入开课学院名称，可在例 4.5 创建的查询基础上修改得到。

【例 4.6】 复制例 4.5 创建的查询"教学计划浏览"，取名为"教学计划详细浏览"。要求在例 4.5 创建的查询结果中的"开课学院代码"之后插入"开课学院名称"。

操作步骤如下。

（1）在数据库"教学管理"的"查询"对象列表中，选中查询"教学计划浏览"，单击工具栏上的"复制"按钮 ，再单击工具栏上的"粘贴"按钮 ，打开"粘贴为"对话框（复制、粘贴操作也可以使用右击打开的快捷菜单方法实现），如图 4.38 所示。

（2）在"查询名称"文本框中输入查询名称"教学计划详细浏览"，单击"确定"按钮，则数据库"教学管理"的"查询"对象列表中会出现通过复制操作建立的查询"教学计划详细浏览"。

图 4.38　复制、粘贴查询

（3）选中查询"教学计划详细浏览"，单击"数据库"工具栏上的"设计"按钮 ，打开查询设计器。

（4）要实现在"开课学院代码"之后添加"开课学院名称"的目的，需要在"设计视图"上半部分的"表/查询显示区"中再次添加表"学院"。添加表"学院"需要打开"显示表"对话框。打开"显示表"对话框的方法一般有两种：一是单击"查询设计"工具栏上的"显示表"按钮 ，添加所需表"学院"；二是右击"表/查询显示区"的空白区域，在打开的快捷菜单中选择"显示表(T)…"命令，添加所需的表"学院"。由于是第二次添加表"学院"，所以在"表/查询显示区"中看到的新添加的表被命名为"学院_1"，并且没有和其他表建立关联，如图4.39所示。

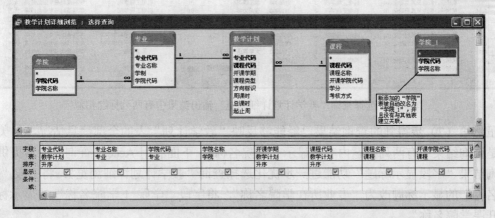

图 4.39　新添加的"学院"表被自动改名为"学院_1"，且没有与其他表建立关联

（5）手动建立表"学院_1"和表"课程"之间的关联。用鼠标左键按下表"学院_1"中的字段"学院代码"，并拖动到表"课程"中的字段"开课学院代码"之上，松开鼠标，即建立了表"学院_1"和表"课程"之间的关联（一对多），如图4.40中右上部分所示。

（6）插入列操作。将光标定位在"网格设计区"的字段"开课学院代码"之后的"课程类型"

字段中，打开"插入"，选中"列"，则在字段"开课学院代码"和"课程类型"之间插入了一个空列。在此空列中选择"学院_1"表中的字段"学院名称"，如图4.40所示。

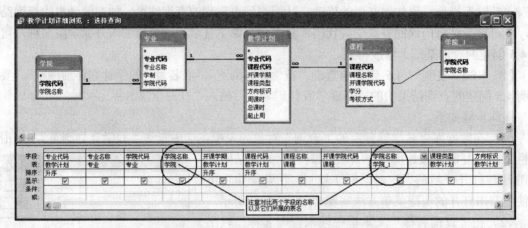

图4.40 添加了"学院_1"表中"学院名称"字段后的查询设计器窗口

（7）保存修改并运行查询"教学计划详细浏览"，得到类似图4.41所示的查询结果。

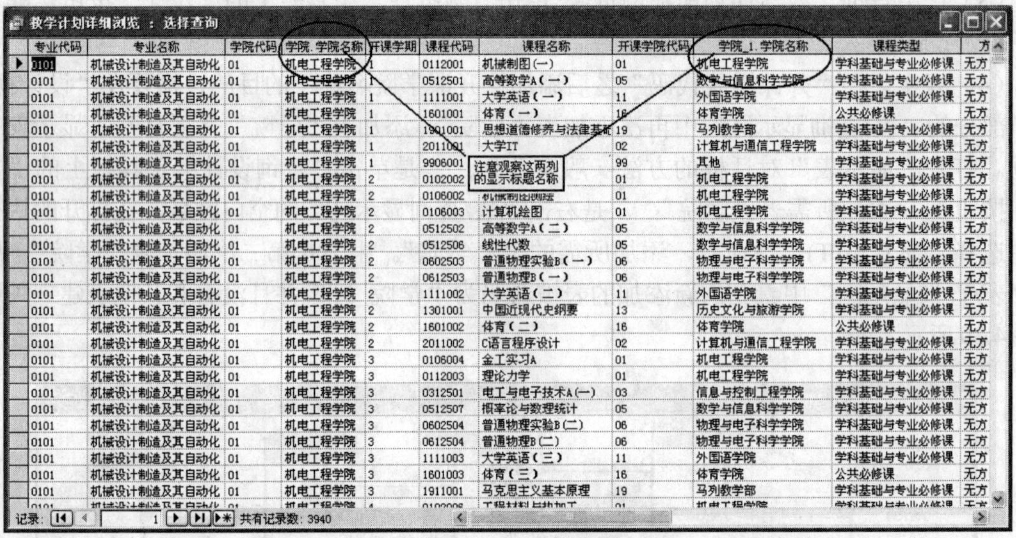

图4.41 选择查询"教学计划详细浏览"输出结果中有两列标题相似

虽然第（7）步得到的查询结果已经能够反映"教学计划"表的全部信息情况，但美中不足的是查询结果中有两列标题内容均显示"学院名称"。下面利用Access查询设计器提供的修改查询结果"字段显示标题"功能进一步优化选择查询"教学计划详细浏览"：将字段"学院.学院名称"的显示标题改为"专业所在学院名称"，将字段"学院_1.学院名称"的显示标题改为"开课学院名称"。

（8）再次打开查询"教学计划详细浏览"的"设计视图"，进一步修改查询结果输出字段的显示标题。将第一个"学院名称"字段修改为"专业所在学院名称：学院名称"（注意：输入内容中的"："为英文冒号，并且只有英文"："前的内容将作为查询结果的显示列标题），同样，将第二个"学院名称"字段修改为"开课学院名称：学院名称"，如图4.42所示。这是修改显示标题的一种方法，另一种方法参见例4.8的操作。

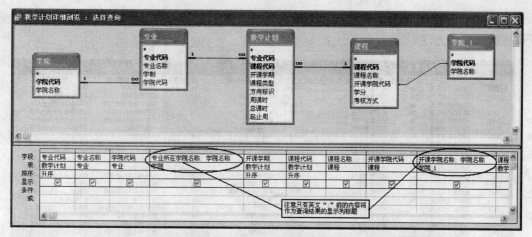

图 4.42　修改查询结果的显示列标题（注意英文"："的分隔作用）

（9）保存并重新运行查询"教学计划详细浏览"，将得到一个更加直观的查询结果，如图4.43所示。

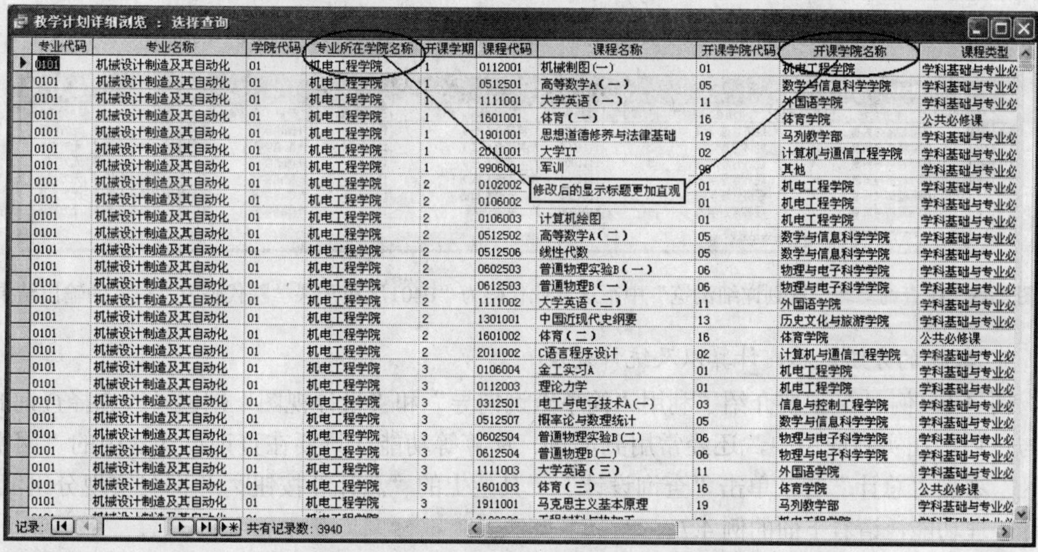

图 4.43　修改显示标题后的选择查询"教学计划详细浏览"输出结果

例 4.6 的扩展应用：在例 4.6 创建的选择查询"教学计划详细浏览"中的"条件"行上加入各种查询条件，即可得到满足相关条件的筛选结果。

（1）如果在字段"专业代码"下的"条件"行上输入"0401"，则可得到"国际经济与贸易"专业的教学计划筛选结果，如图4.44所示。

（2）如果在字段"专业代码"下的"条件"行上输入"0401"，同时又在字段"开课学院代码"下的"条件"行上输入"11"，则可得到"国际经济与贸易"专业的教学计划中仅由"外国语学院"承担的课程筛选结果，如图4.45所示。

（3）可以查询某个学院的教学计划情况，也可查询某个专业某个学期的教学计划情况，或者查询某门课程的开设情况等。读者可自行练习。

例 4.6 综合性较强，主要包括：一是复制、粘贴查询的操作方法；二是添加一个已有表并手动建立关联的操作方法；三是在“网格设计区”插入列的操作方法；四是修改查询结果显示列标题的操作方法。

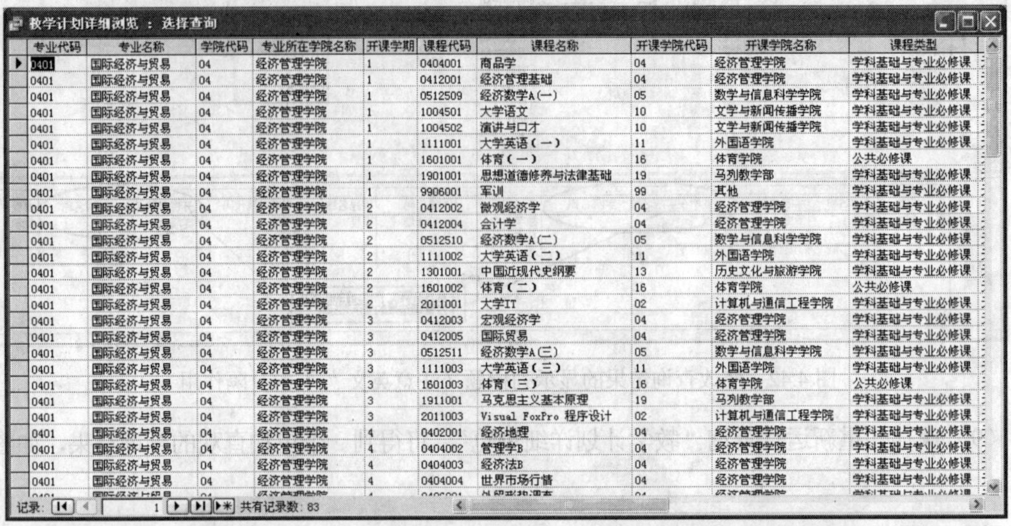
教学计划详细浏览 : 选择查询

专业代码	专业名称	学院代码	专业所在学院名称	开课学期	课程代码	课程名称	开课学院代码	开课学院名称	课程类型
0401	国际经济与贸易	04	经济管理学院	1	0404001	商品学	04	经济管理学院	学科基础与专业必修课
0401	国际经济与贸易	04	经济管理学院	1	0412001	经济管理基础	04	经济管理学院	学科基础与专业必修课
0401	国际经济与贸易	04	经济管理学院	1	0512509	经济数学A(一)	05	数学与信息科学学院	学科基础与专业必修课
0401	国际经济与贸易	04	经济管理学院	1	1004501	大学语文	10	文学与新闻传播学院	学科基础与专业必修课
0401	国际经济与贸易	04	经济管理学院	1	1004502	演讲与口才	10	文学与新闻传播学院	学科基础与专业必修课
0401	国际经济与贸易	04	经济管理学院	1	1111001	大学英语（一）	11	外国语学院	学科基础与专业必修课
0401	国际经济与贸易	04	经济管理学院	1	1601001	体育（一）	16	体育学院	公共必修课
0401	国际经济与贸易	04	经济管理学院	1	1901001	思想道德修养与法律基础	19	马列教学部	学科基础与专业必修课
0401	国际经济与贸易	04	经济管理学院	1	9906001	军训	99	其他	学科基础与专业必修课
0401	国际经济与贸易	04	经济管理学院	2	0412002	微观经济学	04	经济管理学院	学科基础与专业必修课
0401	国际经济与贸易	04	经济管理学院	2	0412004	会计学	04	经济管理学院	学科基础与专业必修课
0401	国际经济与贸易	04	经济管理学院	2	0512510	经济数学A(二)	05	数学与信息科学学院	学科基础与专业必修课
0401	国际经济与贸易	04	经济管理学院	2	1111002	大学英语（二）	11	外国语学院	学科基础与专业必修课
0401	国际经济与贸易	04	经济管理学院	2	1301001	中国近现代史纲要	13	历史文化与旅游学院	学科基础与专业必修课
0401	国际经济与贸易	04	经济管理学院	2	1601002	体育（二）	16	体育学院	公共必修课
0401	国际经济与贸易	04	经济管理学院	2	2011001	大学IT	02	计算机与通信工程学院	学科基础与专业必修课
0401	国际经济与贸易	04	经济管理学院	3	0412003	宏观经济学	04	经济管理学院	学科基础与专业必修课
0401	国际经济与贸易	04	经济管理学院	3	0412005	国际贸易	04	经济管理学院	学科基础与专业必修课
0401	国际经济与贸易	04	经济管理学院	3	0512511	经济数学A(三)	05	数学与信息科学学院	学科基础与专业必修课
0401	国际经济与贸易	04	经济管理学院	3	1111003	大学英语（三）	11	外国语学院	学科基础与专业必修课
0401	国际经济与贸易	04	经济管理学院	3	1601003	体育（三）	16	体育学院	公共必修课
0401	国际经济与贸易	04	经济管理学院	3	1911001	马克思主义基本原理	19	马列教学部	学科基础与专业必修课
0401	国际经济与贸易	04	经济管理学院	3	2011003	Visual FoxPro 程序设计	02	计算机与通信工程学院	学科基础与专业必修课
0401	国际经济与贸易	04	经济管理学院	4	0402001	经济地理	04	经济管理学院	学科基础与专业必修课
0401	国际经济与贸易	04	经济管理学院	4	0404002	管理学B	04	经济管理学院	学科基础与专业必修课
0401	国际经济与贸易	04	经济管理学院	4	0404003	经济法B	04	经济管理学院	学科基础与专业必修课
0401	国际经济与贸易	04	经济管理学院	4	0404004	世界市场行情	04	经济管理学院	学科基础与专业必修课

记录: 1 共有记录数: 83

图 4.44　在选择查询“教学计划详细浏览”中筛选专业代码为“0401”的输出结果

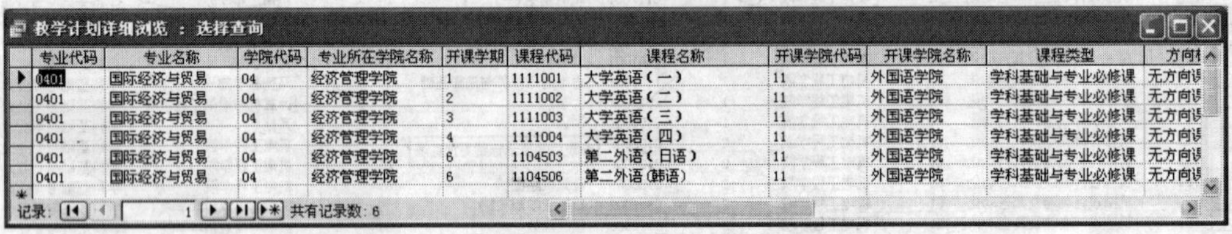
教学计划详细浏览 : 选择查询

专业代码	专业名称	学院代码	专业所在学院名称	开课学期	课程代码	课程名称	开课学院代码	开课学院名称	课程类型	方向
0401	国际经济与贸易	04	经济管理学院	1	1111001	大学英语（一）	11	外国语学院	学科基础与专业必修课	无方向
0401	国际经济与贸易	04	经济管理学院	2	1111002	大学英语（二）	11	外国语学院	学科基础与专业必修课	无方向
0401	国际经济与贸易	04	经济管理学院	3	1111003	大学英语（三）	11	外国语学院	学科基础与专业必修课	无方向
0401	国际经济与贸易	04	经济管理学院	4	1111004	大学英语（四）	11	外国语学院	学科基础与专业必修课	无方向
0401	国际经济与贸易	04	经济管理学院	6	1104503	第二外语（日语）	11	外国语学院	学科基础与专业必修课	无方向
0401	国际经济与贸易	04	经济管理学院	6	1104506	第二外语(韩语)	11	外国语学院	学科基础与专业必修课	无方向

记录: 1 共有记录数: 6

图 4.45　在查询“教学计划详细浏览”中筛选专业代码为“0401”和开课学院代码为“11”的输出结果

5. 数据的分组汇总、计算以及统计处理

例 4.1～例 4.6 主要介绍了利用“简单查询向导”和“设计视图”创建一般选择查询的方法与技巧。在实际应用中，还经常用到汇总、计算等功能，只要在查询设计器中的“网格设计区”添加“总计”行（单击“查询设计”工具栏上的“总计”按钮 Σ ）即可实现分组汇总、统计处理功能，请看下面的例 4.7。

【例 4.7】 根据查询“学生成绩详细浏览”创建汇总选择查询“学生成绩汇总统计查询”。要求查询结果中包含“学号”、“姓名”、“性别”、“专业代码”、“专业名称”、“已开课程门数”、“累计学分”、“平均成绩”8 列内容，根据“学号”分组，统计每个学生的已开课程门数（只要有成绩就算一门）、累计学分值（不管是否及格）以及平均成绩，并按“学号”升序排列查询结果。

操作步骤如下。

（1）新建“设计视图”，将查询“学生成绩详细浏览”作为数据源添加到“表/查询显示区”，并作适当调整，如图4.46上半部分所示。

（2）在“网格设计区”添加“总计”行用于汇总统计处理。单击“查询设计”工具栏上的“总计”按钮（ Σ ），即可在“网格设计区”添加“总计”行，如图 4.46 所示。

（3）在“网格设计区”的“字段”行添加所需字段并确定“总计”行上的分组字段以及其他相应选项，这是本题的操作重点和难点。

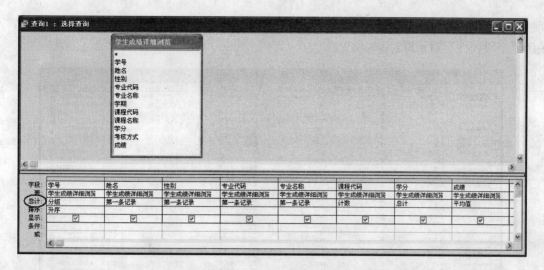

图 4.46　添加了"总计"行的选择查询"设计视图"窗口

从查询结果要求包含的 8 列内容来看，前 5 列内容"学号"、"姓名"、"性别"、"专业代码"和"专业名称"可直接从数据源中选取：双击数据源中对应字段名称，"字段"行上出现所需字段名称，同时在"总计"行上出现"分组"选项。

分析题意得知要查询同一名学生所有已开课程的课程门数之和、学分累计和平均成绩，应确定分组字段为"学号"字段。故保留字段"学号"下面对应的"总计"行上的"分组"选项（也是默认选项），其余字段"姓名"、"性别"、"专业代码"和"专业名称"下面对应的"总计"行上均选择"第一条记录"选项最为合适。

后 3 列内容可通过相应字段计算产生：第 6 列的"已开课程门数"可由字段"课程代码"汇总计数得到，故选取字段"课程代码"，并在对应"总计"行上选取"计数"；第 7 列的"累计学分"可由字段"学分"汇总累计得到，故选取字段"学分"，并在对应"总计"行上选取"总计"；第 8 列的"平均成绩"可由字段"成绩"汇总求平均值得到，故选取字段"成绩"，并在对应"总计"行上选取"平均值"，如图 4.46 所示。

（4）设置排序字段。根据题目要求，在字段"学号"下面对应的"排序"行上选择"升序"选项。

（5）切换视图，观察设计效果。单击"查询设计"工具栏上的"数据表视图切换"按钮，得到查询结果如图 4.47 所示（注意此时尚未保存查询，这种做法是作者大力推荐的：边设计、边查看、边修改，直至得到满意结果，最后保存退出）。

从图 4.47 所示的查询结果可以看出：到目前为止，已经基本实现了题目的设计目标，尤其是后面 3 列的汇总数据都正确（可拖动垂直滚动条查看所有记录）。只是查询结果中对应列的显示标题比较烦琐、不太直观。要改变查询结果中对应列的显示标题，第一种方法是参照例 4.6 的步骤（8），直接在"网格设计区"的"字段"行上添加显示标题于字段名称之前（注意用英文":"分隔）；第二种方法是通过修改对应字段的属性中的"标题"来实现。下面用第二种方法实现显示标题的更改。

（6）返回"设计视图"，修改查询结果的显示标题。在图 4.47 所示窗口，单击"查询（数据表视图）"工具栏上的"设计视图"按钮，即可返回"设计视图"窗口，如图 4.46 所示。右击"字段"行上的字段"姓名"，在弹出的快捷菜单中选择"属性(P)…"命令，打开"字段属性"对话框，如图 4.48 所示。找到"常规"选项卡上的"标题"行，在其后输入"姓名"，关闭"字段属性"对话框。

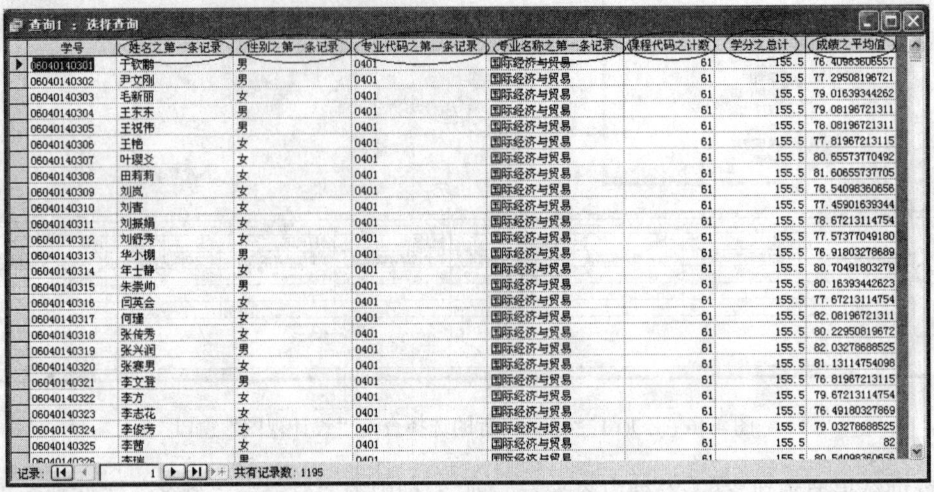

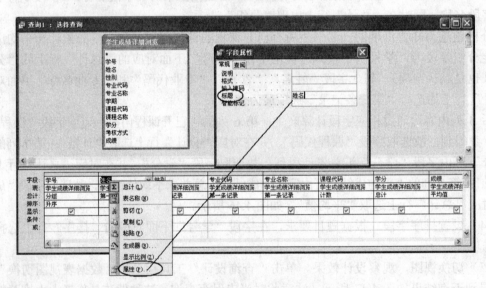

图 4.47   创建查询过程中的视图切换——查询结果窗口(一)

图 4.48   修改字段的显示标题

以同样的操作方法设置：字段"性别"的显示标题为"性别"，字段"专业代码"的显示标题为"专业代码"，字段"专业名称"的显示标题为"专业名称"，字段"课程代码"的显示标题为"已开课程门数"，字段"学分"的显示标题为"累计学分"，字段"成绩"的显示标题为"平均成绩"。

（7）再次切换视图，观察设计修改效果。单击"查询设计"工具栏上的"数据表视图切换"按钮 ，得到查询结果如图 4.49 所示。

从图 4.49 所示的查询结果可以看出，题目的设计目标已经完全达到，可以保存查询了。

（8）关闭图 4.49 所示的查询结果窗口，在弹出的"是否保存对查询'查询 1'的设计的更改？"窗口，单击"是"按钮，并给查询取名"学生成绩汇总统计查询"。至此，查询创建完毕。

查询1 ：选择查询

学号	姓名	性别	专业代码	专业名称	已开课程门数	学分累计	平均成绩
06040140301	于钦鹏	男	0401	国际经济与贸易	61	155.5	76.40983606557
06040140302	尹文刚	男	0401	国际经济与贸易	61	155.5	77.29508196721
06040140303	毛新丽	女	0401	国际经济与贸易	61	155.5	79.01639344262
06040140304	王东东	男	0401	国际经济与贸易	61	155.5	79.08196721311
06040140305	王祝伟	男	0401	国际经济与贸易	61	155.5	78.08196721311
06040140306	王艳	女	0401	国际经济与贸易	61	155.5	77.81967213115
06040140307	叶璎爻	女	0401	国际经济与贸易	61	155.5	80.65573770492
06040140308	田莉莉	女	0401	国际经济与贸易	61	155.5	81.60655737705
06040140309	刘岚	女	0401	国际经济与贸易	61	155.5	78.54098360656
06040140310	刘青	女	0401	国际经济与贸易	61	155.5	77.45901639344
06040140311	刘振娟	女	0401	国际经济与贸易	61	155.5	78.67213114754
06040140312	刘舒秀	女	0401	国际经济与贸易	61	155.5	77.57377049180
06040140313	华小棚	男	0401	国际经济与贸易	61	155.5	76.91803278689
06040140314	年士静	女	0401	国际经济与贸易	61	155.5	80.70491803279
06040140315	朱崇帅	男	0401	国际经济与贸易	61	155.5	80.16393442623
06040140316	闫英会	女	0401	国际经济与贸易	61	155.5	77.67213114754
06040140317	何瑾	女	0401	国际经济与贸易	61	155.5	82.08196721311
06040140318	张传秀	女	0401	国际经济与贸易	61	155.5	80.22950819672
06040140319	张兴润	男	0401	国际经济与贸易	61	155.5	82.03278688525
06040140320	张赛男	女	0401	国际经济与贸易	61	155.5	81.13114754098
06040140321	李文登	男	0401	国际经济与贸易	61	155.5	76.81967213115
06040140322	李方	女	0401	国际经济与贸易	61	155.5	79.67213114754
06040140323	李志花	女	0401	国际经济与贸易	61	155.5	76.49180327869
06040140324	李俊芳	女	0401	国际经济与贸易	61	155.5	79.03278688525
06040140325	李茜	女	0401	国际经济与贸易	61	155.5	82
06040140326	李瑞	男	0401	国际经济与贸易	61	155.5	80.54098360656

记录：1 共有记录数：1195

图 4.49　创建查询过程中的视图切换——查询结果窗口(二)

例 4.7 的扩展应用：在例 4.7 创建的汇总选择查询“学生成绩汇总统计查询”中的“条件”行上加入各种查询条件，即可得到满足相关条件的筛选结果。

（1）如果在字段“专业代码”下的“条件”行上输入"1001"，则可得到“汉语言文学”专业的学生成绩汇总统计结果，如图4.50 所示。

学生成绩汇总统计查询 ：选择查询

学号	姓名	性别	专业代码	专业名称	已开课程门数	学分累计	平均成绩
06100140125	杨帆	男	1001	汉语言文学	60	161	81.5
06100140126	宗盈	男	1001	汉语言文学	60	161	79.93333333333
06100140127	屈利彩	女	1001	汉语言文学	60	161	81.78333333333
06100140128	庞红立	女	1001	汉语言文学	60	161	79.65
06100140129	姜卫卫	男	1001	汉语言文学	60	161	78.71666666667
06100140130	荆会超	男	1001	汉语言文学	60	161	78.9
06100140131	郭静	女	1001	汉语言文学	60	161	78.11666666667
06100140132	顾守超	男	1001	汉语言文学	60	161	82.15
06100140133	高凯	男	1001	汉语言文学	60	161	76.45
06100140134	蔡建伟	男	1001	汉语言文学	60	161	79.93333333333
06100140135	樊泽媛	女	1001	汉语言文学	60	161	79.25
07100140201	李军波	男	1001	汉语言文学	39	107	82.66666666667
07100140202	李希凯	男	1001	汉语言文学	39	107	79.53846153846
07100140203	李建鹏	男	1001	汉语言文学	39	107	78.10256410256
07100140204	李明磊	男	1001	汉语言文学	39	107	80.51282051282
07100140205	李松涛	男	1001	汉语言文学	39	107	80.76923076923
07100140206	李洋	男	1001	汉语言文学	39	107	78.74358974359
07100140207	李海龙	男	1001	汉语言文学	39	107	81.23076923077
07100140208	李强	男	1001	汉语言文学	39	107	81.02564102564
07100140209	李淼	男	1001	汉语言文学	39	107	79.79487179487
07100140210	李鹏飞	男	1001	汉语言文学	39	107	79.94871794872
07100140211	杨再傲	男	1001	汉语言文学	39	107	81.41025641026
07100140212	肖世玉	男	1001	汉语言文学	39	107	79
07100140213	陈文艳	女	1001	汉语言文学	39	107	83.51282051282

记录：1 共有记录数：105

图 4.50　汇总选择查询“学生成绩汇总统计查询”筛选专业代码为“1001”的查询结果

（2）如果在字段“姓名”下的“条件”行上输入"张强"，则可得到“成绩”表中所有姓名为“张强”的学生成绩汇总统计结果，如图4.51 所示。

学生成绩汇总统计查询 ：选择查询

学号	姓名	性别	专业代码	专业名称	已开课程门数	学分累计	平均成绩
06040240114	张强	男	0402	市场营销	63	152.5	77.87301587302
08130440226	张强	男	1304	公共事业管理	24	71	80.95833333333
09120140239	张强	男	1201	法学	6	17.5	79.66666666667

记录：1 共有记录数：3

图 4.51　汇总选择查询“学生成绩汇总统计查询”筛选姓名为“张强”的查询结果

选择查询的分组汇总计算功能非常强大、实用。例 4.7 中的分组依据只有一个，就是字段"学号"。其实在很多情况下，分组字段会有多个。当出现多个分组字段时，其优先级的运算规则以及出现的统计函数如何进行汇总计算，详见 4.6 节例题。

4.2.3 使用"查找重复项查询向导"创建重复项查询

使用"查找重复项查询向导"，可以创建选择查询，用于确定表中是否有重复的数据。若有重复数据，则显示在查询结果中，若没有重复数据，则查询结果为空。掌握和使用好该向导往往会收到意想不到的效果，或者能实现其他查询不易实现的功能。

【例 4.8】 使用"查找重复项查询向导"创建两个查询："统计学生重名数量查询"和"显示所有重名学生信息查询"，用于输出查找"学生"表中姓名相同者的信息。

操作步骤如下。

（1）在数据库"教学管理"的"查询"对象窗口中，单击"数据库"窗口工具栏上的"新建"按钮 ，打开"新建查询"对话框，并选择"查找重复项查询向导"，然后单击"确定"按钮，进入"查找重复项查询向导"的选择数据源对话框。

（2）从视图区选择数据源为"表"，再从列出的表中选择"表：学生"，如图4.52所示。

（3）单击"下一步"按钮，进入"查找重复项查询向导"的选择字段对话框。从左侧"可用字段"区中选择"姓名"字段添加到右边的"重复值字段"区，如图4.53所示。

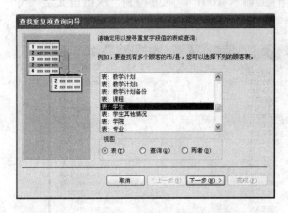

图 4.52　重复项查询向导的选择数据源对话框

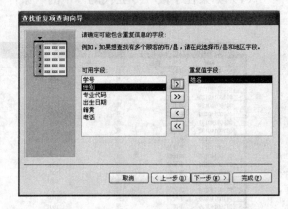

图 4.53　重复项查询向导的选择字段对话框

（4）单击"下一步"按钮，进入"查找重复项查询向导"的选择另外的查询字段对话框，如图4.54所示。此时有两种选择（查询结果形式有较大区别）：一是不选择"另外的查询字段"，直接单击"下一步"按钮，则会得到一个重名数据查询统计结果，如图4.56所示；二是从左边的"可用字段"中再选择部分字段（最少选择一个，也可以将其他字段都选上）到右边的"另外的查询字段"中，然后再单击"下一步"按钮，将会得到一个包含所有重名学生信息的查询结果，如图4.57所示。

①下面先介绍不选择"另外的查询字段"时的情况。直接单击"下一步"按钮，进到如图 4.55 所示对话框。输入查询名称"统计学生重名数量查询"，并选中下面的"查看结果"单选按钮，单击"完成"按钮，会得到类似图4.56所示的查询结果。

从图 4.56 所示的查询结果中可以得到以下信息："学生"表中确实存在重名者，总共有 32 个名字出现了重名者。查询结果窗口下方的记录器中显示的共有记录数（如这里的32）指的是出现了重名的"姓名"总数，不重名的姓名一定不包括在内，要相信这里显示数据的真实性。

而每个名字出现的重复次数则显示在第二栏的"NumberOfDups"字段下方，比如有 3 个学生叫"李博"、2 个学生叫"刘海龙"、3 个学生叫"杨鹏"等。但是要想详细了解这些重名学生的具体信息（图 4.57），就需要第二种选择，靠"另外的查询字段"来帮忙了。

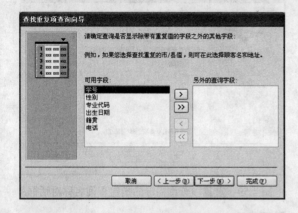

图 4.54　重复项查询向导的选择另外字段对话框　　图 4.55　重复项查询向导的指定查询名称对话框

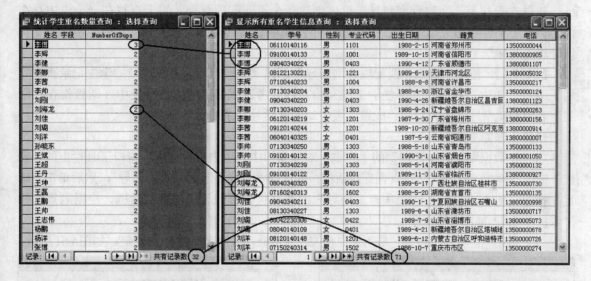

图 4.56　统计学生重名数量查询的运行结果　　图 4.57　显示所有重名学生信息查询的运行结果

②第二种选择情况：使用重复项查询向导重新创建一个重复项查询，前面第（1）步至（3）步的操作同上，到第（4）步出现图 4.54 所示的对话框时，从左边的"可用字段"中将所有可用字段都选入到右边的"另外的查询字段"中（当然可以只选择部分字段，但最少选择一个），如图 4.58 所示。再单击"下一步"按钮，输入查询名称"显示所有重名学生信息查询"，如图 4.59所示。最后单击"完成"按钮，即可得到类似图 4.57 所示的一个包含所有重名学生信息的查询结果。

有许多专门的查询都可能要用查找重复项查询来帮助设计，如"找老乡查询"（查找"学生"表中籍贯相同者）、"同一天出生查询"（查找"学生"表中出生日期相同者）、查询"教学计划"表中不同专业开设的相同课程统计等，读者可参照上例自行设计。

另外，查找重复项查询在帮助创建表的主键方面有独特的作用。如当一个表中的数据来源于其他文件（如通过 Excel 文件导入）时，在修改表结构，想要创建主键（单一字段主键或多字段组合主键）时，常常会遇到不能创建的错误提示，这往往是因为表中主键字段不唯一（出现重复）造成的，此时查找重复值工作一般采用建立重复项查询来快速解决。

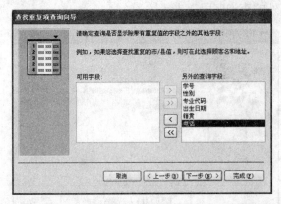

图 4.58　重复项查询向导的选择另外字段对话框

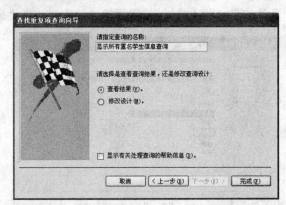

图 4.59　重复项查询向导的指定查询名称对话框

4.2.4　使用"查找不匹配项查询向导"创建不匹配项查询

使用"查找不匹配项查询向导"可以创建一个不匹配项查询，用于查找在一个表中存在而另一表中不存在相关记录的记录（行）。不匹配项查询具有"大海捞针"功效，经常用于快速处理"查漏"工作。

【例 4.9】　使用"查找不匹配项查询向导"创建"还没有输入考试成绩的学生记录查询"，用于确定"学生"表中还有哪些学生没有输入各科考试成绩到"成绩"表中（即查询在"学生"表中有此学号记录，但在"成绩"表中却无此学号记录的学号集合）。

操作步骤如下。

（1）在数据库"教学管理"的"查询"对象窗口中，单击"数据库"窗口工具栏上的"新建"按钮　，打开"新建查询"对话框，并选择"查找不匹配项查询向导"，然后单击"确定"按钮，进入"查找不匹配项查询向导"的选择包含查找记录的表对话框，根据题意选择"表：学生"，如图 4.60 所示。

（2）单击"下一步"按钮，进入选择相关表对话框。从中选择"表：成绩"，如图 4.61 所示。

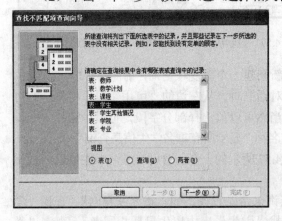

图 4.60　选择包含查找记录的表对话框

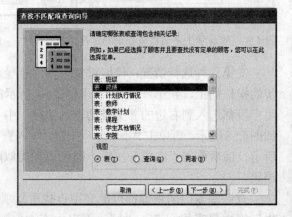

图 4.61　选择相关表对话框

（3）单击"下一步"按钮，进入选择两个表的匹配字段对话框。从左右两个表中均选择"学号"作为匹配字段（默认选项），如图 4.62 所示。

（4）单击"下一步"按钮，进入选择查询结果中所需字段对话框。可根据实际需要选择部分字段，如图4.63所示。

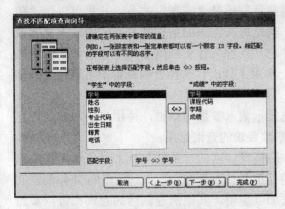 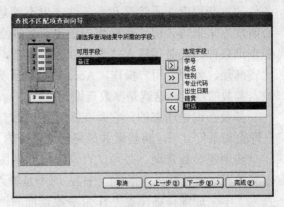

图 4.62　选择两个表的匹配字段对话框　　图 4.63　选择查询结果中其余显示字段对话框

（5）单击"下一步"按钮，输入查询名称"还没有输入考试成绩的学生记录查询"，如图4.64所示。

（6）单击"完成"按钮，即可得到"学生"表中存在记录但"成绩"表中没有相关记录的学生信息，如图4.65所示。

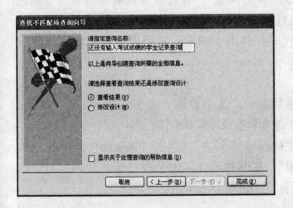 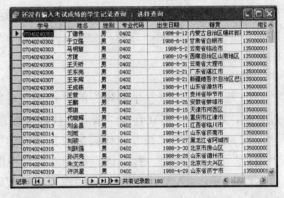

图 4.64　指定查询名称对话框　　图 4.65　"还没有输入考试成绩的学生记录查询"运行结果

出现在图 4.65 中的所有学生记录，就是还没有输入考试成绩到"成绩"表中的"查漏"结果。实际工作中像这种需要查漏补缺的处理非常多，使用好不匹配查询这个工具经常会起到事半功倍的效果，可以说不匹配查询真的能够帮助我们在数据的茫茫大海中快速捞到那根丢失的"针"。

4.3　创建参数查询

在上一节中，从例 4.4 到例 4.7，四个例题分别根据题目要求创建了 4 个选择查询的数据检索应用平台（把每个例题创建完成的、还没有添加任何具体查询条件的选择查询结果称为一个数据检索应用平台）：例 4.4 创建的查询"学生成绩详细浏览"、例 4.5 创建的查询"教学计划浏览"、例 4.6 创建的查询"教学计划详细浏览"以及例 4.7 创建的查询"学生成绩汇总统计查询"。而在每个例题的扩展应用中，通过在"设计视图"中的"条件"行上添加具体的筛选条件，得到了针对性更强、更实用的查询结果。这种操作方法的突出优点是灵活性强，不论条件的复杂程度，不管有几个条件，也不管是"并且"还是"或者"关系，几乎可以用"随心所欲"来形容。但这种操作方法也有其缺点，就是每次输入的条件都是固定的，下次要改变查询条件，还必须进入"设计视图"内部，并在"条件"行上准确输入查询条件，这样做比较麻烦。为方便用户操作，Access 提供了另一实用工具：让选择查询具备了可以接受外部输入参数的功能，这就是参数查询。

参数查询是动态的，它是在执行查询时首先显示输入参数对话框，待用户输入参数信息（即查询条件）后，再检索并最终形成符合输入参数要求的查询结果。

要创建参数查询，必须在查询"设计视图"网格设计区的"条件"行上对应单元格中输入参数表达式（括在方括号[ ]中），而不是输入特定的条件。下面选取上一节中例 4.4 创建的查询"学生成绩详细浏览"作为参数查询的例题加以说明，其他例题创建的查询都可以参照此方法创建一系列非常实用的参数查询。

4.3.1 创建含单个参数的参数查询

打开准备创建参数查询的查询"设计视图"，在网格设计区中将要作为参数的字段下面的"条件"行上输入参数表达式（括在方括号[ ]中），即可创建包含一个参数的参数查询。

【例 4.10】 复制例 4.4 创建的查询"学生成绩详细浏览"，并为新查询取名为"按专业代码参数查询的学生成绩详细浏览"。要求：在运行该查询时，首先弹出"请输入专业代码："的输入参数值对话框，当输入一个正确的专业代码并单击"确定"按钮之后，则输出该专业的学生成绩情况。

操作步骤如下。

（1）在数据库"教学管理"的"查询"对象列表中，选中查询"学生成绩详细浏览"，通过复制、粘贴操作建立查询"按专业代码参数查询的学生成绩详细浏览"。

（2）选中查询"按专业代码参数查询的学生成绩详细浏览"，单击"数据库"工具栏上的"设计"按钮 ✍设计ⓓ，打开该查询的"设计视图"。在网格设计区的字段"专业代码"对应的"条件"行上加入参数表达式：[请输入专业代码：]，如图4.66所示。

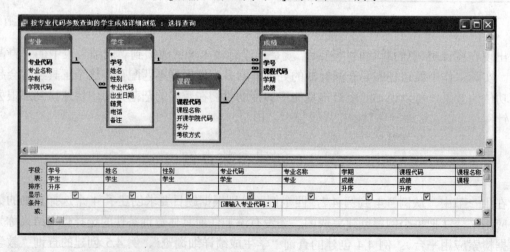

图 4.66 加入了参数表达式的选择查询设计视图窗口

（3）保存并运行参数查询"按专业代码参数查询的学生成绩详细浏览"，首先弹出"输入参数值"对话框，如图4.67所示。

（4）在"输入参数值"对话框中输入 1201，单击"确定"按钮即可得到法学专业的学生成绩查询结果，如图4.68所示。

（5）重新运行该参数查询，输入另外的专业代码，则可立即得到所要的查询结果。

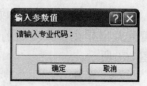

图 4.67 "输入参数值"对话框

学号	姓名	性别	专业代码	专业名称	学期	课程代码	课程名称	学分	考核方式	成绩
06120140201	马芳	女	1201	法学	1	0512505	高等数学C	4	考试	91
06120140201	马芳	女	1201	法学	1	1111001	大学英语（一）	3.5	考试	83
06120140201	马芳	女	1201	法学	1	1202001	中国法制史	3	考查	63
06120140201	马芳	女	1201	法学	1	1202007	法学导论	2	考查	87
06120140201	马芳	女	1201	法学	1	1212001	宪法学	3	考试	99
06120140201	马芳	女	1201	法学	1	1212005	民法总论	3	考试	82
06120140201	马芳	女	1201	法学	1	1601001	体育（一）	2	考查	64
06120140201	马芳	女	1201	法学	1	9906001	军训	2	考查	64
06120140201	马芳	女	1201	法学	2	1111002	大学英语（二）	4	考试	96
06120140201	马芳	女	1201	法学	2	1202004	国际法学	2	考查	85
06120140201	马芳	女	1201	法学	2	1212003	刑法学总论	4	考试	63
06120140201	马芳	女	1201	法学	2	1212006	物权法学	3	考查	90
06120140201	马芳	女	1201	法学	2	1301001	中国近现代史纲要	2	考查	63
06120140201	马芳	女	1201	法学	2	1601002	体育（二）	2	考查	51
06120140201	马芳	女	1201	法学	2	1901002	毛泽东思想、邓小平理论和"三	3	考查	98
06120140201	马芳	女	1201	法学	2	2011001	大学IT	3	考试	78
06120140201	马芳	女	1201	法学	3	1111003	大学英语（三）	4	考试	73
06120140201	马芳	女	1201	法学	3	1202002	刑事诉讼法学	4	考查	92
06120140201	马芳	女	1201	法学	3	1212004	刑法学分论	2.5	考试	80
06120140201	马芳	女	1201	法学	3	1212007	民事诉讼法学	4	考试	80
06120140201	马芳	女	1201	法学	3	1601003	体育（三）	2	考查	97
06120140201	马芳	女	1201	法学	3	1911001	马克思主义基本原理	2	考试	70

记录：共有记录数：4600

图 4.68 参数查询"按专业代码参数查询的学生成绩详细浏览"输入"1201"后的查询结果

由此可以看出，对于经常需要变换筛选条件的查询来说，将其设计为参数查询尤其方便。

4.3.2 创建含多个参数的参数查询

创建参数查询时，不仅可以使用一个参数，还可以使用两个或两个以上的参数。对于多个参数查询的创建过程与一个参数查询的创建过程完全一样，只是在查询设计视图中将多个参数的准则都放在"条件"行上即可。运行多参数查询时，会根据参数从左到右排列顺序依次弹出各个"输入参数值"对话框，用户只要根据提示信息分别输入参数值后就会得到满足多个参数要求的查询结果。

【例 4.11】 复制例 4.10 创建的参数查询"按专业代码参数查询的学生成绩详细浏览"，并为新查询取名为"按专业代码和课程代码双参数查询的学生成绩详细浏览"。要求：在运行该查询时，先后弹出"请输入专业代码："和"请输入课程代码："的输入参数值对话框，当输入正确的专业代码和课程代码之后，则输出该专业、该课程的学生成绩情况。

复制查询的操作过程略。参数设计过程操作如下。

（1）打开查询"按专业代码和课程代码双参数查询的学生成绩详细浏览"的"设计视图"，并在网格设计区的字段"课程代码"对应的"条件"行上加入第二个参数表达式：[请输入课程代码：]，如图4.69所示。

字段：	性别	专业代码	专业名称	学期	课程代码	课程名称	学分	考核方式
表：	学生	学生	专业	成绩	成绩	课程	课程	课程
排序：				升序	升序			
显示：	☑	☑	☑	☑	☑	☑	☑	☑
条件：		[请输入专业代码：]			[请输入课程代码：]			
或：								

图 4.69 加入了第二个参数表达式的选择查询设计视图

（2）保存并运行参数查询"按专业代码和课程代码双参数查询的学生成绩详细浏览"，首先弹出排在参数左边的第一个输入参数值对话框，根据提示信息输入专业代码"1302"，如图4.70所示。

（3）单击"确定"按钮，在随后弹出的又一个（第二个）输入参数值对话框中根据提示信息输入课程代码"1111001"，如图4.71所示。

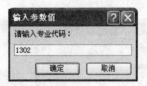

图 4.70　第一个输入参数值对话框

图 4.71　第二个输入参数值对话框

（4）单击"确定"按钮，得到双参数（专业代码为"1302"、课程代码为"1111001"）查询的一次运行结果，如图4.72所示。

学号	姓名	性别	专业代码	专业名称	学期	课程代码	课程名称	学分	考核方式	成绩
06130240101	王伯杰	男	1302	历史学	1	1111001	大学英语（一）	3.5	考试	92
06130240102	王宗昌	男	1302	历史学	1	1111001	大学英语（一）	3.5	考试	82
06130240103	刘少林	男	1302	历史学	1	1111001	大学英语（一）	3.5	考试	68
06130240104	刘末升	男	1302	历史学	1	1111001	大学英语（一）	3.5	考试	83
06130240105	孙涛	男	1302	历史学	1	1111001	大学英语（一）	3.5	考试	68
06130240106	孙艳红	女	1302	历史学	1	1111001	大学英语（一）	3.5	考试	83
06130240107	朱翠翠	女	1302	历史学	1	1111001	大学英语（一）	3.5	考试	65
06130240108	位慧慧	女	1302	历史学	1	1111001	大学英语（一）	3.5	考试	66
06130240109	何继根	男	1302	历史学	1	1111001	大学英语（一）	3.5	考试	72
06130240110	张亭亭	男	1302	历史学	1	1111001	大学英语（一）	3.5	考试	89
06130240111	张鹏	男	1302	历史学	1	1111001	大学英语（一）	3.5	考试	85
06130240112	李亚卓	男	1302	历史学	1	1111001	大学英语（一）	3.5	考试	80
06130240113	李宜宾	男	1302	历史学	1	1111001	大学英语（一）	3.5	考试	68
06130240114	李慧	女	1302	历史学	1	1111001	大学英语（一）	3.5	考试	87
06130240115	杨召	男	1302	历史学	1	1111001	大学英语（一）	3.5	考试	92
06130240116	杨兴	男	1302	历史学	1	1111001	大学英语（一）	3.5	考试	96
06130240117	苏焱	男	1302	历史学	1	1111001	大学英语（一）	3.5	考试	64
06130240118	陈文涛	男	1302	历史学	1	1111001	大学英语（一）	3.5	考试	80
06130240119	陈佳香	女	1302	历史学	1	1111001	大学英语（一）	3.5	考试	80
06130240120	陈磊	男	1302	历史学	1	1111001	大学英语（一）	3.5	考试	86
06130240121	陈霞	女	1302	历史学	1	1111001	大学英语（一）	3.5	考试	91
06130240122	赵春菲	女	1302	历史学	1	1111001	大学英语（一）	3.5	考试	79

记录：⏮ ◀ 　1 ▶ ⏭ ▶* 共有记录数：60

图 4.72　双参数查询"按专业代码和课程代码双参数查询的学生成绩详细浏览"的一次查询运行结果

（5）反复运行该双参数查询，便会得到更多想要的查询结果。

说明：

（1）参数查询使用非常方便，用户可以类似地将前面其他例题设计的选择查询也改造成为参数查询。

（2）在运行例 4.10 和例 4.11 创建的参数查询（一个参数或多个参数）时，用户只有在输入参数值对话框中输入的参数值恰好是数据表中对应字段中确切存在的一个值（如专业代码"1302"、课程代码"1111001"）时，才能得到所要查找的数据信息。当输入的参数值不够实际长度或超过实际长度（如输入专业代码"13"或输入课程代码"11110010"）时，都将得到数据集为空的查询结果。这说明采用例 4.10 和例 4.11 的方法创建的参数查询都属于完全匹配参数查询。要设计输入方式更加灵活的参数查询，可以借助含通配符的 Like 表达式来实现，具体参见 4.6 节中例 4.22。

4.4 使用“交叉表查询向导”创建交叉表查询

在前面使用 Access 提供的选择查询和参数查询工具创建了例 4.1 至例 4.11（包括它们的扩展应用）的一系列实用查询之后，相信用户已经深深地喜欢上查询工具了。当看到下面图4.73显示的查询结果时，会准确地说出这是上面哪个查询的一次应用结果，而且会迅速动手得出相同结果。再进一步假设，有人根据图4.73的数据为某班学生的班主任或辅导员量身设计制作了图4.74显示的结果，相信第一次看到这个结果时和大多数使用者一样，会十分激动，这就是交叉表查询的魅力。

会计学专业学生成绩详细浏览 ： 选择查询

学号	姓名	性别	专业代码	专业名称	学期	课程代码	课程名称	学分	考核方式	成绩
06040340201	丁小燕	女	0403	会计学	1	0412001	经济管理基础	3	考试	62
06040340201	丁小燕	女	0403	会计学	1	0512509	经济数学A(一)	5	考试	73
06040340201	丁小燕	女	0403	会计学	1	1004501	大学语文	1.5	考查	84
06040340201	丁小燕	女	0403	会计学	1	1004502	演讲与口才	1.5	考查	99
06040340201	丁小燕	女	0403	会计学	1	1111001	大学英语（一）	3.5	考试	82
06040340201	丁小燕	女	0403	会计学	1	1601001	体育（一）	2	考查	91
06040340201	丁小燕	女	0403	会计学	1	1901001	思想道德修养与法律基础	2	考查	74
06040340201	丁小燕	女	0403	会计学	1	9906001	军训	2	考查	80
06040340201	丁小燕	女	0403	会计学	2	0412002	微观经济学	3	考试	73
06040340201	丁小燕	女	0403	会计学	2	0412004	会计学	3	考试	76
06040340201	丁小燕	女	0403	会计学	2	0512510	经济数学A(二)	2	考查	79
06040340201	丁小燕	女	0403	会计学	2	1111002	大学英语（二）	4	考试	96
06040340201	丁小燕	女	0403	会计学	2	1301001	中国近现代史纲要	2	考查	82
06040340201	丁小燕	女	0403	会计学	2	1601002	体育（二）	2	考查	76
06040340201	丁小燕	女	0403	会计学	2	1901002	毛泽东思想、邓小平理论和“三	3	考查	84
06040340201	丁小燕	女	0403	会计学	2	2011001	大学IT	3	考试	85
06040340201	丁小燕	女	0403	会计学	3	0412003	宏观经济学	2.5	考试	69
06040340201	丁小燕	女	0403	会计学	3	0412020	管理学A	3	考试	72
06040340201	丁小燕	女	0403	会计学	3	0412031	中级财务会计	3	考试	74
06040340201	丁小燕	女	0403	会计学	3	0512511	经济数学A(三)	3	考查	78
06040340201	丁小燕	女	0403	会计学	3	1111003	大学英语（三）	4	考试	70
06040340201	丁小燕	女	0403	会计学	3	1601003	体育（三）	2	考查	99

记录: 1 共有记录数: 3330

图 4.73　查询“会计学专业学生成绩详细浏览”的浏览结果

会计学专业学生成绩交叉表浏览 ： 交叉表查询

学号	姓名	专业名称	总计 成绩	Visual FoxPro 程序设计	毕业教育	毕业论文	毕业实习	财经英语	财务报表分析	财务管理	财政学	产业经济学	成
06040340201	丁小燕	会计学	5167	79	88	99	93	159	62	69	92	93	
06040340202	于君静	会计学	4976	86	92	93	70	135	60	91	61	89	
06040340203	王军	会计学	4878	71	68	88	77	155	61	84	79	64	
06040340204	王华	会计学	5132	92	96	77	66	165	98	87	79	81	
06040340205	王庆振	会计学	4814	92	91	92	72	127	61	69	84	72	
06040340206	王莎莎	会计学	4897	81	88	84	83	166	98	76	85	97	
06040340207	邓丽娜	会计学	4893	67	93	79	88	150	71	71	68	69	
06040340208	付建苹	会计学	4847	74	85	75	60	167	96	65	97	60	
06040340209	孙义夫	会计学	5051	88	76	63	75	167	89	79	89	91	
06040340210	孙玉晶	会计学	4908	87	62	75	60	172	87	99	89	81	
06040340211	安恒威	会计学	4980	75	79	73	96	176	69	90	72	70	
06040340212	朱长江	会计学	5063	95	84	82	96	151	89	96	62	78	
06040340213	许李群	会计学	4910	93	79	85	78	129	75	70	91	63	
06040340214	张云萍	会计学	5098	81	88	92	78	141	93	86	92	72	
06040340215	张平	会计学	5014	63	62	69	99	146	77	79	85	81	
06040340216	张玉秀	会计学	5130	64	95	82	60	154	61	99	96	96	
06040340217	张婷婷	会计学	4808	99	66	62	68	148	83	88	72	60	
06040340218	张静	会计学	5108	88	63	82	88	156	89	96	85	78	
06040340219	李玉洁	会计学	4986	98	76	77	68	126	60	94	70	62	

记录: 1 共有记录数: 90

图 4.74　交叉表查询“会计学专业学生成绩交叉表浏览”结果

交叉表查询是五种查询类型中能够完成最复杂查询功能的一种查询类型。其突出特点在于实现了数据表结构的重建。具体来讲，交叉表查询实现了数据表中行与列的自动转化以及交叉点数据的动态安置工作，即将原来数据表中作为“数据”只能出现在记录行中的内容（比如某个专业的学生在校期间所有学过的 60 多门课程的课程名称），动态转化为了查询结果中的（60 多个）列标题，并将源数据表中指定数据安置于行列交叉点处（如提取学生每门课程的成绩放置于“学号”行与“课程名称”列的交叉点处）。

交叉表查询能够实现表数据结构重建的重要依据是分组功能。根据不同题目的具体要求，分别指定结构重建后作为的新的行标题的字段（注意必须指定其中一个为"分组"依据），作为新的列标题的字段（有且仅有一个），以及指定在行列交叉处显示的某个字段的各种计算值：可以是原有的字段，如"成绩"，也可以是计数、平均值、总和等。

建立交叉表查询可以使用交叉表查询向导，一步步按提示设置交叉表的行标题、列标题和相应的计算值。也可使用设计视图方法手动创建交叉表查询：在一个查询的"设计视图"窗口中，从工具栏上"查询类型"按钮 的下拉列表中选择"交叉表查询"（或从右击弹出的快捷菜单中选取），在网格设计区自己设置行标题、列标题和相应的计算值，并对行标题和列标题选择分组（group by）功能。

本节只介绍使用"交叉表查询向导"创建交叉表查询的方法，而使用设计视图方法手动创建交叉表查询部分见 4.6 节内容。

【例 4.12】 先创建选择查询"会计学专业学生成绩详细浏览"，再根据选择查询"会计学专业学生成绩详细浏览"，使用"交叉表查询向导"创建交叉表查询"会计学专业学生成绩交叉表浏览"。其中设定：行标题为字段"学号"、"姓名"和"专业名称"，列标题为字段"课程名称"，交叉汇总项为字段"成绩"，并带有成绩汇总结果。

操作步骤如下。

（1）打开选择查询"学生成绩详细浏览"的"设计视图"，在字段"专业代码"下面的"条件"行上输入会计学专业代码"0403"，选择"文件"|"另存为"命令，打开"另存为"对话框，输入"会计学专业学生成绩详细浏览"，如图 4.75 所示。这一步也可以使用查询的"复制"与"粘贴"功能实现。

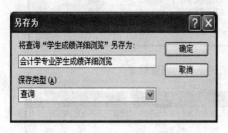

图 4.75 "另存为"对话框

（2）单击"确定"按钮，选择查询"会计学专业学生成绩详细浏览"建立完毕。运行查询结果如图 4.73 所示。

下面根据查询"会计学专业学生成绩详细浏览"，使用"交叉表查询向导"创建交叉表查询"会计学专业学生成绩交叉表浏览"。

（3）在数据库"教学管理"的"查询"对象窗口中，单击"数据库"窗口工具栏上的"新建"按钮 ，打开"新建查询"对话框。在"新建查询"对话框中，选择"交叉表查询向导"，单击"确定"按钮。

（4）在出现的"交叉表查询向导"窗口中，选择窗口中部的查询数据源类型为"查询"，再从右上角显示的数据源中选中"查询：会计学专业学生成绩详细浏览"，如图 4.76 所示。

（5）单击"下一步"按钮，进入确定行标题窗口。根据要求选择行标题字段"学号"、"姓名"和"专业名称"（注意向导法限制只能选择 3 个行标题字段，但后面介绍的设计视图法可以选择 3 个以上的行标题字段），如图 4.77 所示。

（6）单击"下一步"按钮，进入确定列标题窗口。根据要求选择列标题字段"课程名称"（必须选择而且只能选择一个字段），如图 4.78 所示。

（7）单击"下一步"按钮，进入确定交叉点数据窗口。根据要求在字段列表中选择"成绩"，在函数列表中选择"求和"，并保留窗口中部的复选框"是，包含各行小计"的选中状态（带总计列），如图 4.79 所示。

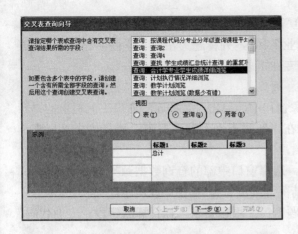

图 4.76 "交叉表查询向导"窗口——选择数据源

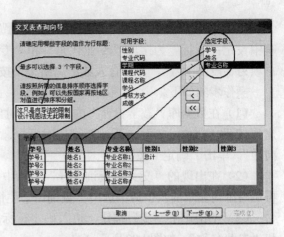

图 4.77 "交叉表查询向导"窗口——选择行标题

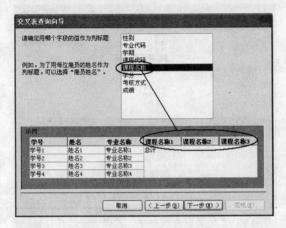

图 4.78 "交叉表查询向导"窗口——选择列标题

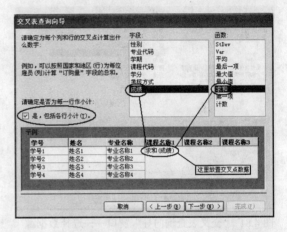

图 4.79 "交叉表查询向导"窗口——选择交叉点数据

（8）单击"下一步"按钮，进入指定查询名称窗口。输入"会计学专业学生成绩交叉表浏览"，再单击"完成"按钮，交叉表查询创建工作完成。查询结果就是图 4.74 所示结果。

在例 4.12 创建的交叉表查询结果（图 4.74）中，通过左右拖动"水平滚动条"可以查看"会计学"专业每一个学生的几十门课程成绩，而通过上下拖动"垂直滚动条"可以查看"会计学"专业所有学生的课程成绩，可从中尽情享受功能如此强大的交叉表查询带来的便利。

从理论上讲，由例 4.12 创建的一个"会计学"专业学生成绩交叉表查询可以很容易推广到：创建包含所有专业学生学过的所有课程的一个巨大的成绩交叉表查询（一个包含成千上万名学生与成千上万门课程交叉的成绩大表），但在实际操作时这种"交叉大表"是要受到"列标题"字段数目最大上限值的限制的。在创建交叉表查询的过程中，"列标题"字段的分组值上限为 256 个，即当"列标题"字段的分组值超过 256 时，会出现类似图 4.80 所示的警告。

当创建交叉表查询的过程中出现该警告时，说明交叉表查询创建后将不能正常运行得到结果。但创建的交叉表查询名称仍然能够保存并且有效，只是需要在每次运行查询前，首先更改、添加筛选条件以保证"列标题"字段的分组值不超过其上限值 256，再次运行查询，便可得到有效的查询结果。

图 4.80 当"列标题"字段的分组值超过 256 时出现的警告

【例 4.13】 根据查询"学生情况详细浏览"，创建"分专业统计学生人数交叉表查询"。其中设定：行标题为字段"专业代码"和"专业名称"，列标题为字段"学院名称"，交叉汇总项为字段"学号"，并带有人数汇总结果（按专业汇总人数）。

操作步骤如下。

（1）在数据库"教学管理"的"查询"对象窗口中，单击"数据库"窗口工具栏上的"新建"按钮，打开"新建查询"对话框。在"新建查询"对话框中，选择"交叉表查询向导"，单击"确定"按钮。

（2）在出现的"交叉表查询向导"窗口中，选择窗口中部的查询数据源类型为"查询"，再从右上角显示的数据源中选中"查询：学生情况详细浏览"，如图4.81所示。

（3）单击"下一步"按钮，进入确定行标题窗口。根据要求选择行标题字段"专业代码"和"专业名称"，如图4.82所示。

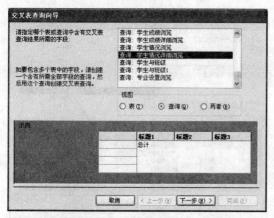

图 4.81 "交叉表查询向导"窗口——选择数据源

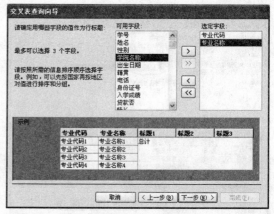

图 4.82 "交叉表查询向导"窗口——选择行标题

（4）单击"下一步"按钮，进入确定列标题窗口。根据要求选择列标题字段"学院名称"（必须选择而且只能选择一个字段），如图4.83所示。

（5）单击"下一步"按钮，进入确定交叉点数据窗口。根据要求应在字段列表中选择"学号"，在函数列表中选择"计数"，并保留窗口中部的复选框"是，包含各行小计"的选中状态（带总计列），如图4.84所示。

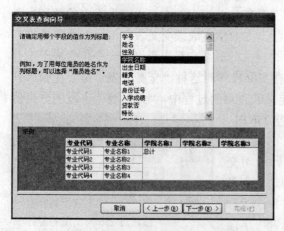

图 4.83 "交叉表查询向导"窗口——选择列标题

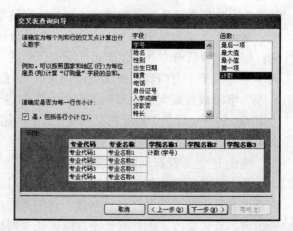

图 4.84 "交叉表查询向导"窗口——选择交叉点数据

（6）单击"下一步"按钮，进入指定查询名称窗口。输入"分专业统计学生人数交叉表查询"，再单击"完成"按钮，交叉表查询创建工作完成。查询结果如图 4.85 所示。

专业代码	专业名称	总计 学号	法学院	经济管理学院	历史文化与旅游学院	美术学院	体育学院	外国语学院	文学与新闻传播学院
0401	国际经济与贸易	120		120					
0402	市场营销	80		80					
0403	会计学	120		120					
0421	会计电算化	30		30					
0422	国际贸易实务	30		30					
1001	汉语言文学	105							105
1004	对外汉语	40							40
1022	文秘	40							40
1101	英语	40						40	
1102	日语	30						30	
1103	朝鲜语	60						60	
1104	法语	60						60	
1201	法学	150	150						
1202	行政管理	20	20						
1221	司法助理	30	30						
1302	历史学	60			60				
1303	旅游管理	190			190				
1304	公共事业管理	60			60				
1321	旅游管理	40			40				
1502	美术学	30				30			
1601	体育教育	20					20		
1602	社会体育	20					20		

记录：|◄ ◄ 1 ► ►|►* 共有记录数：22

图 4.85　交叉表查询"分专业统计学生人数交叉表查询"的运行结果

从图4.85所示的交叉表查询结果中可以清楚地知道："学生"表中的 1375 名学生信息采集于 22 个不同专业，并且还知道了每个专业收集的学生人数。根据例 4.13 的设计思路，可以设计交叉表查询"分学院统计学生人数交叉表查询"，以便统计出"学生"表中的学生来自于几个学院，每个学院都有多少人。读者可自行设计。

例 4.12 和例 4.13 创建的交叉表查询中都只有一个分组字段，统计结果相对简单。而复杂的交叉表查询中往往含有多个分组字段，可实现更加细化的统计结果，具体可参见 4.6 节。

4.5　创建动作查询

前面所有例题创建的选择查询结果均可看做是一个个的"虚拟表"，因为数据是在运行查询时，从查询的数据源（表或其他查询，但最终归结为表）中即时提取的。也就是说，不管原始表中的数据如何变化，每次运行一个查询时所得到的查询结果都是原表数据的最新反映。这恰好是"查询"对象在某种程度上优于"表"对象的体现。

不管是选择查询、参数查询还是交叉表查询，它们有一个共同点，就是只从数据源中提取数据，而不破坏数据源（表）中的数据。但下面将要介绍的动作查询就不同了，动作查询的一个显著特点就是具有破坏性：可以批量修改表中数据，或者批量删除表中数据，或者向表中追加记录数据，或者将满足条件的记录数据生成为一个新表。

Access 中有 4 种类型的动作查询：生成表查询、追加查询、更新查询和删除查询。

设计完成的动作查询需要通过运行才会得到结果，而且结果不会出现在"查询"对象中，而是反映在"表"对象中。

由于动作查询具有破坏性，故在设计并运行动作查询前，做好数据表的备份保护工作是非常必要的。

创建或修改动作查询都是使用查询的"设计视图"方法。

4.5.1 创建生成表查询

生成表查询可以利用表、查询中的数据创建一个新表，还可以将生成的表导出到另一数据库中。

利用生成表查询建立新表时，新表中的字段从生成表查询的数据源表中继承字段名称、数据类型以及字段大小属性，但是不继承其他的字段属性以及表的主键。如果要定义主键或其他的字段属性，还要在表设计视图中进行。

如果想将前面某个选择查询、参数查询的运行结果保存下来，则生成表查询可以帮你快速达到目的。

【例 4.14】 根据选择查询"学生成绩详细浏览"，创建生成表查询"生成学生成绩详细浏览表"。生成新表的名称设定为"学生成绩详细浏览表"。要求：将选择查询"学生成绩详细浏览"的查询运行结果完整保存到新表"学生成绩详细浏览表"中。

操作步骤如下。

（1）在数据库"教学管理"的"查询"对象窗口中，打开"新建查询"对话框，并选择"设计视图"。选择查询"学生成绩详细浏览"作为数据源后，进入到查询设计器窗口。

（2）单击"查询设计"工具栏上的"查询类型"按钮  的下拉列表箭头，从中选择"生成表查询"（或从右击弹出的快捷菜单中选取），在弹出的"生成表"对话框中输入表名称"学生成绩详细浏览表"，如图4.86所示。

图 4.86 "生成表"对话框

（3）单击"确定"按钮后，返回查询设计器窗口。在网格设计区第 1 列的"字段"行上选择"学生成绩详细浏览.*"，如图4.87所示。

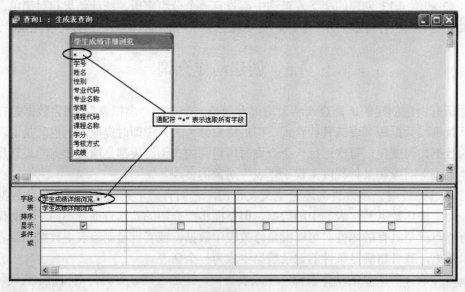

图 4.87 选取数据源的所有字段

（4）使用"查询设计"工具栏上的"数据表视图"按钮 切换到查询结果窗口，观察数据是否满足设计要求（这一步可省略）。注意此时并没有生成新表，还是常规的查询浏览窗口，但浏览窗口显示的数据就是将来生成新表中的数据。

（5）保存查询，并为查询取名"生成学生成绩详细浏览表"。

（6）运行查询以生成新表。在数据库"教学管理"的"查询"对象列表中找到并双击查询"生成学生成绩详细浏览表"，弹出如图4.88所示的"执行生成表查询"提示窗口。

（7）单击"是"按钮，系统经过一定的统计运算后，弹出如图4.89所示的"准备向新表粘贴数据"提示窗口。

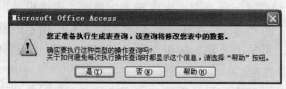 

图4.88　"执行生成表查询"提示窗口　　　　图4.89　"准备向新表粘贴数据"提示窗口

（8）单击"是"按钮，新表建立完成，返回"查询"对象窗口（但在此窗口看不到新生成的表）。

（9）切换到数据库"教学管理"的"表"对象列表窗口，可找到新建的表"学生成绩详细浏览表"。

注意：表"学生成绩详细浏览表"是通过查询创建的，其数据是运行查询时数据源表的反映。但该表数据从建成的那一刻起，就和生成它的查询脱离关系了，当对查询数据源表中的数据进行修改更新时，该生成表中的数据是不会自动更新的。

有时为了方便，可利用生成表查询从一个表或多个有关联的表中提取数据生成一个新表。

【例4.15】　根据选择查询"学生成绩详细浏览"，创建生成表查询"生成不及格学生成绩统计表"。生成新表的名称设定为"不及格学生成绩统计表"，包含字段：专业代码（升序）、专业名称、学期（升序）、课程代码（升序）、课程名称、学号（升序）、姓名、成绩，筛选条件：成绩小于60分。

操作步骤如下。

（1）打开"新建查询"对话框，选择"设计视图"，并添加查询"学生成绩详细浏览"为数据源。

（2）选择新建"查询类型"为"生成表查询"，在打开的"生成表"对话框中，输入表名称"不及格学生成绩统计表"。

（3）参照图4.90，设置选取字段、排序要求和筛选条件。

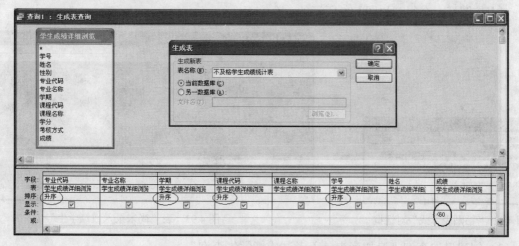

图4.90　生成表查询"设计视图"窗口

（4）使用"查询设计"工具栏上的"数据表视图"按钮 切换到查询结果窗口，观察数据是否满足设计要求（这一步可省略）。注意此时并没有生成新表，还是常规的查询浏览窗口。

（5）单击"查询设计"工具栏上的"保存查询"按钮 ，并给查询取名"生成不及格学生成绩统计表"。

图4.91 运行生成表查询时的警示窗口

（6）通过运行查询来生成新表。单击"查询设计"工具栏上的"运行"按钮 ，弹出类似图4.91所示的警示窗口，再单击"是"按钮，生成表创建完成，仍回到查询设计器窗口。

（7）关闭查询设计器窗口并切换到"表"对象列表窗口，即可找到新创建的表"不及格学生成绩统计表"。

4.5.2 创建追加查询

追加查询是从一个或多个表将一组记录追加到一个表的尾部。在追加查询中，要被追加记录的表必须是已经存在的表。这个表可以是当前数据库的，也可以是另外一个数据库的，追加查询对于从表中筛选记录添加到另一个表中是很有用的。

追加查询要求数据源与待追加的表结构相同，换句话说，追加查询就是将一个数据表中的数据追加到与之具有相同字段及属性的数据表中。

【例4.16】 用例4.9创建的不匹配项查询"还没有输入考试成绩的学生记录查询"作为数据源，创建追加查询"追加尚未录入考试成绩学生查询"。要求将尚未录入考试成绩的学生名单追加到表"尚未录入成绩学生"中。

操作步骤如下。

（1）依据表"学生"，通过复制、粘贴操作，创建表"尚未录入成绩学生"的结构（不包括数据）。

①在"教学管理"数据库的"表"对象窗口中，选择表"学生"后，单击工具栏上的"复制"按钮，接着单击工具栏上的"粘贴"按钮，在弹出的"粘贴表方式"对话框中输入表名称"尚未录入成绩学生"，并在下面的"粘贴选项"选项组中选择"只粘贴结构"单选按钮，如图4.92所示。

②单击"确定"按钮，则在"表"对象窗口中就会看到新建表"尚未录入成绩学生"图标，双击该图标，会得到如图4.93所示的一个空表。

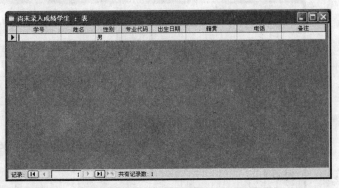

图4.92 "粘贴表方式"对话框　　　　　　　图4.93 表"尚未录入成绩学生"

（2）创建追加查询"追加尚未录入考试成绩学生查询"。

①在"教学管理"数据库的"查询"对象窗口中，双击"在设计视图中创建查询"图标，进入查询设计视图窗口。选择查询"还没有输入考试成绩的学生记录查询"作为数据源后，进入查询设计器窗口。

②单击工具栏上的"查询类型"按钮 的下拉列表箭头，从中选择"追加查询"（或从右击弹出的快捷菜单中选取），打开"追加"对话框，从"表名称"列表中选择表"尚未录入成绩学生"，如图4.94所示。

图 4.94 "追加"对话框

③单击"确定"按钮后，返回查询设计器窗口。在网格设计区第 1 列的"字段"行上选择"还没有输入考试成绩的学生记录查询.*"，保持"追加到"行的默认内容不变，如图4.95所示。

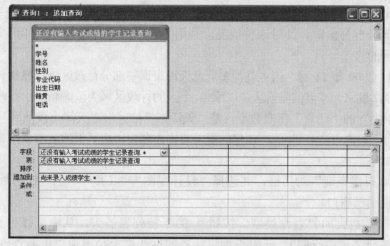

图 4.95 追加查询的"设计视图"窗口

④保存查询设计，并为查询取名"追加尚未录入考试成绩学生查询"。关闭查询设计窗口，在弹出的保存查询名称对话框中输入"追加尚未录入考试成绩学生查询"，单击"确定"按钮，完成查询设计。

（3）通过运行该查询，完成向表中追加记录的任务。在"教学管理"数据库的"查询"对象窗口中，双击查询"追加尚未录入考试成绩学生查询"，弹出如图 4.96 所示的提示信息窗口，单击"是"按钮，接着弹出系统自动计算得出的追加记录数提示，如图4.97所示。单击"是"按钮，完成记录追加任务。切换到"教学管理"数据库的"表"对象窗口，双击表"尚未录入成绩学生"，即可从中看到追加过来的记录数据，如图4.98所示。

图 4.96 提示信息窗口

图 4.97 系统计算得出的追加记录数提示

图 4.98　利用追加查询得到的表中数据

4.5.3　创建更新查询

在数据库操作中，如果只对表中少量的数据进行修改，通常是在表操作环境下通过手工完成的，但如果有大量的数据需要进行修改（而这些将要修改的数据又恰好存在一定规律，例如可以找到某个修改公式），单纯利用手工编辑手段进行修改的话，肯定需要花费大量的工时，不仅效率低，而且容易出错。针对这种情况，利用 Access 提供的更新查询可以准确、快捷地完成大批量数据的修改。

【例 4.17】　2009 年 11 月，国务院批复同意天津市调整部分行政区划，撤消天津市塘沽区、汉沽区、大港区，设立天津市滨海新区，以原 3 个区的行政区域为滨海新区的行政区域。根据此批复，将表"学生"的"籍贯"字段数据凡是"天津市塘沽区"、"天津市汉沽区"、"天津市大港区"的均更新为"天津市滨海新区"。创建的更新查询命名为"更新天津滨海新区"。

操作步骤如下。

（1）打开"新建查询"对话框，并选择"设计视图"，以表"学生"作为数据源，进入到查询的"设计视图"窗口。

（2）单击工具栏上的"查询类型"按钮 的下拉列表箭头，从中选择"更新查询"（或从右击弹出的快捷菜单中选取），此时查询设计器的标题栏上会出现"更新查询"字样，在下方的网格设计区中增加了"更新到"行，如图 4.99 所示。

（3）参照图 4.99，设计更新字段和更新条件。

本题的更新字段是"籍贯"，只要双击数据源"学生"表中的字段"籍贯"，则"籍贯"字段就会出现在网格设计区"字段"行上的第 1 列中。

本题的更新条件：凡是满足原来的"籍贯"值为"天津市塘沽区"、"天津市汉沽区"和"天津市大港区"三者之一的记录均在更新之列。这 3 个籍贯值的逻辑关系应属于"或"范畴，故从第 1 列下面的"条件"行开始，分别在不同的行上输入这 3 个籍贯值，如图 4.99 所示。

最后在"更新到"行上输入更新后的内容："天津市滨海新区"。到此为止，更新查询设计完毕。

（4）预先查看"学生"表中有多少满足更新条件的记录（这一步可省略，但有此步骤会验证条件设置是否正确）。单击工具栏上最左边的"视图切换"按钮 ，得到如图 4.100 所示的满足本题更新条件的记录情况（显示共有记录数为 15 条），但此时还没有更新，只是常规的查询浏览窗口。

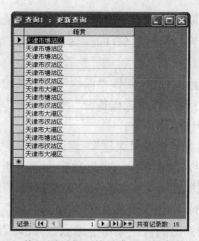

图 4.99　更新查询的"设计视图"窗口　　　　图 4.100　切换视图后得到的是满足更新条件的记录

（5）关闭并保存查询，给查询取名"更新天津滨海新区"。

（6）通过运行查询来完成更新。在"教学管理"数据库的"查询"对象窗口中，双击查询"更新天津滨海新区"，弹出如图 4.101 所示的提示信息窗口，单击"是"按钮，接着弹出系统自动计算得出的更新记录数提示，如图 4.102 所示。单击"是"按钮，完成数据更新操作。切换到"教学管理"数据库的"表"对象窗口，双击表"学生"，在打开的数据表视图窗口中，将光标放入"籍贯"栏内，单击工具栏上的"升序排序"按钮 ，再通过拖动垂直滚动条，即可快速找到更新过的记录数据，如图 4.103 所示。

图 4.101　提示信息窗口　　　　　　　　图 4.102　系统计算得出的更新记录数提示

学号	姓名	性别	专业代码	出生日期	籍贯	电话	备注
08042230315	张善益	男	0422	1989-7-20	天津市北辰区	13500005048	略
09120140214	郭连浩	男	1201	1989-9-9	天津市北辰区	13800000853	略
07100140208	李强	男	1001	1988-3-21	天津市北辰区	13500000078	略
08110340227	蔡飞跃	男	1103	1989-4-8	天津市滨海新区	13500000664	略
08110340221	姜理杰	男	1103	1989-3-24	天津市滨海新区	13500000651	略
06040140312	刘舒秀	女	0401	1988-2-18	天津市滨海新区	13500000047	略
08130440216	朱玉乾	男	1304	1989-3-10	天津市滨海新区	13800000640	略
06040140331	徐长伟	男	0401	1987-5-25	天津市滨海新区	13800000014	略
08042230303	叶佳炜	女	0422	1989-1-25	天津市滨海新区	13800005043	略
08040140129	闫兴敏	男	0401	1989-4-6	天津市滨海新区	13500000662	略
06100140126	宗盈	男	1001	1987-7-22	天津市滨海新区	13500000085	略
08122130225	陈海燕	女	1221	1989-8-3	天津市滨海新区	13500005072	略
08130340233	何兴华	女	1303	1989-9-20	天津市滨海新区	13800000873	略
06100140104	王玉涛	男	1001	1987-7-12	天津市滨海新区	13500000070	略
08040140139	张禹	男	0401	1989-8-4	天津市滨海新区	13500000790	略
09110440220	张鹏燕	女	1104	1989-9-10	天津市滨海新区	13800000855	略
06130440113	张学华	男	1304	1987-7-12	天津市滨海新区	13800002019	略
09110440230	陈慧	女	1104	1989-12-7	天津市滨海新区	13800000970	略
07150240313	刘玉堤	男	1502	1988-8-22	天津市东丽区	13500000226	略
08040140107	田玉玉	女	0401	1989-4-28	天津市和平区	13500000688	略

记录：1200　共有记录数：1375

图 4.103　利用更新查询更新后的表中数据

4.5.4　创建删除查询

删除查询是在指定的表中删除筛选出来的记录，在所有动作查询中，删除查询是最危险的操作，因为删除查询将永久地和不可逆地从表中删除记录。用户对删除操作应该慎之又慎，而且在删除大量记录之前最好保留数据表备份。

删除查询可以从单个表中删除记录，也可从多个相互关联的表中删除记录。运行删除查询时，将删除满足条件的记录，而不只是删除记录所选择的字段。删除查询只能删除记录，不能删除数据表。

【例4.18】 制作"课程"表的备份表，取名为"课程备份"。创建删除查询"删除空学分记录"，删除表"课程备份"中"学分"字段值为空的记录。

操作步骤如下。

（1）依据表"课程"，通过复制、粘贴操作，创建表"课程备份"（包括结构和所有数据）。

（2）在"教学管理"数据库的"查询"对象窗口中，双击"在设计视图中创建查询"图标，添加表"课程备份"作为数据源，进入到查询的"设计视图"窗口。

（3）单击工具栏上的"查询类型"按钮 的下拉列表箭头，从中选择"删除查询"（或从右击弹出的快捷菜单中选取），此时查询设计器的标题栏上会出现"删除查询"字样，在下方的网格设计区中增加了"删除"行，如图4.104所示。

（4）参照图4.104，设计删除条件。本题的删除条件是"学分"字段为空值，故在网格设计区的"字段"行上的第1列中选择字段"学分"。在其下的"条件"行上输入Is Null（表示字段值为空）。并保留"删除"行上的默认值"Where"不变。至此，删除查询设计完毕。

（5）预先查看"课程备份"表中有多少满足删除条件的记录（这一步可省略，但有此步骤会验证条件设置是否正确）。单击工具栏上最左边的"视图切换"按钮 ，得到如图4.105所示的满足本题删除条件的记录情况，但此时还没有删除，只是常规的查询浏览窗口。

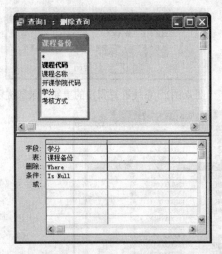

图4.104　删除查询的"设计视图"窗口　　　图4.105　切换视图后得到的是满足删除条件的记录

（6）关闭并保存查询，给查询取名"删除空学分记录"。

（7）通过运行查询来完成删除操作。在"教学管理"数据库的"查询"对象窗口中，双击查询"删除空学分记录"，弹出如图4.106所示的提示信息窗口，单击"是"按钮，接着弹出系统自动计算得出的删除记录数提示，如图4.107所示。单击"是"按钮，完成数据删除操作。切换到"教学管理"数据库的"表"对象窗口，双击表"课程备份"，在打开的数据表视图窗口中，的确没有"学分"字段为空值的记录了。

图 4.106 提示信息窗口   图 4.107 系统计算得出的删除记录数提示

4.6 查询的综合应用举例

查询对象是 Access 数据库七种对象中实用性最强的一类对象，查询设计是使用数据库管理数据工作的核心组成部分。本章前面几节针对教学管理实际工作，紧紧围绕"教学管理"数据库中的 10 个基本表以及它们之间的关系网，精心设计了 18 个例题（例 4.1～例 4.18），比较详细地介绍了选择查询、参数查询、交叉表查询以及 4 种动作查询的一般设计方法和使用技巧。而下面的 6 个例题（例 4.19～例 4.24），从不同的侧面和不同的使用角度，更加深入地挖掘了 Access 查询工具的潜能，也进一步展示了 Access 数据库管理系统的精华。

4.6.1 手动建立数据表间关联的操作方法

由于事先已经编织好了"教学管理"数据库 10 个基本表之间的关系网，故在设计前面的例题时，没有遇到需要自己动手创建关联的问题。但当遇到数据源多且复杂（如例 4.19 的数据源来自于 7 个基本表）的情况时，手动创建关联就是必须的。

【例 4.19】 使用查询设计器创建选择查询"计划执行情况详细浏览"。数据来源于三张表"计划执行情况"、"班级"、"教师"和例 4.6 创建的查询"教学计划详细浏览"，要求最终的查询结果中包含专业代码（升序）、专业名称、专业所在学院名称、班级代码（升序）、班级名称、开课学期（升序）、课程代码（升序）、课程名称、开课学院名称、教师代码、教师姓名、课程类型、方向标识、学分、考核方式、周课时、总课时、起止周共计 18 列数据内容。

操作步骤如下。

（1）新建"设计视图"，添加表"计划执行情况"、"班级"、"教师"和查询"教学计划详细浏览"，没做调整之前的"表/查询显示区"如图4.108所示。

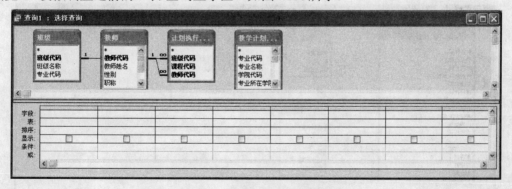

图 4.108 添加表和查询后的查询设计器窗口

（2）参照图 4.109，调整查询设计器上半部分的"表/查询显示区"的高度和各个数据源自身的高宽度及其位置，以便看清楚所有字段的归属以及各表之间已建立的关联关系，并根据题意分析需要手动建立的关联关系。从调整后的图 4.109 中可以看出，表"计划执行情况"中的字段"课程代码"和查询"教学计划详细浏览"中的字段"课程代码"关系紧密，必须手动建立它们之间的关联，但仅仅建立这个关联是不够的，原因在于有很多课程代码（如"1111001"，大学英语一）在两个数据源中均出现多次，即它们之间的关系是多对多关系，还必须再找另一个约束关系——"班级代码"。而查询"教学计划详细浏览"中没有字段"班级代码"，但有字段"专业代码"，可以利用表"班级"做传递纽带（手动建立表"班级"和查询"教学计划详细浏览"之间字段"专业代码"的关联关系），间接建立查询"教学计划详细浏览"中的"专业代码"和表"计划执行情况"中的"班级代码"之间的关联关系（也是多对多关系）。这样一来，通过上述两个多对多关系就能唯一确定查询"教学计划详细浏览"和表"计划执行情况"之间的对应关系。

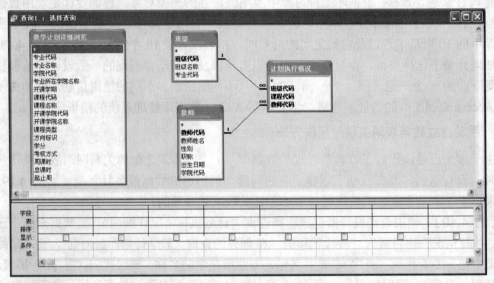

图 4.109　调整后的查询设计器窗口

（3）手动建立关联关系。在查询"教学计划详细浏览"和表"计划执行情况"之间建立字段"课程代码"的关联关系，在查询"教学计划详细浏览"和表"班级"之间建立字段"专业代码"的关联关系，如图4.110中上半部分所示。

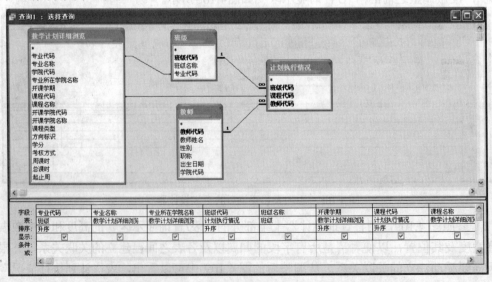

图 4.110　手动建立关联以及设置输出字段后的查询设计器窗口

（4）选择输出字段。根据题目要求，依次从数据源中选择输出字段：专业代码（表：班级）、专业名称（查询：教学计划详细浏览）、专业所在学院名称（查询：教学计划详细浏览）、班级代码（表：计划执行情况）、班级名称（表：班级）、开课学期（查询：教学计划详细浏览）、课程代码（表：计划执行情况）、课程名称（查询：教学计划详细浏览）、开课学院名称（查询：教学计划详细浏览）、教师代码（表：计划执行情况）、教师姓名、课程类型（查询：教学计划详细浏览）、方向标识（查询：教学计划详细浏览）、学分（查询：教学计划详细浏览）、考核方式（查询：教学计划详细浏览）、周课时（查询：教学计划详细浏览）、总课时（查询：教学计划详细浏览）、起止周（查询：教学计划详细浏览），共计 18 列数据内容。如图4.110所示。

（5）确定排序字段。在字段“专业代码”、“班级代码”、“开课学期”、“课程代码”下的“排序”行上均选择“升序”，如图4.110所示。

（6）保存查询并取名“计划执行情况详细浏览”。再打开查询“计划执行情况详细浏览”，即可得到如图4.111所示的查询结果。

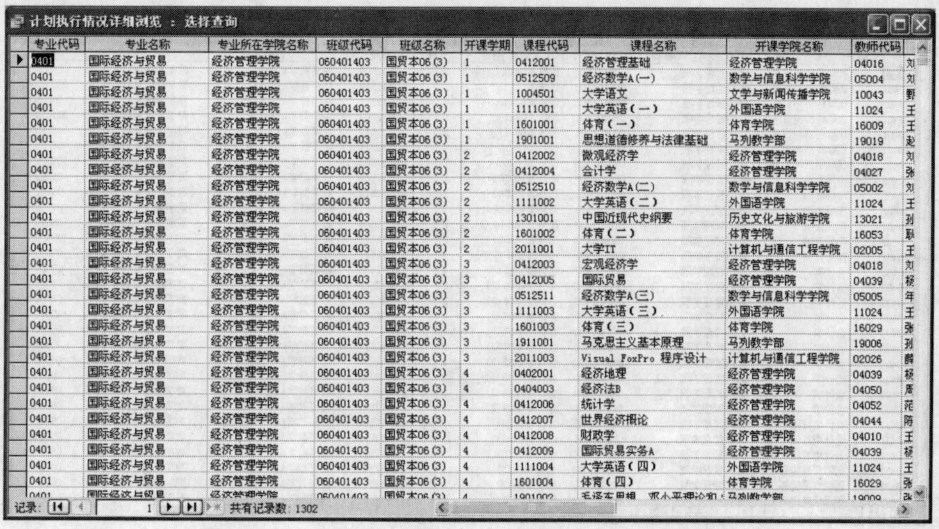

计划执行情况详细浏览 ： 选择查询

专业代码	专业名称	专业所在学院名称	班级代码	班级名称	开课学期	课程代码	课程名称	开课学院名称	教师代码	
0401	国际经济与贸易	经济管理学院	060401403	国贸本06 (3)	1	0412001	经济管理基础	经济管理学院	04016	刘
0401	国际经济与贸易	经济管理学院	060401403	国贸本06 (3)	1	0512509	经济数学A(一)	数学与信息科学学院	05004	刘
0401	国际经济与贸易	经济管理学院	060401403	国贸本06 (3)	1	1004501	大学语文	文学与新闻传播学院	10043	野
0401	国际经济与贸易	经济管理学院	060401403	国贸本06 (3)	1	1111001	大学英语（一）	外国语学院	11024	王
0401	国际经济与贸易	经济管理学院	060401403	国贸本06 (3)	1	1601001	体育（一）	体育学院	16009	王
0401	国际经济与贸易	经济管理学院	060401403	国贸本06 (3)	1	1901001	思想道德修养与法律基础	马列教学部	19019	赵
0401	国际经济与贸易	经济管理学院	060401403	国贸本06 (3)	2	0412002	微观经济学	经济管理学院	04018	刘
0401	国际经济与贸易	经济管理学院	060401403	国贸本06 (3)	2	0412004	会计学	经济管理学院	04027	张
0401	国际经济与贸易	经济管理学院	060401403	国贸本06 (3)	2	0512510	经济数学A(二)	数学与信息科学学院	05002	刘
0401	国际经济与贸易	经济管理学院	060401403	国贸本06 (3)	2	1111002	大学英语（二）	外国语学院	11024	王
0401	国际经济与贸易	经济管理学院	060401403	国贸本06 (3)	2	1301001	中国近现代史纲要	历史文化与旅游学院	13021	孙
0401	国际经济与贸易	经济管理学院	060401403	国贸本06 (3)	2	1601002	体育（二）	体育学院	16053	耿
0401	国际经济与贸易	经济管理学院	060401403	国贸本06 (3)	2	2011001	大学IT	计算机与通信工程学院	02005	王
0401	国际经济与贸易	经济管理学院	060401403	国贸本06 (3)	3	0412003	宏观经济学	经济管理学院	04018	刘
0401	国际经济与贸易	经济管理学院	060401403	国贸本06 (3)	3	0412005	国际贸易	经济管理学院	04039	杨
0401	国际经济与贸易	经济管理学院	060401403	国贸本06 (3)	3	0512511	经济数学A(三)	数学与信息科学学院	05005	年
0401	国际经济与贸易	经济管理学院	060401403	国贸本06 (3)	3	1111003	大学英语（三）	外国语学院	11024	王
0401	国际经济与贸易	经济管理学院	060401403	国贸本06 (3)	3	1601003	体育（三）	体育学院	16029	张
0401	国际经济与贸易	经济管理学院	060401403	国贸本06 (3)	3	1911001	马克思主义基本原理	马列教学部	19006	孙
0401	国际经济与贸易	经济管理学院	060401403	国贸本06 (3)	3	2011003	Visual FoxPro 程序设计	计算机与通信工程学院	02026	薛
0401	国际经济与贸易	经济管理学院	060401403	国贸本06 (3)	4	0402001	经济地理	经济管理学院	04039	杨
0401	国际经济与贸易	经济管理学院	060401403	国贸本06 (3)	4	0404003	经济法B	经济管理学院	04050	周
0401	国际经济与贸易	经济管理学院	060401403	国贸本06 (3)	4	0412006	统计学	经济管理学院	04052	范
0401	国际经济与贸易	经济管理学院	060401403	国贸本06 (3)	4	0412007	世界经济概论	经济管理学院	04044	陈
0401	国际经济与贸易	经济管理学院	060401403	国贸本06 (3)	4	0412008	财政学	经济管理学院	04010	王
0401	国际经济与贸易	经济管理学院	060401403	国贸本06 (3)	4	0412009	国际贸易实务A	经济管理学院	04039	杨
0401	国际经济与贸易	经济管理学院	060401403	国贸本06 (3)	4	1111004	大学英语（四）	外国语学院	11024	王
0401	国际经济与贸易	经济管理学院	060401403	国贸本06 (3)	4	1601004	体育（四）	体育学院	16029	张
0401	国际经济与贸易	经济管理学院	060401403	国贸本06 (3)	4	1901002	毛泽东思想、邓小平理论和	马列教学部	19009	张

记录：1 共有记录数：1302

图 4.111　查询“计划执行情况详细浏览”的输出结果

例 4.19 的扩展应用：在例 4.19 创建的选择查询“计划执行情况详细浏览”中的“条件”行上加入各种查询条件，即可得到满足相关条件的筛选结果。

（1）如果在字段“专业代码”下的“条件”行上输入"1004"，则可得到表“计划执行情况”中已经录入的“对外汉语”专业的计划执行情况筛选结果，如图4.112所示。

（2）如果在字段“课程代码”下的“条件”行上输入："05*"或 Left（[计划执行情况].[课程代码], 2）="05"，则可得到表“计划执行情况”已输入记录中课程代码为“05”开头的课程计划实施情况筛选结果，如图4.113所示。

（3）可以查询某个班级的计划执行详细情况，如在字段“班级代码”下的“条件”行上输入"061101401"，则可得到表“计划执行情况”中已经录入的“英语本 06(1)”班的计划执行情况筛选结果，如图4.114所示。

（4）也可以查询某个学期的计划执行情况、某门课程的教师安排情况、某个教师的教学任务情况等。读者可自行练习。

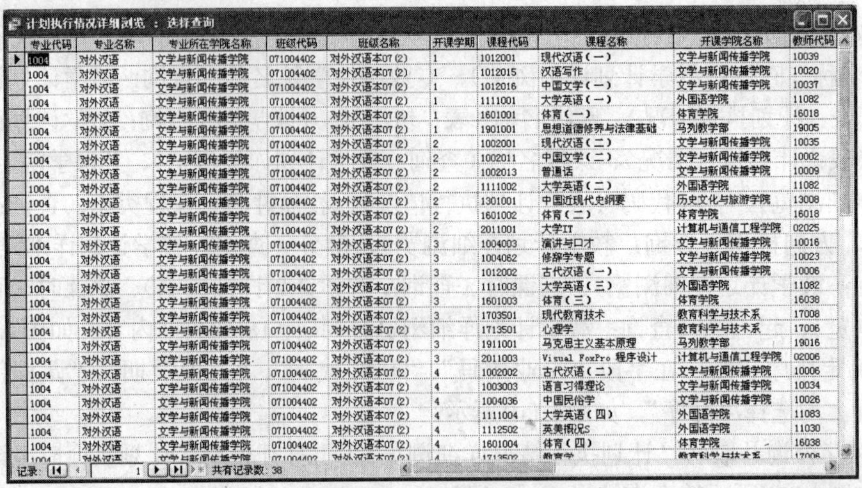

图 4.112　在选择查询"计划执行情况详细浏览"中筛选专业代码为"1004"的输出结果

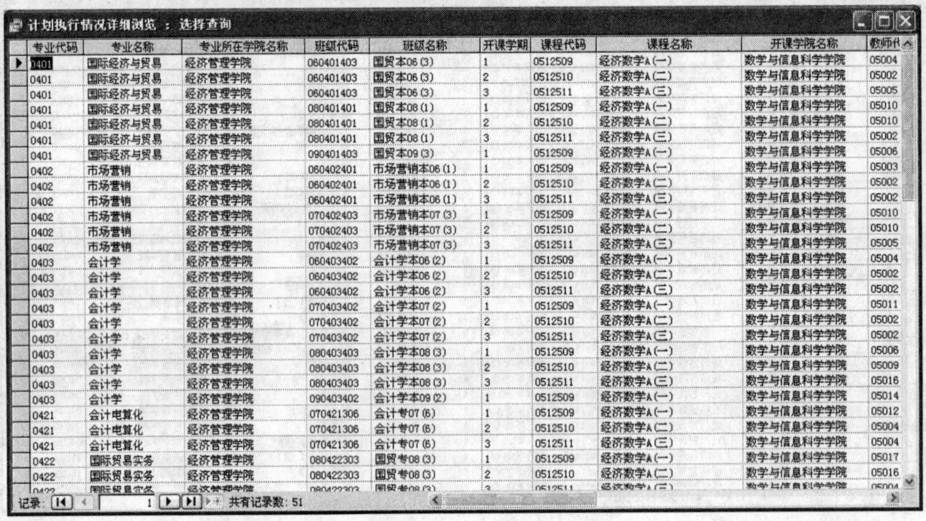

图 4.113　在查询"计划执行情况详细浏览"中筛选课程代码为"05"开头的输出结果

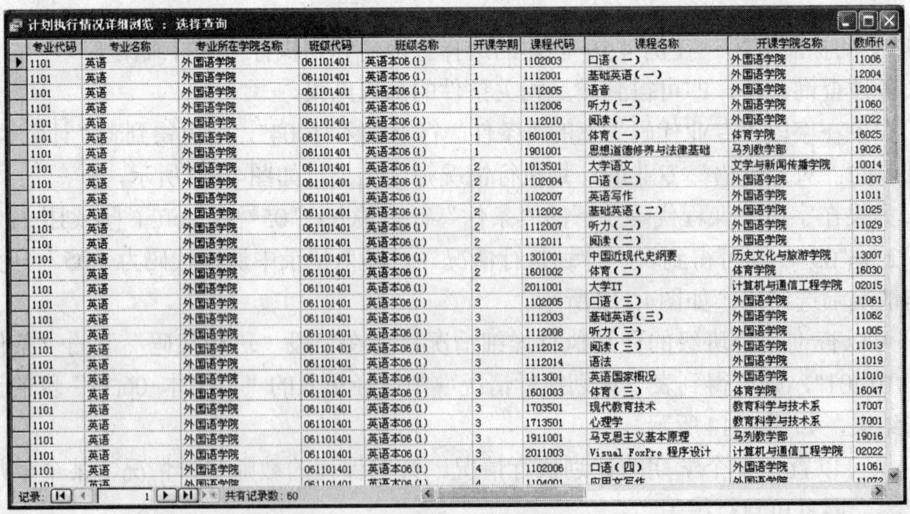

图 4.114　在查询"计划执行情况详细浏览"中筛选班级代码为"061101401"的输出结果

例 4.19 的综合性很强，也很实用。随着"计划执行情况"表数据的不断添加与更新，变换查询"计划执行情况详细浏览"的查询条件，即可得到满足各种条件的最新数据查询结果。

4.6.2 多字段分组汇总及新字段设计技巧

例 4.7（创建汇总查询"学生成绩汇总统计查询"）中的分组字段只有一个"学号"，自然统计范围也是按学号进行的。但在创建具有分组汇总计算功能的选择查询时，如果出现多级分组，则需认真考虑两个问题：分组的次序（即优先级）和统计范围。

当出现多个分组字段时，其分组字段优先级的运算规则类似前面讲过的排序规则。即先按照最左边一个分组字段（分类级别最高）分成大类，再按照其右出现的第二个分组字段分成次大类，以此类推。但要注意右边出现的汇总计数、总计、平均值、最小值、最大值等操作是按照多个分组字段中最右边一个（也是分类级别最低的一个）进行汇总计算的。

【例 4.20】 使用查询"学生成绩详细浏览"作为数据源，创建新的汇总选择查询"按课程代码分专业分年级查询课程平均成绩"。要求查询结果包含"课程代码"、"课程名称"、"专业代码"、"专业名称"、"年级"、"学生人数"、"平均成绩" 7 列内容，并要求按照"课程代码"升序、"年级"升序和"平均成绩"降序排列查询结果。

操作步骤如下。

（1）新建"设计视图"，添加查询"学生成绩详细浏览"为数据源，如图 4.115 上半部分所示。

（2）单击工具栏上的"总计"按钮 Σ，在"网格设计区"添加"总计"行，如图 4.115 所示。

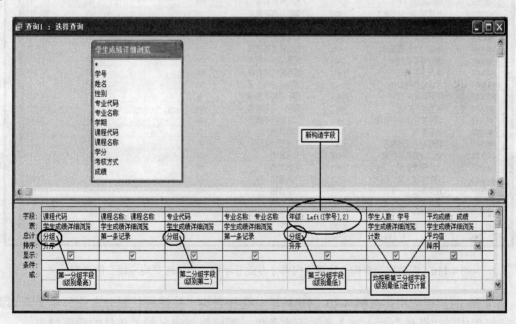

图 4.115　具有三级分组要求并添加了构造字段的汇总选择查询设计视图窗口

（3）在"网格设计区"的"字段"行上添加所需字段、构造新字段（年级），并确定"总计"行上的分组字段（分组级别）以及其他相应选项。前 4 列以及第 6、7 两列的设置方法可对照图4.115进行设置（包括查询结果显示标题的设置）。只有第 5 列的"年级"是不能直接得到的，需要使用函数 Left ([学号], 2)计算之后才能得到。将光标定位在第 5 列的"字段"行上，输入：

年级:Left ([学号],2)

特别注意：在输入上面一行文字时，除汉语文字之外的其他符号均应在英文输入法状态下输入。

"总计"行上的 3 个分组字段级别是不同的。最左边的分组字段"课程代码"级别最高（一级），处于其右的分组字段"专业代码"级别次之（二级），处于最右边的分组字段"年级"级别最低（三级）。第 6、7 两列的计数与求平均值是按照分组字段级别最低的"年级"来计算的。

（4）设置排序字段。根据题目要求，在字段"课程代码"下面对应的"排序"行上选择"升序"选项，在构造字段"年级"下面对应的"排序"行上选择"升序"选项，在字段"成绩"下面对应的"排序"行上选择"降序"选项。

（5）关闭设计窗口，并为查询取名"按课程代码分专业分年级查询课程平均成绩"，保存后完成设计。运行该查询"按课程代码分专业分年级查询课程平均成绩"，即可看到类似图 4.116 所示的查询结果。

课程代码	课程名称	专业代码	专业名称	年级	学生人数	平均成绩
0212504	办公自动化技术（理论）	1022	文秘	07	40	77.6
0212505	办公自动化应用技能训练	1022	文秘	07	40	78
0212506	办公自动化	1304	公共事业管理	06	30	79.7
0402001	经济地理	0401	国际经济与贸易	06	40	80.275
0402001	经济地理	0422	国际经济实务	06	30	78
0402002	外贸英语听说（上）	0401	国际经济与贸易	06	40	78.575
0402003	外贸英语听说（下）	0401	国际经济与贸易	06	40	77.375
0402004	谈判与推销实务	0402	市场营销	06	40	77.675
0403001	中国对外贸易概论	0401	国际经济与贸易	06	40	78.75
0403002	国际商务谈判	0401	国际经济与贸易	06	40	78.2
0403003	外贸业务单证	0401	国际经济与贸易	06	40	77.875
0403004	国际经济与合作	0401	国际经济与贸易	06	40	78.15
0403005	外贸英文契约	0401	国际经济与贸易	06	40	79.925
0403006	外贸谈判口语	0401	国际经济与贸易	06	40	76.075
0403010	国际货物运输与保险	0401	国际经济与贸易	06	40	80.05
0403022	销售管理	0402	市场营销	06	40	76.575
0403023	物流与供应链管理	0402	市场营销	06	40	78
0403024	企业经营风险管理	0402	市场营销	06	40	78
0403025	人力资源管理	0402	市场营销	06	40	79.175
0403026	品牌管理实务	0402	市场营销	06	40	77.85
0403027	经贸英语（一）	0402	市场营销	06	40	76.125
0403028	经贸英语（二）	0402	市场营销	06	40	80.125
0403029	网络营销	0402	市场营销	06	40	79.175
0403030	政府与非营利组织会计	0403	会计学	06	30	78.33333333333

记录：14 ◀ 1 ▶ ▶I ▶* 共有记录数：1229

图 4.116 汇总选择查询"按课程代码分专业分年级查询课程平均成绩"的查询结果

例 4.20 的扩展应用：在例 4.20 创建的汇总选择查询"按课程代码分专业分年级查询课程平均成绩"中的"条件"行上加入各种查询条件，即可得到满足相关条件的筛选结果。

（1）如果在字段"课程代码"下的"条件"行上输入"1111001"，则可得到课程"大学英语（一）"分专业分年级的平均成绩查询结果，如图 4.117 所示。

（2）如果在字段"专业代码"和"年级"下的"条件"行上分别输入"0403"和"06"，则可得到 06 级会计学专业的各科平均成绩查询结果，如图 4.118 所示。

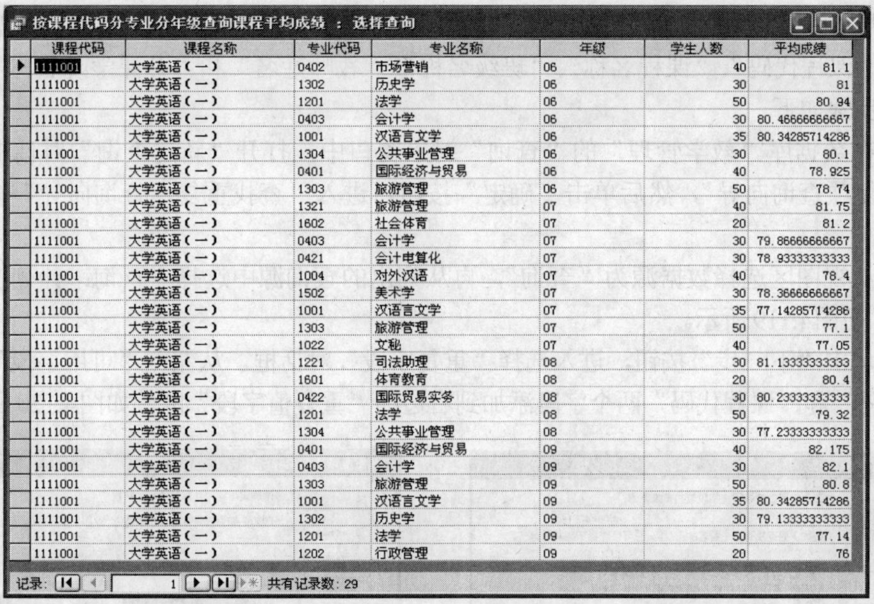

图 4.117　在查询"按课程代码分专业分年级查询课程平均成绩"中筛选课程代码为"1111001"的查询结果

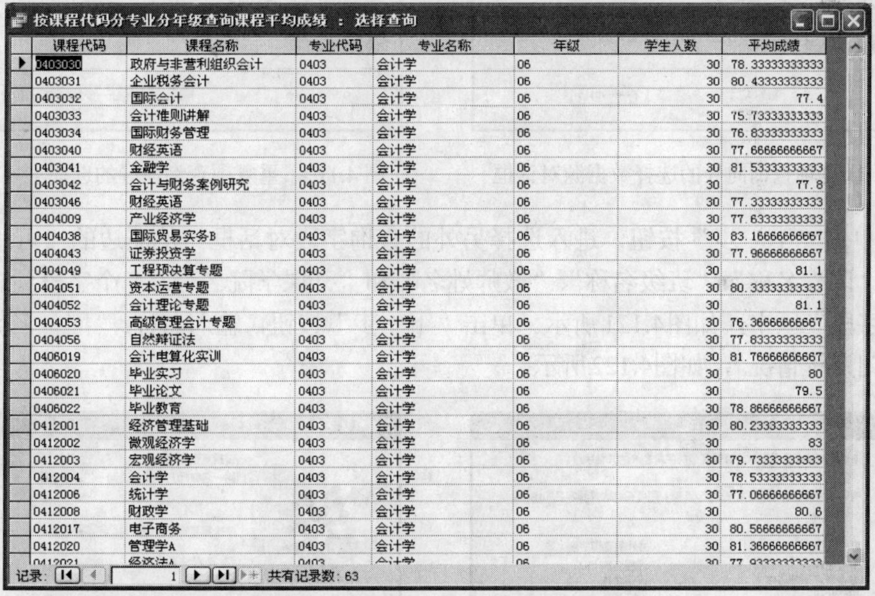

图 4.118　在"按课程代码分专业分年级查询课程平均成绩"中筛选专业代码为"0403"、年级为"06"的结果

4.6.3　多字段重复值查找设计

使用"查找重复项查询向导"可以列出一个数据源（表或查询）中多字段重复的记录供用户对照。

例如在对一个非空表创建多字段组合主键时，若出现不能创建的警告信息（类似图 3.29 所示），则说明表中数据存在多字段重复的记录，快速找出表中重复记录的简便方法就是采用"查找重复项查询向导"。

【例 4.21】　使用"查找重复项查询向导"方法，统计查询"计划执行情况详细浏览"中同一名教师几年来开设同一门课程的情况（即教师代码和课程代码均相同）。要求输出字段："教师代码"、"课程代码"、"课程名称"、"班级名称"、"教师姓名"和"开课学院名称"。

操作步骤如下。

（1）在数据库"教学管理"的"查询"对象窗口中，打开"新建查询"对话框，并选择"查找重复项查询向导"，然后单击"确定"按钮，进入"查找重复项查询向导"的选择数据源对话框。

（2）从视图区选择数据源为"查询"，再从列出的查询源中选择"查询：计划执行情况详细浏览"，如图4.119所示。

（3）单击"下一步"按钮，进入选择"重复字段"对话框。从左侧"可用字段"区中选择"教师代码"和"课程代码"两个字段添加到右边的"重复值字段"区，如图4.120所示。

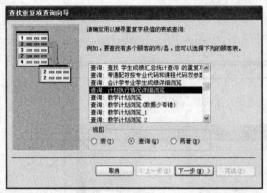

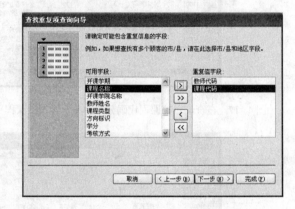

图 4.119　重复项查询向导的选择数据源对话框　　　图 4.120　重复项查询向导的选择重复字段对话框

（4）单击"下一步"按钮，进入选择另外的查询字段对话框。从左边的"可用字段"区中再选择"课程名称"、"班级名称"、"教师姓名"和"开课学院名称"4个字段到右边的"另外的查询字段"区中，如图4.121所示。单击"下一步"按钮，输入名称："同一名教师几年来开设同一门课程情况"，如图4.122所示。

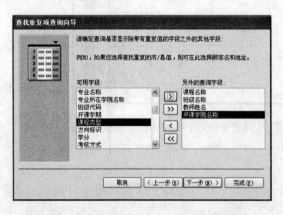

图 4.121　重复项查询向导的选择另外字段对话框　　　图 4.122　重复项查询向导的指定查询名称对话框

（5）最后单击"完成"按钮，得到同一名教师几年来开设同一门课程的情况查询结果，如图4.123所示。

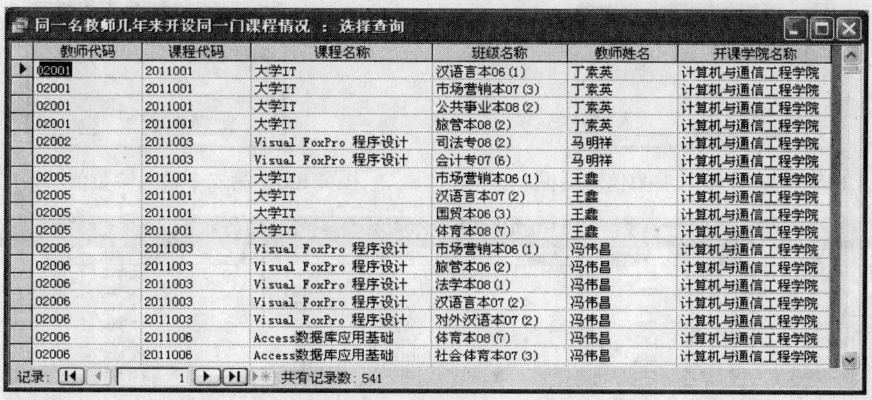

教师代码	课程代码	课程名称	班级名称	教师姓名	开课学院名称
02001	2011001	大学IT	汉语言本06 (1)	丁素英	计算机与通信工程学院
02001	2011001	大学IT	市场营销本07 (3)	丁素英	计算机与通信工程学院
02001	2011001	大学IT	公共事业本08 (2)	丁素英	计算机与通信工程学院
02001	2011001	大学IT	旅管本08 (2)	丁素英	计算机与通信工程学院
02002	2011003	Visual FoxPro 程序设计	司法专08 (2)	马明祥	计算机与通信工程学院
02002	2011003	Visual FoxPro 程序设计	会计专07 (6)	马明祥	计算机与通信工程学院
02005	2011001	大学IT	市场营销本06 (1)	王鑫	计算机与通信工程学院
02005	2011001	大学IT	汉语言本07 (2)	王鑫	计算机与通信工程学院
02005	2011001	大学IT	国贸本06 (3)	王鑫	计算机与通信工程学院
02005	2011001	大学IT	体育本08 (7)	王鑫	计算机与通信工程学院
02006	2011003	Visual FoxPro 程序设计	市场营销本06 (1)	冯伟昌	计算机与通信工程学院
02006	2011003	Visual FoxPro 程序设计	旅管本06 (2)	冯伟昌	计算机与通信工程学院
02006	2011003	Visual FoxPro 程序设计	法学本08 (1)	冯伟昌	计算机与通信工程学院
02006	2011003	Visual FoxPro 程序设计	汉语言本07 (2)	冯伟昌	计算机与通信工程学院
02006	2011003	Visual FoxPro 程序设计	对外汉语本07 (2)	冯伟昌	计算机与通信工程学院
02006	2011006	Access数据库应用基础	体育本08 (7)	冯伟昌	计算机与通信工程学院
02006	2011006	Access数据库应用基础	社会体育本07 (3)	冯伟昌	计算机与通信工程学院

图 4.123 “同一名教师几年来开设同一门课程情况”的查询结果

4.6.4 创建含通配符的参数查询

要设计输入方式更加灵活的参数查询，可以借助含通配符“*”的 Like 表达式来实现。

【例 4.22】 复制例 4.11 创建的参数查询“按专业代码和课程代码双参数查询的学生成绩详细浏览”，并为新查询取名为“带通配符按专业代码和课程代码双参数查询的学生成绩详细浏览”。要求：运行该查询时，在弹出的“请输入专业代码：”对话框中用户可以输入四位专业代码值中的前 0 至 4 位；同样地，在弹出的“请输入课程代码：”对话框中用户可以输入七位课程代码值中的前 0 至 7 位。最后将输出匹配两个输入参数值的学生成绩情况。

其包含参数的筛选条件表达式设计过程操作如下。

（1）打开查询“带通配符按专业代码和课程代码双参数查询的学生成绩详细浏览”的“设计视图”，并在网格设计区的字段“专业代码”对应的“条件”行上修改筛选条件表达式为：Like [请输入专业代码：]+"*"，在字段“课程代码”对应的“条件”行上修改筛选条件表达式为：Like [请输入课程代码：]+"*"，如图4.124 所示。

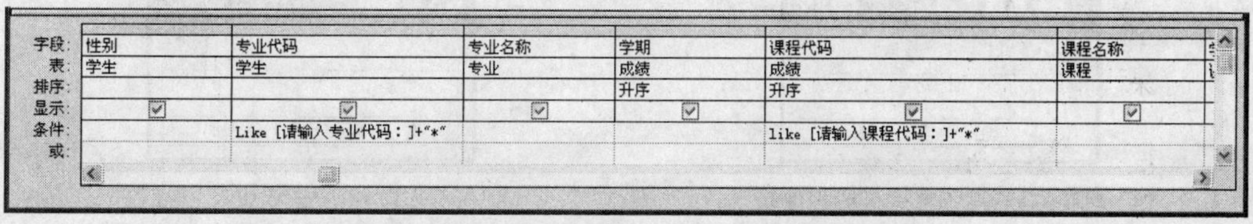

字段:	性别	专业代码	专业名称	学期	课程代码	课程名称
表:	学生	学生	专业	成绩	成绩	课程
排序:				升序	升序	
显示:	☑	☑	☑	☑	☑	☑
条件:		Like [请输入专业代码：]+"*"			like [请输入课程代码：]+"*"	
或:						

图 4.124 加入了带通配符的参数表达式的选择查询设计视图

（2）保存并运行参数查询“带通配符按专业代码和课程代码双参数查询的学生成绩详细浏览”，在弹出的第一个“请输入专业代码：”对话框中可以输入四位专业代码值中前 0 至 4 位数字长度的专业代码特征，比如只输入专业代码的前两位“12”（专业代码中的前两位为系部编码，后两位为具体专业编码），如图4.125 所示。

（3）单击“确定”按钮，在随后弹出的第二个“请输入课程代码：”对话框中可以输入不超过 7 位数字长度的课程代码特征，比如只输入课程代码的前两位“11”（课程代码中的前两位为开课系部编码），如图4.126 所示。

（4）单击“确定”按钮，得到含通配符双参数（相当于筛选条件为：专业代码与“Like 12*”匹配、课程代码与“Like 11*”匹配）查询的一次运行结果，类似图4.127 所示。

（5）反复运行这个含通配符的双参数查询，便会体会到使用参数查询的方便与快捷。

当然，还可以创建包含更多参数的参数查询，用户可根据需要自行设计。

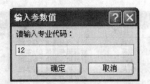

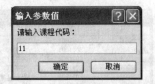

图 4.125　第一个输入参数值对话框　　　　　　图 4.126　第二个输入参数值对话框

学号	姓名	性别	专业代码	专业名称	学期	课程代码	课程名称	学分	考核方式	成绩
08120140148	刘祥	男	1201	法学	1	1111001	大学英语（一）	3.5	考试	75
08120140148	刘祥	男	1201	法学	2	1111002	大学英语（二）	4	考试	62
08120140148	刘祥	男	1201	法学	3	1111003	大学英语（三）	4	考试	67
08120140149	刘晓志	男	1201	法学	1	1111001	大学英语（一）	3.5	考试	80
08120140149	刘晓志	男	1201	法学	2	1111002	大学英语（二）	4	考试	64
08120140149	刘晓志	男	1201	法学	3	1111003	大学英语（三）	4	考试	80
08120140150	吕瑶	男	1201	法学	1	1111001	大学英语（一）	3.5	考试	75
08120140150	吕瑶	男	1201	法学	2	1111002	大学英语（二）	4	考试	65
08120140150	吕瑶	男	1201	法学	3	1111003	大学英语（三）	4	考试	96
08122130201	尹春燕	女	1221	司法助理	1	1111001	大学英语（一）	3.5	考试	78
08122130201	尹春燕	女	1221	司法助理	2	1111002	大学英语（二）	4	考试	92
08122130201	尹春燕	女	1221	司法助理	3	1111003	大学英语（三）	4	考试	80
08122130202	王冬	男	1221	司法助理	1	1111001	大学英语（一）	3.5	考试	85
08122130202	王冬	男	1221	司法助理	2	1111002	大学英语（二）	4	考试	89
08122130202	王冬	男	1221	司法助理	3	1111003	大学英语（三）	4	考试	83
08122130203	王合洁	男	1221	司法助理	1	1111001	大学英语（一）	3.5	考试	65
08122130203	王合洁	男	1221	司法助理	2	1111002	大学英语（二）	4	考试	79
08122130203	王合洁	男	1221	司法助理	3	1111003	大学英语（三）	4	考试	92
08122130204	卢秋影	男	1221	司法助理	1	1111001	大学英语（一）	3.5	考试	86
08122130204	卢秋影	男	1221	司法助理	2	1111002	大学英语（二）	4	考试	72
08122130204	卢秋影	男	1221	司法助理	3	1111003	大学英语（三）	4	考试	89
08122130205	任丽萍	女	1221	司法助理	1	1111001	大学英语（一）	3.5	考试	55

图 4.127　含通配符双参数查询的一次查询运行结果

说明：

（1）在输入参数表达式时，方括号对[ ]必不可少。

（2）方括号对之间的内容为提示信息，可长可短，甚至可以没有提示信息（只有方括号对[ ]），但最好的做法还是将提示信息描述的详细、准确，以帮助用户清楚理解该参数的输入规则，从而得到准确的查询结果。比较图 4.128 所示的对输入专业代码的 4 种提示信息，便可理解上述说明的含义。

（a）参数表达式为：[请输入专业代码：]　　　　（b）无提示的参数表达式为：[ ]

（c）参数表达式为：[请输入一个完整的专业代码（固定 4 位数字长度，不带定界符，
例如 0401，若输入代码长度不够或不存在则查询结果为空）：]

（d）筛选条件为：Like [请输入专业代码特征（可输入 1 至 4 位数字长度，
如输入：11，表示筛选以"11"开头的所有专业代码）：]+"*"

图 4.128　参数查询中输入专业代码的 4 种提示信息比较

（3）对于一般参数表达式（不含 Like 运算符，只有带提示的方括号对）设计的参数查询为完全匹配查询，输入参数时必须完整输入对应字段中确切存在的某个值，否则查询结果为空。

（4）设计含通配符的参数查询时，通配符（通常是"*"）最好出现在 Like 表达式中（如上面例题中所示），这样在输入参数时包含"*"（如输入"11*"）或者不包含"*"（只输入"11"），都能保证最终形成的筛选表达式中至少含有一个"*"号通配符。如果在 Like 表达式中不出现"*"号通配符（当然是可以的），则在输入参数时需要自己输入通配符"*"，如输入"11*"。如果只输入"11"，将得到空集（相当于形成筛选条件 Like 11）。用户自己练习掌握这些技巧。

（5）参数查询只是对选择查询的一种便捷应用。并不是所有查询类型均可以设置为参数查询，如交叉表查询就不能设计为参数查询。

4.6.5 使用"设计视图"手动创建交叉表查询

使用"设计视图"手动创建交叉表查询的操作相对于使用向导法创建交叉表查询来说更加难以理解。这需要用户对交叉表查询的框架结构有着准确的把握，并熟悉 Access 提供的一组聚合函数（共 12 个，参见表 9-14）的要求及其功能。初学者创建交叉表查询可采取以向导法为主、设计视图为辅的操作策略，但对经常使用交叉表高级查询功能的中高级用户，熟练掌握使用"设计视图"手动创建交叉表查询的操作会大大提高设计效率，并能加深对向导法的理解。

1. 使用"设计视图"创建交叉表查询的一般操作

【例 4.23】 根据查询"学生成绩详细浏览"（含有四万多行数据），使用查询"设计视图"手动创建交叉表查询"待定查询条件的学生成绩交叉表查询"应用平台（只创建查询平台，因列数太多而不能直接运行）。其中设定：行标题为字段"学号"、"姓名"、"性别"和"专业名称"，列标题为字段"课程名称"，交叉汇总项为字段"成绩"，并加带"汇总成绩"内容列。

操作步骤如下。

（1）在数据库"教学管理"的"查询"对象窗口中，从"新建查询"对话框中选择"设计视图"，并添加查询"学生成绩详细浏览"为数据源后进入到查询设计器窗口。

（2）单击"查询设计"工具栏上的"查询类型"按钮 的下拉列表箭头，从中选择"交叉表查询"（或从右击弹出的快捷菜单中选取），此时在网格设计区将同时增加"总计"行和"交叉表"行，如图4.129中左边所示。

（3）参照图 4.129 中"网格设计区"部分的前四列，选择作为交叉表行标题的四个字段："学号"、"姓名"、"性别"和"专业名称"。并以"学号"字段作为行标题的分组依据（在其对应的"总计"行上选择分组），其他三个行标题的"总计"行最好选择"第一条记录"（对本题而言，保留它们的默认值"分组"选项结果仍然正确，原因是按照第一分组字段"学号"分组后，再按照第二字段"姓名"、第三字段"性别"、第四字段"专业名称"分组的结果和只按照"学号"分组的结果是一样的）。

（4）参照图4.129中"网格设计区"部分的第五列，选择作为交叉表列标题的一个字段"课程名称"，并必须保留列标题字段对应的"总计"行上为"分组"选项，否则将弹出图 4.130所示的警告信息。

（5）参照图 4.129 中"网格设计区"部分的第六列，选择作为行列交叉点的一个字段"成绩"，并在该字段对应的"交叉表"行上选择"值"功能，在其对应的"总计"行上最好选择"第一条记录"或"最后一条记录"选项。

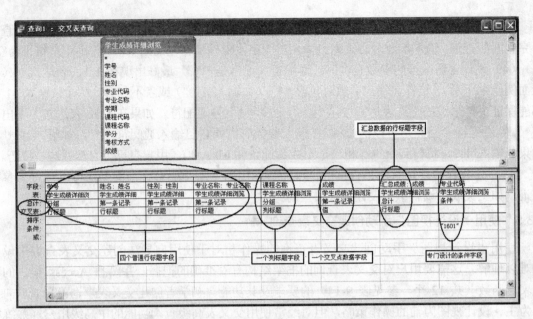

图 4.129 交叉表查询中"网格设计区"的设计视图窗口

图 4.130 交叉表查询中"网格设计区"的列标题字段对应"总计"行不选择"分组"功能的警告信息

（6）参照图 4.129 中"网格设计区"部分的第七列，设计添加"汇总成绩"内容列。选择汇总字段为"成绩"字段，并在该字段对应的"总计"行上选择"总计"选项，在其对应的"交叉表"行上选择"行标题"功能（这个用于汇总的行标题是第五个行标题）。

（7）为了能够验证所建立的交叉表查询的正确性，还需要添加一个专门的"查询条件"字段。参照图 4.129 中"网格设计区"部分的第八列，选择作为查询条件的一个字段"专业代码"（当然也可以选择其他字段），并在该字段对应的"总计"行上选择"条件"功能（这是交叉表查询中设置除列标题之外的筛选条件的必由之路），在其对应的"交叉表"行上选择"不显示"选项，在其对应的"条件"行上输入想要查询的任何一个或几个专业代码（用含通配符的 Like 表达式，用逻辑或运算符"OR"连接，也可采用 In 表达式等，只要所选专业代码表达式中包含的所有不同课程名称之和不超过 256 即可），比如输入 1601，或输入 Like "04*"，或输入 In ("1001","1102","1201","1302")等。

（8）单击"查询设计"工具栏上的"数据表视图切换"按钮，得到当前筛选条件（专业代码为"1601"）的交叉表查询结果如图4.131所示。

（9）保存查询并为新建的交叉表查询取名为"待定查询条件的学生成绩交叉表查询"。以后每次想要使用该查询时，只要先进入其"设计视图"，输入修改后的筛选条件，再运行查询即可得到满足此次筛选条件的交叉表查询结果。

2. 使用"设计视图"创建交叉表查询的特殊操作

通过例 4.23 的操作分析可以看出，使用"设计视图"创建交叉表查询的操作重点主要有两个：一是如何选取交叉表查询结构的五大组成部分，即究竟选择什么字段作为行标题、列标题、交叉点、汇总字段以及专门的查询条件；二是结构确定之后如何正确配置每个字段的"总计"行与"交叉表"行的选项，这也是使用"设计视图"创建交叉表查询的难点。请读者认真体会例 4.23 操作中的第（3）步～第（7）步的叙述细节。下面再对其中的两个特殊操作要点加以说明。

图 4.131　例 4.23 设计的交叉表查询当筛选条件专业代码为"1601"时的查询结果

1）对于安置在行列交叉点上数据的"总计"行选项的进一步说明

当设计交叉表查询时，在每一个字段对应的"总计"行上可供选择的项目（又叫聚合函数）共有 12 项，它们是分组、总计、平均值、最小值、最大值、计数、标准差、方差、第一条记录、最后一条记录、表达式、条件。它们的功能介绍可参见表 9-14。

首先，由于出现在行列交叉点上的字段对应的"交叉表"行选择的均是"值"属性，故与其对应的"总计"行上不能使用以下三个选项：分组、表达式、条件，否则会弹出图 4.132 所示的警告信息。

图 4.132　在交叉表查询中涉及的交叉点字段对应"总计"行上选择分组、表达式、条件时的警告信息

其次，在交叉点字段对应的"总计"行上能够使用的 9 个选项中，"计数"功能有着独特的统计作用，后面的例 4.24 将作专门介绍。像在例 4.23 中，若在交叉点"成绩"字段的"总计"行上选择"计数"功能，运行查询后会得到如图 4.133 所示的查询结果。其中所有的"1"均为"计数"函数的运算结果，表示成绩表中每个学生的每门课程只有一个录入成绩，这恰好说明成绩表中不存在重复输入错误。相反，如果某个学生的某门课程对应的计数结果大于1，反而证明了成绩表中该生该课程存在有重复输入错误。

最后，若想在行列交叉点位置显示字段本身的值（如例 4.23 中的"成绩"值），通常在其对应的"总计"行上选择"第一条记录"或"最后一条记录"。这里的"第一条记录"或"最后一条记录"是指按照行标题中的分组字段分组以后每组中遇到的第一条记录值或最后一条记录值。以例 4.23 为例（见图 4.129 网格设计区的第六列），这里所选的"第一条记录"就是

以行标题字段"学号"分组之后，每门课程中遇到的第一个记录的"成绩"值。事实上，对例 4.23 来说，在其交叉点"成绩"字段的"总计"行上选择总计、平均值、最小值、最大值、第一条记录、最后一条记录这 6 个选项当中的任何一个，运行查询后都会得到和图 4.131 所示完全相同的查询结果。原因很简单：由于成绩表中不存在重复输入错误（图 4.133 已经给出了验证），即成绩表中每个学生的每门课程只有一个成绩记录，故对这一个成绩（如 79 分）记录求总计、求平均值、求最小值、求最大值、采用第一条记录值还是采用最后一条记录值的结果都是一样的（都是 79）。

图 4.133　例 4.23 设计的交叉表查询在交叉点"成绩"字段的"总计"行上选择"计数"功能时的查询结果

2）对于交叉表查询中需要设置专门查询条件的进一步说明

由于创建交叉表查询的过程是一项从数据源中提取数据后重新搭建查询结果的行列结构并伴随复杂计算与统计功能的艰巨工程。不能再像创建选择查询和参数查询那样，可以简单地在其"设计视图"中每个字段对应的"条件"行上输入筛选条件即可运行得到查询结果了。

首先，不能在所有行标题字段（也包括汇总小计行标题字段）以及交叉点数据字段下面的"条件"行上直接设置筛选条件，否则将弹出警告信息。如在例 4.23 的设计视图（见图 4.129）中行标题字段"专业名称"对应的"条件"行上输入"法学"，则运行查询时会弹出如图 4.134 所示的警告信息。

图 4.134　在行标题字段"专业名称"对应的"条件"行上输入"法学"后运行查询时弹出的警告信息

也不能在作为汇总小计字段下面的"条件"行上设置筛选条件。如在汇总行标题字段"成绩"对应的"条件"行上输入>=60，则会看到如图 4.135 所示的警告信息。

也不能在作为交叉点数据的字段下面的“条件”行上设置筛选条件。如在交叉点数据字段“成绩”对应的“条件”行上输入>=80，则会看到如图 4.136 所示的警告信息。

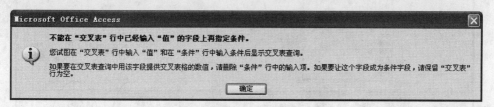

图 4.136　在交叉点数据字段“成绩”对应的“条件”行上输入>=80 后运行查询时弹出的警告信息

其次，可以在作为列标题字段（有且仅有一个）对应的“条件”行上直接设置筛选条件。如在例 4.23 中作为列标题字段的“课程名称”对应的“条件”行上输入 Like "大学*"，运行查询会得到类似图 4.137 所示的交叉表查询结果。从查询结果中可以方便地浏览学生成绩表中所有专业学生学过的所有以“大学”开头的课程名称的成绩情况。用户应很好地利用列标题字段对应的“条件”行可以直接设置筛选条件这一特点，设计出许多实用的交叉表查询。

待定查询条件的学生成绩交叉表查询 ： 交叉表查询

学号	姓名	性别	专业名称	汇总成绩	大学IT	大学英语（二）	大学英语（三）	大学英语（四）	大学英语（一）	大学语文
06040140328	林华	女	国际经济与贸易	440	82	69	74	81	56	78
06040140329	范小博	男	国际经济与贸易	483	91	82	78	95	55	82
06040140330	项行敏	男	国际经济与贸易	515	90	88	86	82	98	71
06040140331	徐长伟	男	国际经济与贸易	469	69	70	70	80	82	98
06040140332	徐明	男	国际经济与贸易	514	94	80	97	82	71	90
06040140333	崔美善	女	国际经济与贸易	500	87	76	98	72	81	86
06040140334	戚祥	男	国际经济与贸易	458	73	62	72	94	62	95
06040140335	廉宪姬	女	国际经济与贸易	538	99	74	94	82	91	98
06040140336	鲍智敏	女	国际经济与贸易	511	79	90	79	83	95	85
06040140337	袁嘉乐	男	国际经济与贸易	470	83	90	63	83	74	77
06040140338	郭瑞	男	国际经济与贸易	476	95	73	69	69	82	68
06040140339	黄小燕	女	国际经济与贸易	435	72	72	63	60	81	87
06040140340	蒋琼	女	国际经济与贸易	458	55	75	71	93	90	74
06040240101	于梅艳	女	市场营销	506	70	96	99	78	86	77
06040240102	文静	女	市场营销	518	95	87	70	70	98	98
06040240103	王交龙	男	市场营销	391	60	60	79	60	70	62
06040240104	王春玲	女	市场营销	542	85	90	95	96	80	96
06040240105	冯成成	男	市场营销	521	72	98	90	97	93	71
06040240106	叶涛	男	市场营销	490	98	82	66	71	83	90
06040240107	刘丽洁	女	市场营销	450	77	83	63	82	79	66
06040240108	刘其松	男	市场营销	462	79	83	76	66	91	67
06040240109	刘玲玉	女	市场营销	503	89	80	72	87	80	95
06040240110	孙丹	女	市场营销	467	96	81	60	66	97	67

记录: 1 共有记录数: 1195

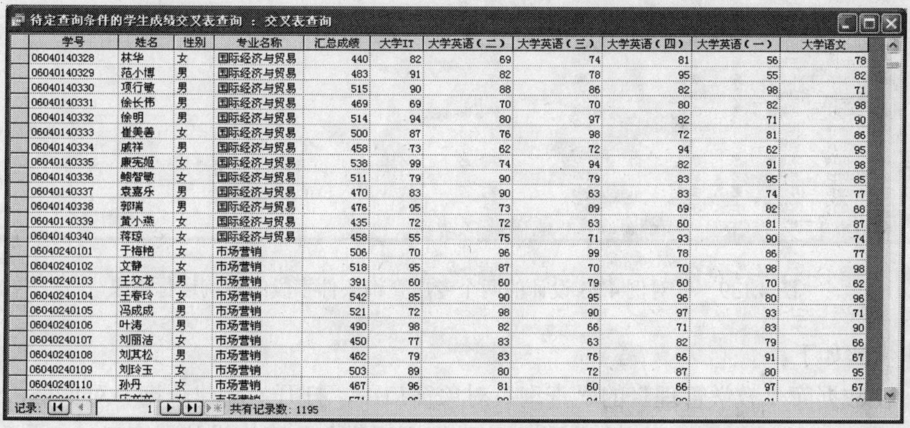

图 4.137　在例 4.23 的设计视图中列标题字段“课程名称”对应的“条件”行上输入 Like "大学*"时的查询结果

最后，设置专门的查询筛选条件是交叉表查询的常规操作方法。一般在交叉表查询设计视图中最右边一个空白列（或几个空白列）中设置专门的查询筛选条件，并在其对应的“总计”行上指定“条件”功能，在其对应的“交叉表”行上指定“不显示”属性（默认设置，仅作为筛选条件使用）。这样设置的查询筛选条件适用于所有字段（包括行标题字段、列标题字段和交叉点字段）。这种设置筛选条件的方法也适用于选择查询和参数查询设计。如在例 4.23 创建的交叉表查询“待定查询条件的学生成绩交叉表查询”的设计视图中，修改设置两个专用查询条件字段：一个为“成绩”字段，筛选条件为“>=85”，另一个是“专业代码”字段，筛选条件为“Like "12*"”，如图4.138所示。运行结果如图4.139所示。

【例 4.24】 根据查询“学生情况详细浏览”，使用查询“设计视图”创建交叉表查询“按学院分专业分年级统计男女生人数交叉表查询”。其中设定：行标题为字段“学院名称”、“专业代码”、“专业名称”和“年级”，并指定“学院名称”为第一分组依据、“专业代码”和“专业名称”为第二分组依据、“年级”为第三分组依据；列标题为字段“性别”；交叉汇总项为字段“性别”；并加带总人数汇总列。

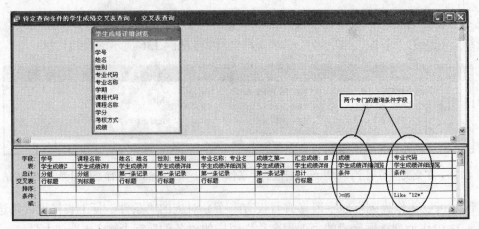

图 4.138　交叉表查询“网格设计区”中两个条件专用字段设计

学号	姓名	性别	专业名称	汇总成绩	Visual FoxPro	比较法学	毕业教育	毕业设计（论文）	毕业实习	大学IT	大学英语
06120140201	马芳	女	法学	2044				96	98		
06120140202	王之厂	男	法学	1988		88					
06120140203	王丕金	男	法学	1365				91		89	
06120140204	王俊亮	男	法学	1938	92				99	88	
06120140205	王晋青	男	法学	2565	94	96		99		99	
06120140206	王振鹏	男	法学	2302	94		99				
06120140207	王琦	男	法学	1846		87			93		
06120140208	王朝杨	男	法学	2476	86	99		93	94		
06120140209	毛京法	男	法学	2090	85				91		
06120140210	田阳	男	法学	2155				86			
06120140211	巨建建	男	法学	1650	86						
06120140212	冯宝祎	男	法学	1805						86	
06120140213	石臻	女	法学	2120			93	93			
06120140214	刘正学	男	法学	2283	87			86		85	
06120140215	刘伟明	男	法学	2195				86			
06120140216	毕成程	男	法学	1663	98		95	86	86	95	
06120140217	毕毓容	女	法学	1667				97		91	

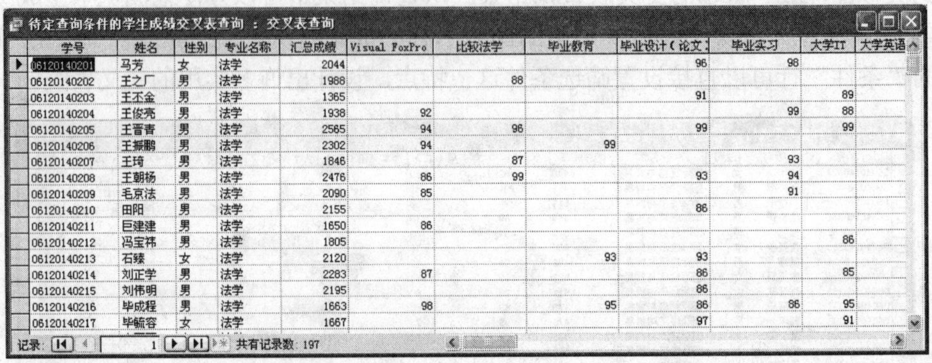

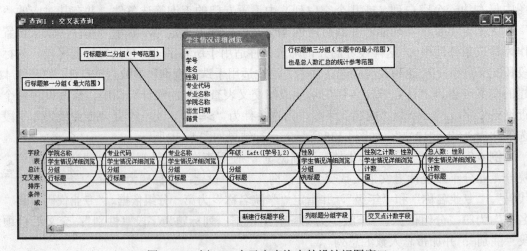

图 4.139　针对例 4.23 设计的两个专用查询条件字段的查询运行结果

操作步骤如下。

（1）在数据库“教学管理”的“查询”对象窗口中，打开“新建查询”对话框，选择“设计视图”，添加查询“学生情况详细浏览”为数据源后进入到查询设计器窗口。

（2）单击“查询设计”工具栏上的“查询类型”按钮（）的下拉列表箭头，从中选择“交叉表查询”（或从右击弹出的快捷菜单中选取），如图4.140中左边所示。

图 4.140　例 4.24 交叉表查询中的设计视图窗口

（3）参照图 4.140 中"网格设计区"部分的前四列，首先选择作为交叉表行标题的三个字段："学院名称"、"专业代码"和"专业名称"，再新建第四个行标题字段：在"字段"行上输入表达式：年级: Left([学号],2)。指定四个行标题字段均为分组字段。这就意味着最左边的"学院名称"字段为第一分组依据（最大范围的分组），其右侧的两个行标题字段"专业代码"和"专业名称"为第二分组依据（中等范围分组），第四列新建的行标题字段"年级"为第三分组依据（本题中的最小分组，也是后面交叉点统计和总人数汇总的统计范围）。注意本题中的四个行标题字段虽然都被指定为"分组"属性，但其范围和意义有很大区别。

（4）参照图 4.140 中"网格设计区"部分的第五列，选择作为交叉表列标题的一个字段"性别"，并必须保留列标题字段对应的"总计"行上为"分组"选项。

（5）参照图 4.140 中"网格设计区"部分的第六列，选择作为行列交叉点的一个字段"性别"，并在该字段对应的"交叉表"行上选择"值"功能，在其对应的"总计"行上选择"计数"选项。

（6）参照图 4.140 中"网格设计区"部分的第七列，设计添加"总人数"列。选择汇总字段为"性别"字段，并修改字段标题为"总人数"，在该字段对应的"总计"行上选择"计数"选项，在其对应的"交叉表"行上选择"行标题"功能（这个用于汇总的行标题是第五个行标题）。

（7）本题中不需要设置专门的查询条件。至此，保存查询并为新建的交叉表查询取名为"按学院分专业分年级统计男女生人数交叉表查询"。运行新建查询即可得到类似图 4.141 所示的交叉表查询结果。

学院名称	专业代码	专业名称	年级	总人数	男	女
法学院	1201	法学	06	50	36	14
法学院	1201	法学	08	50	47	3
法学院	1201	法学	09	50	35	15
法学院	1202	行政管理	09	20	13	7
法学院	1221	司法助理	08	30	16	14
经济管理学院	0401	国际经济与贸易	06	40	17	23
经济管理学院	0401	国际经济与贸易	08	40	27	13
经济管理学院	0401	国际经济与贸易	09	40	28	12
经济管理学院	0402	市场营销	06	40	21	19
经济管理学院	0402	市场营销	07	40	37	3
经济管理学院	0403	会计学	06	30	13	17
经济管理学院	0403	会计学	07	30	26	4
经济管理学院	0403	会计学	08	30	27	3
经济管理学院	0403	会计学	09	30	23	7
经济管理学院	0421	会计电算化	07	30	12	18
经济管理学院	0422	国际贸易实务	08	30	17	13
历史文化与旅游学院	1302	历史学	06	30	20	10
历史文化与旅游学院	1302	历史学	09	30	22	8
历史文化与旅游学院	1303	旅游管理	06	50	29	21
历史文化与旅游学院	1303	旅游管理	07	50	45	5
历史文化与旅游学院	1303	旅游管理	08	40	31	9
历史文化与旅游学院	1303	旅游管理	09	50	36	14
历史文化与旅游学院	1304	公共事业管理	06	30	28	2
历史文化与旅游学院	1304	公共事业管理	08	30	26	4
历史文化与旅游学院	1321	旅游管理	07	40	21	19
美术学院	1502	美术学	07	30	29	1
体育学院	1601	体育教育	08	20	12	8
体育学院	1602	社会体育	07	20	14	6
外国语学院	1101	英语	06	40	11	29
外国语学院	1102	日语	07	30	25	5
外国语学院	1103	朝鲜语	07	30	7	23
外国语学院	1103	朝鲜语	08	30	10	20
外国语学院	1104	法语	07	30	7	23
外国语学院	1104	法语	09	30	16	14
文学与新闻传播学院	1001	汉语言文学	06	35	19	16
文学与新闻传播学院	1001	汉语言文学	08	35	32	3
文学与新闻传播学院	1001	汉语言文学	09	35	30	5

记录：第 1 条，共 39 条记录

图 4.141　交叉表查询"按学院分专业分年级统计男女生人数交叉表查询"的查询运行结果

4.6.6 查询对象与其他对象的交叉调用设计

由于查询的重要性，Access 数据库中其他多种对象都和查询有着密切联系，从而进一步扩展和丰富了 Access 的查询功能。一般用户应该掌握查询与窗体、查询与宏之间的相互调用方法。查询、窗体与宏三者之间具体调用的设计方法可参照 8.4 节中的例 8.7 和例 8.8。

4.7 SQL 查 询

SQL 查询是使用 SQL 语句创建的查询。SQL 是 Structured Query Language 的缩写，即结构化查询语言。它既可以用于大型数据库管理系统，也可以用于微型机数据库管理系统，是关系数据库的标准语言。

4.7.1 SQL 语言简介

SQL 语言功能极强，但由于设计巧妙，语言十分简洁。利用 SQL 语言，可以独立完成整个数据库生命周期中的全部操作，包括定义数据库和表结构，录入数据，创建查询，更新、维护数据库等一系列操作的要求。

在 Access 中所有通过设计网格设计出的查询，系统在后台都自动生成了相应的 SQL 查询语句，但不是所有的 SQL 查询语句都可以在设计网格中显示出来。熟悉 SQL 语句的用户可以在 SQL 查询中充分利用各种查询的潜力。利用 SQL 查询，用户可以直接完成其他查询完成不了的任务。

在 SQL 语言中，SELECT 语句构成了该查询语言的核心部分，使用 SELECT 语句可以从数据库中选择数据来源。SELECT 语句的一般语法结构如下：

SELECT <字段列表>
    FROM <表名称>
    [WHERE <行选择条件>]
    [GROUP BY <分组选择>]
    [HAVING <组选择条件>]
    [ORDER BY <排序条件>]
    [INTO <查询去向>]

其中，"[ ]"中的内容为可选项。除了 SELECT 语句外，SQL 还包括其他的操作语句，如 UPDATE 语句、INSERT 语句、DELETE 语句等。

在 Access 中，通过设计网格能做大部分的查询工作，本章前面介绍的 24 个例题足以说明这一点。但也有部分的查询工作是设计网格不能胜任的，这些查询被称为"SQL 特定查询"，这些查询包括联合查询、传递查询和子查询等。SQL 查询的设计丰富了查询的手段和功能，使查询变得更加灵活实用。

但对于初学者来说，相对于 Access 的简单直观和易学易用，SQL 语言就显得复杂且难懂。本书的侧重点在于深度挖掘 Access 本身的使用技巧，也受篇幅所限，本书中仅介绍 SQL 视图的用法，使用户了解现有的 Access 查询与 SQL 语句之间的对应关系。欲深入学习和研究 SQL 语言，请参考其他有关书籍。

4.7.2 创建 SQL 查询

创建 SQL 查询的操作步骤如下。

（1）在数据库的"查询"对象窗口中，双击"在设计视图中创建查询"图标，并关闭弹出的"显示表"对话框，进入到查询"设计视图"窗口。

（2）右击查询设计视图上半部分的空白区，在打开的快捷菜单中选择"SQL 特定查询"|"联合"命令，系统自动打开 SQL 语句编辑窗口。

（3）输入相应的 SQL 语句后，保存该查询即可。

对于使用 Access 的一般用户而言，没有必要通过输入 SQL 语句来创建查询。

4.7.3 SQL 视图

通常在创建和修改查询时，Access 提供给用户的操作界面是"设计视图"，Access 还提供了"SQL 视图"。在"SQL 视图"下，Access 给出了与"设计视图"功能对应的 SQL 语句，用户可以对它进行修改。

【例 4.25】 查看例 4.2 创建的查询"专业设置浏览"的 SQL 语句。

操作步骤如下。

（1）打开查询"专业设置浏览"的"设计视图"窗口。

（2）选择"视图"中的"SQL 视图"命令，则系统打开如图 4.142 所示的窗口。该窗口中显示了与查询"专业设置浏览"功能相对应的 SQL 语句。

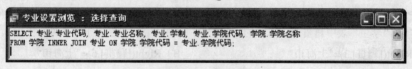

图 4.142　查询的 SQL 视图窗口

习　题　4

1. 思考题

（1）简述查询的作用是什么。

（2）简述查询与表的区别。

（3）简述查询分为几类，各类之间有什么区别。

（4）简述创建查询有几种方法。

（5）简述创建交叉表查询的操作要点。

（6）简述创建参数查询的操作要点。

2. 选择题

（1）在查询的设计视图中，通过设置＿＿＿＿＿＿行，可以让某个字段只用于设定条件，而不必出现在查询结果中。

    A）排序　　　　　　B）字段　　　　　　C）条件　　　　　　D）显示

（2）如果想显示电话号码字段中 6 开头的所有记录（电话号码字段的数据类型为文本型），在条件行应输入＿＿＿＿＿＿。

    A）Like "6*"　　　　B）Like "6?"　　　　C）Like "6#"　　　　D）Like 6*

（3）每个查询都有 3 种视图，其中用来显示查询结果的视图是＿＿＿＿＿＿。

    A）设计视图　　　　B）数据表视图　　　　C）SQL 视图　　　　D）窗体视图

（4）在条件行上输入_____来限制查询的记录字段包含的值大于 10。

    A）>=10   B）<=10   C）20   D）>10

（5）如果想显示姓名字段中包含"李"字的所有记录，在条件行应输入_____。

    A）李   B）Like "李*"   C）Like 李   D）Like "*李*"

（6）动作查询可以用于_____。

    A）更改已有表中的大量数据   B）对一组记录进行计算并显示结果

    C）从一个以上的表中查找记录   D）以类似于电子表格的格式汇总大量数据

（7）查询向导不能创建_____。

    A）选择查询   B）交叉表查询   C）不匹配项查询   D）参数查询

（8）下列关于查询的说法中，错误的是_____。

    A）在同一个数据库中，查询不能和数据表同名

    B）查询只能以数据表作为数据源

    C）查询结果随着数据表记录的变化而变化

    D）查询可以作为查询、窗体和报表的数据源

（9）如果在数据库中已有一个同名的表，那么_____查询将覆盖原来的表。

    A）追加   B）删除   C）更新   D）生成表

（10）与表达式"BETWEEN 100 AND 200"功能相同的表达式是_____。

    A）>=100 AND <=200   B）<=100 OR >=200

    C）>100 AND <200   D）IN (100,200)

（11）要查找"学生"表中籍贯为上海市的所有记录，可在"籍贯"字段下的条件行上输入_____。

    A）Right([籍贯],3)="上海市"   B）Right([籍贯],6)="上海市"

    C）Left([籍贯],3)="上海市"   D）Left([籍贯],6)="上海市"

（12）_____不是创建查询所应该考虑的。

    A）选择查询字段   B）确定筛选的方法

    C）确定查询的条件   D）设置查询结果的打印方式

3. 上机操作题

在"教学管理"数据库中，创建以下查询。

（1）有选择地上机创建并调试本章例题中的查询。

（2）根据"学生"、"专业"、"班级"三个表，创建"学生与班级"的选择查询。

（3）根据"教学计划"、"专业"、"学院"三个表，创建"教学计划与学院"的选择查询。

（4）根据"学生"表，使用查找重复项查询创建"同一天出生查询"。

（5）根据"学生"表，使用查找重复项查询创建"找老乡查询"与"显示同乡学生详细信息查询"。

（6）根据例 4.13 的设计思路，设计交叉表查询"分学院统计学生人数交叉表查询"，以便统计出"学生"表中的学生来自于几个学院，以及每个学院都有多少人。

实验 5 选择查询的设计及应用

一、实验目的和要求

1．熟悉 Access 查询的作用以及查询的类型。

2．掌握使用向导创建选择查询的方法与技巧。

3．熟悉查询设计器的功能，掌握使用查询设计器创建选择查询的方法与技巧。

4．熟悉查询条件（准则）的组成规则，掌握常用查询条件的设置方法与技巧。

5．掌握手动删除或手动添加数据源表间关系的方法与技巧。

6．掌握数据的分组汇总、计算以及统计处理方法。

二、实验内容

1．使用"简单查询向导"方法创建例4.1的选择查询"学生情况浏览"。

2．使用"简单查询向导"方法创建例4.2的选择查询"专业设置浏览"。

3．使用"简单查询向导"方法创建例4.3的选择查询"学生情况详细浏览"。

4．使用查询设计器创建例4.4的选择查询"学生成绩详细浏览"。

本实验内容练习重点：

①打开"查询设计器"的方法。

②如何添加数据源。

③"设计视图"的窗口调整技巧（四张表的摆放位置以及高度调整）。

④字段的选取方法。

⑤排序字段的设置方法及规则。

⑥运行查询的方法。

本实验内容的扩展应用：可以将选择查询"学生成绩详细浏览"看做是一个综合应用平台，在此平台基础上添加各种筛选条件，即可得到更加实用的查询结果。可参考主教材中的扩展练习部分，用户也可自己提出查询条件进行设计练习。

5．使用查询设计器创建例4.5的选择查询"教学计划浏览"。

本实验内容练习重点：

①"设计视图"的窗口调整技巧（四张表的摆放位置以及高度调整）。

②排错技巧训练。在使用"设计视图"创建查询时，如果在添加表（或查询）后的默认关联关系中出现一个表中的同一个字段同时与其他多个表保持一对多关联，则查询结果可能会产生遗漏数据现象。

③手动删除表间关系的方法。

本实验内容的扩展应用：用户可自己提出查询条件进行设计练习（例如设置条件查询自己所在学院、所在专业的教学计划情况；自己关心的开课学期都开设什么课程、学分是多少、考核方式等）。

6．完成例4.6的设计要求。

本实验内容练习重点：

①查询的复制方法。

②手动添加表的方法。

③手动建立表间关系的方法以及在"网格设计区"插入列的操作方法。

④修改查询输出字段显示标题的操作方法。注意只有英文"："前的内容将作为查询结果的显示列标题。

本实验内容的扩展应用：可参考教材该例题中的扩展练习部分，也可自己提出查询条件进行练习。

7．使用查询设计器创建例4.7的汇总选择查询"学生成绩汇总统计查询"。

本实验内容练习重点：

①在"网格设计区"添加"总计"行的方法。

②确定"总计"行上分组字段的方法。

③确定"总计"行上什么情况下应该选择"计数"，什么情况下应该选择"总计"，什么情况下应该选择"平均值"，什么情况下应该选择"第一条记录"等。

④修改显示标题的第二种方法。右击"字段"行上的字段"姓名"，在弹出的快捷菜单中选择"属性（P）..."命令，打开"字段属性"对话框，找到"常规"选项卡上的"标题"行，在其后输入"姓名"，关闭"字段属性"对话框。

本实验内容的扩展应用：可参考教材该例题中的扩展练习部分，也可自己提出查询条件进行练习。

8. 使用查找重复项查询向导创建例 4.8 中的两个查询："统计学生重名数量查询"和"显示所有重名学生信息查询"。

本实验内容练习重点：

①在什么情况下使用"查找重复项查询向导"最有效。

②注意在"查找重复项查询向导"的选择另外的查询字段对话框，有两种选择（查询结果形式有较大区别）：一是不选择"另外的查询字段"，直接单击"下一步"按钮，则会得到一个重名数据查询统计结果；二是从左边的"可用字段"中再选择部分字段（最少选择一个，也可以将其他字段都选上）到右边的"另外的查询字段"中，然后再单击"下一步"按钮，将会得到一个包含所有重名学生信息的查询结果。

③上面两种选择结果各自的优势：第一种主要用于统计重复结果，第二种主要用于查看具体重复信息。

④使用"查找重复项查询向导"得到的查询结果可能为空（只能说明没有该查找内容的重复数据）。

本实验内容的相似练习：查找"学生"表中籍贯相同者（找老乡查询）；查找"学生"表中出生日期相同者（同一天出生查询）；查询"教学计划"表中不同专业开设的相同课程情况；等等。

9. 使用查找不匹配项查询向导创建例 4.9 中的查询"还没有输入考试成绩的学生记录查询"。

本实验内容练习重点：

①"查找不匹配项查询向导"往往具有"大海捞针"之功效，用户可以使用"查找不匹配项查询向导" 创建特殊查询，用于筛选查找在一个表中存在而另一表中不存在相关记录的记录（行）。

②数据源一定是两个（表或查询），而且它们之间有必要的关系存在。

③查询结果中显示的记录是第一个表或查询中的数据。

实验 6　参数查询与交叉表查询的设计及应用

一、实验目的和要求

1. 熟悉参数查询的执行方法。

2. 掌握创建单个参数查询、多个参数查询的设计方法与技巧。

3. 掌握使用"交叉表查询向导"创建交叉表查询的设计方法与技巧。

二、实验内容

1. 完成例 4.10 的设计要求。

本实验内容练习重点：

①如何确定参数查询中的"参数"。

②设置参数查询时提示信息的作用。

③参数查询运行时如何输入参数（完全匹配）。

本实验内容的扩展应用：用户可根据自己的需求提出查询条件，并运行查询输入参数进行练习。

2. 完成例 4.11 的设计要求。

本实验内容练习重点：

①多个参数的设置方法。

②运行多参数查询时的参数输入顺序。由左向右，依次弹出并输入。

本实验内容的扩展应用：用户可根据自己的需求提出查询条件（"专业代码"与"课程代码"两个参数），并运行查询输入参数进行练习。

3. 完成例 4.12 的设计要求。

本实验内容练习重点：

①查询设计中的"另存为"操作方法。

②在"交叉表查询向导"中如何确定行标题、列标题、交叉点数据的方法与规则。

③是否包括小计行。

④直接使用查询数据源"学生成绩详细浏览"，创建交叉表查询会遇到什么问题？

4. 完成例 4.13 的设计要求。

本实验内容练习重点：

①在"交叉表查询向导"中根据要求确定列标题为"学院名称"。

②要完成统计人数功能，需要将字段"学号"作为交叉点数据，并选择函数"计数"。

③从查询结果中可以获得的统计数据：各专业人数、专业个数、学院名称以及学院个数。

实验 7 　 动作查询的设计及应用

一、实验目的和要求

1. 熟悉动作查询的功能及其操作要领。

2. 掌握生成表查询的设计和运行方法。

3. 掌握追加查询的设计和运行方法。

4. 掌握更新查询的设计和运行方法。

5. 掌握删除查询的设计和运行方法。

二、实验内容

1. 完成例 4.14 的设计要求。

本实验内容练习重点：

①创建生成表查询，需要选择创建查询的类型（生成表查询）。查询设计器的标题栏上会出现"生成表查询"字样。

②创建生成表查询，需要输入生成表的新表名（"学生成绩详细浏览表"）。

③在设计视图中创建生成表查询的过程中，使用"切换"按钮在两种视图（设计视图、数据表视图）中切换时，并不能生成新表（但在浏览窗口中显示的数据就是将来生成新表中的数据）。

④通过运行该查询才能生成指定的新表。

⑤生成的新表保存在"表"对象下（不在当前的"查询"对象列表中）。

⑥生成的新表与创建生成表查询的数据源脱离关系。即该表数据从建成的那一刻起，就和生成它的查询脱离关系了，当对查询数据源表中的数据进行修改更新时，该生成表中的数据是不会自动更新的。

⑦尝试并观察多次运行同一个生成表查询的警示信息。

2. 完成例 4.15 的设计要求。

本实验内容练习重点同实验内容 1。

3. 完成例 4.16 的设计要求。

本实验内容练习重点：

①复制表结构的方法（不包括记录数据）。

②需要选择创建查询的类型（追加查询）。查询设计器的标题栏上会出现"追加查询"字样，在下方的网格设计区中增加了"追加到"行。

③在设计视图中创建追加查询的过程中，使用"切换"按钮在两种视图（设计视图、数据表视图）中切换时，并没有立刻追加记录数据（但在浏览窗口中显示的数据就是将要追加到新表"尚未录入成绩学生"中的数据）。

④通过运行该查询才能追加数据到指定新表。

⑤在"表"对象下打开"尚未录入成绩学生"表后会看到新追加的记录。

⑥尝试并观察多次运行同一个追加查询的警示信息。

4. 完成例 4.17 的设计要求。

本实验内容练习重点：

①熟悉更新查询的应用领域（大批量数据修改且修改数据存在一定规律，例如可找到某个修改公式）。

②需要选择创建查询的类型（更新查询），查询设计器的标题栏上会出现"更新查询"字样，在下方的网格设计区中增加了"更新到"行。

③熟悉设计更新字段和更新条件的操作方法与技巧。

④在设计视图中创建更新查询的过程中，使用"切换"按钮在两种视图（设计视图、数据表视图）中切换时，并没有立刻更新数据（但在浏览窗口中显示的数据就是将要更新的记录字段数据，浏览窗口下方显示的共有记录数就是将要更新的记录总数）。

⑤通过运行更新查询才能更新满足条件的记录数据。且更新后的记录数据不可采用"撤消"操作进行恢复，故应在运行更新查询前做好数据表的备份工作。

⑥同一个更新查询一般不重复运行。尝试并观察多次运行同一个更新查询的警示信息。

5. 完成例 4.18 的设计要求。

本实验内容练习重点：

①删除查询是最危险的动作操作，因为删除查询将永久地和不可逆地从表中删除记录。用户对删除操作应该慎之又慎，而且在删除大量记录之前最好保留数据表备份。

②删除查询可以从单个表中删除记录，也可从多个相互关联的表中删除记录。运行删除查询时，将删除满足条件的记录，而不只是删除记录所选择的字段。删除查询只能删除记录，不能删除数据表。

③需要选择创建查询的类型（删除查询），查询设计器的标题栏上会出现"删除查询"字样，在下方的网格设计区中增加了"删除"行。

④熟悉设计删除条件的操作方法与技巧。

⑤在设计视图中创建删除查询的过程中，使用"切换"按钮在两种视图（设计视图、数据表视图）中切换时，并没有立刻删除记录。这一步对设计删除查询来说非常重要。因为从切换后的数据表视图中显示出了将要删除的记录以及记录数量。如果发现删除数据有误，可立刻返回设计视图中重新修改删除条件。

⑥通过运行删除查询才能删除满足条件的记录。且删除后的记录不可采用"撤消"操作进行恢复，故应在运行删除查询前做好数据表的备份工作。

⑦同一个删除查询一般不重复运行。尝试并观察多次运行同一个删除查询的警示信息。

实验 8　查询综合设计

一、实验目的和要求

1. 掌握手动添加数据源表间关系的方法与技巧。
2. 掌握多字段分组汇总及新字段的设计技巧。
3. 熟悉多字段重复值查找设计的方法与技巧。
4. 熟悉含通配符的参数查询的设置方法。
5. 熟悉使用"设计视图"手动创建交叉表查询的操作技巧。
6. 了解 SQL 查询的设计和运行方法。

二、实验内容

1. 完成例 4.19 的设计要求。

本实验内容练习重点：建立表间关系的分析方法与操作技巧。

本实验内容的扩展应用：可参考主教材中的扩展练习部分，用户也可自己提出查询条件进行设计练习。

2. 完成例 4.20 的设计要求。

本实验内容练习重点：

①构造新字段（年级）的方法。

②当"总计"行上分组字段超过一个时所遵循的规则是怎样的？其后出现的计数、求平均值等函数是按照哪一级分组字段来计算的？

本实验内容的扩展应用：可参考主教材中的扩展练习部分，用户也可自己提出查询条件进行设计练习。

3. 完成例 4.21 的设计要求。

本实验内容练习重点：

①如何对数据源（包括表和查询）中多个字段进行查找重复值操作。

②多个字段的排列是有先后顺序的（应将最关注的字段放在前面）。

③也有两种结果选择（查询结果形式有较大区别）。

④查询结果可能为空。

4．完成例 4.22 的设计要求。

本实验内容练习重点：

①参数通配符的设计方法。注意"*"号出现的位置：Like [请输入专业代码：]+"*"。

②设计含通配符参数时提示信息的表述方法（可参见该例题的说明部分）。

③观察对比运行含通配符参数查询的结果。

本实验内容的扩展应用：用户可根据自己的需求提出查询条件（含有通配符的"专业代码"与"课程代码"两个参数），并运行查询输入各种不同参数进行练习。

5．完成例 4.23 的设计要求。

本实验内容练习重点：

①在"设计视图"中创建交叉表查询，需要选择创建类型。

②选择交叉表行标题（可多于 3 个）并确定分组字段。

③选择交叉表列标题（有且仅有 1 个）。

④交叉点数据的设置技巧。

⑤专门"查询条件"的设置方法（一个条件字段）。

本实验内容的扩展应用：用户可以参照教材该例题后的扩展部分进行练习。

6．完成例 4.24 的设计要求。

本实验内容练习重点：

①当交叉表行标题的分组字段超过一个时的约定规则。

②构造"年级"分组字段（也是行标题字段）。

③添加"总人数列"的设计方法。

④选择交叉表列标题字段"性别"，并且一定要将其选为"分组"功能。

⑤选择交叉点数据仍为字段"性别"，并将其设置为"计数"与"值"功能。

7．完成例 4.25 的设计要求。

本实验内容练习重点：

①熟悉 SQL 视图的用法。

②了解创建 SQL 查询的操作步骤。

③熟悉"SQL 视图"的切换方法。

第 5 章 窗 体 设 计

一个数据库应用系统不仅要设计合理，而且还应该有一个功能完善、外观漂亮的用户接口（也叫用户界面）。对用户来说，只有靠这些接口才能使用数据库系统，系统的好坏很大程度上取决于用户界面的质量。窗体就是用户和数据库之间的接口，是创建应用程序的最基本的对象。

5.1 认 识 窗 体

窗体作为 Access 数据库的重要组成部分，起着连接数据库与用户的桥梁作用。以窗体作为输入界面时，它可以接收用户的输入，判定其有效性、合理性，并响应消息，执行一定的功能。以窗体作为输出界面时，它可以输出一些记录集中的文字、图形、图像，还可以播放声音、视频动画、实现数据库中的多媒体数据处理。窗体还可以作为控制驱动界面，用它将整个系统中的对象组织起来，从而形成一个连贯、完整的系统。

5.1.1 窗体的类型

窗体的分类方法有多种，从逻辑上可分为主窗体和子窗体，子窗体是作为主窗体的一个组成部分存在的，显示时可以把子窗体嵌入到指定的位置，子窗体对于显示具有一对多关系的表或查询中的数据非常有效，如图5.1所示；从功能上可分为输入/输出窗体、切换面板窗体和自定义对话框，输入/输出窗体主要用于显示、输入和输出数据，切换面板窗体用来控制应用

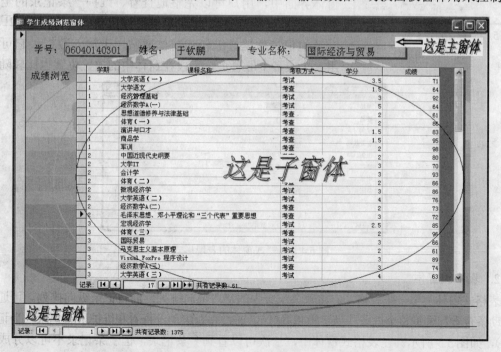

图 5.1 主窗体和子窗体

程序的流程（图 5.2），自定义对话框则用于显示选择操作或者错误、警告等信息；从显示数据方式上又可分为纵栏式、表格式、数据表、数据透视表、数据透视图和图表等多种不同的窗体形式。

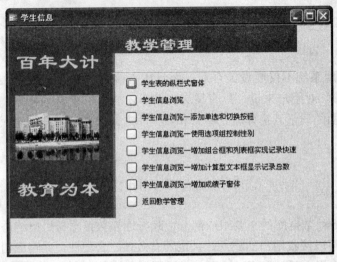

图 5.2　切换面板窗体

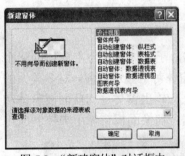

图 5.3　"新建窗体"对话框中
提供的创建窗体方法

由于在 Access 提供的如图5.3所示的"新建窗体"的各种方法中特别提到了纵栏式、表格式、数据表和图表等窗体形式，故在此首先介绍这几种窗体的表现形式。

1. 纵栏式窗体

纵栏式窗体是最基本的窗体形式，一次只显示一条记录，记录中的每个字段纵向排列在窗体中，如图 5.4 所示。在这种窗体界面中，用户可以完整地查看、维护一条记录的全部数据，通过窗体下面的"记录导航"按钮 查看其他记录数据。纵栏式窗体通常用于输入数据，它可以占用一个或多个屏幕页，字段在窗体中的放置位置也比较随意。

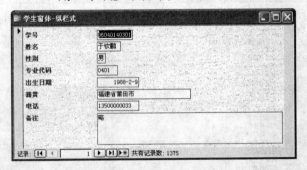

图 5.4　纵栏式窗体的表现形式

2. 表格式窗体

表格式窗体类似一张表格，它将每条记录中的字段横向排列，而将记录纵向排列。可通过水平滚动条查看和维护整个记录（当字段较多时），通过垂直滚动条查看和维护所有记录（当记录较多时），如图5.5所示。在表格式窗体中，一次可以看到多条记录，但一条记录不可以分成多行显示，能够在字段中使用阴影、三维效果等特殊修饰以及下拉式字段控制功能。

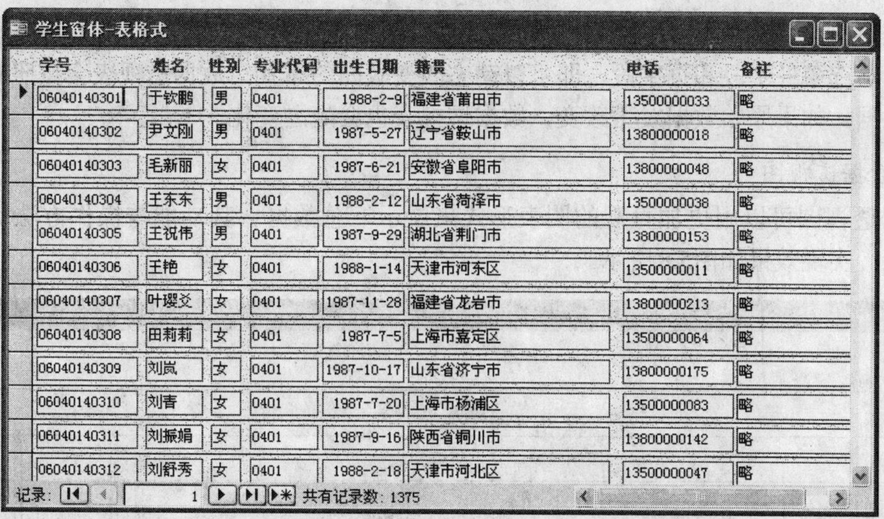

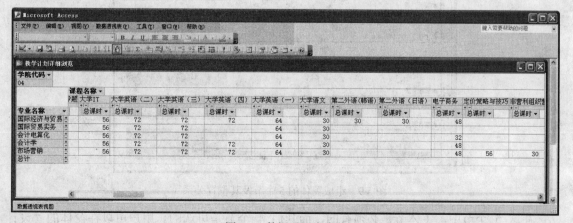

图 5.5　表格式窗体的表现形式

3. 数据表窗体

数据表窗体就是将表（或查询）的"数据表视图"结果套用到了窗体上。数据表窗体通常用于主—子窗体设计中的子窗体的数据显示设计，参见图 5.1 中的子窗体部分。此时主窗体用于显示主数据表（例如表"学生"）中的一条记录，子窗体用来显示该记录在相关表（例如表"成绩"）中的记录情况。

4. 图表窗体

图表窗体将数据表示成多种商业图表的形式，图表窗体既可以独立，又可以被嵌入到其他窗体中作为子窗体。Access 提供了多种图表形式，包括柱形图、饼图、折线图等，如图5.6所示。

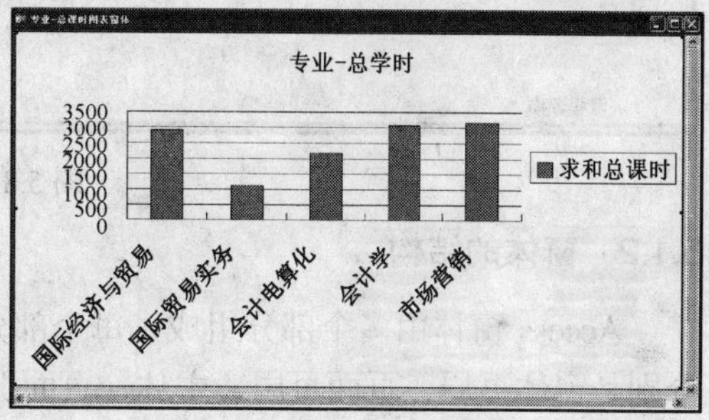

5. 数据透视表

数据透视表是一种用于快速汇总大量数据的

图 5.6　图表窗体的表现形式

交互式表格，可以设置筛选条件，可以实现字段的求和、计数、汇总等计算统计功能，如图5.7所示。

图 5.7　数据透视表窗体

数据透视表的最大优点就在于它的交互性。通过拖曳字段操作，可以重新改变行字段、列字段、筛选条件字段和页字段，即可以动态改变版面的布置，数据透视表会按照新的布置重新计算数据。如果原始数据发生改变，数据透视表也会随之变化。

6. 数据透视图

数据透视图可以用更加直观的图表形式来展示汇总数据。其功能与操作方法均与数据透视表类似，实现效果如图5.8所示。

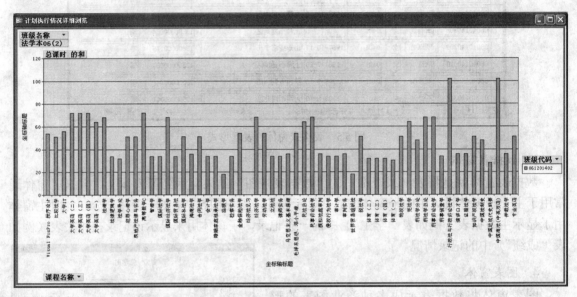

图5.8 数据透视图窗体

5.1.2 窗体的结构

Access 窗体由多个部分组成，每个部分称为一个"节"。在 Access 窗体中，至多有5个节，分别是窗体页眉、页面页眉、主体、页面页脚和窗体页脚。它们的位置关系如图5.9所示。

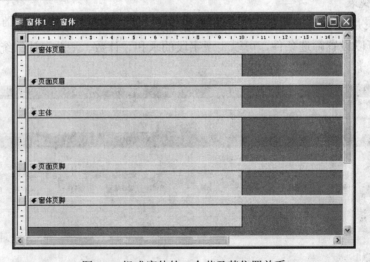

图5.9 组成窗体的5个节及其位置关系

在这5个节中，主体节是必须有的，而其他4个节是可选的。用户可以在窗体的"设计视图"状态下，通过以下两种方法为窗体添加4个可选节。

（1）在所设计的窗体上右击，从弹出的快捷菜单中选择"窗体页眉/页脚"或"页面页眉/页脚"命令。

（2）从 Access 的"视图"菜单中选择"窗体页眉/页脚"或"页面页眉/页脚"命令。

注意：窗体页眉和窗体页脚是一对，而页面页眉和页面页脚是另一对，它们都是成对同时出现或同时消失的。

窗体的 5 个节的作用如下。

（1）窗体页眉。在运行或打印窗体时，窗体页眉出现在第 1 页的顶部。在窗体页眉的内容中，通常写窗体的标题、窗体的使用说明等。

（2）页面页眉。打印窗体时，页面页眉出现在每一页的顶部，运行窗体时，页面页眉不出现。在页面页眉的内容中，通常写标题、列标头等信息。

（3）主体。主体用于显示记录，是窗体中显示数据和操作数据的区域，是 5 个节中最重要的一个节。

（4）页面页脚。页面页脚只出现在每张打印页的底部。在页面页脚的内容中，通常写页码、总页数、日期等信息。

（5）窗体页脚。在打印或运行时，出现在窗体的最下方。在窗体页脚的内容中，通常写一些提示信息，如命令按钮或窗体的使用说明等。

5.2　使用向导创建窗体

使用向导创建一个管理数据的窗体是最方便、快捷的方式。用户只需选择数据源、样式、布局等，系统就会根据用户的选择自动生成相应的数据管理窗体。从图5.3所示的"新建窗体"对话框提供的九种创建窗体的方法来看，除去最上面的"设计视图"法与向导无关之外，可以认为其他方法均与向导有关，这足以说明使用向导创建窗体的重要性。

5.2.1　使用"自动创建窗体"创建窗体

"自动创建窗体"方法可以快速创建纵栏式、表格式和数据表窗体。

【**例 5.1**】　在"教学管理"数据库中，创建表"学生"的纵栏式自动窗体，并命名为"学生表的纵栏式窗体"。

操作步骤如下。

（1）在"教学管理"数据库中，单击对象"窗体"，打开"窗体"对象窗口，如图5.10 所示。

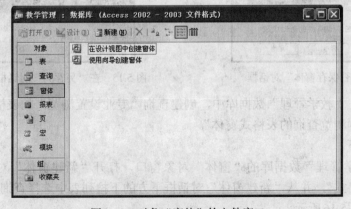

图 5.10　对象"窗体"的文件窗口

（2）单击"数据库"窗口工具栏上的"新建"按钮 ，打开"新建窗体"对话框，并选中"自动创建窗体：纵栏式"，如图5.11所示。

（3）选择数据源。从"新建窗体"对话框下方的下拉列表中选择表"学生"作为数据源，如图5.12所示。

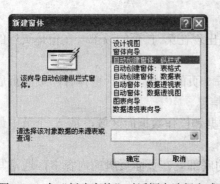
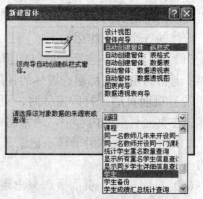

图 5.11　在"新建窗体"对话框中选择方式　　　　图 5.12　选择数据源表"学生"

（4）单击"确定"按钮，即可得到表"学生"的纵栏式自动窗体，通过窗体下方的"记录导航"按钮可以浏览查看表"学生"的所有记录，如图5.13所示。

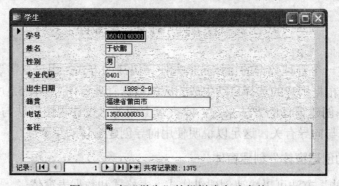

图 5.13　表"学生"的纵栏式自动窗体

（5）保存窗体。关闭新创建的"学生"窗体，从弹出的如图5.14所示的"是否保存窗体"对话框中单击"是"按钮，并在随后打开的"另存为"对话框中输入窗体名称　"学生表的纵栏式窗体"，如图5.15所示。再单击"确定"按钮，完成创建工作。

图 5.14　"是否保存窗体"对话框　　　　图 5.15　在"另存为"对话框中输入窗体名称

【例 5.2】　在"教学管理"数据库中，创建查询"专业设置浏览"的表格式自动窗体，并命名为"专业设置浏览查询的表格式窗体"。

操作步骤如下。

（1）在"教学管理"数据库的"窗体"对象窗口，打开"新建窗体"对话框，选中"自动创建窗体：表格式"，并从"新建窗体"对话框下方的下拉列表中选择查询"专业设置浏览"作为数据源，如图5.16所示。

（2）单击"确定"按钮，即可得到查询"专业设置浏览"的表格式自动窗体，通过窗体下方的"记录导航"按钮可以浏览查看所有记录，如图5.17所示。

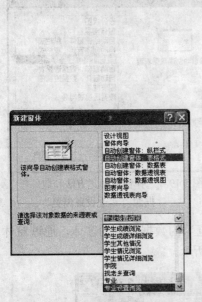

专业代码	专业名称	学制	学院代码	学院名称
0101	机械设计制造及其	4	01	机电工程学院
0102	车辆工程	4	01	机电工程学院
0103	工业设计	4	01	机电工程学院
0201	计算机科学与技术	4	02	计算机与通信工程
0202	网络工程	4	02	计算机与通信工程
0203	通信工程	4	02	计算机与通信工程
0301	自动化	4	03	信息与控制工程学
0302	测控技术与仪器	4	03	信息与控制工程学
0303	电子信息工程	4	03	信息与控制工程学
0401	国际经济与贸易	4	04	经济管理学院
0402	市场营销	4	04	经济管理学院
0403	会计学	4	04	经济管理学院
0421	会计电算化	3	04	经济管理学院
0422	国际贸易实务	3	04	经济管理学院
0501	数学与应用数学	4	05	数学与信息科学学

记录：|◀ ◀ 1 ▶ ▶| ▶* 共有记录数：59

图5.16　选择窗体创建方法和数据源"专业设置浏览"　　图 5.17　查询"专业设置浏览"的表格式自动窗体

（3）保存窗体。关闭新创建的窗体，从弹出的"是否保存窗体"对话框中单击"是"按钮，并在随后打开的"另存为"对话框中输入窗体名称"专业设置浏览查询的表格式窗体"，再单击"确定"按钮，完成创建工作。

对纵栏式和表格式窗体应用的两点说明如下。

（1）对于快速创建的纵栏式和表格式窗体，充分利用窗体的"格式"工具栏（图5.18），可以改变字段的字体、字号、对齐方式、填充色、字体颜色、边框颜色，还可以在字段中使用阴影、三维效果等特殊修饰以及下拉式字段控制功能，从而设计出更加漂亮美观的窗体界面。例如"格式"工具栏上的"特殊效果"下拉列表中就包含了平面、凸起、凹陷、蚀刻、阴影、凿痕六种特殊修饰效果，用户可以随意选择一种来修饰某个字段。

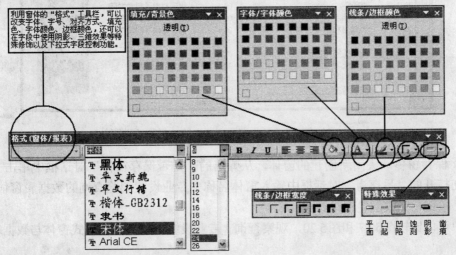

图 5.18　窗体的"格式"工具栏及主要工具展开

（2）如果对上面例题生成的自动窗体的布局不太满意（例如要在例5.2生成窗体中增加"专业名称"和"学院名称"字段的宽度等），需要进行适当修改的话，向导法就无能为力了，而应使用5.3节介绍的"设计视图"方法。

【例5.3】 在"教学管理"数据库中，创建查询"专业设置浏览"的数据表自动窗体，并命名为"专业设置浏览查询的数据表窗体"。

操作步骤如下。

（1）在"教学管理"数据库的"窗体"对象窗口，打开"新建窗体"对话框，并选中"自动创建窗体：数据表"，并从"新建窗体"对话框下方的下拉列表中选择查询"专业设置浏览"作为数据源，如图5.19所示。

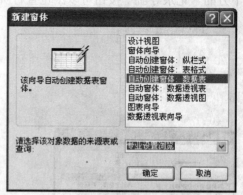

图5.19 选择窗体创建方法和数据源"专业设置浏览"

（2）单击"确定"按钮，即可得到查询"专业设置浏览"的数据表自动窗体，通过窗体下方的"记录导航"按钮可以浏览查看所有记录，如图5.20所示。

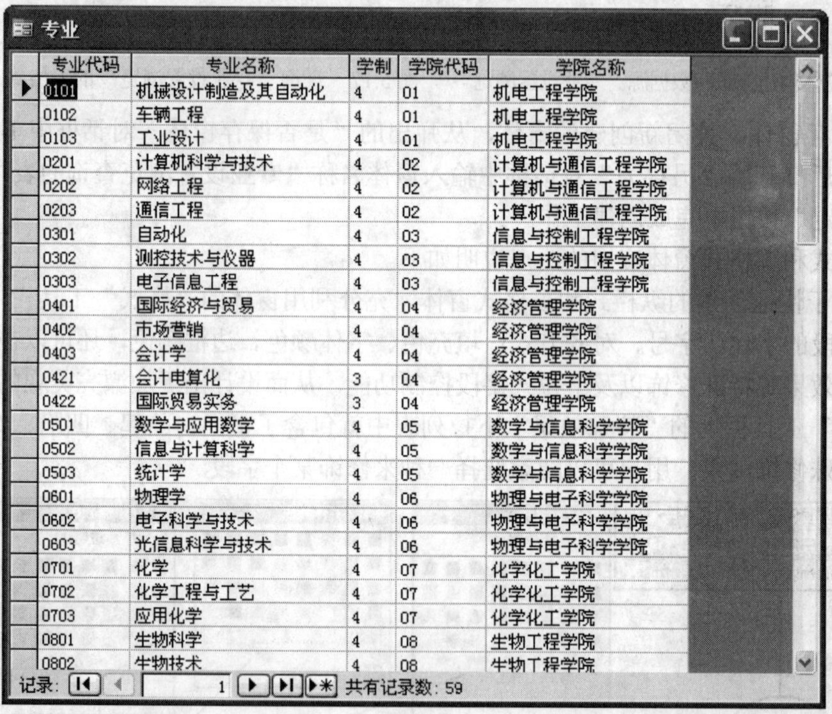

专业代码	专业名称	学制	学院代码	学院名称
0101	机械设计制造及其自动化	4	01	机电工程学院
0102	车辆工程	4	01	机电工程学院
0103	工业设计	4	01	机电工程学院
0201	计算机科学与技术	4	02	计算机与通信工程学院
0202	网络工程	4	02	计算机与通信工程学院
0203	通信工程	4	02	计算机与通信工程学院
0301	自动化	4	03	信息与控制工程学院
0302	测控技术与仪器	4	03	信息与控制工程学院
0303	电子信息工程	4	03	信息与控制工程学院
0401	国际经济与贸易	4	04	经济管理学院
0402	市场营销	4	04	经济管理学院
0403	会计学	4	04	经济管理学院
0421	会计电算化	3	04	经济管理学院
0422	国际贸易实务	3	04	经济管理学院
0501	数学与应用数学	4	05	数学与信息科学学院
0502	信息与计算科学	4	05	数学与信息科学学院
0503	统计学	4	05	数学与信息科学学院
0601	物理学	4	06	物理与电子科学学院
0602	电子科学与技术	4	06	物理与电子科学学院
0603	光信息科学与技术	4	06	物理与电子科学学院
0701	化学	4	07	化学化工学院
0702	化学工程与工艺	4	07	化学化工学院
0703	应用化学	4	07	化学化工学院
0801	生物科学	4	08	生物工程学院
0802	生物技术	4	08	生物工程学院

记录：|◀ ◀ 1 ▶ ▶| ▶* 共有记录数：59

图5.20 查询"专业设置浏览"的数据表自动窗体

（3）保存窗体。关闭新创建的窗体，从弹出的"是否保存窗体"对话框中单击"是"按钮，并在打开的"另存为"对话框中输入窗体名称"专业设置浏览查询的数据表窗体"，单击"确定"按钮，完成创建工作。

用户可以比较图5.17和图5.20，观察查询"专业设置浏览"的表格式窗体与数据表窗体的异同。

5.2.2 使用"自动窗体"创建窗体

使用 Access 提供的"自动窗体"创建功能可以创建数据透视表和数据透视图两种窗体。

【**例5.4**】 在"教学管理"数据库中,创建查询"教学计划详细浏览"的数据透视表窗体,并命名为"教学计划详细浏览查询的数据透视表窗体"。

操作步骤如下。

(1)在"教学管理"数据库的"窗体"对象窗口,打开"新建窗体"对话框,并选中"自动窗体:数据透视表",如图5.21所示。

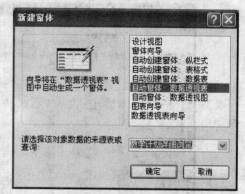

(2)选择数据源。从"新建窗体"对话框下方的下拉列表中选择查询"教学计划详细浏览"作为数据源,如图5.21所示。

(3)单击"确定"按钮,进入数据透视表设计窗口,如图5.22所示。

(4)确定数据透视表布局。即从"数据透视表字段列表"(图5.23)框中拖动相应字段到指定区域以完

图 5.21　选择窗体创建方法和数据
源"教学计划详细浏览"

成数据透视表的整体布局:将"专业名称"字段拖至左边的行字段区域,将"课程名称"字段拖至上边的列字段区域,将"学院代码"字段拖至左上角的筛选字段区域,将"总课时"字段拖至中部的数据区域。每完成一次拖动字段操作,会立即看到显示结果,完成后的布局结果类似图5.24所示。

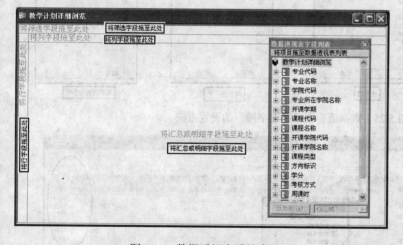

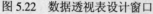

图 5.22　数据透视表设计窗口

图 5.23　数据透视表字段列表

(5)筛选字段的设置方法。处于透视表设计窗口左上角的筛选字段(此处为"学院代码")之值是窗体显示数据的前提条件。设置方法是打开筛选字段的下拉列表,选中需要显示的学院代码(可全选、可只选一个、可同时选中多个,如图5.25所示),选择学院代码为"04"的数据透视表结果如图5.26所示。

(6)窗口数据的查看方法。在图5.26(或图5.24)所示的筛选结果窗口中,可以通过拖动水平滚动条和垂直滚动条来查看显示数据,每一个行字段(例如图中"会计电算化")右面的"+、-"号可以控制该行数据是否显示,每一个列字段(例如图中"中级财务会计实训")下

面的"+、-"号可以控制该列数据是否显示，最后的总计列中显示的数据是这个专业所有开设课程（已查询到的所有课程）的总课时数。还可以通过"数据透视表"工具栏上的"隐藏详细信息"按钮、"显示详细信息"按钮、"刷新"按钮、"计算汇总和字段"按钮、"自动筛选"按钮等进行各种查看设置。

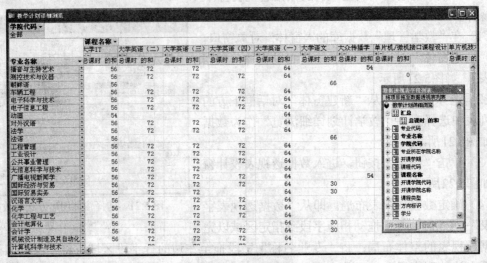

图 5.24　布局完成后的数据透视表参考窗口

图 5.25　数据透视表"筛选字段"的设置方法

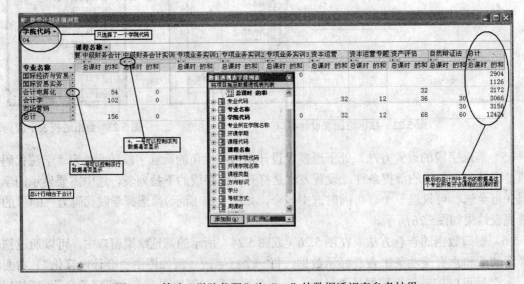

图 5.26　筛选"学院代码"为"04"的数据透视表参考结果

（7）保存窗体。关闭新创建的窗体，从弹出的"是否保存窗体"对话框中单击"是"按钮，并在随后打开的"另存为"对话框中输入窗体名称"教学计划详细浏览查询的数据透视表窗体"，再单击"确定"按钮，完成创建工作。

说明：在进行数据透视表布局时的拖动字段到指定区域的操作，还有另外一种操作方法，即使用"数据透视表字段列表"（图5.27）下方的"添加到"按钮来完成。操作步骤如下。

① 在"数据透视表字段列表"中选定一个字段（如"专业名称"）。

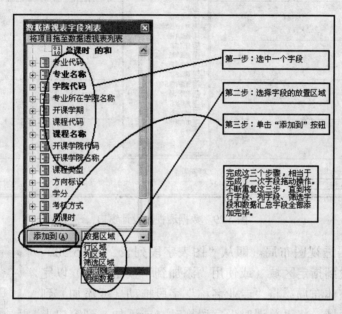

图 5.27　使用"添加到"按钮完成数据透视表窗口布局

② 打开"数据透视表字段列表"右下角的区域选择下拉列表，从中选择一个放置区域（如"行区域"）。

③ 单击"添加到"按钮，则选定字段数据出现在指定放置区域中。

完成这三个步骤，相当于完成了一次字段拖动操作。不断重复这三步，直到将行字段、列字段、筛选字段和数据汇总字段全部添加完毕。

【例 5.5】 在"教学管理"数据库中，创建查询"计划执行情况详细浏览"的数据透视图窗体，并命名为"计划执行情况详细浏览查询的数据透视图窗体"。

操作步骤如下。

（1）在"教学管理"数据库的"窗体"对象窗口，打开"新建窗体"对话框，并选中"自动窗体：数据透视图"，并从"新建窗体"对话框下方的下拉列表中选择查询"计划执行情况详细浏览"作为数据源，如图5.28所示。

（2）单击"确定"按钮，进入数据透视图设计窗口，如图5.29所示。

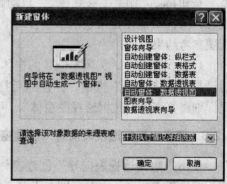

图 5.28　选择窗体创建方法和数据源"计划执行情况详细浏览"

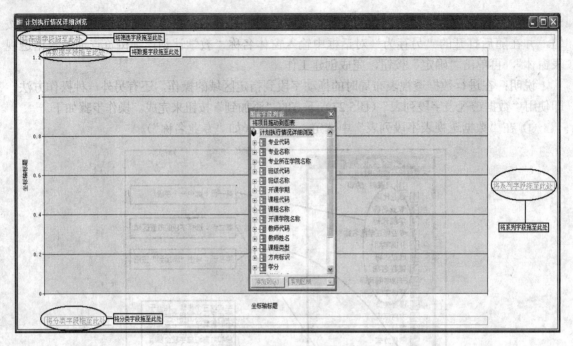

图 5.29　数据透视图设计窗口

　　（3）确定数据透视图布局。即从"图表字段列表"（图 5.30）
框中拖动相应字段到指定区域（或使用"添加到"按钮方法）以完
成数据透视图的整体布局：将"专业名称"字段拖动（或添加）到
窗口下方的分类区域，将"总课时"字段拖动（或添加）到窗口上
方的数据区域，将"专业所在学院名称"字段拖动（或添加）到窗
口左上角的筛选区域。每完成一次拖动（或添加）字段操作，会立
即看到显示结果，完成后的数据透视图结果类似图 5.31 所示。

　　（4）数据透视图的设置方法。位于设计窗口左上角的筛选字段用
法同数据透视表。还可以通过"数据透视图"工具栏提供的"图表类
型"按钮 、"刷新"按钮 、"自动筛选"按钮 等进行各种查看
设置。图 5.32 所示是筛选出了包含两个学院和只有一个学院的数据透
视图参考结果。

图 5.30　图表字段列表

　　（5）保存窗体。关闭新创建的窗体，从弹出的"是否保存窗体"
对话框中单击"是"按钮，并在随后打开的"另存为"对话框中输入窗体名称"计划执行情
况详细浏览查询的数据透视图窗体"，再单击"确定"按钮，完成创建工作。

5.2.3　使用"数据透视表向导"创建窗体

　　使用"数据透视表向导"创建窗体与使用"自动窗体：数据透视表"创建窗体的操作方
法和结果基本相同。主要区别在于前者的数据源可以是多个表或查询，而后者的数据源只能是
一个表或一个查询。所以，当数据源多于一个时，要创建数据透视表窗体应选用"数据透视
表向导"方法。在选择好了数据源字段之后，其余操作完全等同于使用"自动窗体：数据透
视表"创建窗体的操作，这里不再赘述。

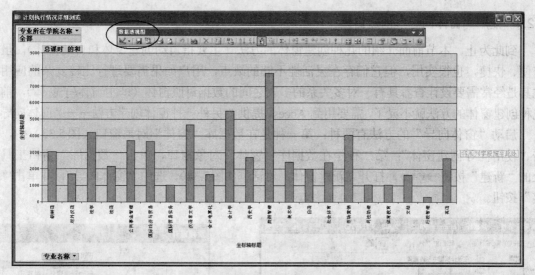

图 5.31 布局完成后的数据透视图参考窗口

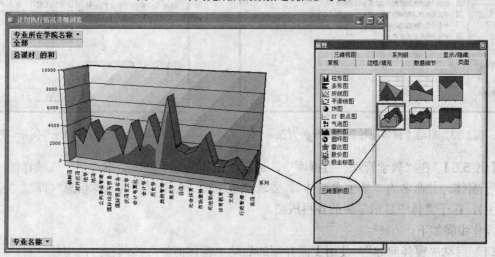

(a) 包含两个学院的数据透视图（三维面积图）

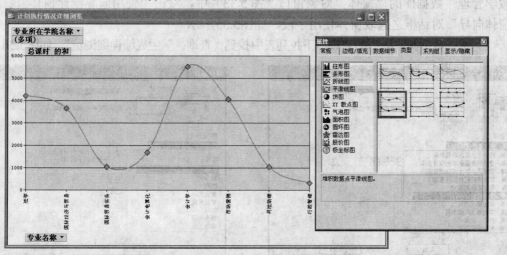

(b) 包含一个学院的数据透视图（堆积数据点平滑线图）

图 5.32 两种不同图形类型的数据透视图

5.2.4 使用"窗体向导"创建窗体

到此为止，本节前面介绍的几种创建窗体的方法（主要指自动创建窗体和自动窗体），虽然方便、快捷，也很实用，但它们存在灵活性不够的缺点，用户如果需要进行比较复杂的应用，尤其是经常需要设计查看具有一对多关系的多表之间的数据对照窗体（即主窗体/子窗体），前面几种创建窗体的方法就不灵了，需要用到 Access 提供的另外一种窗体创建方法——"窗体向导"。

启动"窗体向导"的方法有两种：第一种是在数据库"窗体"对象窗口（图5.33）中，双击"使用向导创建窗体"；第二种是在数据库"窗体"对象窗口，单击"数据库"窗口工具栏上的"新建"按钮 新建(N)，打开"新建窗体"对话框（图5.34），选中"窗体向导"，并单击"确定"按钮。

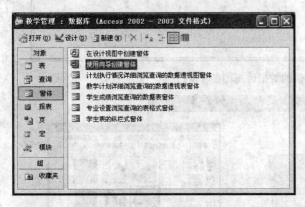

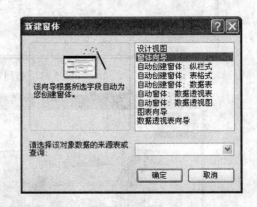

图 5.33 启动"窗体向导"的第一种方法   图 5.34 启动"窗体向导"的第二种方法

【例 5.6】 在"教学管理"数据库中，通过"窗体向导"创建查询"学生成绩详细浏览"的主/子窗体，并命名为"学生主窗体"。要求在主窗体中显示学生的基本信息（即以"学生"表为主），在子窗体中显示学生的各科成绩。

操作步骤如下。

（1）启动"窗体向导"。使用上面介绍的启动"窗体向导"的两种方法中任一种，比如在"教学管理"数据库的"窗体"对象窗口（图5.33）中，双击"使用向导创建窗体"，则进入"窗体向导"对话框之选取窗体使用字段，如图5.35所示。

（2）选择数据源。从"表/查询"下拉列表中找到"查询：学生成绩详细浏览"，如图5.36所示。

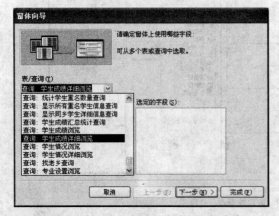

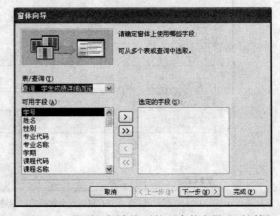

图 5.35 在"窗体向导"中选择目标查询   图 5.36 找到目标查询后的"窗体向导"对话框

（3）选择字段。若希望查询"学生成绩详细浏览"中的所有字段都将出现在设计的窗体之上，可单击"全选"按钮 >> ，让所有字段均出现在右侧"选定的字段"区域中，再单击"下一步"按钮，进入到"窗体向导"之确定主窗体信息对话框，如图5.37所示。

（4）确定主窗体信息。这一步的选择至关重要，将直接决定最终设计窗体上的显示数据将会以哪个表为主。由于查询"学生成绩详细浏览"的数据来源于四个表，这一点可从图5.37左上角系统给出的提示信息中得到验证。结合题目要求：在主窗体中显示学生的基本信息，即以"学生"表为主，其余表为辅。故在图5.37中应该选择"通过学生"，并选中"带有子窗体的窗体"复选框。对应该选择，"窗体向导"对话框右上部分将所有字段分成两部分：方框内的字段将出现在子窗体中，而方框上方的字段则出现在主窗体中。单击"下一步"按钮，进入到"窗体向导"之确定子窗体布局对话框，如图5.38所示。

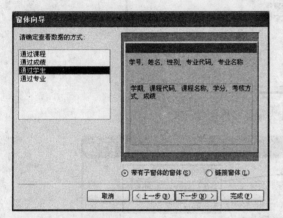

图 5.37 "窗体向导"之确定主窗体信息对话框　　　图 5.38 "窗体向导"之确定子窗体布局对话框

（5）确定子窗体布局。在主/子窗体设计中，通常选择子窗体为"数据表"方式（这也是默认选择）。单击"下一步"按钮，进入到"窗体向导"之确定窗体样式对话框，如图5.39所示。

（6）确定窗体样式。用户可以根据个人喜好选择图中提供的十种样式之一（它们之间没有质的差别），如本例题选择了"水墨画"样式。再单击"下一步"按钮，进入到"窗体向导"之指定窗体标题对话框，如图5.40所示。

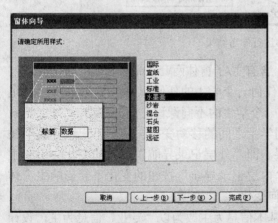

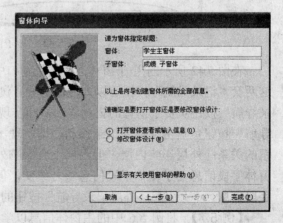

图 5.39 "窗体向导"之确定窗体样式对话框　　　图 5.40 "窗体向导"之指定窗体标题对话框

（7）确定窗体名称。到此为止，即将结束窗体向导创建工作。注意在该对话框中输入的窗体标题（或子窗体标题），同时将作为窗体名称（或子窗体名称）出现在数据库"窗体"对象窗口中，如图5.41所示。再单击"完成"按钮，即可得到设计完成的主/子窗体运行结果，如图5.42所示。

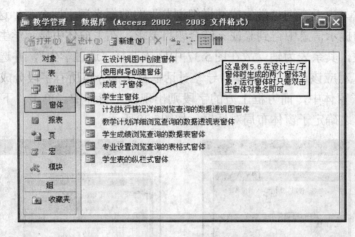

图5.41　窗体标题同时作为窗体名称保存下来

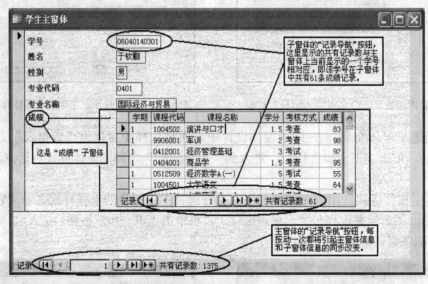

图5.42　主/子窗体运行参考结果

在图5.42所示的主/子窗体运行结果窗口中，含有主/子窗体两套"记录导航"按钮。通过这两套"记录导航"按钮可以方便地查看、浏览任何一个学生的任何一门课程成绩。"内层记录导航"按钮负责子窗体的记录移动，即实现同一个学生的不同课程之间的移动；"外层记录导航"按钮负责主窗体的记录移动，即实现不同学生之间的移动变换。两套"记录导航"按钮的关系：外层影响内层，但内层不会影响外层。即"外层记录导航"按钮的变化会引起主窗体字段信息与子窗体字段信息随之改变，但"内层记录导航"按钮的变化不会影响主窗体字段信息、不会引起"外层记录导航"按钮的任何变化。

【例5.7】　将例5.6中的主窗体信息以学生基本信息为主改为以"专业"信息为主，设计另外一个主/子窗体，主窗体命名为"专业主窗体"。

操作步骤要点:

第(1)~(3)步同例5.6。

(4)确定主窗体信息。在图5.37中选择"通过专业",并选中"带有子窗体的窗体"复选框(也是默认选择)。对应该选择,"窗体向导"对话框右上部分将所有字段分成三部分:最上面的字段"专业名称"将出现在主窗体中;第一个方框内的字段"学号"、"姓名"、"性别"、"专业代码"将出现在第一个子窗体中;出现在第二个方框内的其余字段将出现在第二个子窗体中,如图5.43所示。单击"下一步"按钮,进入到"窗体向导"之确定子窗体布局对话框,如图5.44所示。

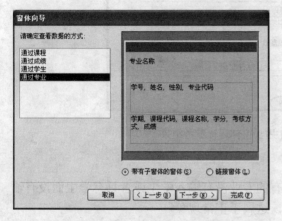

图5.43 "窗体向导"之确定主窗体信息对话框

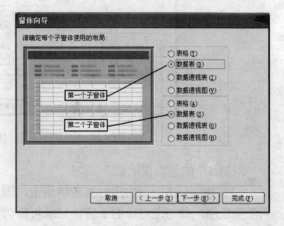

图5.44 "窗体向导"之确定子窗体布局对话框

(5)确定两个子窗体的布局。在图5.44中,保持默认两个子窗体均为"数据表"方式即可。单击"下一步"按钮,进入到"窗体向导"之确定窗体样式对话框,仍然选择"水墨画"样式。再单击"下一步"按钮,进入到"窗体向导"之指定窗体标题对话框,如图5.45所示。

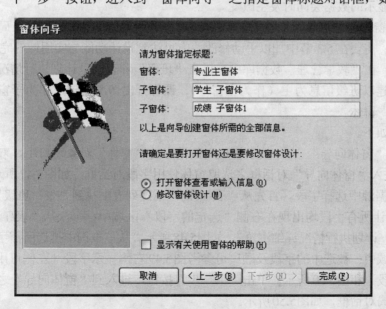

图5.45 "窗体向导"之指定窗体标题对话框

(6)确定主/子窗体名称。在图5.45中,将主窗体命名为"专业主窗体",将第一个子窗体命名为"学生 子窗体",将第二个子窗体命名为"成绩 子窗体 1"（因为"成绩 子窗体"名称已经存在了）。到此为止，窗体向导创建工作结束。单击"完成"按钮，得到设计完成的另一个主/子窗体运行结果，如图5.46所示。

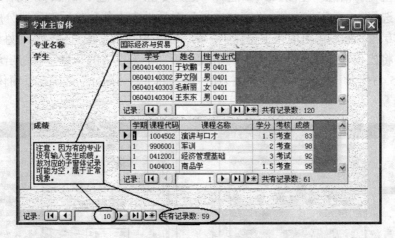

图 5.46　包含两个子窗体的主/子窗体运行参考结果

对例 5.7 的几点说明如下。

（1）在图5.46所示的运行参考结果中，因为有的专业没有输入学生或者只有学生而没有输入学生成绩，故与之对应的子窗体记录可能为空，这属于正常现象。

（2）在图5.46中，两个子窗体之间又组成了一个"主—子关系"：上面的第一个子窗体（包含学生信息）构成的是主表窗体，下方的第二个子窗体（包含"成绩"及其他信息）构成的是子表窗体。也就是说，下方的第二个子窗体中显示的数据都是第一个子窗体（主表窗体）中当前记录这名学生的课程成绩信息，当第一个子窗体（主表窗体）中的记录发生改变时，则第二个子窗体中显示的数据会同时发生改变。

（3）虽然窗体向导引导我们建立的窗体实现了设计功能，但窗体外观布局以及实用性方面还存在不足。需要在 5.3 节中加以手动修改，方可达到设计功能与实用性的完美统一。

【例 5.8】 在"教学管理"数据库中，以表"班级"和查询"计划执行情况详细浏览"作为数据源，创建以班级信息为主（作为主窗体）、课程开出情况为辅（作为子窗体）的"班级课程开出情况"窗体。

操作步骤如下。

（1）启动"窗体向导"。在"教学管理"数据库的"窗体"对象窗口中，双击"使用向导创建窗体"，进入"窗体向导"对话框之选取窗体使用字段对话框，如图5.47所示。

（2）从数据源中选择字段。首先从"表/查询"下拉列表中找到"表：班级"，并单击"全选"按钮，让所有字段均出现在右侧"选定的字段"区域中；再次从"表/查询"下拉列表中找到"查询：计划执行情况详细浏览"，如图5.48所示。从该查询中挑选所需字段到右侧"选定的字段"区域中：被选中的字段及顺序可参考图5.49右侧显示字段（左侧可用字段栏中均为剩余不选的字段）和图5.50所示。单击"下一步"按钮，进入到"窗体向导"之确定主窗体信息及子窗体布局对话框，如图5.50所示。

（3）确定主窗体信息及子窗体布局。结合题目要求：以班级信息为主（作为主窗体），故在图5.50中应该选择"通过班级"，并选中"带有子窗体的窗体"复选框（也是默认选择）。对应该选择，"窗体向导"对话框右上部分将所有字段分成两部分：方框内的字段将出现在子窗体中，而方框上方的字段则出现在主窗体中。单击"下一步"按钮，为子窗体布局保留"数据表"默认选项。

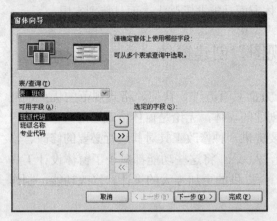

图 5.47　在"窗体向导"对话框中选择第一个数据源

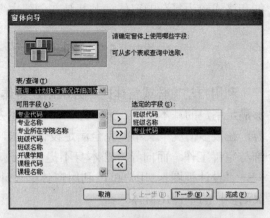

图 5.48　选择第二个数据源后的"窗体向导"对话框

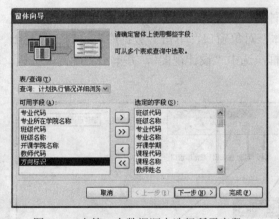

图 5.49　在第二个数据源中选择所需字段

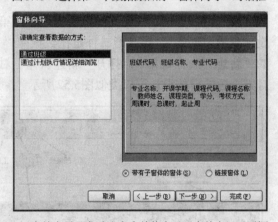

图 5.50　"窗体向导"之确定主窗体信息及子窗体布局对话框

（4）单击"下一步"按钮，为窗体选择"水墨画"样式。再单击"下一步"按钮，进入到"窗体向导"之指定窗体标题对话框。将主窗体命名为"班级课程开出情况"，将子窗体命名为"课程开出情况子窗体"。到此为止，窗体向导创建工作结束。单击"完成"按钮，得到设计完成的窗体"班级课程开出情况"运行参考结果，类似图5.51所示。

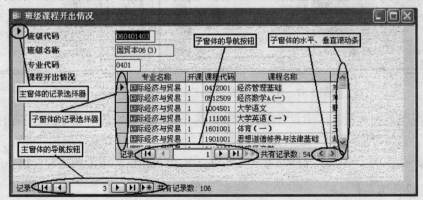

图 5.51　窗体"班级课程开出情况"运行参考结果

从图5.51所示的窗体"班级课程开出情况"运行参考结果中,可以清晰明了地查看每一个教学班的课程开出情况,包括各个学期开出的每门课程、任课教师、周课时、起止周等。

从上面例 5.6、例 5.7 和例 5.8 的创建分析可以看出,使用"窗体向导"方法能够创建功能和格式较为复杂的窗体,尤其是在创建主/子窗体方面功能非常强大,而且特别实用。

5.3　使用"设计视图"创建窗体

利用自动窗体或窗体向导方法创建窗体,一方面具有方便、快捷、格式规范的优点,能够满足用户的基本要求。另一方面,用前述方法创建的窗体,无论是窗体格式还是其包含的内容,在很多情况下又不能完全满足设计要求,需要提供一种修改工具对其进行必要的修改、修饰与完善工作。而向导方法本身不提供修改功能,Access 将这些功能都赋予了窗体设计工具——"设计视图"。用户可以利用窗体"设计视图"提供的更加强大的设计、修改功能,制作灵活多样的个性化窗体。

5.3.1　窗体的"设计视图"窗口

打开窗体"设计视图"的方法有两种:第一种是在数据库"窗体"对象窗口中,双击"在设计视图中创建窗体";第二种是在数据库"窗体"对象窗口,单击"数据库"窗口工具栏上的"新建"按钮 新建(N),打开"新建窗体"对话框,选中"设计视图",并单击"确定"按钮。打开之后的窗体设计窗口类似图5.52所示。

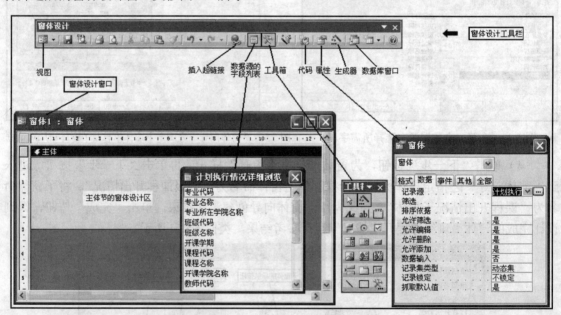

图 5.52　窗体设计窗口及工具栏主要功能展开

默认情况下,窗体设计区中只有主体(节)部分。通过"视图"菜单或在右击弹出的快捷菜单中选择"窗体页眉/页脚"或"页面页眉/页脚"命令,可以给窗体增加"窗体页眉/页脚"节或"页面页眉/页脚"节。以同样的方式,还可以显示/关闭窗体中的网格和标尺功能。

1. 窗体设计工具栏

在窗体设计视图中,窗体设计工具栏是默认出现的工具栏之一,如图5.52中上部所示。工具栏上除了一些常用的按钮（如保存、打印、剪切、复制、粘贴、撤消、恢复、数据库窗口、新建等）外，还出现了几个特别有用的按钮。

（1）"视图"按钮▣▾：单击该按钮，在"窗体视图"与"设计视图"两者之间切换。通过其右侧箭头打开下拉列表，还可以显示数据表视图。

（2）"字段列表"按钮▣：显示用户所选择的数据源（表或查询）的字段列表，如图 5.52 所示。

（3）"工具箱"按钮▨：显示工具箱，如图5.52所示。

（4）"自动套用格式"按钮▨：显示"窗体自动套用格式"对话框，用以显示当前窗体的格式。

（5）"代码"按钮▨：显示当前窗体的代码。

（6）"属性"按钮▣：显示"窗体、控件属性"对话框，如图5.52所示。

（7）"生成器"按钮▨：选择某种生成器（表达式生成器、宏生成器、代码生成器）生成所需对象。

图 5.53　窗体工具箱

2. 工具箱

在使用窗体设计视图设计一个窗体的过程中，向窗体中添加各种控件的操作是通过工具箱来完成的。Access 的工具箱提供了 20 种常用控件，如图 5.53 所示，它们的名称及功能如表 5-1 所示。

表 5-1　工具箱中控件的名称及功能

图标	名称	功能
▨	选择对象	用来选择控件，以对其进行移动、放大/缩小和编辑
▨	控件向导	当选中该按钮时，在创建其他控件的过程中，系统将自动启动向导工具，帮助用户快速地设计控件
Aa	标签	用来显示窗体上的提示信息
abl	文本框	用于产生文本框控件，用来输入或显示文本信息
▨	选项组	用来包含一组控件（含有一组选项按钮、复选框或切换按钮，只能选择其中的一种）
▨	切换按钮	用来显示二值数据，例如，"是/否"类型数据，按下时值为 1，反之为 0
◉	单选按钮	建立一个单选按钮，在一组中只能选择一个，通常使用选项组▨来生成一组
☑	复选框	建立一个复选框，可以从多个值中选择 1 个或多个，也可以一个也不选
▨	组合框	建立含有列表和文本的组合框控件，实现从列表中选择值或直接在文本框中输入值
▨	列表框	建立下拉列表，只能从下拉列表中选择一个值
▨	命令按钮	产生一个命令按钮，可通过单击或双击操作来完成一定的功能
▨	图像	用来向窗体中添加一张图像或图形
▨	未绑定对象框	用来加载非绑定的 OLE 对象，该对象不是来自表的数据
▨	绑定对象框	用来加载具有 OLE 功能的图像、声音等数据，且该对象与表中的数据关联
▨	分页符	用来定义多页窗体的分页位置
▨	选项卡控件	用来显示属于同一对象的不同内容的属性
▨	子窗体/子报表	用于加载另一个子窗体或子报表
╲	直线	用于在窗体上画直线
▢	矩形	用于在窗体上画矩形
▨	其他控件	选择不在工具箱中的控件，单击该按钮即可显示 Access 的其他控件

3. 字段列表

一般情况下，创建具有输入输出功能的窗体都是基于某个表或查询来建立的。也就是说，此时窗体内的控件中显示的就是表或查询中的字段值。

在创建窗体的过程中，需要某一字段时，单击工具栏上的"字段列表"按钮 ，即可显示字段列表窗口。例如要在窗体内显示某一个字段值时（例如"专业名称"字段），只需从字段列表窗口中将该字段拖动到窗体内指定位置，窗体便自动创建一个文本框控件与此字段（例如"专业名称"字段）关联，同时还在文本框控件之前添加一个提示信息的标签控件，如图 5.54 所示。

如果字段列表窗口打不开（按钮处于灰色状态），说明该窗体还没有选择数据源（表或查询），在创建窗体窗口中添加数据源的方法是：打开"属性"窗口，如图 5.55 所示，先从上部的对象列表中选择"窗体"，再从"数据"选项卡的"记录源"下拉列表中选择所需的表或查询，即可打开相应的字段列表窗口。

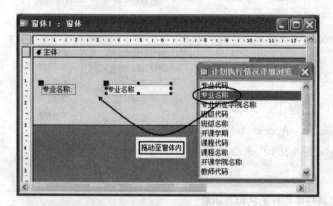

图 5.54　从字段列表窗口直接拖动字段到窗体内

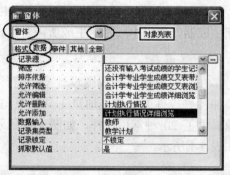

图 5.55　从窗体属性的记录源列表中添加表或查询

4. 属性窗口

创建窗体的主要工作是为窗体以及窗体内的每个控件设置若干属性，包括它们的位置、大小、外观以及所要表示的数据等。所有这些工作都是在属性窗口中完成的。打开属性窗口的方法有：一是先选中对象（包括窗体、控件、节），再单击工具栏上的"属性"按钮 ；二是右击选中对象，从弹出的快捷菜单中选择"属性"命令；三是直接双击选中对象；四是从已经打开的属性窗口上部的对象列表中选择另外对象。打开的属性窗口类似图 5.56 所示（这是例 5.8 创建的窗体"班级课程开出情况"，在设计视图中打开后的设计窗口及窗体属性设置情况），但不同控件的属性窗口所包含的属性个数、内容等是不同的。

属性窗口中含有 5 个选项卡："格式"、"数据"、"事件"、"其他"和"全部"。其中：

"格式"选项卡——用来指定对象的外观。

"数据"选项卡——用来指定对象数据的来源和数据的显示格式。

"事件"选项卡——用来指定某个事件发生时的处理过程。这个处理过程需要用到"宏"或 VBA 编程。

"其他"选项卡——包括对象名称等属性。

"全部"选项卡——包括前 4 个选项卡的所有内容。

控件的属性决定了控件的外观和操作，可在属性窗口中通过直接输入或选择来设置属性。由于属性的数目较多，下面仅列出一些最常用的属性，如果想详细了解每个属性，可选择该属性后按 F1 键查看联机帮助。

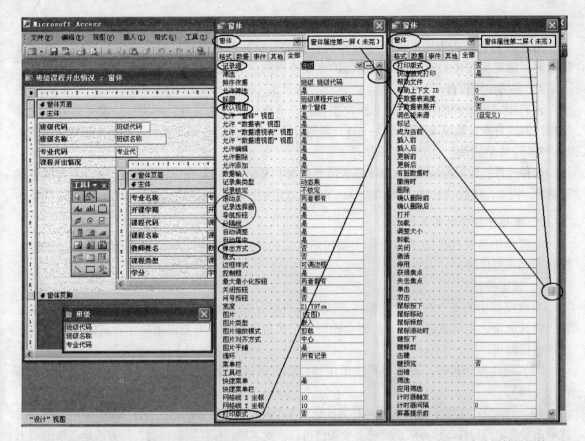

图 5.56　例 5.8 创建的窗体"班级课程开出情况"，在设计视图中打开后的设计窗口及窗体属性设置情况

（1）记录源。指出窗体的数据来源，可以是表或查询的名称，也可以是 SQL 语句。在使用设计视图建立或修改窗体时，可以选择或更改记录源，字段列表也会随之改变。

（2）标题。作为一个整体对象的窗体，可以有自己的标题，该标题将会出现在运行窗口的标题栏上。窗体中的许多控件如标签、选项组等也有自己的标题。

（3）默认视图。表示打开窗体后的视图方式，有"单个窗体"、"连续窗体"、"数据表"、"数据透视表"和"数据透视图"5 种方式。其中，"单个窗体"是一次只显示一条记录，而"连续窗体"可以一次显示多条记录。

（4）记录选择器。表示显示/隐藏记录选择器。记录选择器在运行窗口的左侧，如图 5.51所示。

（5）导航按钮。可显示/隐藏导航按钮。导航按钮在运行窗口的下方，如图5.51所示。

（6）分隔线。分隔线是指窗体的各节之间的隔开线条，可设置是否显示分隔线。

（7）弹出方式。当弹出方式选择"是"后，则该窗口不管是否为当前窗口，一定会保持在其他窗口的最上方。

（8）滚动条。滚动条选项有 "两者都有"、"两者均无"、"只水平"、"只垂直"四种选择，可根据窗体需要灵活选择。

5.3.2　窗体控件的分类与操作

1. 窗体中控件的分类

按控件与数据源的关系可以将窗体中的控件分为如下 3 类。

1）绑定型控件

指定数据表或查询中的一个字段作为控件的数据源，这类控件称为绑定型控件。在窗体运行时，绑定型控件的值与作为数据源的表或查询的内容始终保持一致。

2）非绑定型控件

没有指定数据源的控件称为非绑定型控件。非绑定型控件又分为两类：一类是有控件来源属性，但没有指定数据来源的控件；另一类是控件本身没有控件来源属性，不需要指定数据源。

3）计算型控件

这种控件的数据源是表达式而不是表或者查询中的一个字段。在窗体运行时，这类控件的值不能编辑。例如，年龄=YEAR（DATE（））-YEAR（出生日期），只能显示年龄，而不能修改年龄。

2. 窗体中控件的基本操作

对窗体中各种控件的基本操作主要包括选定控件、改变控件的尺寸大小及移动、复制、删除和对齐控件等。

1）选定控件

要对窗体中的某个控件设置属性，或对其进行复制、移动、调整以及删除等操作，必须首先将其选定。控件被选定后其周围会出现8个黑色尺寸柄，若要取消选定，只需在该控件外单击鼠标即可。

（1）选定单个控件：方法是直接单击该控件，则该控件即被选定（其周围会出现 8 个黑色尺寸柄）。

（2）选定多个控件：通常采用两种方法选定多个控件。一种方法是在按住 Shift 键的同时，依次单击要选定的控件，该方法选定的多个控件可以不受区域连续性限制；另一种方法是在单击“工具箱”中的“选择对象”按钮██之后，在窗体窗口中划定一个矩形范围，凡是落入该矩形范围之内（包括控件部分落入该范围）的控件均被选定，该方法适合于被选定控件处于一个连续区域时使用。

2）改变控件的尺寸大小

选定控件后，将鼠标指向该控件周围除左上角尺寸柄控点之外的其余 7 个尺寸柄控点上，鼠标的指针会变成双向箭头，此时拖动鼠标即可在相应方向上调整控件的尺寸大小。若要对控件尺寸大小进行微调，可以在选定控件后按住 Shift 键的同时，使用键盘上的 4 个方向键（左右方向键改变控件宽度，上下方向键改变控件高度，控件的左上角保持固定不动）。如果要对选定的多个控件统一改变尺寸大小，则可以使用“格式”菜单的“大小”选项级联下的某一个选项：正好容纳、对齐网格、至最高、至最短、至最宽、至最窄，如图5.57所示（右击选定控件弹出的快捷菜单中也包含“大小”选项）。

3）多个控件的对齐

选定要对齐的多个控件后，可以使用“格式”菜单的“对齐”选项级联下的某一个选项：靠左、靠右、靠上、靠下、对齐网格，如图5.58所示（右击选定控件弹出的快捷菜单中也包含“对齐”选项）。

4）移动控件

选定控件后，将鼠标指向该控件左上角的尺寸柄控点或将鼠标移动到控件周围的边缘线（两个尺寸柄之间的连线）上，鼠标的指针会变成黑色手形，此时拖动鼠标即可实现控件的移动。若要对控件进行微小的移动，可以在按住 Ctrl 键的同时，使用键盘上的 4 个方向键。该方法（Ctrl+方向键）在窗口控件布局时非常有用，用户应熟练掌握。

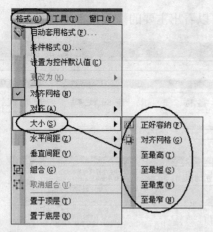
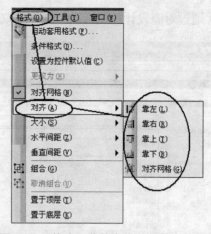

图 5.57 "格式"菜单中的"大小"选项　　　图 5.58 "格式"菜单中的"对齐"选项

5）复制控件

选定控件后，可以使用工具栏上的"复制"和"粘贴"按钮实现控件的复制功能；也可以右击要复制的控件，在弹出的快捷菜单中选择"复制"命令，然后在目标处右击，并从弹出的快捷菜单中选择"粘贴"命令；还可以使用快捷键 Ctrl+C 实现复制功能，使用快捷键 Ctrl+V 实现粘贴功能。

6）删除控件

选定控件后，按 Del 键即可删除选定的控件。

下面通过一个例题，来说明对窗体中控件操作的方法与技巧。

【例 5.9】 参照图5.60，对例5.8中使用"窗体向导"方法创建的窗体"班级课程开出情况"进行完善与修改（主要工作是控件的移动、改变控件的尺寸大小、改变显示的字体与字号等）。

操作步骤如下。

（1）打开指定窗体的"设计视图"。在"教学管理"数据库的"窗体"对象窗口中，选中窗体对象"班级课程开出情况"，然后单击"数据库"窗口工具栏上的"设计"按钮 ，即可进入窗体的"设计视图"窗口，如图5.59所示（该设计视图对应的窗体运行结果就是图5.51）。

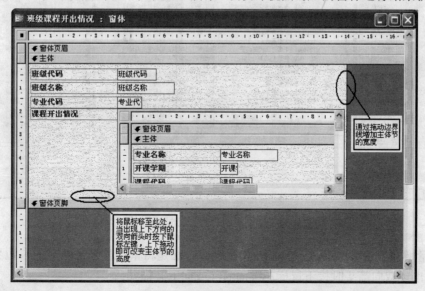

图 5.59　用"窗体向导"创建的窗体"班级课程开出情况"的"设计视图"原始窗口

（2）通过对照设计视图（图5.59和图5.60），可以看出主要的修改完善工作包括：

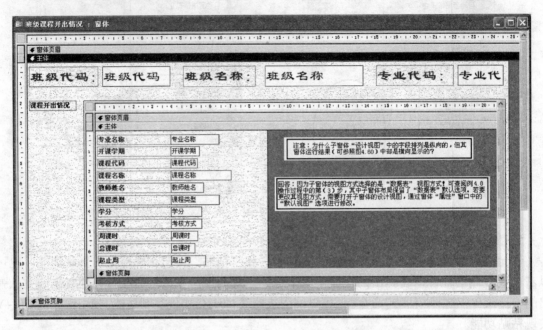

图 5.60　修改后的窗体"班级课程开出情况"的"设计视图"窗口

① 尽量扩大窗体的设计视图窗口，以便得到运行窗口更大、包含信息更多的运行结果，用户可对比运行结果图5.61与图5.51的效果；

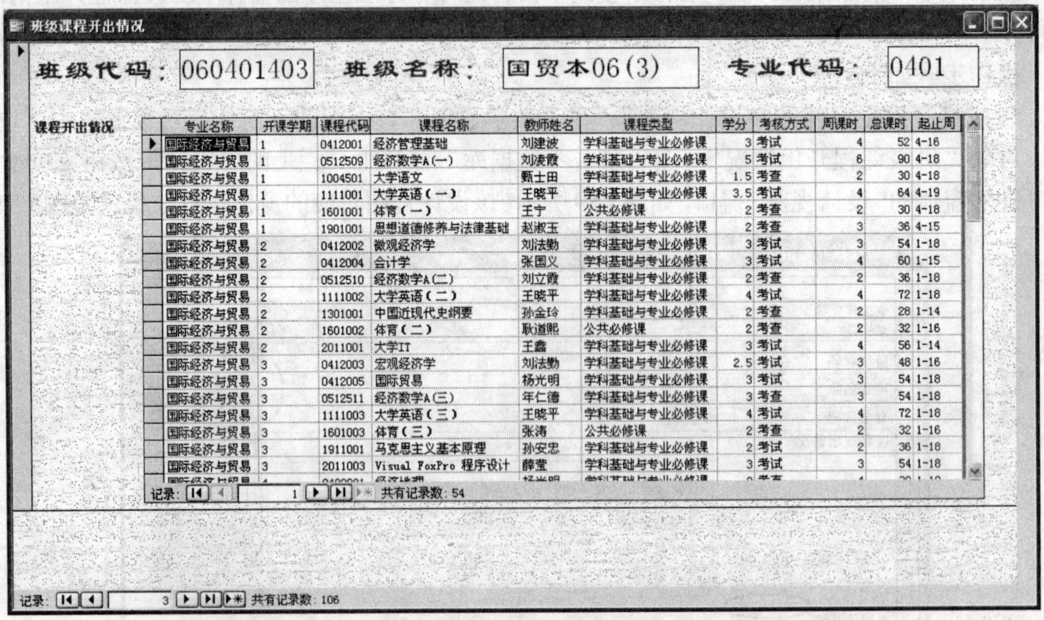

图 5.61　修改后的窗体"班级课程开出情况"的运行结果窗口

② 尽量增加主窗体中主体节的高度和宽度，方法是将鼠标移至主体节的右边界（或下边界）处，当出现双向箭头时按下鼠标左键向右（或向下）拖动；

③ 尽量增加子窗体控件的宽度和高度，方法是先选定子窗体控件，再按照改变控件尺寸大小的方法去做即可；

④ 移动主窗体中的有关控件，改变其字体、字号，并重新对齐；

⑤ 再次移动子窗体控件，并相应改变其宽度和高度；

⑥ 在修改过程中，可随时单击工具栏上的"保存"按钮 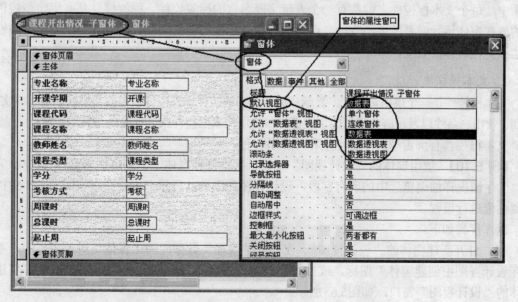，保存修改。

说明：

（1）在设计视图（图 5.60）的过程中，可以利用工具栏上的"视图切换"按钮，在设计视图和窗体运行视图中反复切换查看，只要发现了不合适、需要修改的地方就切换回"设计视图"进行修改，修改了之后再次切换到窗体运行视图中进行检验，如此往复多遍，直到修改满意为止，最终保存修改结果。

（2）在控件的移动与改变控件大小的相关操作中，微调键（Shift+方向键）和微移键（Ctrl+方向键）特别好用，用户应引起重视并熟练掌握。

（3）在包含子窗体的主窗体设计视图（例如这里的图 5.60 就是主窗体"班级课程开出情况"的设计视图）中，为什么子窗体中的字段顺序看上去是纵向排列的，但其窗体运行结果（参照图 5.61）中字段却是横向显示的？这个问题的答案取决于子窗体选用的视图方式，而与设计视图中的排列方式无关。用户可查阅例 5.8 操作过程中的第（3）步，其中子窗体布局保留了"数据表"默认选项。若要更改其视图方式，需要打开子窗体（本例题中为"课程开出情况子窗体"）的设计视图，通过窗体"属性"窗口中的"默认视图"选项进行修改（共有 5 种选择：单个窗体、连续窗体、数据表、数据透视表、数据透视图）。如图 5.62 所示，用户可以将其修改为"单个窗体"方式，并保存子窗体修改，再双击运行主窗体"班级课程开出情况"，即可看到类似图 5.63 所示的窗体运行结果（这种视图方式不如"数据表"视图方式直观、包含的信息量大）。

图 5.62 "课程开出情况 子窗体"的设计视图及属性设置

（4）像例 5.9 这样处理：先用窗体向导等方法建立起窗体的框架，再使用窗体设计视图进行完善与修改，从而达到快速创建实用窗体的思路是作者极力提倡的方法。

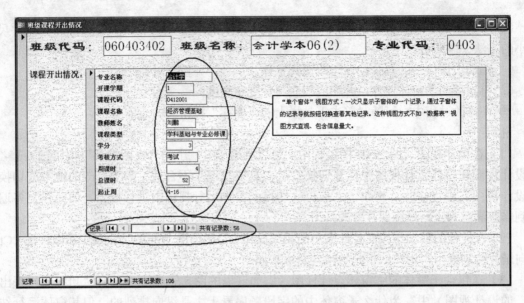

图 5.63　主窗体"班级课程开出情况"的一次运行结果

5.3.3　在设计视图中创建窗体

在窗体的"设计视图"窗口中，利用工具箱中的控件按钮自行在窗体内安排、布局，并设置其相关属性，最终实现窗体功能，这是掌握窗体"设计视图"的根本目的，主要技巧就在于熟练掌握常用控件的设置方法。

1. 标签控件

标签控件主要用于窗体中提示性信息的显示，如标题、字段名称等，像前面的几个设计视图中，每个文本框控件之前都有一个表示字段名称的标签控件。标签控件是非绑定型控件，它的值在窗体运行时是固定不变的。可以通过设置标签控件的字体、字号大小、颜色等属性，以达到美化窗体的效果。

2. 文本框控件

文本框控件是一个供用户输入、显示和编辑数据的控件。表中许多数据类型（如数字、文本、日期、货币、备注以及超链接等）的字段都可以使用文本框控件来进行输入与显示操作。

文本框控件有绑定型、非绑定型和计算型 3 种。

【例 5.10】　使用窗体的"设计视图"工具，手动创建窗体"学生信息浏览"，数据源为查询"学生情况详细浏览"中的所有字段，设计视图如图5.64所示。设计要求按照表 5-2 中控件的属性值进行设置。

操作步骤如下。

（1）打开新建窗体的"设计视图"。在"教学管理"数据库的"窗体"对象窗口中，双击"在设计视图中创建窗体"图标，或打开"新建窗体"对话框并选中"设计视图"，都将进入窗体的"设计视图"窗口，如图5.65所示。

（2）添加"窗体页眉/页脚"节。从"视图"菜单中选择"窗体页眉/页脚"命令，或在窗口中右击，从弹出的快捷菜单中选择"窗体页眉/页脚"命令，则得到如图5.66所示的设计视图。

图 5.64　窗体"学生信息浏览"设计视图窗口

表 5-2　窗体属性设置

控件名称	控件所处位置（节）	属性名称	选项（或值）
窗体	窗体	记录源　（★）	学生情况详细浏览
		标题　　（★）	学生信息浏览
		默认视图（★）	单个窗体
		滚动条　（★）	两者均无
		记录选择器（★）	否
		分隔线	否
		宽度	23cm
窗体页眉	窗体页眉	名称　　（★）	窗体页眉
		高度	2cm
		背景色	65535（代表黄色）
主体	主体	名称　　（★）	主体
		高度	8cm
		背景色	12632256
窗体页脚	窗体页脚	参考窗体页眉的属性进行设置	
（标签）Label0	窗体页眉	名称　　（★）	Label0
		标题　　（★）	学生信息浏览
		宽度	7cm
		高度	1.21cm
		特殊效果	凸起
		前景色	16711680（代表蓝色）
		字体名称	隶书
		字号	26
		字体粗细	加粗

控件名称	控件所处位置（节）	属性名称	选项（或值）
主体节中的标签 Label1～Label20		全部采用默认属性值	
（文本框）学号	主体	名称 （★）	学号
		控件来源 （★）	学号（字段）
		宽度	3.5cm
		高度	0.7cm
		前景色	16711680（代表蓝色）
		字体名称	幼圆
		字号	12
		字体粗细	加粗
主体节中其他文本框（如姓名、性别、专业代码、专业名称、学院名称、……）可参照"学号"文本框设置			

注：表中属性名称列中带"★"的属性为重要属性。

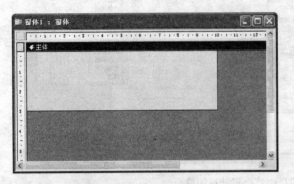

图 5.65　新建窗体的设计视图窗口　　　　图 5.66　添加了"窗体页眉/页脚"节的设计视图窗口

（3）设置窗体、窗体页眉/页脚节和主体节的属性。单击工具栏上的"属性"按钮 ，打开属性对话框。从对话框顶部的对象/控件列表中选择"窗体"，参照图5.67所示，设置其以下属性。

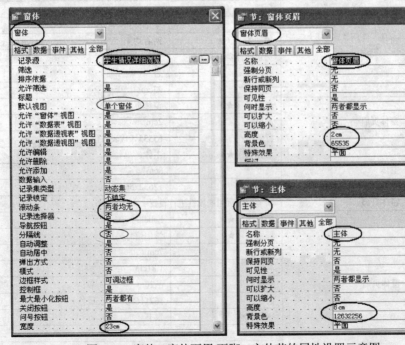

图 5.67　窗体、窗体页眉/页脚、主体节的属性设置示意图

① "记录源"的值为查询"学生情况详细浏览"（从后面的下拉列表中选取）；

② "默认视图"的属性值为"单个窗体"；

③ "滚动条"的属性值为"两者均无"；

④ "记录选择器"的属性值为"否"等。

类似地，参照图5.67所示，设置"窗体页眉"、"窗体页脚"和"主体"各节的有关属性。

（4）在窗体页眉节中添加标签控件并设置属性。单击控件工具箱中的"标签控件"按钮 **Aa**，在窗体页眉节中适当位置按下并拖动鼠标，画出一个标签控件（参考图5.64）。选中该标签控件，打开其属性窗口，参照图5.68中标签Label0的相关属性进行设置。

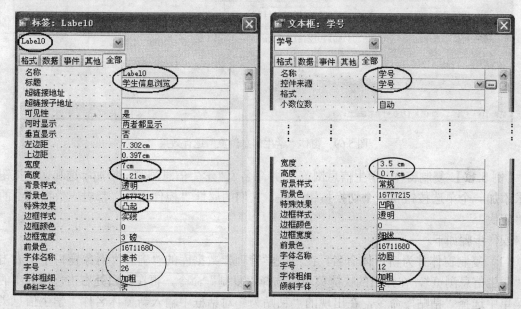

图 5.68   标签、文本框控件属性设置示意图

（5）从字段列表中拖动字段到主体节中、设置其属性并使用对齐工具排列各控件。单击工具栏上的"字段列表"按钮 ，打开数据源字段列表窗口。采用拖动方式将数据源中的所有字段拖至主体节中（可参照图5.64的排列方式），经拖放操作生成的所有文本框控件均属于绑定型控件（和数据源中的某个字段相连接）。参照图5.68中右边所示的文本框"学号"的有关属性设置对主体节中所有的文本框控件进行设置（可以单个文本框设置，也可以先使用 Shift 键选中所有文本框后同时进行设置）。最后参照图5.64所示，利用对齐工具排列各控件。

（6）在修改控件属性和排列对齐控件的过程中，可以利用工具栏上的"视图切换"按钮查看设计效果，并反复修改，直到满意为止。运行效果类似图5.69所示，运行该窗体不仅可以浏览学生信息，而且可以实现数据的输入、修改功能。

3. 复选框、单选按钮、切换按钮

在窗体上可以使用这 3 种控件中的任何一种作为单独的控件，用于显示或编辑表或查询的"是/否"型数据类型。也就是说，若要将表中某一字段绑定到这3种控件的任何一种控件上，那么该字段的数据类型必须定义为"是/否"型。对于复选框，其中有"√"表示"是"，无"√"表示"否"；对于单选按钮，其中有点表示"是"，无点表示"否"；对于切换按钮，按下表示"是"，未按下表示"否"。

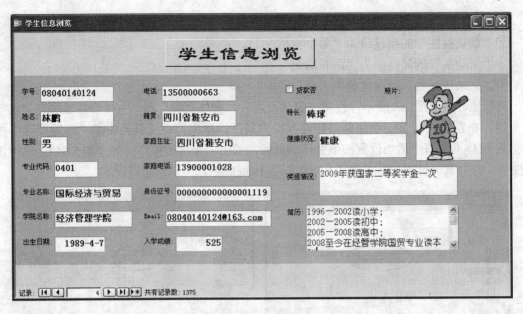

图 5.69　窗体"学生信息浏览"运行效果

【例 5.11】 复制窗体"学生信息浏览",并命名为"学生信息浏览—增加单选和切换按钮",要求添加一个单选按钮和一个切换按钮控件,它们的属性"控件来源"都对应数据源中的字段"贷款否"。

操作步骤如下。

(1)复制窗体并为新窗体命名。在"教学管理"数据库的"窗体"对象窗口中,右击窗体"学生信息浏览",在弹出的快捷菜单中选择"复制"命令,再在空白处右击,从弹出的快捷菜单中选择"粘贴"命令,在出现的"粘贴为"对话框中输入新窗体名称"学生信息浏览—增加单选和切换按钮",单击"确定"按钮,复制工作完成。

(2)添加单选按钮和切换按钮控件并设置其"控件来源"属性。打开窗体"学生信息浏览—增加单选和切换按钮"的设计视图窗口,参照图5.70所示,在主体节中添加一个单选按钮控件和一个切换按钮控件。注意:新添加的单选按钮控件由一个单选按钮(左边的 Option25)和一个标签(右边的Label26)共同组成,设置其属性时,应分别进行设置:左边的Option25是单选按钮,设置其"控件来源"属性为数据源中的"贷款否"字段;右边的标签 Label26 起说明作用,设置其"标题"属性为"贷款否"。新添加的切换按钮控件只有一个按钮图标,将其"控件来源"属性也设置为数据源中的"贷款否"字段。

(3)使用"视图切换"按钮查看设计效果,并关注主体节中的复选框、单选按钮和切换按钮是否有联动效应。当数据源中"贷款否"字段值为"是"时,复选框前面为"√",单选按钮中有黑点,切换按钮处于按下状态;当数据源中"贷款否"字段值为"否"时,复选框前面无"√",单选按钮中无黑点,切换按钮处于未按下状态。新窗体运行结果参考图5.71所示。

说明:在例 5.11 中同时用复选框、单选按钮和切换按钮来控制同一个数据源字段"贷款否",只是为了对照、比较三种控件的设计和使用技巧,而在实际使用中只要保留其中一种即可。

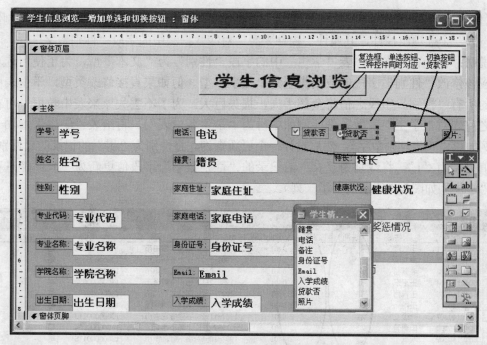

图 5.70　"学生信息浏览—增加单选和切换按钮"设计窗口

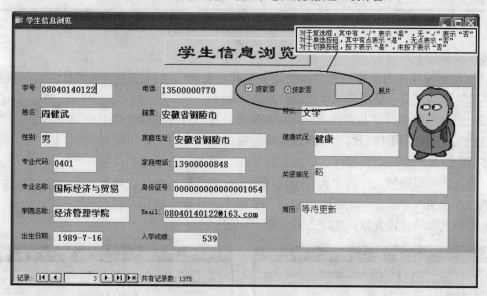

图 5.71　新窗体运行窗口

4. 选项组

在窗体中，选项组含有一个组框和一系列复选框、单选按钮或切换按钮。用户可以用选项组来显示或编辑一组限制性的选项值，使用选项组可以使选择值变得很容易，因为只要单击所需的选项即可。

若要将表中的某一字段绑定到选项组上，该字段的数据类型必须定义为数字型，而且其数值必须是 1、2、…与具体的选项相对应，例如，若要将选项组绑定到"学生"表中的"性别"字段上，那么，"性别"字段只能定义为数字型，而且其值必须是"1"或"2"，与"男"或"女"相对应。

【例 5.12】 复制窗体"学生信息浏览"，并命名为"学生信息浏览—使用选项组控制性别"，要求添加一个选项组控件，其属性"控件来源"对应数据源中的字段"性别数字"。

说明：由于在此之前，表"学生"中的字段"性别"为"文本"型，为了使用选项组控件，应该修改"性别"字段的数据类型为"数字"型。但如果直接修改类型，学生表中原来输入的所有"性别"字段之值将全部丢失，损失巨大。为了不丢失原来表中数据，可在做本例题之前先对"学生"表做备份（例如备份为"学生备份表"），再给表"学生"增加一个字段，例如可以叫"性别数字"，然后设计一个更新查询，将性别为"男"的记录的"性别数字"字段值更新为"1"，将性别为"女"的记录的"性别数字"字段值更新为"2"。经过更新后的表"学生"如图5.72所示（多了一列）。

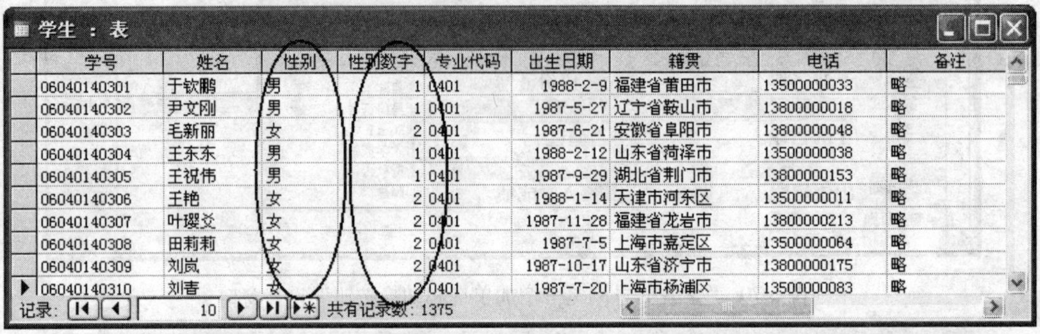

学号	姓名	性别	性别数字	专业代码	出生日期	籍贯	电话	备注
06040140301	于钦鹏	男	1	0401	1988-2-9	福建省莆田市	13500000033	略
06040140302	尹文刚	男	1	0401	1987-5-27	辽宁省鞍山市	13800000018	略
06040140303	毛新丽	女	2	0401	1987-6-21	安徽省阜阳市	13800000048	略
06040140304	王东东	男	1	0401	1988-2-12	山东省菏泽市	13500000038	略
06040140305	王祝伟	男	1	0401	1987-9-29	湖北省荆门市	13800000153	略
06040140306	王艳	女	2	0401	1988-1-14	天津市河东区	13500000011	略
06040140307	叶璎炎	女	2	0401	1987-11-28	福建省龙岩市	13800000213	略
06040140308	田莉莉	女	2	0401	1987-7-5	上海市嘉定区	13500000064	略
06040140309	刘岚	女	2	0401	1987-10-17	山东省济宁市	13800000175	略
06040140310	刘吉	女	2	0401	1987-7-20	上海市杨浦区	13500000083	略

记录：|◄ ◄ 10 ► ►| ►* 共有记录数：1375

图 5.72　添加了字段"性别数字"后的表"学生"

操作步骤如下。

（1）复制窗体并为新窗体命名。使用复制和粘贴功能将窗体"学生信息浏览"粘贴为新窗体"学生信息浏览—使用选项组控制性别"。

（2）添加选项组控件并跟随向导完成其属性设置。打开窗体"学生信息浏览—使用选项组控制性别"的设计视图窗口，参照图5.80所示，在主体节中添加一个选项组控件，如图5.73所示。添加了选项组控件的同时，进入选项组向导之一的"为每个选项指定标签"对话框，在两行上分别输入"男"、"女"，如图5.74所示。单击"下一步"按钮，进入选项组向导之二的"设置默认选项"对话框，如图5.75所示。

图 5.73　选项组控件

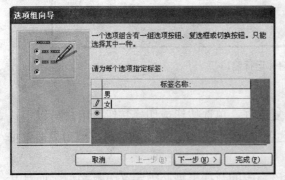

图5.74　选项组向导之一的"为每个选项指定标签"对话框

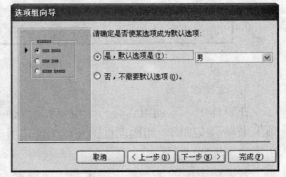

图5.75　选项组向导之二的"设置默认选项"对话框

单击"下一步"按钮，进入选项组向导之三的"为每个选项赋值"对话框，如图5.76所示。单击"下一步"按钮，进入选项组向导之四的"确定控件来源字段"对话框，如图5.77所示。

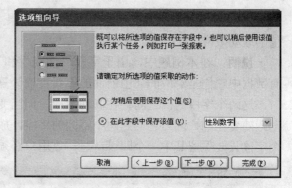

图 5.76 选项组向导之三的"为每个选项赋值"对话框   图 5.77 选项组向导之四的"确定控件来源字段"对话框

单击"下一步"按钮,进入选项组向导之五的"选择控件类型"对话框,如图5.78所示。单击"下一步"按钮,进入选项组向导之六的"指定控件标题"对话框,输入标题"性别",如图5.79所示。

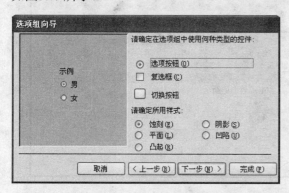

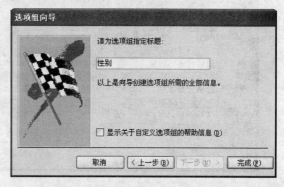

图 5.78 选项组向导之五的"选择控件类型"对话框   图 5.79 选项组向导之六的"指定控件标题"对话框

最后单击"完成"按钮,则选项组向导结束,得到类似于图5.80所示的设计视图。

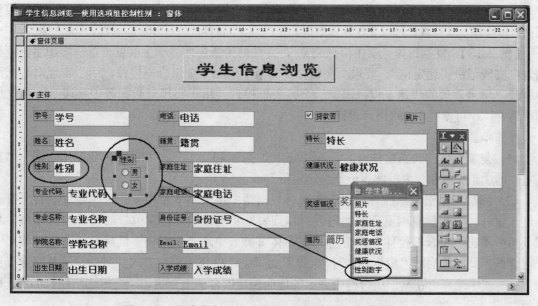

图 5.80 "学生信息浏览—使用选项组控制性别"设计窗口

（3）使用"视图切换"按钮查看设计效果（图5.81），关注选项组控件与原"性别"字段值的联动效应。

说明： 在本例题中，由于字段"性别"和"性别数字"是两个不同的字段，在数据源原有数据中它们是对应的（由前面的更新查询计算得到），故仅在图5.81中浏览数据（不做修改）时，这两个字段的值之间存在联动效应。但当变更其中某个字段的值时，另一个字段是不会自动跟随变化的，因为它们是两个不同的字段，放在这里只是为了比较效果。实际使用时，这两个字段只要保留其中一个即可，这一点用户必须清楚。

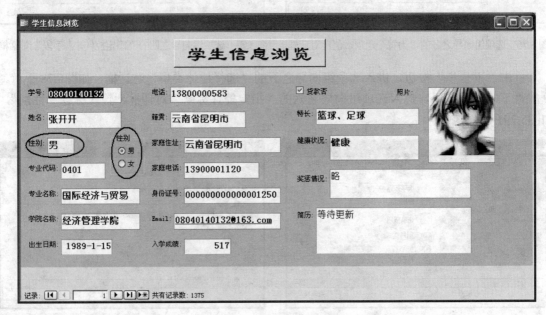

图 5.81　新窗体运行效果

5. 组合框与列表框

如果在窗体上输入的数据总是取自某一个表的可查询记录中的数据，就应该使用组合框控件或列表框控件。这样设计可以确保输入数据的正确性，同时可以有效地提高数据的输入速度。

【例 5.13】 复制窗体"学生信息浏览"，并粘贴为新窗体"学生信息浏览—增加组合框和列表框实现记录快速定位"。要求：在窗体页脚节中添加一个组合框控件，用于实现对数据源中字段"学号"值的快速定位；添加一个列表框控件，用于实现对数据源中字段"姓名"值的快速定位。可参照图5.82进行设计。

操作步骤如下。

（1）复制窗体并为新窗体命名。复制窗体"学生信息浏览"，并粘贴为新窗体"学生信息浏览—增加组合框和列表框实现记录快速定位"。

（2）添加一个组合框控件，用于实现对数据源中字段"学号"值的快速定位。首先打开并进入窗体"学生信息浏览—增加组合框和列表框实现记录快速定位"的设计视图窗口。从工具箱中单击"组合框控件"按钮，在窗体页脚节中适当位置按下鼠标左键并拖动画出一个组合框，此时将启动"组合框向导"，进入到"组合框获取数值方式"对话框，从向导提供的三种方式中选择"在基于组合框中选定的值而创建的窗体上查找记录"单选按钮，如图 5.83 所示。

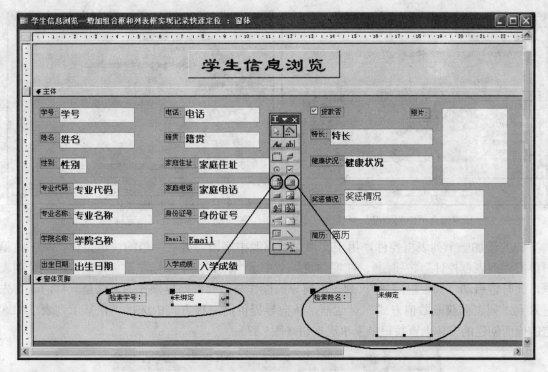

图 5.82　添加了组合框和列表框后的窗体设计视图

注意：如果在一个窗体设计窗口中启动"组合框向导"后只有前两种方式选择，即看不到第 3 种选择方式 "在基于组合框中选定的值而创建的窗体上查找记录"，说明此窗体设计中没有设定窗体的"记录源"属性。也就是说，当一个窗体没有和某个数据源建立捆绑关系时，是不可能设计这种具有快速查询定位功能窗体的，可参见图 8.51 所示。

单击"下一步"按钮，进入到"选择字段值"对话框，从左侧的"可用字段"中双击"学号"，将其选入到右侧的"选定字段"区域中，如图 5.84 所示。再单击"下一步"按钮，进入到"指定组合框中列宽度"对话框，可调整列的显示宽度，如图 5.85 所示。再单击"下一步"按钮，进入到"为组合框指定标签"对话框（将来出现在组合框前面的提示标签），为标签输入标题"检索学号："，如图 5.86 所示。

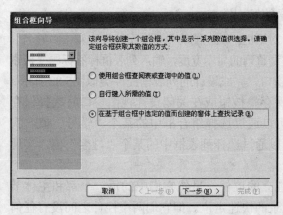

图 5.83　"组合框获取数值方式"对话框

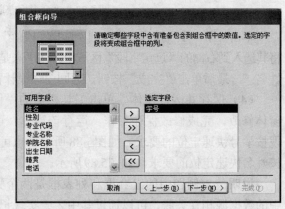

图 5.84　"选择字段值"对话框

单击"完成"按钮，则组合框按钮设计完成，返回窗体设计窗口，类似图 5.82 所示。

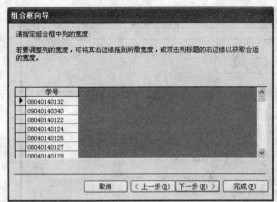

图 5.85 "指定组合框中列宽度"对话框

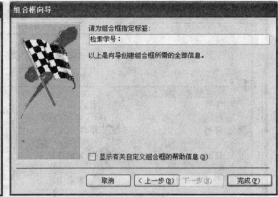

图 5.86 "为组合框指定标签"对话框

（3）添加一个列表框控件，用于实现对数据源中字段"姓名"值的快速定位。从工具箱中单击"列表框控件"按钮，在窗体页脚节中适当位置按下鼠标左键并拖动画出一个列表框，此时将启动"列表框向导"。列表框向导的操作与组合框向导操作的方法是一样的。首先进入到"列表框获取数值方式"对话框，从向导提供的三种方式中选择"在基于列表框中选定的值而创建的窗体上查找记录"单选按钮（图5.87）。

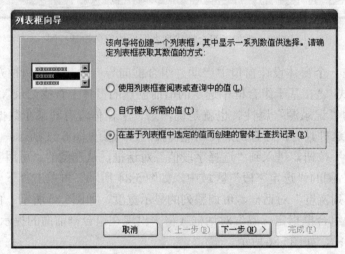

图 5.87 "列表框获取数值方式"对话框

单击"下一步"按钮，进入到"选择字段值"对话框，从左侧的"可用字段"中双击"姓名"，将其选入到右侧的"选定字段"区域中。接下来是调整列的显示宽度，输入列表框标签标题"检索姓名："。最后单击"完成"按钮，返回窗体设计窗口，完成设计的列表框控件类似图5.82所示。

（4）保存并运行窗体。单击工具栏上的"保存"按钮或在关闭设计视图窗口时选择保存窗体修改，完成修改保存工作。运行该窗体，可以通过选择组合框中的某个"学号"值，实现按学号快速定位的要求，如图5.88所示。也可以通过选择列表框中的某个"姓名"值，实现按姓名快速定位的要求，如图5.89所示。

说明： 本例题中的组合框和列表框是两个独立的控件，虽然它们中的每一个都和主体节中的数据源相互关联，可以通过其中之一实现记录的快速定位。但它们两个控件之间没有任何联系，操作其中一个时，另一个是不起作用的，也不会引起联动。采用组合框或列表框实现记录的快速定位是非常实用的功能。

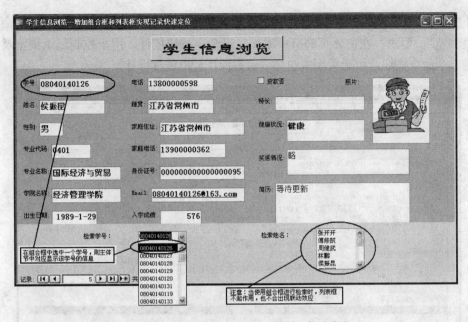

图 5.88　使用组合框实现按"学号"快速定位

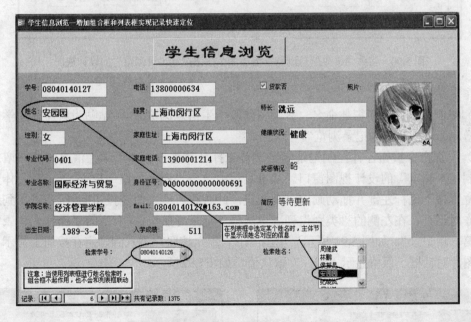

图 5.89　使用列表框实现按"姓名"快速定位

6. 命令按钮

在窗体中可以使用命令按钮来执行某个操作或某些操作。例如，可以创建一个命令按钮来打开另一个窗体或关闭本窗体，也可使用命令按钮来控制记录操作。如果要使用命令按钮执行窗体中的某个事件，可编写相应的宏或事件过程并将它附加在按钮的"单击"事件中。但在尚未学习宏和 VBA 之前，只能利用命令按钮向导来添加命令按钮。

使用"命令按钮向导"可以创建 30 多种不同类别的命令按钮，用户只需在创建过程中选择按钮的类别和操作，Access 将为用户自动创建按钮及事件过程。

【例 5.14】 复制窗体"学生信息浏览",并粘贴为新窗体"学生信息浏览—增加命令按钮控制记录浏览"。要求:在窗体页脚节中添加一组命令按钮控件,用于控制记录浏览及记录操作;添加一个命令按钮,用于关闭本窗体。可参照图5.90进行设计。

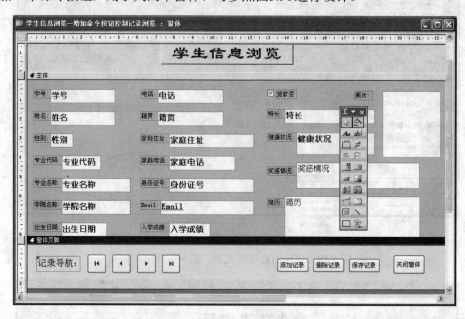

图 5.90 窗体"学生信息浏览—增加命令按钮控制记录浏览"的设计视图

操作步骤如下。

(1)复制窗体并为新窗体命名。复制窗体"学生信息浏览",并粘贴为新窗体"学生信息浏览—增加命令按钮控制记录浏览"。

(2)添加命令按钮控件控制记录浏览。首先打开并进入窗体"学生信息浏览—增加命令按钮控制记录浏览"的设计视图窗口。从工具箱中单击"命令按钮"控件 ,在窗体页脚节中适当位置按下鼠标左键并拖动画出一个按钮,此时将启动"命令按钮向导",进入到选择类别和操作对话框,在左侧的"类别"列表中选择"记录导航",在右侧的"操作"列表中选择"转至第一项记录",如图 5.91 所示。单击"下一步"按钮,进入到确定在按钮上显示文本还是显示图片对话框,保留显示"图片"默认值,如图5.92所示。

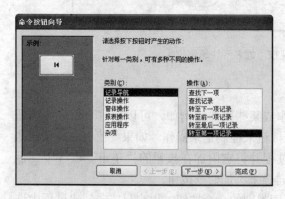

图 5.91 选择类别和操作对话框

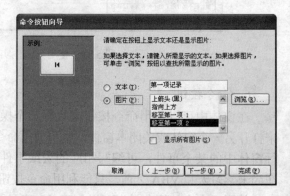

图 5.92 确定在按钮上显示文本还是显示图片对话框

· 222 ·

再单击"下一步"按钮，进入到指定按钮名称对话框，一般保留默认名称即可，如图5.93所示。单击"完成"按钮，则一个按钮设计完成，返回窗体设计窗口，如图5.94所示。

用类似的命令按钮添加方法，添加记录浏览（导航）的另外 3 个按钮：转至前一项记录◁、转至下一项记录▷、转至最后一项记录▷|。添加按钮完成后的设计视图类似图5.90所示。

（3）添加命令按钮控件控制记录操作。在窗体页脚节中再添加一个命令按钮，进入"命令按钮向导"的选择类别和操作对话框后，从左侧的"类别"列表中选择"记录操作"，从右侧的"操作"列表中选择"添加新记录"，如图5.95所示。单击"下一步"按钮，选择在按钮上显示"文本"并保留文本框内容"添加记录"不变，如图5.96所示。

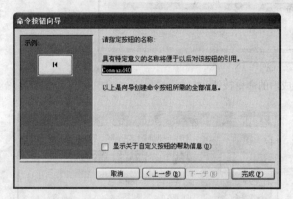

图 5.93　指定按钮名称对话框

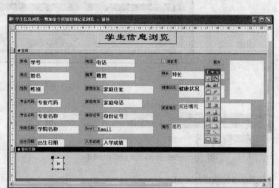

图 5.94　设计完成后的一个按钮

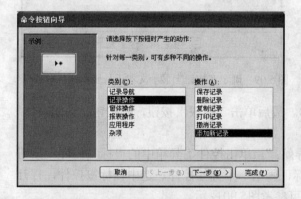

图 5.95　选择类别和操作对话框

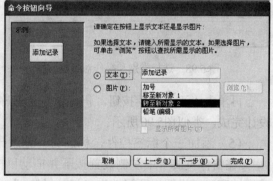

图 5.96　确定在按钮上显示文本还是显示图片对话框

再单击"下一步"按钮，仍保留按钮的默认名称。最后单击"完成"按钮，则按钮"添加记录"设计完成，如图5.97所示。

用类似的命令按钮添加方法，添加记录操作的另外 2 个按钮："删除记录"和"保存记录"（只是在图5.95中选择的操作有所不同而已），添加按钮完成后的设计视图类似图5.90所示。

（4）添加命令按钮控件控制窗体操作（关闭窗体）。再在窗体页脚节中添加一个命令按钮，进入"命令按钮向导"的选择类别和操作对话框后，从左侧的"类别"列表中选择"窗体操作"，在右侧的"操作"列表中选择"关闭窗体"，如图5.98所示。单击"下一步"按钮，选择在按钮上显示"文本"并保留文本框内容"关闭窗体"不变，如图5.99所示。

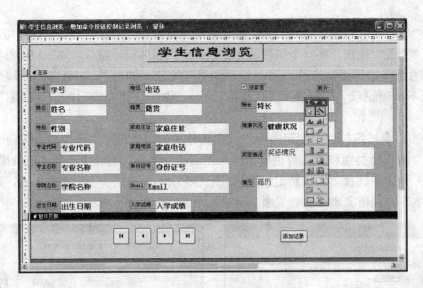

图 5.97 设计完成后的命令按钮

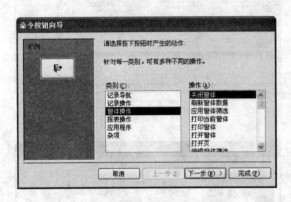

图 5.98 选择类别和操作对话框

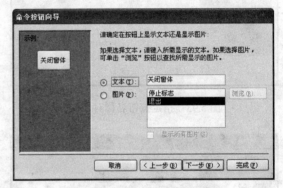

图 5.99 确定在按钮上显示文本还是显示图片对话框

再单击"下一步"按钮，仍保留默认名称。最后单击"完成"按钮，则按钮"关闭窗体"设计完成，类似图5.90所示。

（5）添加一个标签控件，标题为"记录导航："。单击控件工具箱中的"标签控件"按钮 **Aa**，在窗体页脚节中左侧位置按下并拖动鼠标，画出一个标签控件。选中该标签控件，打开其属性窗口，设置标题属性为"记录导航："，可参考图5.90所示。

（6）保存设计视图，并运行窗体，通过单击各命令按钮，以便查看运行效果。

7. 子窗体控件

子窗体是窗体中的窗体。基本窗体称为主窗体，窗体中的窗体称为子窗体。Access 的一个窗体中可以包含多个表或查询中的数据，多表之间一般具有"一对多"的连接关系。使用工具箱中的"子窗体/子报表"控件 可以在已建好的主窗体上添加子窗体。

【例 5.15】 复制窗体"学生信息浏览—增加组合框和列表框实现记录快速定位"，并粘贴为新窗体"学生信息浏览—增加成绩子窗体"。要求：重新排列主体节中的数据摆放位置，并在主体节中添加一个子窗体控件，用于实现对学生基本信息和课程成绩的同屏浏览功能。可参照图5.100进行设计。

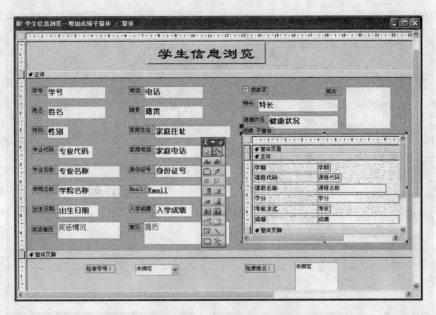

图 5.100　添加了成绩子窗体的窗体设计视图

操作步骤如下。

（1）复制窗体并为新窗体命名。复制窗体"学生信息浏览—增加组合框和列表框实现记录快速定位"，并粘贴为新窗体"学生信息浏览—增加成绩子窗体"。

（2）重新排列主体节中的数据摆放位置。在不增加主体节大小（高和宽）的前提下，通过适当移动和重新排列控件对象，为成绩子窗体留出位置。可参考图5.101进行控件的重排。

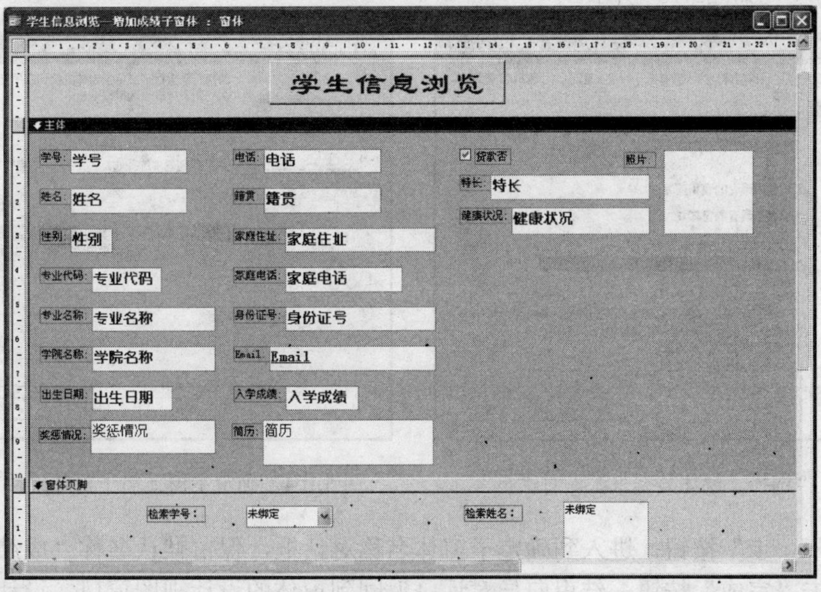

图 5.101　主体节中控件的重排

（3）在主体节中添加一个子窗体控件。从工具箱中单击"子窗体/子报表"控件 ，在主体节中预留位置按下鼠标左键并拖动画出一个子窗体，如图5.102所示。

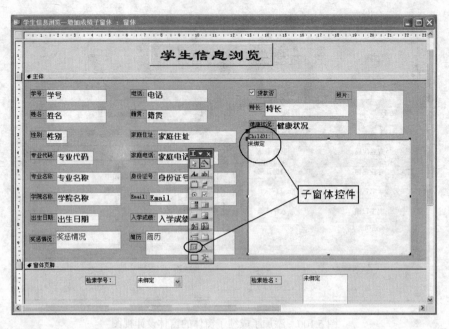

图 5.102 使用子窗体控件拖动产生的子窗体

　　拖放子窗体的同时将启动"子窗体向导"，并进入到"选择子窗体数据来源"对话框，此处选择"使用现有的窗体"单选按钮，并在现有窗体下拉列表中选择"成绩 子窗体"，如图5.103所示。单击"下一步"按钮，进入到确定主窗体与子窗体链接字段对话框，先选择"从列表中选择"单选按钮，再从下面的列表中选择行"对学生情况详细浏览中的每个记录用学号显示<SQL 语句>"，如图5.104所示。

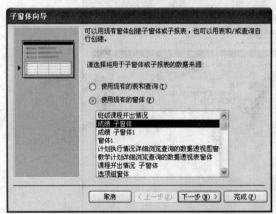

图 5.103 "选择子窗体数据来源"对话框

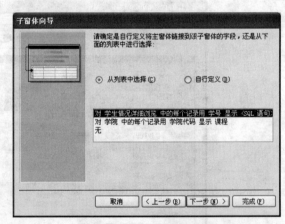

图 5.104 确定主窗体与子窗体链接字段对话框

　　单击"下一步"按钮，进入到确定子窗体名称对话框，保留默认名称"成绩子窗体"即可。最后单击"完成"按钮，结束向导对话，返回到窗体的设计视图窗口。设计完成的子窗体控件如图5.100所示。

　　（4）保存并运行窗体。先保存对窗体的设计修改，再运行该窗体，即可得到类似图 5.105所示的窗体运行结果。

　　说明：在窗体"学生信息浏览—增加成绩子窗体"的运行窗口（类似图 5.105 所示）中浏

览学生信息时，既可以使用窗口最下方的"记录导航"按钮切换记录，也可以使用组合框提供的快速检索学号功能以及使用列表框提供的快速检索姓名功能，"成绩子窗体"的内容永远和当前窗口中显示的学号保持一致。在学生信息浏览过程中，主体节中的"成绩子窗体"可能有数据记录（已输入全部或部分成绩信息），也可能没有数据记录（还没有输入成绩信息）。该窗体的功能除信息浏览之外，还能实现数据的输入和修改，是非常实用的一个窗体。

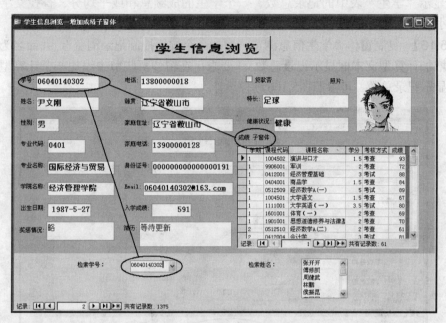

(a) 按"学号"检索

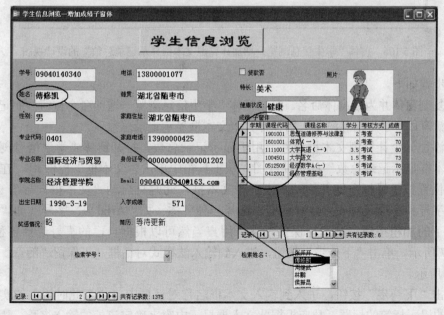

(b) 按"姓名"检索

图 5.105 窗体"学生信息浏览—增加成绩子窗体"的运行示意图

5.4 窗体设计综合举例

5.4.1 计算型文本框的设计方法

在窗体设计过程中，有时需要使用计算型文本框显示某种计算或统计数据结果，例如要在窗体中显示"学生"表中的记录总数、一个学生的成绩总和或平均分、查找某字段值的最大值与最小值等。计算型文本框还经常出现在第6章的报表设计中。

【例 5.16】 复制窗体"学生信息浏览—增加命令按钮控制记录浏览"，并命名为"学生信息浏览—增加计算型文本框显示记录总数"。要求：在窗体页脚节中添加一个计算型文本框控件，用于显示记录总数。可参照图5.106进行设计。

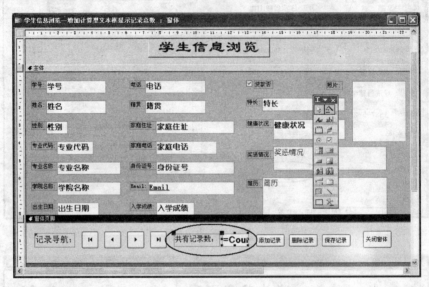

图 5.106　窗体"学生信息浏览—增加计算型文本框显示记录总数"的设计视图

操作步骤如下。

（1）复制窗体并为新窗体命名。复制窗体"学生信息浏览—增加命令按钮控制记录浏览"，并粘贴为新窗体"学生信息浏览—增加计算型文本框显示记录总数"。

（2）添加一个计算型文本框控件，用于显示记录总数。打开窗体"学生信息浏览—增加计算型文本框显示记录总数"的设计视图，从工具箱中单击"文本框"控件abl，在窗体页脚节中适当位置按下鼠标左键并拖动画出一个文本框，此时将启动"文本框向导"，进入到选择字体、字号和字形及对齐方式对话框，选择一种字体（如"Arial"）、字号（如"12"），并单击字形下的加粗按钮，其余可保持默认（用户当然可以根据自己的喜好选择各种修饰），如图 5.107 所示。单击"下一步"按钮，进入到输入法模式对话框，可保留"随意"默认值，如图5.108所示。

再单击"下一步"按钮，进入到输入文本框名称对话框中，注意此时输入的实际上是文本框前面的提示标签的标题，故应根据此文本框显示内容来确定该处的输入名称。因本例题设计目的是要在此文本框中显示学生记录数（通过计算得到），所以在此处输入"共有记录数："，如图5.109所示。单击"完成"按钮，则一个未绑定型的文本框控件设计完成，如图5.110所示。

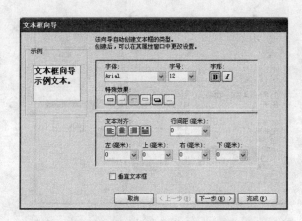

图 5.107　选择字体、字号、字形等属性对话框

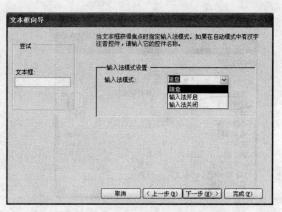

图 5.108　确定输入法模式对话框

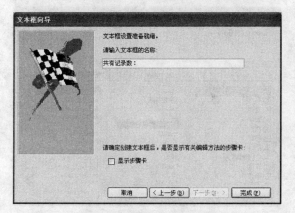

图 5.109　输入文本框名称对话框

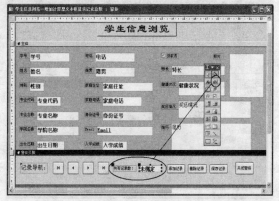

图 5.110　设计完成后的文本框控件（属于未绑定型）

接下来为添加的未绑定型文本框添加计算公式。打开未绑定文本框的属性窗口，如图5.111所示。通常有两种方法完成此操作：一是直接在"控件来源"属性右侧的文本框中输入计算公式:=Count（[学号]），该方法简单明了、方便快捷，适合于熟悉常用函数操作的用户；二是使用"控件来源"属性右边的按钮囗通过"表达式生成器"对话框来完成有关计算公式的选择与参数配置工作，该方法具有通用性，能够充分挖掘和展示 Access 中"表达式生成器"的强大功能。下面介绍使用"表达式生成器"创建计算公式的方法。

单击"控件来源"属性右边的按钮囗，打开"表达式生成器"对话框，在"表达式生成器"下方左侧框中，双击"函数"类型前面的"+"将其展开，从展开的二级文件夹中单击"内置函数"，再从中间框列出的 Microsoft Access 函数类别中选择"SQL 聚合函数"，最后双击右侧框中的 Count 函数，则在上方的表达式框中出现表达式 Count(«expr»)，如图5.112 所示。

将光标定位（选定）到 Count 函数表达式的参数"«expr»"之上，如图5.113 上部所示，在"表达式生成器"下方左侧框中，单击文件夹"学生信息浏览—增加计算型文本框显示记录总数"，再从中间框列出的控件对象中双击"学号"，则此时上方的表达式框中表达式变为Count([学号])，如图5.114所示。

单击"确定"按钮，返回文本框属性窗口，在"控件来源"属性中显示的就是前面设计的计算公式。关闭文本框属性窗口，返回到窗体的设计视图窗口，如图5.106所示。

保存窗体设计，运行结果如图5.115所示。

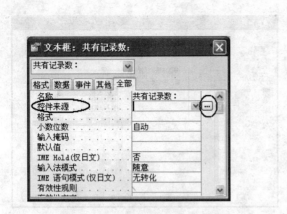

图 5.111　未绑定文本框的属性窗口

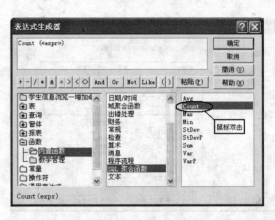

图 5.112　在表达式生成器中选中并双击 Count 函数

图 5.113　进一步设置函数的参数

图 5.114　设置完成后的 Count 函数

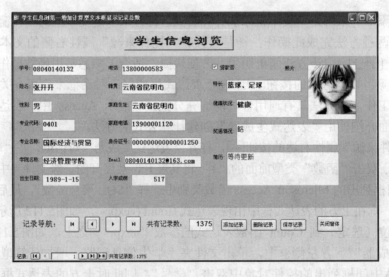

图 5.115　窗体"学生信息浏览—增加计算型文本框显示记录总数"的运行结果

5.4.2　切换面板窗体设计

前面使用向导法和设计视图法创建的窗体都是一个个独立的窗体，它们均以窗体对象的形式存放在数据库"窗体"对象的窗口中（图5.116），可以选中并运行其中任何一个窗体对象。

当创建的窗体数量越来越多时，这种分散的存放模式难免让人感觉有点乱。针对这个问题，Access 为用户提供了一种称为切换面板的窗体管理方法。切换面板又称为主窗体，它采用树形结构模式，主要用来管理现有的各个窗体对象，它将分散的窗体对象分门别类地集成在一个主窗体中供用户进行选择和切换，即通过切换面板实现了将各个窗体的分类组合与统一管理。

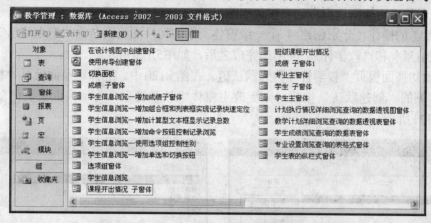

图 5.116　教学管理数据库的"窗体"对象列表

【例 5.17】　创建教学管理数据库系统的切换面板。要求：将例 5.1～例 5.16 创建的所有窗体划分为"学生信息"、"专业信息"、"课程信息"和"教学计划"4 个窗体类型，放入切换面板主窗体"教学管理"中实行统一管理。运行结果类似图5.117所示。

操作步骤如下。

（1）打开"切换面板管理器"。选择"工具"|"数据库实用工具"|"切换面板管理器"命令，并在是否创建一个切换面板对话框中单击"是"按钮，系统弹出"切换面板管理器"对话框，如图5.118所示。

图 5.117　教学管理主窗体（切换面板）

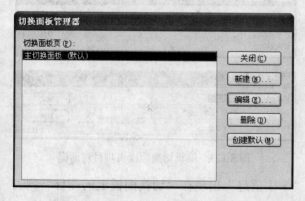

图 5.118　"切换面板管理器"对话框

图 5.119　新建切换面板页"教学管理"

（2）创建主窗体名称以及一级窗体类别名称。根据题目要求，主窗体名称为"教学管理"，

4 个窗体类别名称分别为"学生信息"、"专业信息"、"课程信息"和"教学计划"。创建方法如下：

① 在图5.118中，单击右侧的"新建"按钮，在打开的新建"切换面板页名"文本框中输入"教学管理"，如图5.119 所示。单击"确定"按钮后，主窗体名称"教学管理"，出现在切换面板管理器的"切换面板页"列表中。

② 重复①的操作，分别创建 4 个一级窗体类别的切换面板页名称"学生信息"、"专业信息"、"课程信息"和"教学计划"。创建完成之后，如图5.120所示。

③ 更改切换面板页"教学管理"为默认值。在图5.120中，选择切换面板页"教学管理"后，单击右侧的"创建默认"按钮，则更改主窗体"教学管理"为切换面板页的默认启动入口，如图5.121所示。

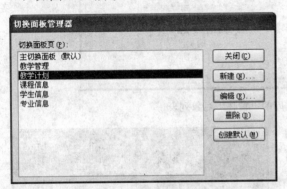

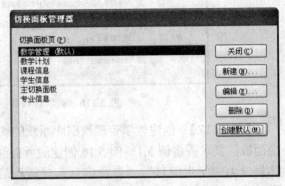

图5.120 创建完所有切换面板页后的"切换面板管理器"　　图5.121 更改切换面板页"教学管理"为默认值

（3）创建主窗体"教学管理"窗口中包含项目。在图5.121 中，选中切换面板页"教学管理"后，单击右侧的"编辑"按钮，打开"编辑切换面板页"对话框，如图5.122 所示。在这个对话框中，应将 4 个一级窗体类别的切换面板页名称通过"新建"功能完成链接。操作步骤如下。

① 在图5.122中，单击右侧的"新建"按钮，打开"编辑切换面板项目"对话框，在最上面的"文本"框中输入"学生信息"，保持"命令"行上的"转至'切换面板'"不变，从最下面一行"切换面板"右侧的下拉列表中选择"学生信息"，如图5.123所示。

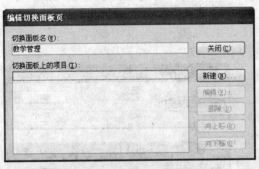

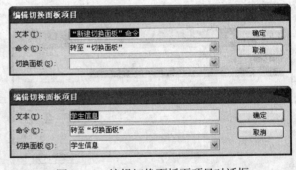

图 5.122　"编辑切换面板页"对话框　　　　图 5.123　编辑切换面板页项目对话框

单击"确定"按钮后，切换面板页名称"学生信息"出现在"切换面板上的项目"列表中，如图5.124所示。

② 重复①的操作，分别添加另外 3 个切换面板页名称"专业信息"、"课程信息"和"教学计划"到"切换面板上的项目"列表中。创建完成之后，如图5.125所示。

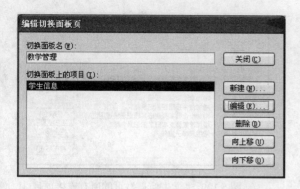

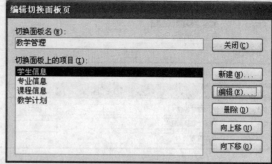

图5.124 添加"学生信息"到切换面板上的项目列表中　　　图5.125 添加4个窗体类别到切换面板上的项目列表中

③ 在图5.125中，单击对话框右上角的"关闭"按钮，则完成主窗体"教学管理"的窗口设计，返回到图5.121所示的"切换面板管理器"中。

（4）创建切换面板页"学生信息"的项目窗口。在图5.121所示的"切换面板管理器"对话框中，选择切换面板页"学生信息"后，单击右侧的"编辑"按钮，打开"编辑切换面板页"对话框，如图5.126所示。在这个对话框中，应将前面例题中与学生信息有关的窗体（注意不能多于7个），通过"新建"功能链接进来。操作步骤如下。

① 在图5.126中，单击右侧的"新建"按钮，打开"编辑切换面板项目"对话框，在最上面的"文本"框中输入其中一个窗体名称"学生表的纵栏式窗体"，从"命令"下拉列表中选择"在'编辑'模式下打开窗体"，从最下面一行"窗体"下拉列表中选择窗体名称"学生表的纵栏式窗体"，如图5.127所示。单击"确定"按钮后，窗体名称"学生表的纵栏式窗体"出现在"切换面板上的项目"列表中。

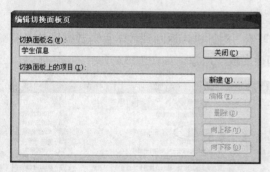

图5.126 "编辑切换面板页"对话框

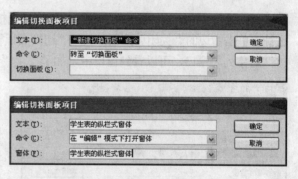

图5.127 编辑切换面板页项目对话框

② 重复①的操作，分别添加另外6个窗体名称（可参见图5.129）到"切换面板上的项目"列表中。

③ 添加一个返回到上级窗口的项目。在切换面板页"学生信息"中添加完不超过7个与学生信息有关的窗体之后，还必须添加一个能够返回到上一级窗口的项目。在类似图5.126中，单击"新建"按钮，在对应位置输入图5.128中内容，则一个被称为"返回教学管理"的项目出现在"学生信息"窗口中，如图5.129所示。

④ 在图5.129中，单击对话框右上角的"关闭"按钮，则完成切换面板页"学生信息"的连接项目设计，返回到图5.121所示的"切换面板管理器"中。

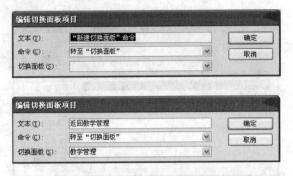

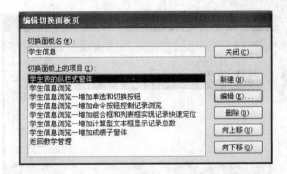

图 5.128　编辑"返回教学管理"项目　　　　　　　图 5.129　"学生信息"页的所有连接项目

（5）参照第（4）步，类似地创建切换面板页"专业信息"、"课程信息"和"教学计划"的连接项目。完成后的各个页中包含的项目类似图5.130、图5.131和图5.132所示。

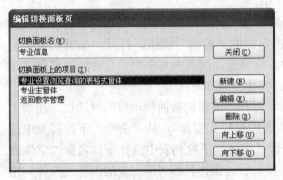

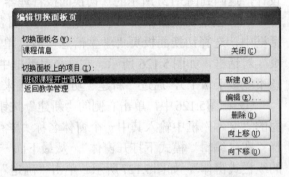

图 5.130　"专业信息"页的连接项目　　　　　　　图 5.131　"课程信息"页的连接项目

（6）到此为止，在图5.121所示的"切换面板管理器"对话框中的各个切换面板页均已完成设计。单击右边的"关闭"按钮，关闭"切换面板管理器"对话框，返回到教学管理数据库的"窗体"对象列表窗口，可以看到窗口中增加了一个"切换面板"对象，如图5.133所示。

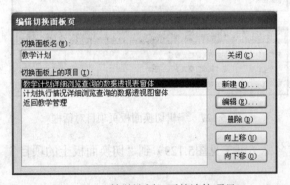

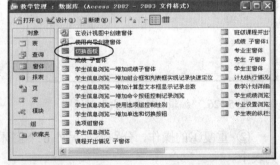

图 5.132　"教学计划"页的连接项目　　　　　图 5.133　"窗体"对象窗口增加了"切换面板"对象

（7）运行主窗体"切换面板"，查看运行效果。双击"切换面板"对象，看到如图5.134所示的运行窗口，单击4个一级窗体类别的任何一个，即可进入该类别包含的下级项目窗口。例如单击"学生信息"，则进入到如图5.135所示的学生信息项目窗口，此窗口中包含7个独立窗体项目和1个返回上级窗口的项目。单击任何一个窗体项目，即可实现学生信息的浏览与编辑功能，操作简单明了。单击"返回教学管理"项目，则返回到上一级窗口，又可进行其他类别的操作。

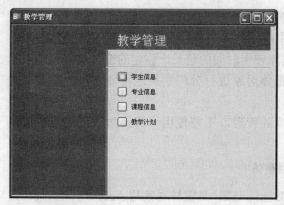
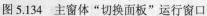
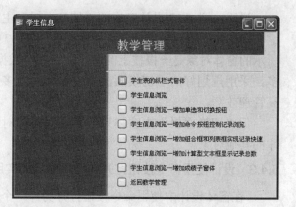

图 5.134　主窗体"切换面板"运行窗口　　　　图 5.135　"学生信息"页运行结果

（8）对主窗体"切换面板"的外观进行美化修饰。进入"切换面板"的设计视图窗口，在左边位置添加一个图像控件，在弹出的插入图片对话框中添加准备好的图片文件，并设置图像控件的相关属性，如图 5.136 所示。用户还可根据自己的喜好在设计视图中增加标签控件（图5.137和图5.138）、修饰线条等。

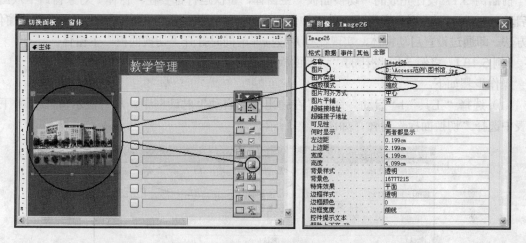

图 5.136　为主窗体"切换面板"增加图像控件并设置相关属性

（9）保存修改并重新运行"切换面板"，得到如图5.137和图5.138所示的运行效果。

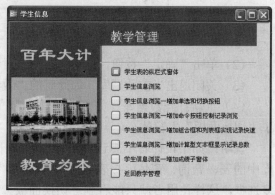

图 5.137　修饰后的"切换面板"运行效果　　　　图 5.138　修饰后的"学生信息"页运行效果

说明：例 5.17 设计完成的"切换面板"主窗体，像一棵大树（确切说是一个树形结构），这个"切换面板"主窗体是大树的根，图5.137中所示的 4 个窗体类别是大树的枝，图5.138 中所示的窗体对象是一根枝上的叶。随着一个数据库使用时间的延长，创建的窗体对象会越来越多，采用规划好的"切换面板"主窗体对众多窗体对象进行分门别类地管理，将会极大地提高管理效率。

但"切换面板"主窗体只能实现对窗体对象的管理，不能使用"切换面板"来管理数据库的其他对象。

5.4.3　设计使用命令按钮打开数据库对象的实用窗体

在窗体设计中使用命令按钮打开另外一个数据库对象，是窗体对象与 Access 其他对象（尤其是宏对象与查询对象等）之间相互调用的首选方法，这类综合设计题目一般离不开宏对象，故此处只提出设计应用方向，等介绍完宏对象设计后再一起讨论，可参见 8.4 节中的例 8.7 和例 8.8。

5.4.4　设置启动窗体

前面例 5.17 设计完成的"切换面板"主窗体，每次运行都要在"窗体"对象窗口中双击才能启动。Access 还为用户提供了一种更加便利地打开"切换面板"主窗体（也可以是其他窗体）的方法。即通过设置启动窗体，实现在打开数据库的同时打开"切换面板"主窗体。

【例 5.18】　将例 5.17 设计的"切换面板"主窗体设置为启动窗体。

操作步骤如下。

（1）选择"工具"|"启动"命令，在弹出的"启动"对话框中，从"显示窗体/页"下拉列表中选择"切换面板"窗体，如图5.139所示。

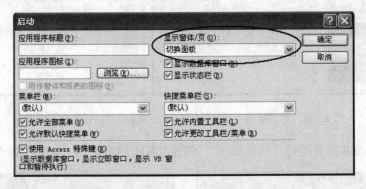

图 5.139　在"启动"对话框中设置启动窗体

（2）单击"确定"按钮，结束"启动"对话框设置。

（3）关闭退出当前数据库（如此时的"教学管理"数据库）。

（4）重新打开数据库（如"教学管理"），即可看到系统在打开数据库的同时，自动运行了"切换面板"主窗体。

说明：如果设计者不想让使用者看到打开的数据库窗口，也就是不想让使用者看到数据库中的表、查询、窗体、报表等时，可以在"启动"对话框中取消选中"显示数据库窗口"复选框，这样使用者就只能看到"切换面板"。只能通过各个窗体的运行窗口来和后台的数据打交道，从而在一定程度上保证了系统数据的安全性。

习 题 5

1. 思考题

（1）简述窗体的作用。

（2）简述窗体由哪些"节"组成。

（3）简述窗体的数据源有哪几类。

（4）窗体有几种类型？简述其不同之处。

（5）什么是主/子窗体？如何创建主/子窗体？

（6）简述窗体属性与窗体控件属性之间的关系。

2. 选择题

（1）在 Access 中，窗体是指_____。

    A）数据库中各个表的清单　　　　　B）一个表中各个记录的清单

    C）数据库中查询的列表　　　　　　D）窗口界面

（2）_____节在窗体每页的顶部显示信息。

    A）主体　　　　　B）窗体页眉　　　　　C）页面页眉　　　　　D）控件页眉

（3）使用_____创建的窗体灵活性最小。

    A）设计视图　　　　　　　　　　　B）自动窗体

    C）窗体视图　　　　　　　　　　　D）窗体向导

（4）工具箱中的 abl 按钮，用于创建_____控件。

    A）标签　　　　　　　　　　　　　B）文本框

    C）列表框　　　　　　　　　　　　D）复选框

（5）工具箱中的 按钮，用于创建_____控件。

    A）组合框　　　　　　　　　　　　B）文本框

    C）列表框　　　　　　　　　　　　D）复选框

（6）通过修改_____，可以改变窗体或控件的外观。

    A）窗体　　　　　B）属性　　　　　C）设计　　　　　D）控件

（7）列表框可以通过_____途径得到它的值。

    A）用户的输入　　　B）已有的表　　　C）已有的查询　　　D）以上全部

（8）在 Access 的窗体设计视图中，可以使用_____上的相应按钮打开窗体属性窗口。

    A）工具箱　　　　　　　　　　　　B）生成器

    C）"窗体设计"工具栏　　　　　　　D）"格式"工具栏

（9）在_____窗体中可以浏览多条记录的数据。

    A）表格式　　　　　　　　　　　　B）数据表

    C）纵栏式　　　　　　　　　　　　D）以上三者均可

（10）切换面板_____。

    A）提供一个简单的人机对话界面，用于在数据库中打开、调用其他对象

    B）允许用户从列表中选择字段的值

    C）允许用户从字段的现有列表中选择值，或输入列表中没有的值

    D）显示一对多关系中"多"方的表中的信息

（11）在 Access 中，可以在窗体页眉节中显示窗体的标题，用"＿＿＿＿＿"菜单中的相应命令添加窗体页眉。

    A）插入   B）格式   C）视图   D）工具

（12）在 Access 窗体中，显示于每一打印页底部的信息是＿＿＿＿＿＿＿＿＿。

    A）窗体页眉   B）窗体页脚   C）页面页眉   D）页面页脚

3．上机操作题

在"教学管理"数据库中，创建以下窗体。

（1）有选择地创建本章例题中的窗体。

（2）利用窗体设计器，根据表"学院"和"课程"，创建主/子窗体"按学院浏览课程窗体"。

（3）利用窗体设计器，根据表"学院"和"教师"，创建主/子窗体"按学院浏览教师窗体"。

实验 9　使用向导创建窗体

一、实验目的和要求

1．熟悉窗体的类型。

2．掌握使用"自动创建窗体"向导创建纵栏式、表格式和数据表窗体的操作方法。

3．熟悉使用"自动窗体"向导创建数据透视表、数据透视图的操作方法。

4．掌握使用"窗体向导"创建窗体（尤其是主/子窗体）的操作方法与设计技巧。

二、实验内容

1．完成例 5.1 的设计要求。

本实验内容练习重点：

① 使用"自动创建窗体：纵栏式"向导方法创建某个表或查询的纵栏式窗体，方法简便、快速且实用。在这种窗体界面中，用户可以完整地查看、维护一条记录的全部数据，通过窗体下面的"记录导航"按钮，查看其他记录数据。

② 使用此法创建窗体时，数据源只能是一个表或一个查询。

2．完成例 5.2 的设计要求。

本实验内容练习重点：

① 使用"自动创建窗体：表格式"向导方法创建的表格式窗体，数据源也只能是一个表或一个查询。

② 使用此法创建的窗体，可以利用"格式"菜单（或"格式"工具栏）改变字段的字体、字号、对齐方式、填充色、字体颜色、边框颜色，还可以在字段中使用阴影、三维效果等特殊修饰以及下拉式字段控制功能，从而设计出更加漂亮美观的窗体界面。

3．完成例 5.3 的设计要求。

本实验内容练习重点：

① 使用"自动创建窗体：数据表"向导方法创建的数据表窗体，数据源也只能是一个表或一个查询。

② 使用此法创建的窗体，也可以利用"格式"菜单（或"格式"工具栏）改变字段的字体、字号、字体颜色等，但和实验内容 2 中的操作有明显不同，请用户注意它们之间的区别。

③ 数据表窗体非常有用，经常出现在主/子窗体设计中。

4．完成例 5.4 的设计要求。

本实验内容练习重点：

① 使用"自动窗体：数据透视表"向导方法创建的数据透视表窗体，功能非常强大。但其数据源只能是一个表或一个查询（本练习内容中数据源是一个查询）。

② 使用此法创建窗体的关键在于如何确定数据透视表的布局。即在数据透视表设计窗口中确定数据源中哪个字段作行字段、列字段、筛选字段、汇总或明细字段，不同的选择会得到不同的结果。

③ 选取字段到指定区域有两种方法：拖动字段法和使用"添加到"按钮法。

④ 筛选字段的设置方法。

⑤ 窗口数据的查看方法。

⑥ "添加到"按钮的使用方法。

5．完成例 5.5 的设计要求。

本实验内容练习重点：

① 使用"自动窗体：数据透视图"向导方法创建的数据透视图窗体，功能强大。其数据源也只能是一个表或一个查询（本练习内容中数据源是一个查询）。

② 使用此法创建窗体的关键在于如何确定数据透视图的布局。即在数据透视图设计窗口中确定数据源中哪个字段作分类字段、数据字段和筛选字段，不同的选择会得到不同的透视图结果。并掌握拖动字段到指定区域的方法。

③ 筛选字段的设置方法。

④ 数据透视图的设置方法。

6．完成例 5.6 的设计要求。

本实验内容练习重点：

① 使用"窗体向导"方法创建一个具有主/子窗体结构的窗体，是使用各种向导法创建窗体中的重要组成内容，其功能非常强大。其数据源可以是多个表或查询（本练习内容中数据源是一个查询）。

② 使用此法创建窗体的关键在于如何确定主窗体信息与子窗体布局。

③ 确定主/子窗体名称。

④ 主/子窗体名称在"窗体"对象列表窗口中的保存信息。

⑤ 运行主/子窗体结构时应选择主窗体名称运行（单独运行子窗体将只看到数据表——子窗体信息）。

⑥ 主/子窗体中两套"记录导航"按钮的使用方法以及两套"记录导航"按钮之间的影响关系。

7．完成例 5.7 的设计要求。

本实验内容练习重点：

① 本实验内容的操作方法与实验内容 6 非常相似，不同之处在于主窗体信息是"通过专业"，此时的子窗体由 1 个变成了 2 个。

② 确定主窗体和两个子窗体的名称。

③ 运行主/子窗体结构时会发现：两个子窗体之间又组成了一个新的"主—子关系"。

④ 主/子窗体中三套"记录导航"按钮之间的相互影响关系。

8．完成例 5.8 的设计要求。

本实验内容练习重点：

① 本实验内容的数据源有两个：一个是表"班级"，另一个是查询"计划执行情况详细浏览"。

② 字段选取技巧。

③ 确定主窗体信息与子窗体布局。

④ 确定主窗体和子窗体的名称。

实验 10　使用设计视图创建与修改窗体

一、实验目的和要求

1．熟悉窗体"设计视图"窗口的组成及各自功能。

2．掌握"属性窗口"的操作方法。

3．掌握常用控件（标签、文本框、复选框、单选按钮、切换按钮、选项组、组合框、列表框、命令按钮、子窗体）的设计方法。

4．掌握使用"设计视图"修改窗体的操作方法。

二、实验内容

1．完成例 5.9 的设计要求。

本实验内容练习重点：

① 如何尽量扩大窗体的设计视图窗口，以便得到运行窗口更大、包含信息更多的运行结果。

② 增加主窗体中主体节的高度和宽度的操作方法。

③ 增加子窗体控件的宽度和高度的操作方法。

④ 移动窗体中控件，改变控件的字体、字号，并重新对齐控件的操作方法。尤其是在控件的移动与改变控件大小的相关操作中，熟练掌握微调键（Shift+方向键）和微移键（Ctrl+方向键）的使用方法。

⑤ 在修改窗体设计的过程中，可以利用工具栏上的"视图切换"按钮（ ▣ · 或 ◤ · ），在设计视图和窗体运行视图中反复切换与查看，直到修改满意为止。

⑥ 修改过程中应随时保存对窗体所做的修改。

⑦ 掌握先用窗体向导等方法建立起窗体的框架，再使用窗体设计视图进行完善与修改，从而达到快速创建实用窗体的操作思路。

⑧ 修改前后的窗体运行效果对比。

2．完成例 5.10 的设计要求。

本实验内容练习重点：

① 添加"窗体页眉/页脚"节的方法。

② 设置窗体、窗体页眉/页脚节以及主体节属性的方法。

③ 添加标签控件并设置属性的方法。

④ 从字段列表中拖动字段到主体节并使用对齐工具排列控件的方法。

3．完成例 5.11 的设计要求。

本实验内容练习重点：

① 窗体对象的复制方法。

② 添加单选按钮和切换按钮控件并设置其"控件来源"属性的方法。

③ 关注主体节中的复选框、单选按钮和切换按钮是否有联动效应。

④ 在一个练习内容中同时用复选框、单选按钮和切换按钮来控制同一个数据源字段"贷款否"，只是为了对照、比较三种控件的设计和使用技巧，而在实际使用中只要保留其中一种即可。

4．完成例 5.13 的设计要求。

本实验内容练习重点：

① 添加组合框控件并跟随"组合框向导"设置其属性的方法。

② 要实现使用组合框控件查找记录的功能，应在"组合框获取数值方式"对话框中选择"在基于组合框中选定的值而创建的窗体上查找记录"。

③ 添加列表框控件并跟随"列表框向导"设置其属性的方法。

④ 要实现使用列表框控件查找记录的功能，应在"列表框获取数值方式"对话框中选择"在基于列表框中选定的值而创建的窗体上查找记录"。

⑤ 本实验内容中的组合框和列表框是两个独立的控件，虽然它们中的每一个都和主体节中的数据源相互关联，可以通过其中之一实现记录的快速定位。但它们两个控件之间没有任何联系，操作其中一个时，另一个是不起作用的，也不会引起联动。采用组合框或列表框实现记录的快速定位是非常实用的功能。

5．完成例 5.14 的设计要求。

① 命令按钮控件用途广泛，使用"命令按钮向导"可以创建 6 个大类的 30 多种具有不同功能的命令按钮，用户只需在创建过程中选择按钮的"类别"和"操作"，Access 将为用户自动创建按钮及事件过程。

② 添加命令按钮控件控制记录浏览（包括转至第一项、前一项、后一项、最后一项记录等）的方法。

③ 添加命令按钮控件控制记录操作（包括添加记录、删除记录、保存记录等）的方法。

④ 添加命令按钮控件用于关闭本窗体的操作方法。

6．完成例 5.15 的设计要求。

本实验内容练习重点：

① 在主体节中添加子窗体控件的方法。

② 使用"子窗体向导"进行"选择子窗体数据来源"的设置方法。

③ 确定主窗体与子窗体链接字段的方法（选择行"对学生情况详细浏览中的每个记录用学号显示<SQL 语句>"）。

④ 在主体节中添加子窗体控件后，可以实现对学生基本信息和课程成绩的同屏浏览功能。

实验 11　窗体综合设计

一、实验目的和要求

1．掌握计算型文本框的设计方法。

2．掌握切换面板窗体的设计方法。

3．掌握启动窗体的设置方法。

二、实验内容

1．完成例 5.16 的设计要求。

本实验内容练习重点：

① 计算型文本框控件属于未绑定型的文本框控件。

②"文本框向导"的使用与设置方法。

③ 为未绑定型文本框添加控件来源计算公式"Count（[学号]）"的两种操作方法：一是在"控件来源"属性的文本框中直接输入公式的方法；二是使用"控件来源"属性右边的按钮[...]通过"表达式生成器"对话框来完成有关计算公式的选择与参数配置工作的操作方法。

2．完成例 5.17 的设计要求。

本实验内容练习重点：

①"切换面板管理器"的启动方法。

② 新建"切换面板页"的方法。

③ 更改切换面板页"教学管理"为默认值的操作方法。

④ 为切换面板页"教学管理"链接其下 4 个一级切换面板页名称的方法（特别注意：此时应保持"命令"行上的"转至切换面板"不变）。

⑤ 为切换面板页"学生信息"链接其下 7 个具体窗体对象的方法（特别注意：此时应从"命令"行下拉列表中选择"在编辑模式中打开窗体"）。

⑥ 为切换面板页"学生信息"链接其下一个"返回教学管理"项目的方法（特别注意：此时应从"命令"行下拉列表中选择"转至切换面板"）。

⑦ 保存并运行"切换面板"的操作方法。

⑧ 对主窗体"切换面板"的外观进行美化修饰（如添加照片、提示标签、修饰线条等）的操作方法。

⑨ 当系统创建了"切换面板"主窗体之后，数据库的"表"对象列表中会增加一个名为"Switchboard Items"的表，表中详细记录了该切换面板的分类方法与设计流程。

3．完成例 5.18 的设计要求。

本实验内容练习重点：

①"启动"对话框的打开方法。

② 选择"显示窗体"的方法。

第6章 报表设计

报表是 Access 的对象之一，是以打印的格式表现用户数据的一种有效方式。建立"报表"是为了以纸张的形式保存或输出信息。

报表中的大多数信息来自基本表、查询或 SQL 语句（它们是报表数据的来源）。报表中的其他信息存储在报表的设计中。

6.1 认识报表

6.1.1 报表的类型

Access 的报表主要分为纵栏式报表、表格式报表、图表报表和标签报表 4 种类型。

1. 纵栏式报表

纵栏式报表也称为窗体报表，其格式是在报表的一页上以垂直方式显示，在报表的"主体节"区显示数据表的字段名与字段内容。图 6.1 所示是以查询"学生情况详细浏览"为数据源的纵栏式报表。

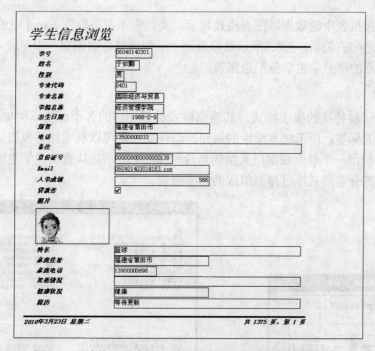

图 6.1 以查询"学生情况详细浏览"为数据源的纵栏式报表

2. 表格式报表

表格式报表的格式类似于数据表的格式，是以行、列的形式输出数据，因此可以在报表的一页上输出多条记录内容，此类报表格式属于最常见的报表格式。图 6.2 所示是以查询"专业设置浏览"为数据源的表格式报表。

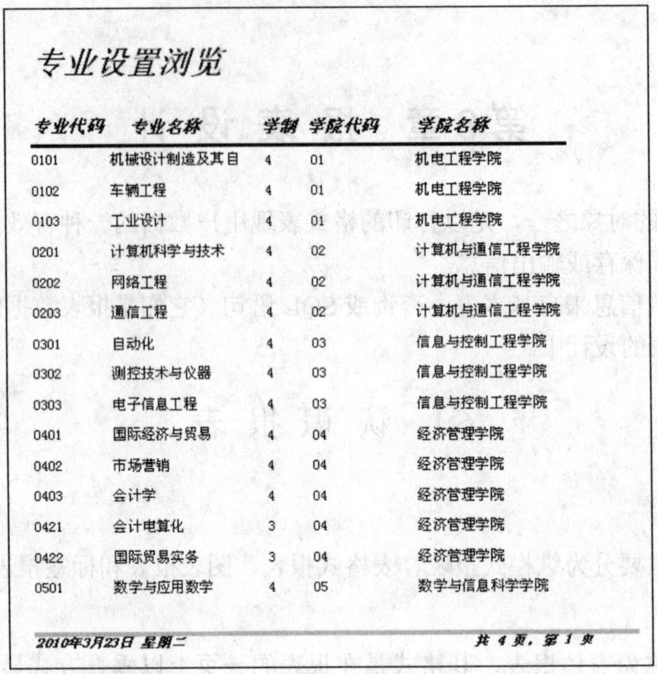

专业设置浏览

专业代码	专业名称	学制	学院代码	学院名称
0101	机械设计制造及其自	4	01	机电工程学院
0102	车辆工程	4	01	机电工程学院
0103	工业设计	4	01	机电工程学院
0201	计算机科学与技术	4	02	计算机与通信工程学院
0202	网络工程	4	02	计算机与通信工程学院
0203	通信工程	4	02	计算机与通信工程学院
0301	自动化	4	03	信息与控制工程学院
0302	测控技术与仪器	4	03	信息与控制工程学院
0303	电子信息工程	4	03	信息与控制工程学院
0401	国际经济与贸易	4	04	经济管理学院
0402	市场营销	4	04	经济管理学院
0403	会计学	4	04	经济管理学院
0421	会计电算化	3	04	经济管理学院
0422	国际贸易实务	3	04	经济管理学院
0501	数学与应用数学	4	05	数学与信息科学学院

2010年3月23日 星期二　　　　共 4 页，第 1 页

图 6.2　以查询“专业设置浏览”为数据源的表格式报表

3. 图表报表

图表报表是指报表中的数据以图表格式显示，类似电子表格软件 Excel 中的图表，图表可直观地展示数据之间的关系。图6.3所示是以查询“学生成绩详细浏览”中字段“姓名”和“学分”为数据源建立的部分学生学分汇总图表。

4. 标签报表

标签报表是一种特殊的报表格式，其输出格式类似制作的各个标签，例如在实际应用中，可制作学生信息的标签，用于邮寄学生的通知、信件等。也可以利用标签报表从某个数据表中采集数据，统一制作一个单位或部门人员的名片。图 6.4 所示是从查询“学生情况详细浏览”数据源中节选了部分字段后经过排列组成的标签报表。

图 6.3　部分学生的学分汇总图表

学生信息标签 : 报表

学号：06040140301　姓名：于钦鹏
性别：男　专业名称：国际经济与贸易
学院名称：经济管理学院
出生日期：1988-2-9
籍贯：福建省莆田市　特长：篮球
电话：13500000033
家庭住址：福建省莆田市
家庭电话：13900000898

学号：06040140302　姓名：尹文刚
性别：男　专业名称：国际经济与贸易
学院名称：经济管理学院
出生日期：1987-5-27
籍贯：辽宁省鞍山市　特长：足球
电话：13800000018
家庭住址：辽宁省鞍山市
家庭电话：13900000128

学号：06040140303　姓名：毛新丽
性别：女　专业名称：国际经济与贸易
学院名称：经济管理学院
出生日期：1987-6-21
籍贯：安徽省阜阳市　特长：音乐
电话：13800000048
家庭住址：安徽省阜阳市
家庭电话：13900000255

学号：06040140304　姓名：王东东
性别：男　专业名称：国际经济与贸易
学院名称：经济管理学院
出生日期：1988-2-12
籍贯：山东省菏泽市　特长：
电话：13500000038
家庭住址：山东省菏泽市
家庭电话：13900000378

页: 1

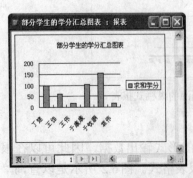

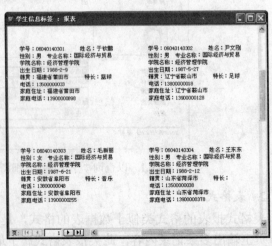

图 6.4　学生信息标签报表

6.1.2 报表的结构

报表的结构类似于窗体的结构，也是由多个节构成，如图 6.5 所示。每个节在页面上和报表中具有特定的功能，并可以按照预定的次序打印。不同要求的报表所包含的节的数量可以不同。

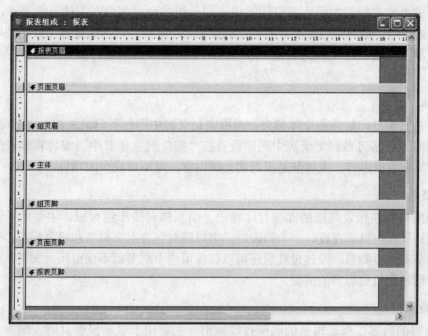

图 6.5　报表的组成

在报表的设计视图中，节表现为带区形式，并且报表包含的每个节只出现一次。但在打印报表时，某些节可以重复打印多次。通过放置控件（如标签和文本框），用户可以确定每个节中信息的显示位置，如图6.6所示。

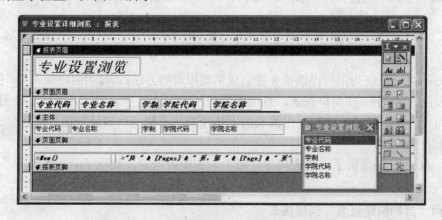

图 6.6　报表"专业设置浏览"设计视图中包含的节

1. 报表页眉

在一个报表中，报表页眉只出现一次。利用它可以显示徽标、报表标题、打印日期以及报表单位等。报表页眉打印在报表第一页的最上面。

2. 页面页眉

页面页眉出现在报表每一页的顶部（当有报表页眉时，仅在第一页上出现于报表页眉之下），一般用来显示列标题。

3. 组页眉

组页眉的内容在报表每组头部打印输出，同一组的记录都会在主体节中显示，它主要用于定义报表输出每一组的标题。不是所有表都会出现组页眉节，只有选择了分组功能的报表才会包含组页眉节，而且组页眉的名称一般以分组字段名作为前缀，如"学院名称页眉"、"学号页眉"等。

4. 主体

主体节是报表打印数据的主体部分。对报表记录源中的每条记录来说，该节可重复打印。设计主体节时，通常可以将记录源中的字段直接"拖"到主体节中，或者将报表控件放到主体节中用于显示数据内容。主体节是报表的关键内容，是不可缺少的项目。

5. 组页脚

组页脚的内容在报表每组的底部打印输出。组页脚对应于组页眉，主要用于输出每一组的汇总、统计计算信息。在设计一个报表时，可以同时包含组页眉节和组页脚节，也可以同时没有组页眉节和组页脚节，经过设置后还可以仅保留组页眉节而不保留组页脚节，但不能出现有组页脚节而没有组页眉节的情况。

6. 页面页脚

页面页脚的内容在报表每页的底部打印输出。主要用于显示报表页码、制表人和审核人等内容。

7. 报表页脚

报表页脚只在报表最后一页的结尾处出现一次。主要用于显示报表的统计结果信息等。但报表页脚的内容出现在打印报表最后一页的页面页脚之前。

6.2 创 建 报 表

在 Access 中，系统为用户提供了 3 种创建常规报表的方法："自动创建报表"、"报表向导"和"设计视图"。对于一些简单报表，直接采用前两种方法创建即可；对于较复杂的报表，可先利用前两种方法中的某一种创建出报表的大体轮廓，再利用"设计视图"进行修改和完善，最后完成报表设计。

另外，Access 还提供了"图表向导"用于创建图表报表，提供了"标签向导"用于创建标签报表。

6.2.1 使用"自动创建报表"创建报表

利用"自动创建报表"方法可以快速创建纵栏式和表格式两种报表。利用该方法创建的报表包含了一个数据源（一个表或一个查询）中的所有字段，可在报表的"设计视图"中进行修改。

【例 6.1】 在"教学管理"数据库中，创建查询"学生情况详细浏览"的纵栏式报表，并命名为"输出学生信息"。

操作步骤如下。

（1）在"教学管理"数据库的"报表"对象窗口中，单击"数据库"窗口工具栏上的"新建"按钮 ，打开"新建报表"对话框，并选中"自动创建报表：纵栏式"，并在下面的选择数据源下拉列表中选择"学生情况详细浏览"，如图6.7所示。

（2）单击"确定"按钮，即可得到系统创建的纵栏式报表，如图6.8所示。可通过滚动条查看整页显示信息，通过窗口下方的"页"导航按钮查看其他页的输出信息（注意此时的页导航相当于记录导航）。

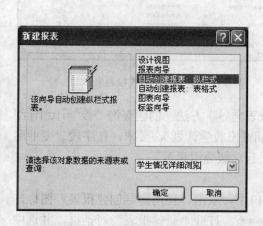

图 6.7 "新建报表"对话框　　　　　图 6.8 生成的纵栏式报表窗口

（3）保存报表。关闭报表浏览窗口，保存报表设计，并命名为"输出学生信息"。

【例 6.2】 在"教学管理"数据库中，创建查询"专业设置浏览"的表格式报表，并命名为"输出专业设置"。

操作步骤如下。

（1）在"教学管理"数据库的"报表"对象窗口中，打开"新建报表"对话框，选中"自动创建报表：表格式"，并在下面的选择数据源下拉列表中选择"专业设置浏览"，如图6.9所示。

（2）单击"确定"按钮，即可得到系统创建的表格式报表，如图6.10所示。可通过滚动条查看整页显示信息，通过窗口下方的"页"导航按钮查看其他页的输出信息（注意此时的页导航不同于记录导航）。

（3）保存报表。关闭报表浏览窗口，保存报表设计，并命名为"输出专业设置"。

说明：利用"自动创建报表"方法创建纵栏式和表格式报表时，数据源只能是一个，可以是一个表，也可以是一个查询。当数据来源于多个基础表时，要使用该方法创建报表，就需要先创建一个多表查询，再将这个多表查询设定为"自动创建报表"的数据源。

6.2.2 使用"报表向导"创建报表

利用"报表向导"方法创建报表，数据源可以是表（一个或有关联的多个）和查询（一个或有关联的多个），选取字段的多少由用户自己决定，而且还可添加分组功能、排序功能、汇总计算功能等，是创建报表方法中用途最广、效率最高的一种方法。利用"报表向导"方法创建的报表可在报表的"设计视图"中进行修改和完善。

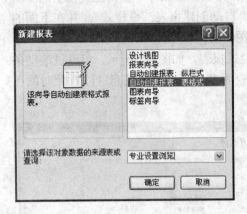

图 6.9 "新建报表"对话框

图 6.10 生成的表格式报表窗口

【例 6.3】 在"教学管理"数据库中，使用"报表向导"方法，创建查询"教学计划详细浏览"的输出报表，并将报表命名为"按专业分学期输出教学计划"。要求：按字段"专业名称"进行一级分组显示，再按照字段"开课学期"进行二级分组显示。

操作步骤如下。

（1）在"教学管理"数据库的"报表"对象窗口中，双击"使用向导创建报表"图标，或单击"数据库"窗口工具栏上的"新建"按钮 新建(N)，打开"新建报表"对话框，并选中"报表向导"，再单击"确定"按钮。两种方法都将进入"报表向导"的"确定报表使用字段"对话框，从"表/查询"下拉列表中选择"查询：教学计划详细浏览"，如图6.11 所示。

（2）单击中部的"全选"按钮 >> 将左边"可用字段"中的所有字段全部移到右侧的"选定的字段"区域，单击"下一步"按钮，进入"报表向导"的"确定查看数据的方式"对话框（即确定分组字段对话框），如图6.12 所示。

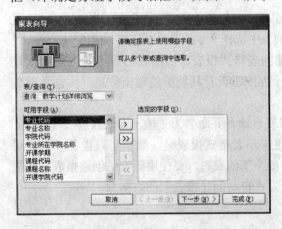

图 6.11 "确定报表使用字段"对话框

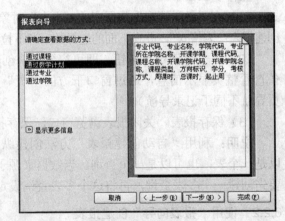

图 6.12 "确定查看数据的方式"对话框

（3）根据题目要求：按字段"专业代码"进行一级分组显示。故应该在图 6.12 中左边选择"通过专业"进行一级分组，得到如图6.13 所示的分组结果。单击"下一步"按钮，进入到"确定二级分组字段"对话框，如图6.14所示。

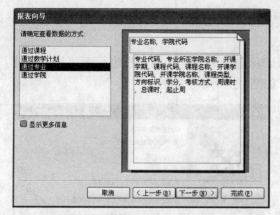

图 6.13　通过专业进行一级分组的结果

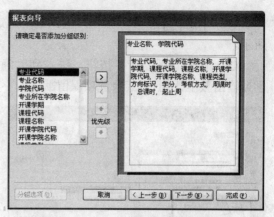

图 6.14　"确定二级分组字段"对话框

（4）根据题目要求：按字段"开课学期"进行二级分组显示。故应该在图6.14中左边选择"开课学期"进行二级分组，得到如图6.15所示的分组结果。

（5）单击"下一步"按钮，进入到"确定排序次序和汇总信息"对话框，如图6.16所示。

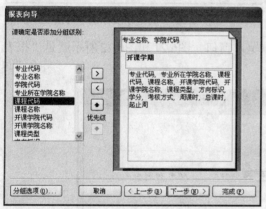

图 6.15　通过"开课学期"进行二级分组的结果

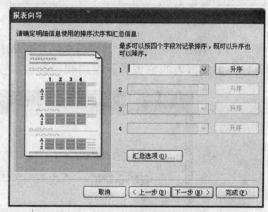

图 6.16　"确定排序次序和汇总信息"对话框

（6）在"确定排序次序和汇总信息"对话框中，选择排序字段 1 为"专业代码"，排序字段 2 为"课程代码"，如图6.17所示。单击"下一步"按钮，进入到"确定报表布局"对话框，并选择其中的"布局"为"递阶"、"方向"为"横向"，并选中复选框"调整字段宽度使所有字段都能显示在一页中"，如图6.18所示。

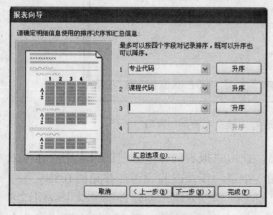

图 6.17　确定排序字段的结果

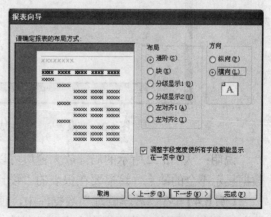

图 6.18　"确定报表布局"对话框

（7）单击"下一步"按钮，进入到"确定报表样式"对话框，可选择其中一种，如图6.19所示。

（8）单击"下一步"按钮，进入到"确定报表标题"对话框，输入报表标题"按专业分学期输出教学计划"，其余选项保留默认值不变，如图6.20所示。

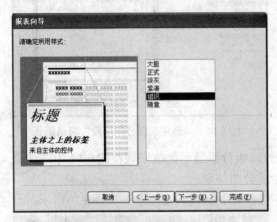

图 6.19　"确定报表样式"对话框

图 6.20　"确定报表标题"对话框

（9）单击"完成"按钮，进入到"报表打印预览"窗口。图6.21和图6.22所示就是"报表向导"生成报表的整页显示窗口和局部放大窗口。

图 6.21　"报表向导"生成的报表打印预览"整页"窗口

说明：从图6.22所示的局部放大窗口可以看出，使用"报表向导"创建的报表中存在多处数据显示不全的缺点，这需要在报表的"设计视图"中进一步修改和完善，参见例6.5。

【例6.4】　在"教学管理"数据库中，使用"报表向导"方法，创建查询"学生成绩详细浏览"的输出报表，并将报表命名为"按专业和学号输出学生成绩"。要求：按字段"专业名

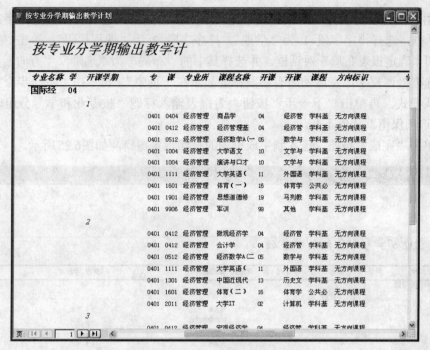

专业名称 学	开课学期	专	课	专业所	课程名称	开课	开课	课程	方向标识	学
国际经 04										
	1									
		0401	0404	经济管理	商品学	04		经济管	学科基	无方向课程	
		0401	0412	经济管理	经济管理基	04		经济管	学科基	无方向课程	
		0401	0512	经济管理	经济数学A(一	05		数学与	学科基	无方向课程	
		0401	1004	经济管理	大学语文	10		文学与	学科基	无方向课程	
		0401	1004	经济管理	演讲与口才	10		文学与	学科基	无方向课程	
		0401	1111	经济管理	大学英语(	11		外国语	学科基	无方向课程	
		0401	1601	经济管理	体育（一）	16		体育与	公共必	无方向课程	
		0401	1901	经济管理	思想道德修	19		马列数	学科基	无方向课程	
		0401	9906	经济管理	军训	99		其他	学科基	无方向课程	
	2									
		0401	0412	经济管理	微观经济学	04		经济管	学科基	无方向课程	
		0401	0412	经济管理	会计学	04		经济管	学科基	无方向课程	
		0401	0512	经济管理	经济数学A(二	05		数学与	学科基	无方向课程	
		0401	1111	经济管理	大学英语(	11		外国语	学科基	无方向课程	
		0401	1301	经济管理	中国近现代	13		历史文	学科基	无方向课程	
		0401	1601	经济管理	体育（二）	16		体育与	公共必	无方向课程	
		0401	2011	经济管理	大学IT	02		计算机	学科基	无方向课程	
	3									
		0401	0412	经济管理	宏观经济学	04		经济学	学科基	无方向课程	

图 6.22 "报表向导"生成的报表打印预览"放大"窗口

称"进行一级分组显示，再按照字段"学号"进行二级分组显示，并按照"学期"和"课程代码"进行升序排列。

操作步骤如下。

（1）在"教学管理"数据库的"报表"对象窗口中，双击"使用报表向导创建报表"图标，进入"报表向导"的"确定报表使用字段"对话框，从"表/查询"下拉列表中选择"查询：学生成绩详细浏览"，单击中部的"全选"按钮 >> 将左边"可用字段"中的所有字段全部移到右侧的"选定的字段"区域，再单击"下一步"按钮，进入"报表向导"的"确定查看数据的方式"对话框，并选择"通过专业"（进行一级分组），如图 6.23 所示。事实上，从图 6.23 中右侧显示的字段分组结果可以看出，系统已经完成了两级分组：处于最上面方框中的字段"专业名称"为一级分组，处于第二层方框中的字段"学号"、"姓名"、"性别"和"专业代码"为二级分组。也就是说，通过这一步操作，已经实现了题目的全部分组要求。

（2）单击"下一步"按钮，进入到"是否继续添加分组字段"对话框，如图 6.24 所示。

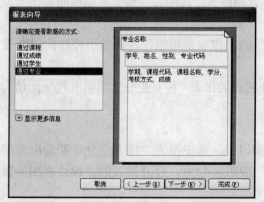

图 6.23 通过专业进行一级分组的结果

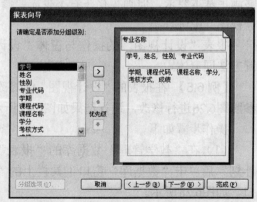

图 6.24 "是否继续添加分组字段"对话框

（3）由于不需要再次分组，故直接单击"下一步"按钮，进入到"确定排序次序和汇总信息"对话框，选择排序字段 1 为"学期"，排序字段 2 为"课程代码"。单击"下一步"按钮，进入到"确定报表布局"对话框，并选择其中的"布局"为"递阶"、"方向"为"横向"，并选中复选框"调整字段宽度使所有字段都能显示在一页中"。再单击"下一步"按钮，可保留报表默认样式。再单击"下一步"按钮，为报表输入标题"按专业和学号分组输出学生成绩"，其余选项保留默认值不变。

（4）单击"完成"按钮，进入到生成报表的打印预览窗口，如图6.25所示。

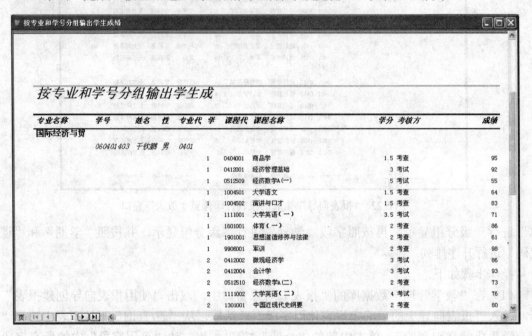

图 6.25 "报表向导"生成的报表打印预览窗口

6.2.3 使用"设计视图"创建和修改报表

报表的"设计视图"是用来编辑报表视图的。在"设计视图"中可以创建新的报表，也可以修改已有报表的设计。

虽然利用"自动创建报表"或者"报表向导"方法创建报表简便、快捷，建立的报表能够满足基本要求，但确实存在着不少需要修改和完善的地方，这种修改与完善操作即可在"设计视图"中进行。

报表"设计视图"的操作与窗体"设计视图"的操作非常相似，各种常用控件的属性设置方法同窗体。

【例 6.5】 在报表的"设计视图"中修改例 6.3 创建的报表"按专业分学期输出教学计划"。参照图6.26进行修改，运行结果如图6.27所示。

操作步骤如下。

（1）在"教学管理"数据库的"报表"对象窗口中，选中报表"按专业分学期输出教学计划"后单击"数据库"窗口工具栏上的"设计"按钮 设计(D)，打开报表的"设计视图"窗口，如图6.28所示。

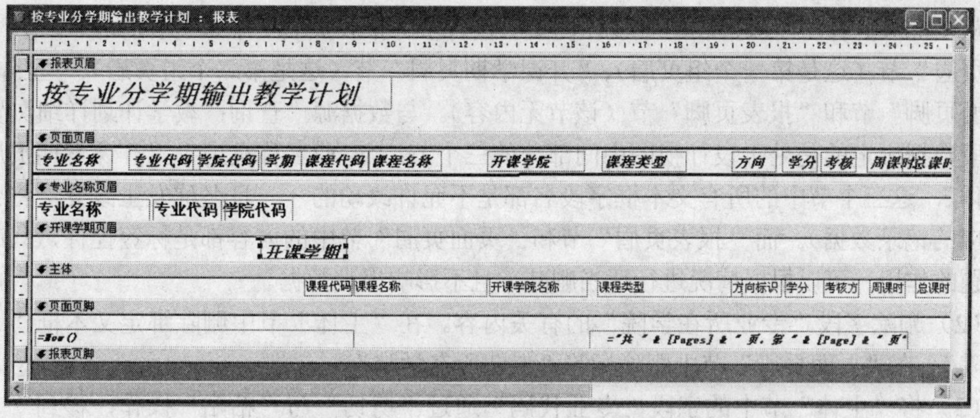

图 6.26　利用报表"设计视图"修改后的设计视图窗口

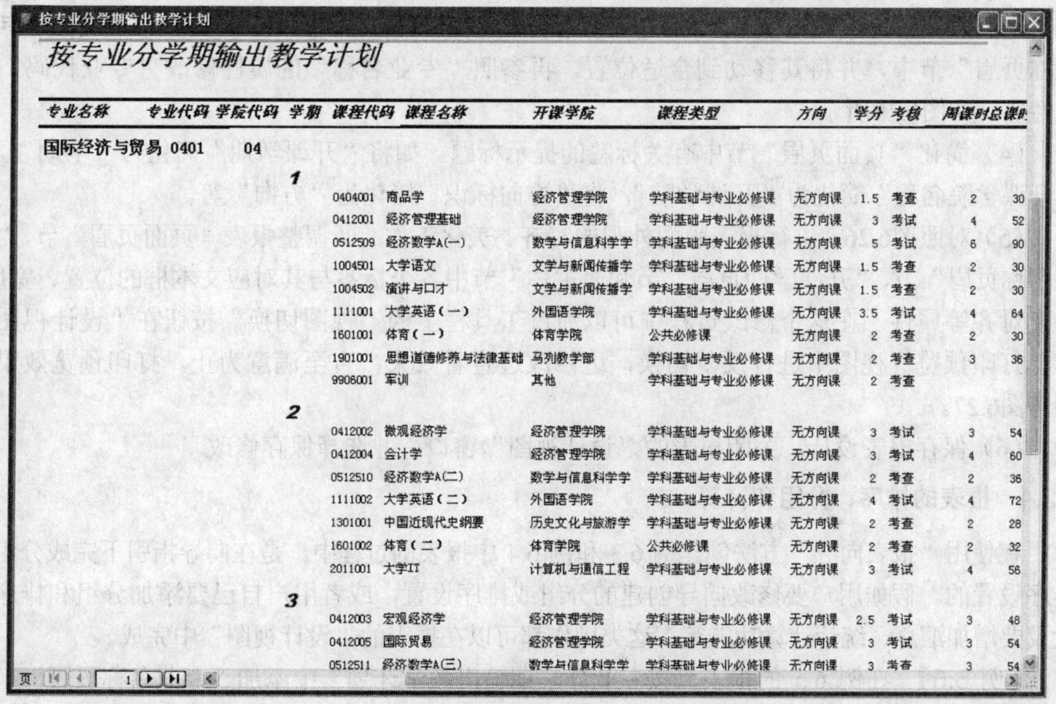

图 6.27　利用报表"设计视图"修改后的报表打印预览窗口

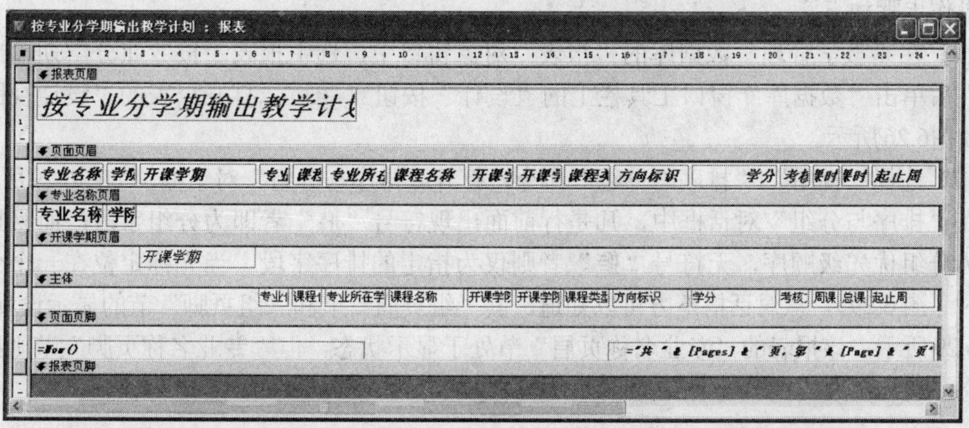

专业名称	专业代码	学院代码	学期	课程代码	课程名称	开课学院	课程类型	方向	学分	考核	周课时	总课时
国际经济与贸易	0401	04										
			1									
				0404001	商品学	经济管理学院	学科基础与专业必修课	无方向课	1.5	考查	2	30
				0412001	经济管理基础	经济管理学院	学科基础与专业必修课	无方向课	3	考试	4	52
				0512509	经济数学A(一)	数学与信息科学学	学科基础与专业必修课	无方向课	5	考试	6	90
				1004501	大学语文	文学与新闻传播学	学科基础与专业必修课	无方向课	1.5	考查	2	30
				1004502	演讲与口才	文学与新闻传播学	学科基础与专业必修课	无方向课	1.5	考查	2	30
				1111001	大学英语(一)	外国语学院	学科基础与专业必修课	无方向课	3.5	考试	4	64
				1601001	体育(一)	体育学院	公共必修课	无方向课	2	考查	2	30
				1901001	思想道德修养与法律基础	马列教学部	学科基础与专业必修课	无方向课	2	考查	3	36
				9908001	军训	其他	学科基础与专业必修课	无方向课	2	考查		
			2									
				0412002	微观经济学	经济管理学院	学科基础与专业必修课	无方向课	3	考试	3	54
				0412004	会计学	经济管理学院	学科基础与专业必修课	无方向课	3	考试	4	60
				0512510	经济数学A(二)	数学与信息科学学	学科基础与专业必修课	无方向课	2	考查	2	36
				1111002	大学英语(二)	外国语学院	学科基础与专业必修课	无方向课	4	考试	4	72
				1301001	中国近现代史纲要	历史文化与旅游学	学科基础与专业必修课	无方向课	2	考查	2	28
				1601002	体育(二)	体育学院	公共必修课	无方向课	2	考查	2	32
				2011001	大学IT	计算机与通信工程	学科基础与专业必修课	无方向课	3	考试	4	56
			3									
				0412003	宏观经济学	经济管理学院	学科基础与专业必修课	无方向课	2.5	考试	3	48
				0412005	国际贸易	经济管理学院	学科基础与专业必修课	无方向课	3	考试	3	54
				0512511	经济数学A(三)	数学与信息科学学	学科基础与专业必修课	无方向课	3	考查	3	54

图 6.28　报表"按专业分学期输出教学计划"的设计视图窗口

从图6.28中看出，该报表的"设计视图"包含了"报表页眉"节、"页面页眉"节、"专业名称页眉"节（这是第一个组页眉）、"开课学期页眉"节（这是第二个组页眉）、"主体"节、"页面页脚"节和"报表页脚"节（该节无内容）。与数据源"查询：教学计划详细浏览"中的字段数据绑定的是处于设计视图中间部分的三个节："专业名称页眉"、"开课学期页眉"和"主体"，这三个节中的所有文本框字段名都是不允许改动的（一旦名称发生改变，将会找不到对应的记录数据）。而"报表页眉"节和"页面页眉"节中的内容都是标签控件，只起到显示标题的作用，可以根据情况进行适当删减，且不影响报表数据。

（2）删除字段"专业所在学院"的有关内容。在"主体"节中删除绑定文本框"专业所在学院"，在"页面页眉"节中删除标签"专业所在学院"。

（3）将"主体"节中的字段"专业代码"通过"剪切"与"粘贴"操作，移到"专业名称页眉"节中。先在"主体"节中选中文本框"专业代码"，单击"剪切"按钮，再选中"专业名称页眉"节（单击该节），最后单击"粘贴"按钮，则文本框"专业代码"出现在"专业名称页眉"节中，并将其移动到合适位置，再参照"专业名称"的属性修改"专业代码"的属性值，如图6.26所示。

（4）简化"页面页眉"节中有关标签的提示标题。如将"开课学期"简化为"学期"，将"开课学院名称"简化为"开课学院"，将"方向标识"简化为"方向"等。

（5）对照图6.26，进行报表版面外观的对齐、美化工作。即调整报表"页面页眉"节、"专业名称页眉"节、"开课学期页眉"节和"主体"节中各个标签与其对应文本框的位置、宽度、垂直对齐等属性。在这个修改过程中可以通过工具栏上的"视图切换"按钮在"设计视图"和"打印预览"视图中进行反复切换，边修改边查看效果，直至满意为止。打印预览效果可参考图6.27。

（6）保存报表设计。关闭报表的"设计视图"窗口，并选择保存修改。

6.2.4　报表的排序、分组和计算

在使用"报表向导"方法创建例6.3和例6.4中报表的过程中，是在向导指引下完成分组与排序设置的。假如用户要修改向导创建的分组或排序设置，或者用户自己要添加分组和排序字段及要增加汇总、统计计算功能等，这类操作都可以在报表的"设计视图"中完成。

【例6.6】　在例6.5的报表"按专业分学期输出教学计划"中添加"专业名称页脚"节，并在该节中显示统计结果：显示每个专业的课程门数统计结果和每个专业的学分累计结果。

操作步骤如下。

（1）在"教学管理"数据库的"报表"对象窗口中，选中报表"按专业分学期输出教学计划"后单击"数据库"窗口工具栏上的"设计"按钮 ，打开报表的"设计视图"窗口，如图6.26所示。

（2）选择"视图"|"排序与分组"命令，打开"排序与分组"对话框，如图6.29所示。

在"排序与分组"对话框中，凡是行前面出现符号"　"者即为分组字段，而且排列顺序即为分组优先级顺序，无符号"　"者则仅为指定的排序字段。当光标定位在一个分组字段中时（图6.29），从对话框下方可以知道，其"组页眉"节和"组页脚"节的显示设置情况：如图6.29所示，该报表的"专业名称页眉"节处于显示状态，但"专业名称页脚"节则处于关闭状态。

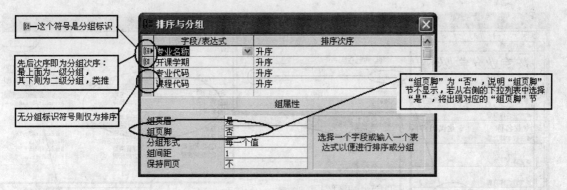

图 6.29 "排序与分组"对话框

（3）根据题目要求，从"组页脚"下拉列表中选择"是"，则报表的"设计视图"中出现"专业名称页脚"节，如图6.30所示。

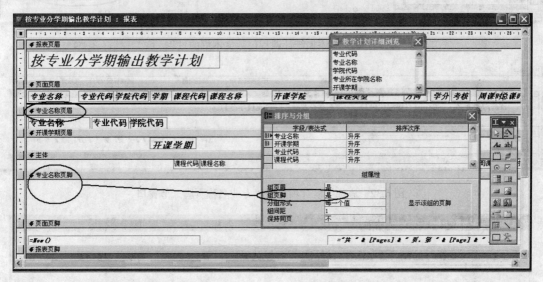

图 6.30 让"专业名称页脚"节处于显示状态后的"设计视图"窗口

（4）在"专业名称页脚"节中添加显示统计结果控件。从工具箱中单击"文本框控件"按钮ab|，在"专业名称页脚"节中适当位置拖放出一个文本框控件位置，如图6.31所示。右击文本框控件打开其属性对话框，单击属性"控件来源"右侧的"表达式生成器"按钮⌐｜，打开"表达式生成器"对话框，选择"函数"|"内置函数"|"SQL 聚合函数"|"Count"，则在编辑框中出现 Count («expr»)，再选中表达式中的"«expr»"，单击下方文件夹"按专业分学期输出教学计划"，再从下方中部找到并双击字段"课程代码"，则编辑框中表达式变为 Count([课程代码])，单击"确定"按钮，表达式建立完毕返回属性对话框，则在"控件来源"属性框中出现上述表达式。关闭属性对话框，返回报表"设计视图"，完成了一个文本框控件的统计功能设置。用同样的操作方法，再添加"课程学分累计"文本框控件，只是改选函数"Sum"和累加字段"学分"，最后再将该节中控件的字体、字号、标签标题以及对齐方式进行完善和美化。设计好的两个统计文本框类似图6.32所示，打印预览运行结果如图6.33所示。

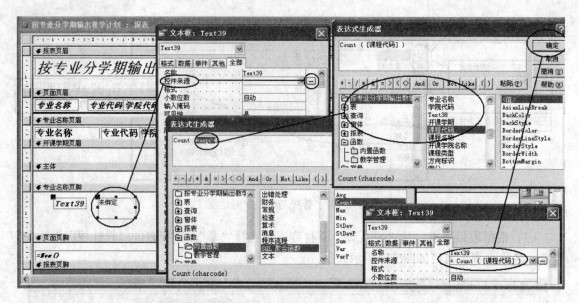

图 6.31 添加统计课程门数文本框的过程

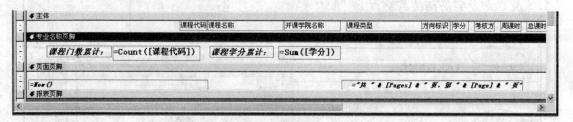

图 6.32 添加了统计项目的"专业名称页脚"节窗口

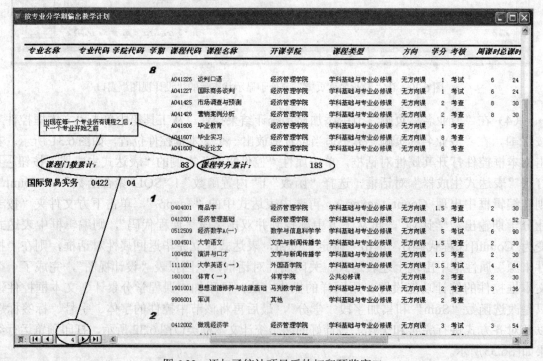

图 6.33 添加了统计项目后的打印预览窗口

6.2.5 使用"图表向导"创建图表报表

报表中常常需要使用图表来直观地描述数据。Access 提供了"图表向导"方法，可以引领用户创建图表报表。图表报表通过图表的形式，输出数据源中两组数据间的关系。这种用图表方式展示的数据间关系图，可使数据阅读更方便、更直观、更醒目。

【例 6.7】 在"教学管理"数据库中，使用"图表向导"方法，创建查询"学生成绩详细浏览"的图表报表（因为学生总数较多，可先在查询中加入某个筛选条件后重新保存），并将报表命名为"部分学生的学分汇总图表"。要求创建以字段"姓名"为横坐标、"学分"汇总值作为纵坐标的图表报表。

操作步骤如下。

（1）在"教学管理"数据库的"报表"对象窗口中，单击"数据库"窗口工具栏上的"新建"按钮 新建(W)，打开"新建报表"对话框，并选中"图表向导"，在下面的数据源列表中选择"学生成绩详细浏览"，如图6.34所示。

（2）单击"确定"按钮，进入"图表向导"的"确定图表数据所在字段"对话框，从左边"可用字段"列表中选择"姓名"和"学分"两个字段到右边"用于图表的字段"区域中，如图6.35所示。

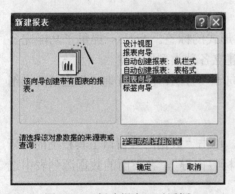

图 6.34 "新建报表"对话框　　　　　　图 6.35 "确定图表数据所在字段"对话框

（3）单击"下一步"按钮，进入到"选择图表类型"对话框，从左边提供的图表类型中选择一种（如"柱形图"），如图6.36所示。

（4）单击"下一步"按钮，进入到"指定图表布局"对话框，保留默认设置即可，如图6.37所示。

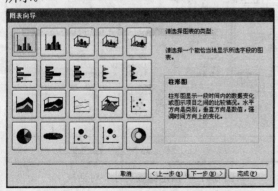
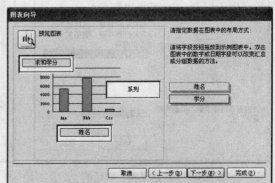

图 6.36 "选择图表类型"对话框　　　　　　图 6.37 "指定图表布局"对话框

（5）单击"下一步"按钮，进入到"指定图表的标题"对话框，输入标题"部分学生的学分汇总图表"，如图6.38所示。

（6）单击"完成"按钮，得到如图6.39所示的打印预览结果。

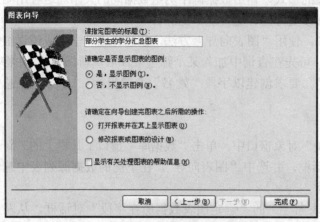

图 6.38 "指定图表的标题"对话框

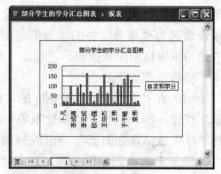

图 6.39 创建图表报表的打印预览窗口

（查询筛选条件为 Right([学生].[学号],2)="01"）

6.2.6 使用"标签向导"创建标签报表

标签是一种常用的报表，如信封和卡片等都是不同形式的标签。Access 提供了功能完备的标签向导，可以很容易地利用基本表或查询中的数据建立各种类型的标签。

【例 6.8】 在"教学管理"数据库中，使用"标签向导"方法，创建查询"学生情况详细浏览"的标签报表，并将报表命名为"学生信息标签"。

操作步骤如下：

（1）在"教学管理"数据库的"报表"对象窗口中，单击"数据库"窗口工具栏上的"新建"按钮 _新建(N)_，打开"新建报表"对话框，并选中"标签向导"，在下面的数据源列表中选择"学生情况详细浏览"，如图6.40所示。

（2）单击"确定"按钮，进入"标签向导"的"指定标签尺寸"对话框，从上边提供的"标签尺寸"列表中选择一种，或单击下方的"自定义"按钮添加新尺寸。本例采用第一种尺寸规格，如图6.41所示。

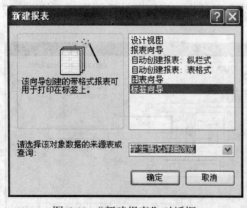

图 6.40 "新建报表"对话框

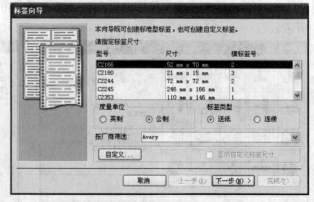

图 6.41 "指定标签尺寸"对话框

（3）单击"下一步"按钮，进入到"选择文本的字体和颜色"对话框，如图6.42所示。

图 6.42 "选择文本的字体和颜色"对话框

（4）单击"下一步"按钮，进入到具体的"标签设计"对话框，如图6.43所示。

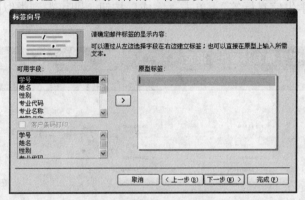

图 6.43 "标签设计"对话框

（5）图 6.43 所示的"标签设计"对话框是最重要的"标签设计"对话框。右侧的设计窗口可以看做是一个"所见即所得"的设计窗口，一般包含两类元素：一是提示性文本，二是数据源中的字段值。通常在将左侧的某一个"可用字段"添加到右侧光标所在的位置前，先手动输入一个提示文本（相当于一个标签）。右侧的设计窗口可以通过回车键实现换行。本例的具体设计可参见图6.44所示。其中带有花括号的元素为从左边添加过来的数据源中的字段，不带花括号的内容为手动输入的文本提示信息，用回车键控制换行。

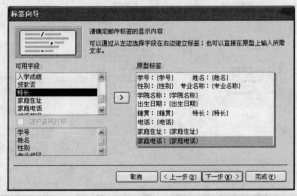

图 6.44　例 6.8 设计的标签报表样式

（6）单击"下一步"按钮，进入到"确定排序字段"对话框，可指定多个排序字段，如图6.45所示。

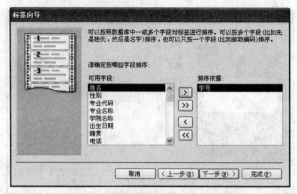

图 6.45 "确定排序字段"对话框

（7）选择按"学号"字段排序后，单击"下一步"按钮，进入到"指定报表名称"对话框，输入报表标题"学生信息标签"。单击"完成"按钮，即可得到类似图 6.46 和图 6.47 所示的打印预览标签报表。

图 6.46 打印预览标签报表（整页预览）

图 6.47 打印预览标签报表（放大局部预览）

说明：采用"标签向导"创建的标签报表同样可以在报表的"设计视图"中进行修改。打开标签报表"学生信息标签"的设计视图窗口，如图 6.48 所示，标签设计的所有内容均在"主体"节中，每一行都是以"="号开始的一个公式，所有提示性信息均为文本型（带引号的字符串），其中的"&"为连接运算符。如果要删除内容，可直接将光标定位到删除内容处进行删除即可。如果要添加内容，则需要按照每行中公式的构成方法一一进行添加。

图 6.48 标签报表的设计视图

6.3 报表的页面设置与打印输出

6.3.1 报表的页面设置

报表的页面设置用来确定报表页的大小、边距，页眉、页脚的样式，表的布局（确定列数）等。

在报表的"设计视图"中，选择"文件"|"页面设置"命令，打开"页面设置"对话框，如图6.49所示。

"页面设置"对话框中有三个选项卡："边距"、"页"和"列"。在"边距"选项卡中可以根据需要设置页边距，如图6.49（a）所示；在"页"选项卡中可以选择纸张大小、纸张方向和指定打印机，如图6.49（b）所示；在"列"选项卡中可以根据需要设置打印的列数、规定各列的宽度等，如图6.49（c）所示。

(a)"边距"选项卡　　　　　　　(b)"页"选项卡　　　　　　　(c)"列"选项卡

图6.49　报表的"页面设置"对话框

6.3.2　报表的打印输出

报表设计完成后，就可以打印输出了。一般在打印报表之前，反复使用"打印预览"与"设计视图"修改报表格式与内容，反复使用"打印预览"查看报表设计效果，最后再打印该报表。

选择"文件"|"打印"命令，打开"打印"对话框，如图6.50所示。

在"打印"对话框中，可以选择打印全部内容，也可以选择一个打印范围：从第几页到第几页。还可以单击左下角的"设置"按钮，打开如图6.51所示的"页面设置"对话框进行边距和列的设置。

图6.50　"打印"对话框

图6.51　"页面设置"对话框

习　题　6

1．思考题

（1）报表由哪些部分组成？各部分的作用是什么？

（2）报表的数据源有哪几类？

（3）报表的视图有哪几种？

（4）创建报表的方法有哪几种？各有什么优点？

（5）如何在报表中加入日期和页码？

2. 选择题

（1）报表的主要目的是＿＿＿＿＿＿。

  A）输入数据   B）打印输出数据

  C）可以输入输出数据   D）不能输入输出数据

（2）以下对报表的理解正确的是＿＿＿＿＿＿。

  A）报表与查询功能一样   B）报表与数据表功能一样

  C）报表只能输入输出数据   D）报表能输出数据和实现一些计算

（3）报表的数据源＿＿＿＿＿＿。

  A）可以是任意对象   B）只能是表对象

  C）只能是查询对象   D）只能是表对象或查询对象

（4）报表页脚的内容在报表的＿＿＿＿＿＿＿打印输出。

  A）第一页顶部   B）每页顶部   C）最后一页的底部   D）每页底部

（5）设置报表的属性时，需在＿＿＿＿＿＿＿下操作。

  A）报表视图   B）页面视图   C）报表设计视图   D）打印视图

（6）设置报表的属性，将鼠标指向＿＿＿＿＿＿＿＿对象，右击并从弹出的快捷菜单中选择"属性"命令打开"报表属性"对话框。

  A）报表左上角的小黑块   B）报表的标题栏处

  C）报表页眉处   D）报表的"主体"节

（7）要实现报表的分组统计，其操作区域是＿＿＿＿＿＿。

  A）报表页眉或报表页脚区域   B）页面页眉或页面页脚区域

  C）主体节区域   D）组页眉或组页脚区域

（8）如果要在报表上显示格式为"7/总 12 页"的页码，则计算控件的控件源应设置为＿＿＿＿＿＿。

  A）[Page]/总[Pages]   B）=[Page]/总[Pages]

  C）[Page] & "/总" & [Pages]   D）=[Page] & "/总" & [Pages]

（9）在设计报表输出格式时，欲让每一页仅显示一条记录，报表应配置为＿＿＿＿＿＿。

  A）表格式报表   B）纵栏式报表

  C）对齐   D）图表式报表

（10）在报表设计的工具栏中，用于修饰版面以达到更加显示效果的控件是＿＿＿＿＿＿。

  A）直线和矩形   B）直线和圆形

  C）直线和多边形   D）矩形和圆形

3. 上机操作题

在"教学管理"数据库中，创建以下报表。

（1）创建本章例题中的各个报表。

（2）创建查询"专业设置浏览"的纵栏式报表，并命名为"输出专业设置的纵栏式报表"。

（3）使用"报表向导"方法，创建查询"教学计划详细浏览"的输出报表，并将报表命名为"按专业分学期输出教学计划"。要求：按字段"专业名称"进行一级分组显示，再按照字段"开课学期"进行二级分组显示。

（4）使用"报表向导"方法，创建查询"学生成绩详细浏览"的输出报表，并将报表命名为"按专业和学号输出学生成绩"。要求：按字段"专业名称"进行一级分组显示，再按照字段"学号"进行二级分组显示，并按照"学期"和"课程代码"进行升序排列。

实验 12 报 表 设 计

一、实验目的和要求

1. 熟悉报表的类型。

2. 掌握报表的结构组成。

3. 掌握使用"自动创建报表"功能快速创建纵栏式和表格式两种报表的操作方法。

4. 掌握使用"报表向导"功能创建各种复杂报表的操作方法。

5. 掌握使用"设计视图"方法创建和修改报表的操作方法。

6. 掌握使用"图表向导"功能创建图表报表的操作方法。

7. 掌握使用"标签向导"功能创建标签报表的操作方法。

8. 掌握报表的页面设置与打印输出操作方法。

二、实验内容

1. 完成例 6.1 的设计要求。

本实验内容练习重点：

① "自动创建报表：纵栏式"的数据源只能是一个表或一个查询。

② 使用该方法创建的纵栏式报表的特点是：一条记录的所有字段均在同一页上（记录字段不分页）。

③ 使用该方法创建的报表只能在报表设计器中进行修改。

④ 浏览报表窗口下方的导航按钮的"单位"变成了"页"（不是"表"中的记录了）。

⑤ 浏览报表纸张左下方自动添加了打印日期，纸张右下方自动添加了页码内容（均通过函数实现）。

2. 完成例 6.2 的设计要求。

本实验内容练习重点：

① "自动创建报表：表格式"的数据源也只能是一个表或一个查询。

② 使用该方法创建的表格式报表的特点：一是一条记录的所有字段不换行输出（当默认纸张的一页容不下时自动拆分到下一页继续输出，依次类推，直到将一条记录的所有字段输出完毕）；二是输出一条记录时所占纸张的高度等同于所有字段中实际高度的最大值。

3. 完成例 6.3 的设计要求。

本实验内容练习重点：

① 使用"报表向导"方法创建带有分组功能的报表是最快捷、最实用的方法，用户应重点理解并掌握其操作技巧。

② "报表向导"的数据源可以是多个表或查询，本实验内容中是一个查询"教学计划详细浏览"（该查询由四个表"学院"、"专业"、"课程"、"教学计划"关联产生，这也是能够实现多级"分组"的基础）。

③ 使用"报表向导"方法创建带有分组功能报表的关键：

一是在"确定查看数据的方式"（即确定分组字段）对话框中选择一级分组。

二是在接下来的"请确定是否添加分组级别"对话框（即确定二级分组字段对话框）中进一步选择二级分组字段（此处选择了字段"开课学期"）。

④ 首先使用"报表向导"方法创建复杂报表的框架，再在报表设计器中进行必要的修改与完善，这是创建 Access 报表的最佳途径。

4．完成例 6.4 的设计要求。

本实验内容练习重点：

① 进一步熟悉使用"报表向导"方法创建带有分组功能报表的操作方法与技巧。

② 本实验内容中"报表向导"的数据源仍然是一个综合查询"学生成绩详细浏览"（该查询也由四个表"学生"、"专业"、"课程"、"成绩"关联产生）。

③ 在"确定查看数据的方式"对话框（即确定分组字段对话框）中选择"通过专业"同时实现了一、二级分组。

5．完成例 6.5 的设计要求。

本实验内容练习重点：

① 复制、粘贴报表的方法以及进入报表"设计视图"的方法。

② 报表"设计视图"窗口中控件改变尺寸、移动、排列、对齐方法均与窗体对象的操作相同。本实验内容的重点就是要将由向导创建的报表原始结构进行修改与完善。

③ 报表"设计视图"窗口的不同"节"中的控件有规律可循：

"报表页眉"节中一般存放报表标题（属于标签控件，可以增删内容）；

"页面页眉"节中存放的都是字段名称（均属于标签控件，可以按照显示宽度增删内容）；

一、二级"分组页眉"中存放的都是和数据源相关联的数据字段（大多是绑定的文本框控件，不可随意修改名称，否则将会出错。但可以移动位置并改变控件的显示宽度）；

"主体"节中存放的都是和数据源相关联的数据字段（大多是绑定的文本框控件，不可随意修改名称，否则将会出错。但可以移动位置并改变控件的显示宽度）；

一、二级"分组页脚"节（可以不出现）中存放的一般是分组汇总、分组统计函数等信息；

"页面页脚"节中存放的一般是日期时间函数和页码信息；

"报表页脚"节（可以不出现）中一般存放报表全部数据的统计结果信息。

6．完成例 6.6 的设计要求。

本实验内容练习重点：

① 在报表的"设计视图"中添加"专业名称页脚"节的方法（在选择"视图"｜"排序与分组"命令打开的对话框中选择实现）。

② 在"排序与分组"对话框中，凡是行前面出现符号"［"者即为分组字段，无符号"［"者则仅为指定的排序字段。

③"组页脚"的选择显示方法。

④ 在"专业名称页脚"节中添加显示统计结果控件的操作方法：使用两个文本框控件，其中一个输入公式=Count ([课程代码])，另一个输入公式=Sum ([学分])。

⑤ 观察打印预览运行结果中上述统计、汇总函数出现的位置。

⑥ 报表设计视图与打印预览视图的切换方法。

7．完成例 6.7 的设计要求。

本实验内容练习重点：

① 进入"图表向导"的方法。

② 在"图表向导"对话框中最重要的操作是：按要求确定哪个字段做横坐标、哪个字段做纵坐标。

8. 完成例 6.8 的设计要求。

本实验内容练习重点：

① 进入"标签向导"的方法。

② 在"标签向导"对话框中最重要的操作是："请确定邮件标签的显示内容"（即标签设计）对话框。

"标签设计"对话框可以看做是一个"所见即所得"的设计窗口，一般包含两类元素：一类是提示性文本，另一类是数据源中的字段值。通常在将左侧的某一个"可用字段"添加到右侧光标所在的位置前，先手动输入一个提示文本（相当于一个标签）。其中，带有花括号的元素为从左边添加过来的数据源中的字段，不带花括号的内容为手动输入的文本提示信息，用回车键控制换行。

③ 采用"标签向导"创建的标签报表同样要在报表的"设计视图"中进行修改。

④ 可以使用"标签报表"方法，制作一个单位具有统一规范的人员名片等。

9. 报表的页面设置与打印输出操作方法。

本实验内容练习重点：

用户可参照教材内容进行练习。

第7章 页 设 计

随着计算机网络的飞速发展，网页已经成为越来越重要的信息发布手段，越来越多的用户希望能在网络上浏览信息、编辑数据，自然也就需要将数据库应用系统运行于计算机网络之上。数据访问页就是 Access 在 Internet 上的一种综合应用，用户可以利用数据访问页将数据信息编辑成网页形式，然后将其发送到 Internet 上，以实现快速的数据共享。

7.1 数据访问页简述

数据访问页（Data Accessing Pages，DAP）是直接与数据库中的数据联系的 Web 页，用于查看和操作来自 Internet 的数据，这些数据是保存在 Access 数据库中的。数据访问页可以用来添加、编辑、查看或处理 Access 数据库的当前数据。

7.1.1 数据访问页的作用

数据访问页与窗体、报表很相似，如它们都要使用字段列表、工具箱、控件、排序与分组对话框等。它能够完成窗体、报表所完成的大多数工作，但又具有窗体、报表所不具备的功能，是使用数据访问页还是使用窗体和报表取决于要完成的任务。

一般情况下，在 Access 2003 数据库中输入、编辑和交互处理数据时，可以使用窗体，也可以使用数据访问页，但不能使用报表。通过 Internet 的输入、编辑和交互处理活动数据时，只能使用数据访问页实现，而不能使用窗体和报表。当要打印发布数据时，最好使用报表，也可以使用窗体和数据访问页，但效果不如报表。如果要通过电子邮件发布数据，则只能使用数据访问页。

7.1.2 数据访问页的存储与调用方式

数据访问页对象与 Access 数据库中的其他对象不完全相同。不同点主要表现在数据访问页对象的存储与调用方式两方面。

1. 数据访问页的存储方式

数据访问页与其他的 Access 对象不同，是以一种独立的.htm 格式的磁盘文件形式单独存储的，而其他数据库对象都存储在 Access 数据库文件（*.mdb）中。.htm 文件是使用 HTML（超文本标记语言）格式创建的，可以在全球资源网（World Wide Web，WWW）上发布，并能使用 Microsoft IE、Netscape 等 Web 浏览器访问的网页文件。

虽然数据访问页是一个独立的文件，保存在 Access 数据库文件之外，但当用户创建了一个数据访问页后，Access 2003 将在数据库的"页"对象窗口中自动为访问页文件添加一个图标（快捷方式），该图标指向（连接）保存在某个文件夹中的数据访问页文件本身。在数据库的"页"对象窗口中，只要双击某个数据访问页图标，就可执行该数据访问页。

2. 数据访问页的调用方式

设计好数据访问页对象之后，可以通过两种方式调用它。

（1）在 Access 数据库中打开数据访问页。一般来说，在 Access 数据库中打开数据访问页的目的主要是测试，并不是实际使用。在 Access 数据库的"页"对象窗口中，选中需要打开的数据访问页，单击"打开"按钮或直接双击需要打开的数据访问页图标。一个打开的数据访问页如图7.1所示。

图 7.1 在 Access 数据库的"页"对象窗口中打开的数据访问页运行窗口

（2）在 Internet Explorer 中打开数据访问页。数据访问页的功能是为 Internet 用户提供访问 Access 数据库的界面。因此在正常使用情况下，应该用 Internet 浏览器打开数据访问页，从而实现网上数据共享功能。图7.2 所示为从 IE 浏览器的"文件"菜单中的"打开"、命令打开一个本地网页文件，地址栏上显示了该文件的存放位置：D:\Access 范例\计划执行情况详细浏览.htm。

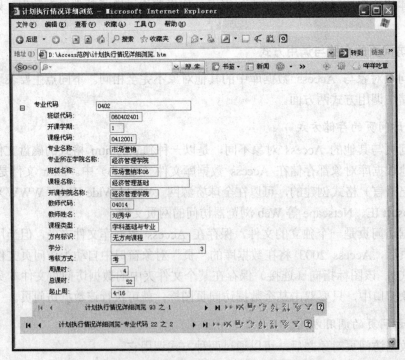

图 7.2 使用 IE 浏览器打开的本地数据访问页的运行窗口

7.2 数据访问页的创建与编辑

与窗体和报表类似，Access 2003 为数据访问页提供了"自动创建数据页"、"数据页向导"、"设计视图"等创建方法；同时还提供了使用"现有的网页"创建数据访问页的方法。

7.2.1 使用"自动创建数据页"创建数据访问页

【例 7.1】 在"教学管理"数据库中，创建查询"专业设置浏览"的纵栏式数据访问页，并命名为"专业设置浏览.htm"。

操作步骤如下。

（1）在"教学管理"数据库的"页"对象窗口中，单击"数据库"窗口工具栏上的"新建"按钮 <u>新建(N)</u>，打开"新建数据访问页"对话框，选中"自动创建数据页：纵栏式"，并在下面的选择数据源下拉列表中选择"专业设置浏览"，如图7.3所示。

（2）单击"确定"按钮，即可得到系统创建的纵栏式数据访问页，如图 7.4 所示。可通过记录导航按钮查看其他专业信息。

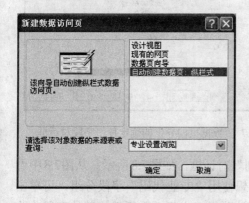

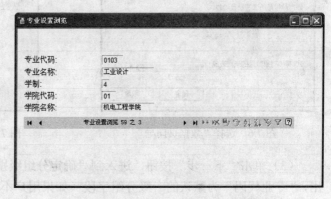

图 7.3 "新建数据访问页"对话框　　　　图 7.4 生成的纵栏式数据访问页窗口

（3）保存数据访问页。关闭数据访问页浏览窗口，选择保存设计更改，并在打开的"另存为数据访问页"窗口中输入文件名"专业设置浏览.htm"，并指定保存位置（如 D:\Access 示例），单击"保存"按钮，会出现如图7.5所示的提示信息，建议保存文件不要使用绝对路径（如 D:\Access 示例）。单击"确定"按钮，设计保存完毕，"专业设置浏览.htm"文件创建结束，返回数据库窗口。此时在"页"对象窗口中增加了一个"专业设计浏览"的快捷方式图标。

图 7.5 保存文件的路径提示窗口

打开一个数据访问页的方法与打开一个窗体的方法相同。在数据库的"页"对象窗口中，双击要打开的数据访问页的快捷方式图标，或者单击图标再单击数据库工具栏上的"打开"按钮，屏幕上将显示出数据访问页的视图，类似图7.4所示。

7.2.2 使用"数据页向导"创建数据访问页

【例 7.2】 在"教学管理"数据库中，使用"数据页向导"创建查询"计划执行情况详细浏览"的数据访问页，并命名为"计划执行情况详细浏览.htm"。

操作步骤如下。

（1）在"教学管理"数据库的"页"对象窗口中，单击"数据库"窗口工具栏上的"新建"按钮 [新建(N)]，打开"新建数据访问页"对话框，选中"数据页向导"，并在下面的选择数据源下拉列表中选择"计划执行情况详细浏览"，如图7.6所示。

（2）单击"确定"按钮，进入"数据页向导"的确定使用字段对话框，将查询数据源的所有字段全部选定到"选定的字段"区域中，如图7.7所示。

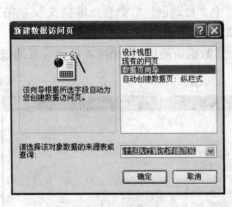
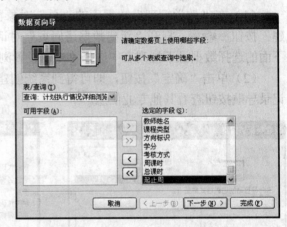

图 7.6 选择"数据页向导"　　　　　　　　图 7.7 "数据页向导"的确定使用字段对话框

（3）单击"下一步"按钮，进入到"确定分组级别"对话框，如图7.8所示。从图7.8中看出，"专业代码"为默认的一级分组字段（如果用户不想使用"专业代码"字段分组，可单击图中"专业代码"字段，再单击按钮"[<]"，即可撤消该分组，也可再重新选择其他字段作为一级分组字段；如果要进行二级分组，则在图7.8中左侧选中第二分组字段后，单击按钮"[>]"，将会在右侧形成二级分组字段方框）。假设本例题仅按照"专业代码"字段进行一级分组，则直接单击"下一步"按钮，进入到"确定排序次序"对话框，假设按照"班级代码"、"开课学期"、"课程代码"的顺序进行排序，则设置如图7.9所示。

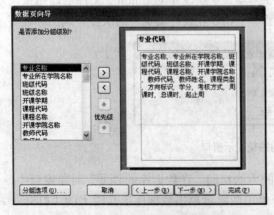
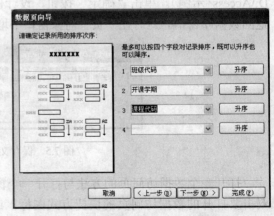

图 7.8 "确定分组级别"对话框　　　　　　　图 7.9 "确定排序次序"对话框

（4）单击"下一步"按钮，进入到"为数据页指定标题"对话框，输入标题"计划执行情况详细浏览"，并选择中部的"打开数据页"单选按钮。单击"完成"按钮，则得到如图7.10上部所示的数据访问页运行窗口。

（5）数据浏览操作。单击"专业代码"旁边的"+"号，可展开该专业代码值（如图7.10中的"0401"）包含的所有班级教学计划的执行情况（如图7.10下部所示）。此时数据访问页窗口出现了两层记录导航按钮：上层（内层）的记录导航按钮控制同一个专业代码值内所有班级教学计划执行情况记录之间的切换（如图7.10中显示的记录数为80条），下层（外层）的记录导航按钮控制在"专业代码"（一级分组字段）值之间的切换（如图7.10中显示的记录数为22条）。当使用上层（内层）记录导航按钮切换记录时，下层（外层）的记录导航条不发生变化。当使用下层（外层）记录导航按钮切换记录（改变专业代码）时，首先看到的是折叠了内层的窗口（类似图7.10上部所示），单击"+"号后才能看到改变了专业代码值之后的内层记录数据以及内层的记录导航按钮条。

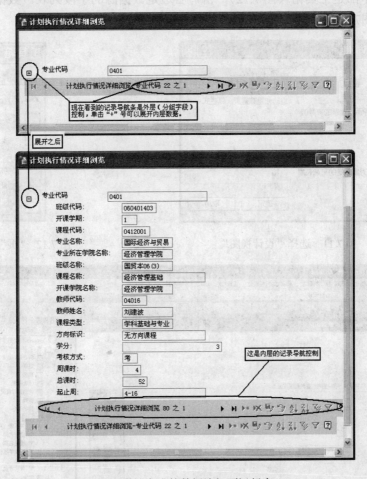

图7.10 设计完成的数据访问页运行窗口

（6）保存数据访问页。关闭浏览窗口，在弹出的询问"是否保存对数据访问页设计的更改"对话框中单击"是"按钮，在弹出的"另存为数据访问页"对话框中，输入访问页名称"计划执行情况详细浏览.htm"，并选择保存位置后单击"保存"按钮，则数据访问页创建完成。

7.2.3 使用"设计视图"创建和编辑数据访问页

使用向导创建数据访问页，和其他向导生成的对象一样具有局限性和不完善性。通常是先使用向导生成数据访问页，然后再通过"设计视图"对这个数据访问页进行修改。当然，也可以在"设计视图"中直接创建数据访问页。

【例 7.3】 在"教学管理"数据库中，使用"设计视图"创建表"课程"的数据访问页，并命名为"课程数据访问页.htm"。

操作步骤如下。

（1）在"教学管理"数据库的"页"对象窗口中，单击"数据库"窗口工具栏上的"新建"按钮 新建(N)，打开"新建数据访问页"对话框，选中"设计视图"，并在下面的选择数据源下拉列表中选择"课程"，如图7.11所示。

（2）单击"确定"按钮，打开数据访问页的"设计视图"窗口。窗口左边为"页"的设计区域，窗口中部是工具箱（图 7.12），窗口右边是数据源的字段列表。数据访问页的"设计视图"窗口如图7.13所示。

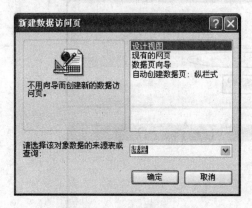

图 7.11　选择"设计视图"　　　　　　　　　　　图 7.12　"页"对象的工具箱

图 7.13　数据访问页的"设计视图"窗口

（3）自行设计课程数据访问页。首先单击设计区域的标题区（显示"单击此处并键入标题文字"的区域），并输入标题"课程数据访问页"。再依次将窗口右边表"课程"中的字段拖放至窗口左边的网格设计区中（如果窗口中没有出现网格，可选择"视图"|"网格"命令），并进行位置、对齐方式排列，如图7.14所示。

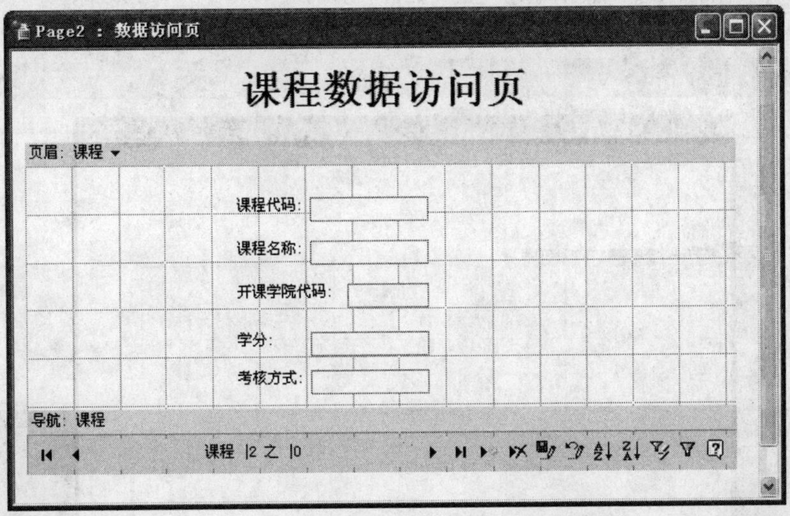

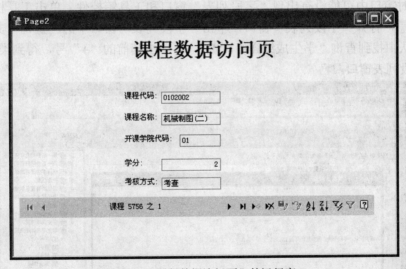

图 7.14 "课程数据访问页"的设计视图

（4）查看设计效果。单击工具栏上最左边的"视图切换"按钮，可看到用户自己设计的数据访问页的运行效果，如图7.15所示。

图 7.15 "课程数据访问页"的运行窗口

（5）保存设计。用户可在"设计视图"和"页视图"（页浏览视图）之间反复切换、多次修改，直至满意自己的设计为止。最后关闭设计（或浏览）窗口，保存设计，并取名为"课程数据访问页.htm"。

【例 7.4】 在"教学管理"数据库中，使用"设计视图"创建查询"学生成绩详细浏览"的数据访问页，并命名为"学生成绩详细浏览数据访问页.htm"，要求：按照"学号"字段进行分组，并在每个学号之下，显示其所有的成绩信息。

操作步骤如下。

（1）在"教学管理"数据库的"页"对象窗口中，双击"在设计视图中创建数据访问页"图标，打开"设计视图"窗口，如图7.16所示。

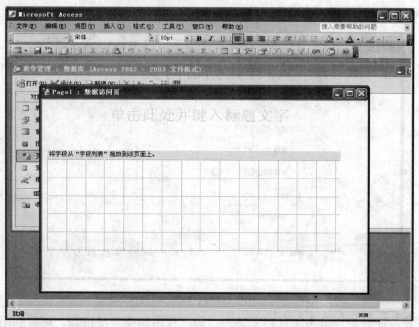

图7.16 数据访问页的"设计视图"窗口

（2）此时窗口中可能没有出现"字段列表"窗口和工具箱控件。单击工具栏上的"字段列表"按钮，打开"字段列表"窗口，单击"字段列表"窗口中的"查询"文件夹，展开查询列表，从中找到查询"学生成绩详细浏览"，再单击其前的"+"号，得到类似图7.17右边所示的字段列表窗口。

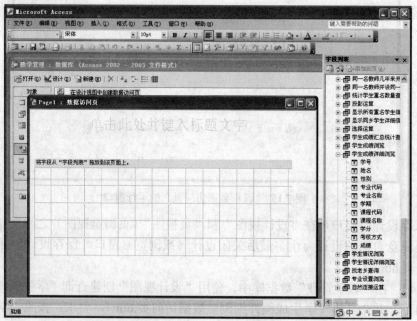

图7.17 添加了"字段列表"的"设计视图"窗口

（3）确定分组字段及各节中的摆放字段名称。根据题目要求，首先确定字段"学号"为分组字段，并将"姓名"、"专业代码"和"专业名称"三个字段也放入字段"学号"之后。主体节中摆放字段"学期"、"课程代码"、"课程名称"、"学分"、"考核方式"和"成绩"。

（4）设计主体节内容。首先将字段列表中的"学期"、"课程代码"、"课程名称"、"学分"、"考核方式"和"成绩"字段拖放至左边设计区，如图7.18所示。

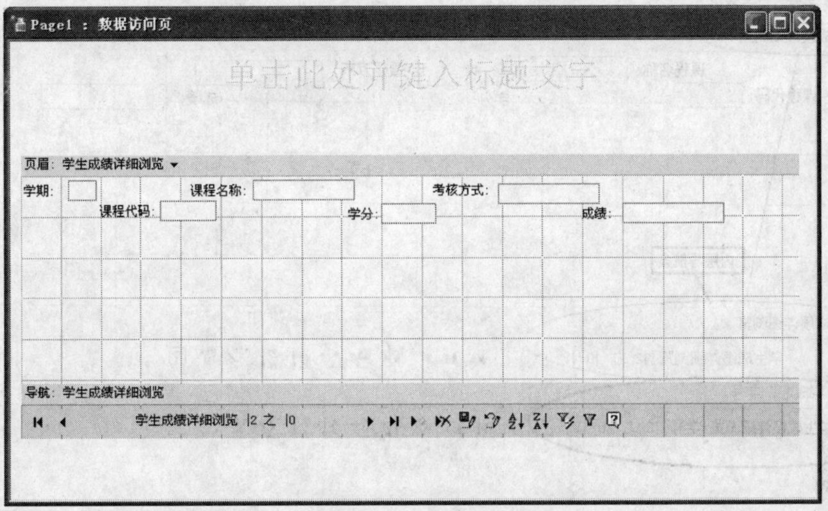

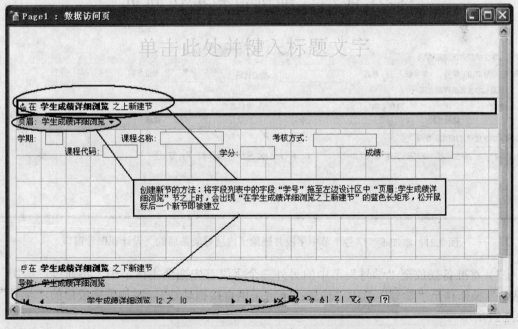

图7.18　主体节添加了字段后的"设计视图"窗口

（5）添加分组字段"学号"节。将字段列表中的字段"学号"拖至左边设计区中"页眉：学生成绩详细浏览"节之上时，会出现"在学生成绩详细浏览之上新建节"的蓝色长矩形，如图7.19所示。松开鼠标后一个新节"页眉:学生成绩详细浏览-学号"即被建立，同时也会建立新节的导航条，如图7.20所示。

图7.19　拖动分组字段"学号"到原有页眉之上

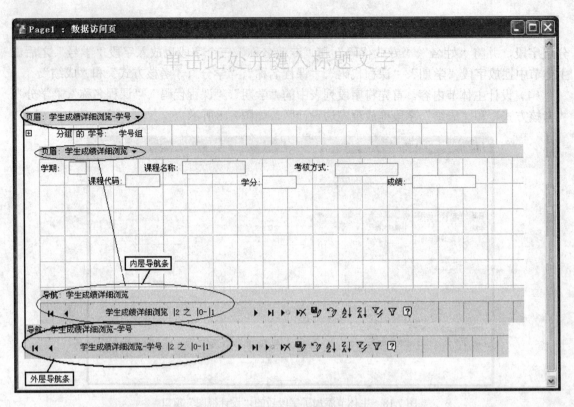

图 7.20   添加了新节"学号"后的"设计视图"窗口

（6）为数据访问页添加标题"学生成绩详细浏览数据访问页"，如图7.21所示。

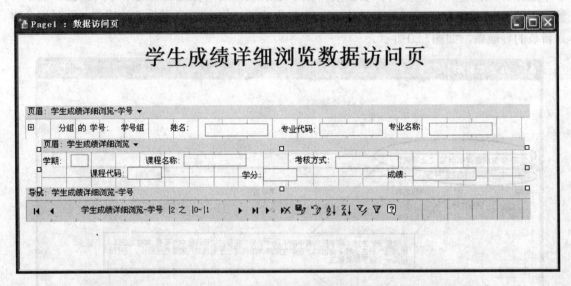

图 7.21   添加了"学号"节中字段并删除了内层导航条后的"设计视图"窗口

（7）将准备摆放至"学号"节中的另外三个字段首先拖至主体节中，再通过"剪切"和"粘贴"操作移至"学号"节中（注意：不可采用直接拖动法），添加了字段后的"学号"节如图7.21所示。

（8）手动删除内层导航条，并改变（减小）主体节高度，如图7.21所示。

（9）切换视图查看效果。单击工具栏上的"视图切换"按钮 🔢，可看到用户自己设计的数据访问页的运行效果，如图7.22所示。在图7.22所示的窗口中，系统自动以每屏 10 条记录的形式进行显示，单击任一个学号前面的"+"号，即可展开该学号内层窗口，如图7.23所示。在图7.23所示的窗口中，不再存在内层记录导航条（已被手动删除），但可通过拖动窗口右侧的垂直滚动条来查看该学号的所有课程成绩。单击该学号前面的"－"号，可折叠内层窗口，返回到图7.22所示的窗口中。

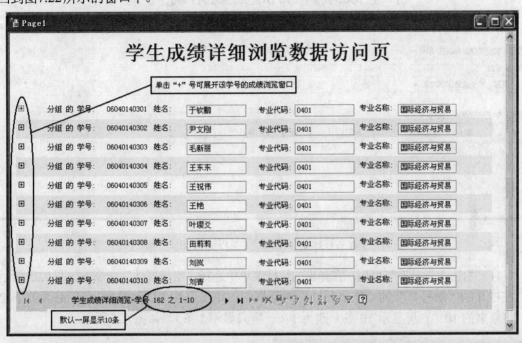

图 7.22 "设计视图"的运行窗口

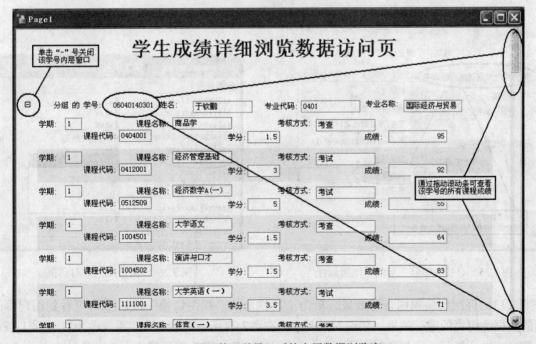

图 7.23 展开某"学号"后的内层数据浏览窗口

（10）进一步修改设计视图。将图7.21所示的设计视图中"学号"节和主体节中的所有标签删除，在标题区（窗口"学号"节的上方）输入一行字段名称标题，并对相应字段位置进行移动和对齐，得到如图7.24所示的"设计视图"窗口。

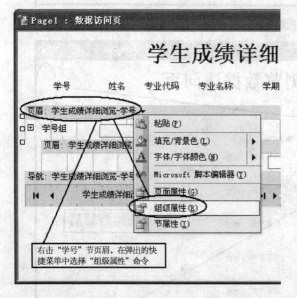

图7.24　添加了字段名称标题行并删除了节内标签后的"设计视图"窗口

（11）右击"学号"节页眉，在弹出的快捷菜单中选择"组级属性"命令，如图7.25所示。在打开的"学号"节的"组级属性"对话框中，单击属性"DataPageSize"后面的下拉列表，将原来的10（一屏显示10条）改为1（一屏只显示1条），如图7.26所示。

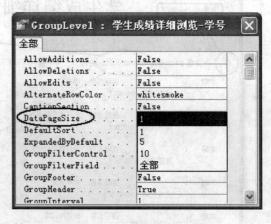

图7.25　寻找"学号"节的"组级属性"　　　　图7.26　"组级属性"对话框

（12）再次切换视图查看效果。单击工具栏上的"视图切换"按钮，可看到用户修改后的数据访问页的运行效果，如图7.27所示。在图7.27所示的窗口中，系统改为以每屏1条记录的形式进行显示（可与图7.22比较），可使用导航条按钮改变学号值，单击学号前面的"+"

号，即可展开该学号内层窗口，如图7.28所示。比较图7.28和图7.23的两个输出结果，即可看出本次修改设计的变化。单击该学号前面的"－"号，可折叠内层窗口，返回到图7.27所示的窗口中。

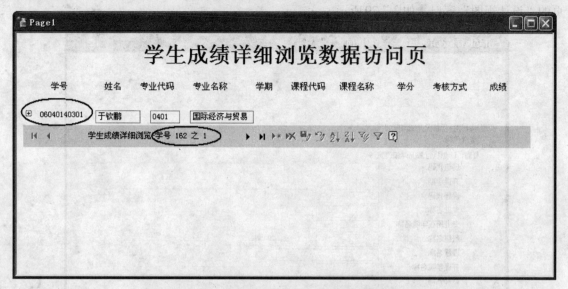

图 7.27　修改后的数据访问页运行窗口

图 7.28　修改后的数据访问页运行窗口（展开学号）

（13）保存设计。关闭设计（或浏览）窗口，保存设计，并取名为"学生成绩详细浏览数据访问页.htm"。

【例 7.5】 在"设计视图"中修改例 7.2 创建的数据访问页"计划执行情况详细浏览"，要求：对其添加标题"计划执行情况详细浏览数据访问页"，将字段"专业名称"和"专业所在学院"移动到"专业代码"节中，并对布局进行优化。

操作步骤如下。

（1）在"教学管理"数据库的"页"对象窗口中，单击数据访问页快捷方式"计划执行情况详细浏览"，再单击"数据库"窗口工具栏上的"设计"按钮 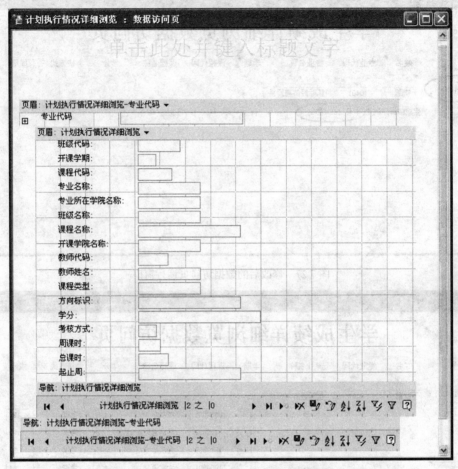 设计⑩，即可打开数据访问页的"设计视图"窗口，如图7.29所示。

图 7.29 "计划执行情况详细浏览"的"设计视图"窗口

（2）单击设计区域的标题区（显示"单击此处并键入标题文字"的区域），并输入标题"计划执行情况详细浏览数据访问页"，如图7.30所示。

（3）在图 7.29 的主体节中选中字段"专业名称"和"专业所在学院"，先单击工具栏上的"剪切"按钮，再单击"专业代码"节的页眉条，最后单击工具栏上的"粘贴"按钮，则两个字段出现在"专业代码"节中，经过适当移动、改变宽度和对齐操作（主体节中同样操作）后，得到类似图7.30所示的设计视图。

（4）保存设计，并运行该数据访问页，得到如图7.31和图7.32所示的页视图效果。

7.2.4 数据访问页的美化设计

在数据访问页的设计过程中，还可以利用 Access 提供的许多辅助功能来优化、美化用户设计的数据访问页。例如，为设计添加背景颜色或添加背景图片、添加滚动字幕、应用主题功能等。这些功能的操作方法与窗体和报表的设计类似，这里不再展开讲述，仅以下面例题做简要说明。

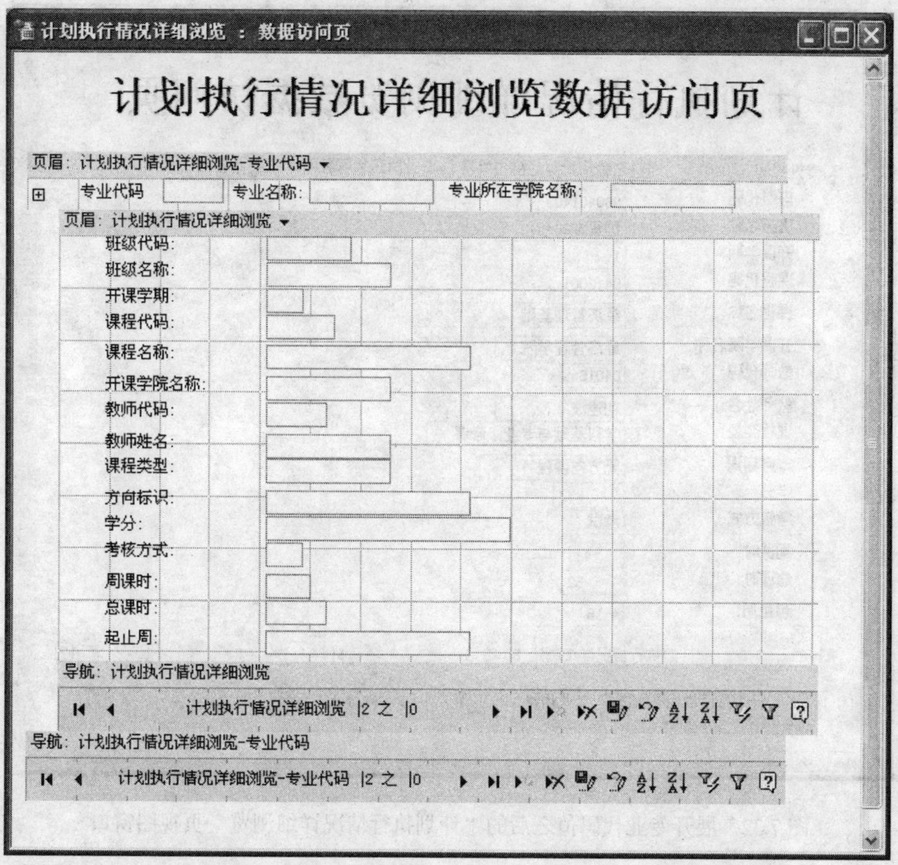

图 7.30　经过移动、整理后的数据访问页"计划执行情况详细浏览"的"设计视图"窗口

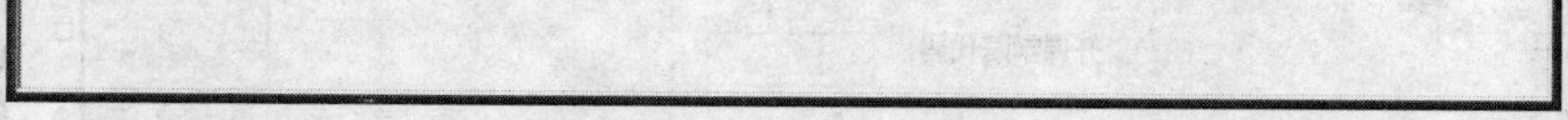

图 7.31　修改后的数据访问页"计划执行情况详细浏览"的运行窗口

【例 7.6】　在"设计视图"中修改例 7.3 创建的数据访问页"课程数据访问页",要求在窗口下方添加滚动文字:欢迎访问"课程"数据页,并为设计添加一幅背景图片。

操作步骤如下。

(1)在"教学管理"数据库的"页"对象窗口中,单击数据访问页快捷方式"课程数据访问页",再单击"数据库"窗口工具栏上的"设计"按钮 ☑设计(D),即可打开该页的"设计视图"窗口,如图7.33所示。

(2)单击工具箱中的"滚动文字"控件,在窗口底部区域拉出一个滚动文字控件,如图7.34所示。

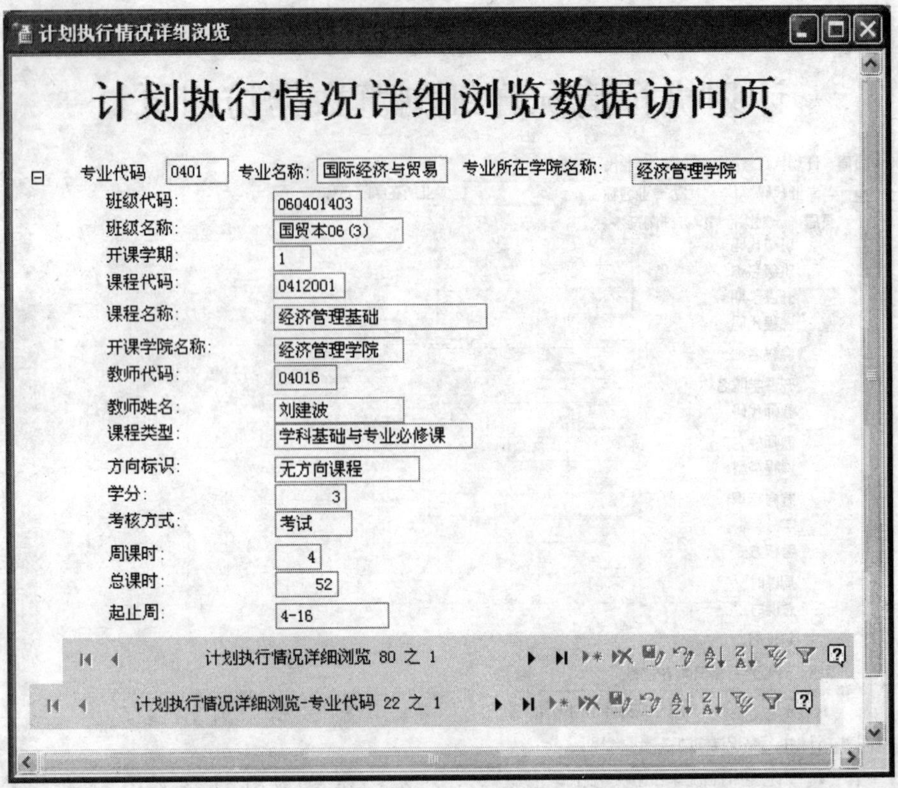

图 7.32 展开专业代码值之后的“计划执行情况详细浏览”页视图窗口

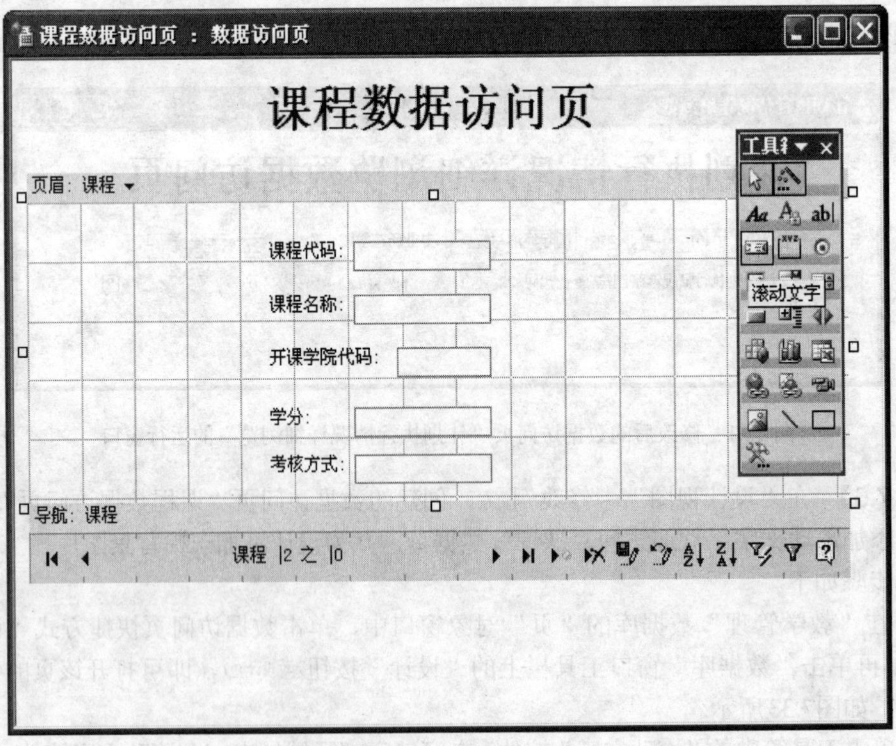

图 7.33 “课程数据访问页”的“设计视图”窗口

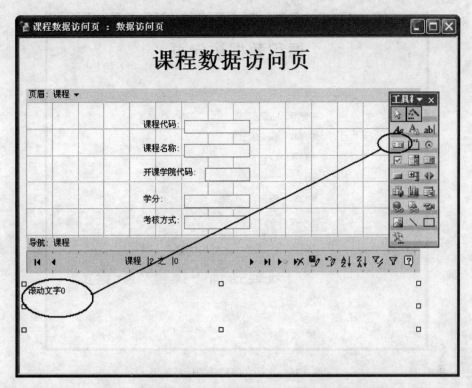

图 7.34 添加了"滚动文字"控件的"设计视图"窗口

（3）选中（单击）"滚动文字 0"控件，单击工具栏上的"属性"按钮，打开"滚动文字 0"控件的"属性"窗口，参照图7.35右边的属性进行设计。运行效果如图7.36所示。

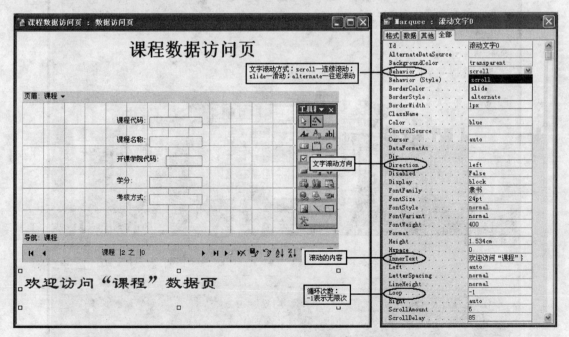

图 7.35 滚动文字控件的"属性"设置

（4）添加背景图片。选择"格式"|"背景"|"图片"命令，弹出"插入图片"对话框，选择一幅图片，单击"插入"按钮即可，如图7.37所示。最后保存设计，完成美化设计。

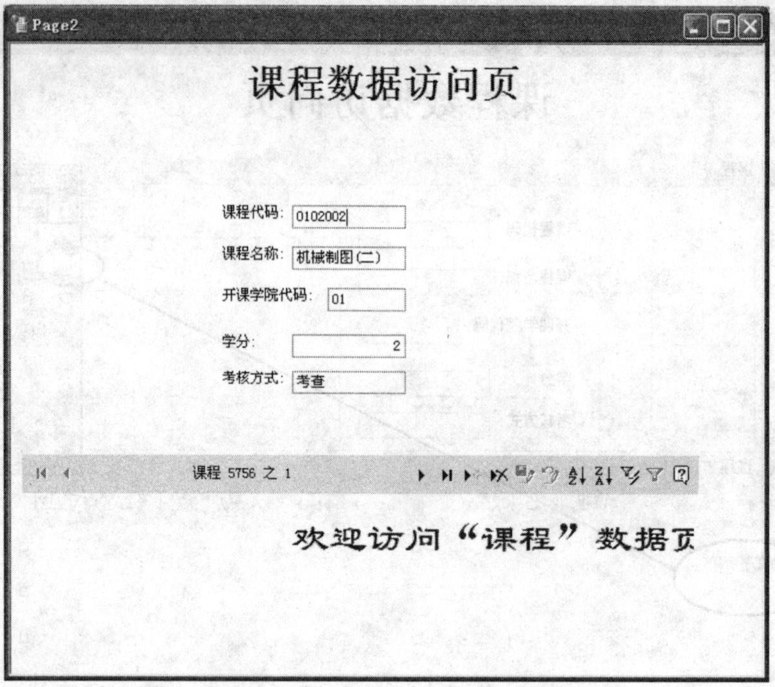

图 7.36 滚动文字控件的运行效果

图 7.37 添加了背景图片的设计视图

习　题　7

1. 思考题

（1）数据访问页有哪几种创建方法？

（2）简述添加滚动文字的操作方法。

（3）简述数据访问页有几种视图方式？各有何用途？

2. 选择题

（1）Access 数据访问页文件是一个_____。

　　A）数据库记录的超链接　　　　　　B）数据库中的表

　　C）独立的数据库文件　　　　　　　D）独立的外部文件

（2）Access 通过数据访问页也可以发布的数据_____。

　　A）只能是数据库中变化的数据　　　B）只能是数据库中保持不变的数据

　　C）只能是静态数据　　　　　　　　D）是数据库中保存的数据

（3）在数据访问页中，_____。

　　A）可以添加命令按钮　　　　　　　B）不能添加命令按钮

　　C）最多能按两个字段进行分组　　　D）只能按 4 个字段排序

（4）在"数据访问页"的工具箱中，为了在"页"中插入一段滚动文字，需使用_____图标。

　　A）Aa　　　　　　B）⊙　　　　　　C）▤　　　　　　D）ab|

（5）"数据访问页"中有两种视图方式，它们是_____。

　　A）设计视图与页面视图　　　　　　B）设计视图与浏览视图

　　C）设计视图与表视图　　　　　　　D）设计视图与打印浏览视图

3. 上机操作题

在"教学管理"数据库中，创建以下数据访问页。

（1）使用"数据页向导"创建查询"计划执行情况详细浏览"的数据访问页，并命名为"计划执行情况详细浏览.htm"。

（2）使用"设计视图"创建查询"学生成绩详细浏览"的数据访问页，并命名为"学生成绩详细浏览.htm"，要求：按照"学号"字段进行分组，并在每个学号之下，显示其所有的成绩信息。

（3）在"设计视图"中修改第（1）题创建的数据访问页"计划执行情况详细浏览"，要求：对其添加标题"计划执行情况详细浏览数据访问页"，将字段"专业名称"和"专业所在学院"移动到"专业代码"节中，并对布局进行优化。

（4）在"设计视图"中修改第（2）题创建的数据访问页"学生成绩详细浏览.htm"，要求在窗口下方添加滚动文字：欢迎使用数据页。

实验 13　数据访问页设计

一、实验目的和要求

1. 熟悉数据访问页的作用。

2. 掌握数据访问页的存储方式与调用方式。

3. 掌握使用"自动创建数据页"方法快速创建纵栏式数据访问页的操作方法。

4. 掌握使用"数据页向导"方法创建带有分组功能的数据访问页的操作方法。

5. 掌握使用"设计视图"方法创建和修改数据访问页的操作方法。

6. 熟悉数据访问页的常用美化设计方法。

二、实验内容

1. 完成例 7.1 的设计要求。

本实验内容练习重点：

① 进入"自动创建数据页：纵栏式"的方法。

② "自动创建数据页：纵栏式"的数据源只能是一个表或一个查询。

③ 数据访问页窗口中导航仪的变化。

④ 保存创建的数据访问页之后，"教学管理"数据库的"页"对象窗口中只是增加了一个快捷方式，真正的网页文件"专业设置浏览.htm"存放在了指定的文件夹中。

2. 完成例 7.2 的设计要求。

本实验内容练习重点：

① 进入"数据页向导"的方法。

② 使用"数据页向导"方法创建数据访问页的关键是确定分组字段。

③ 数据访问页中的数据浏览操作技巧（当设置了分组字段后，内外层记录导航仪之间的相互关系）。

④ 使用"数据页向导"方法可以创建非常复杂的数据访问页，此法是创建数据访问页的最常用方法。

3. 完成例 7.3 的设计要求。

本实验内容练习重点：

① 进入"设计视图"的方法。

② 使用"设计视图"方法创建数据访问页的关键是从窗口右边拖动数据源字段到设计区并排列控件。

③ 用户可在"设计视图"和"页视图"（页浏览视图）之间反复切换、多次修改，直至满意自己的设计为止。

4. 完成例 7.4 的设计要求。

本实验内容练习重点：

① 在"教学管理"数据库的"页"对象窗口中，通过双击"在设计视图中创建数据访问页"图标，打开"设计视图"窗口时，没有指定数据源。

② 手动指定数据源的方法。

③ 确定分组字段以及各节中的摆放字段名称（在尚未拖动字段之前）。

④ 拖动字段的顺序（也是创建不同节的顺序）：

先拖动安放在"主体"节中的字段（此处为"学期"、"课程代码"、"课程名称"、"学分"、"考核方式"和"成绩"字段），再用分组字段"学号"创建分组页眉节。掌握创建分组节的方法：将字段列表中的字段"学号"拖至左边设计区中"页眉:学生成绩详细浏览"节之上时，会出现"在学生成绩详细浏览之上新建节"的蓝色长矩形。松开鼠标后一个新节"页眉:学生成绩详细浏览-学号"即被建立，同时也会建立新节的导航条。

⑤ 将准备摆放至"学号"节中的另外三个字段首先拖至主体节中，再通过"剪切"和"粘贴"操作移至"学号"节中（注意：不可采用直接拖动法）。

⑥ 手动删除内层导航条，并改变（减小）主体节高度的操作方法。

⑦ 删除设计视图中"学号"节和主体节中的所有标签控件，在标题区（窗口"学号"节的上方）输入一行字段名称标题，并对相应字段位置进行移动和对齐。

⑧ 打开分组页眉"学号"节的"组级属性"窗口，并修改属性"DataPageSize"值为"1"的操作方法。（即将原来的一屏显示 10 条改为一屏只显示 1 条）。

⑨ 本实验内容的综合性强、知识点多、操作比较复杂，用户可以反复练习几遍，争取掌握其操作要领。

5．完成例 7.5 的设计要求。

本实验内容练习重点：

① 字段从一个节中移动到另一个节中的操作方法（通过"剪切"与"粘贴"操作完成）。

② 控件摆放技巧。

6．完成例 7.6 的设计要求。

本实验内容练习重点：

①"滚动文字"控件的设置方法与技巧。

② 添加背景图片的方法。

第8章 宏 设 计

用户在使用数据库各种对象（表、查询、窗体、报表和页）去实现某项操作任务的过程，往往不是仅靠一个操作动作就能完成的。实际工作中的大多数常规操作任务均存在一定的操作顺序和规律。例如在完成打印输出一份报表的操作任务时，用户在打开报表对象准备打印输出之前，可能要做一系列的检查核对工作：先打开有关"表"对象进行原始数据的浏览，再打开有关"查询"对象进行筛选条件的检查或重新设置，甚至还要打开有关的"窗体"对象进行浏览对照。由于这些操作对象分别放置在数据库的不同对象（如表、查询、窗体和报表）窗口中，用户将要执行的上述一连串操作任务在没有使用宏和模块功能之前，只能手动在各个对象窗口间频繁切换、查找、独立操作。随着操作任务的不断增加，这些重复性的工作必然会让用户感到繁杂、不方便。Access 提供的"宏"对象，正是解决这类批处理操作的有效方法。

8.1 宏 概 述

宏是 Access 数据库的对象之一，利用宏可以成批处理数据库对象间的多个操作，实现多个操作的自动化，使得用户对数据库的操作更加方便、快捷。

8.1.1 宏与宏组的定义与用法

宏是一种特定的编码，是一个或多个操作命令的集合，其中的每个操作均能实现特定的功能。在数据库操作中，将一些使用频率较高、存在一定操作顺序和规律的一系列连贯操作设计为一个宏，执行一次该宏即可将这多个操作同时完成，从而方便了用户对数据库的操作。

宏可以是包含一个或多个宏命令的集合，当宏中含有多个宏命令时，其执行顺序是按照宏命令的排列顺序依次全部完成的。

宏也可以定义成宏组，把多个宏保存在一个宏组中。使用时可以分别进行调用，这样更便于数据库中宏对象的管理。

宏组中的宏的调用格式如下：

　　　　<宏组名>.<宏名>

宏的使用方法有多种，可以直接在数据库的"宏"对象窗口中执行宏；可以创建单独的宏组菜单；可以创建单独的宏组工具栏；但用得最多的方法还是通过窗体、报表中的"命令按钮"控件来运行宏。具体使用见 8.3 节内容。

在 Access 中，"宏"与"模块"相比，宏更容易掌握，用户不必要去记忆命令代码、命令格式及语法规则。只要了解有哪些宏命令，这些宏命令能够实现什么操作，完成什么操作任务即可。

在 Access 中，宏的作用非常大，它可以单独控制其他数据库对象的操作，也可以作为窗体或报表中控件的事件代码控制其他数据库对象的操作，还可以成为实用的数据库管理系统菜单栏的操作命令，从而控制整个管理系统的操作流程。

因为有了宏，在 Access 中，用户甚至在一定条件下不用编程，就能够完成数据库管理系统开发的过程，实现数据库管理系统软件的设计。

8.1.2　常用宏介绍

宏以动作为基本单位，一个宏命令能够完成一个操作动作，每一个宏命令由动作名和操作参数组成。程序开发人员为 Microsoft Office Access 预先定义了 50 余种宏操作，本书选择其中较为常用的 28 个宏，按照这些宏操作的命令对象与功能进行了大致的分类。具体的宏命令代码、功能以及主要参数说明参见表 8-1。

表 8-1　宏的常用命令

宏　命　令	功　　能	主要操作参数
1. 关闭/打开/保存数据库对象类		
Close	关闭指定对象或窗口	对象类型/名称为空，则关闭激活的窗口
OpenDataAccessPage	在浏览或设计视图中打开数据访问页	视图与数据访问页的选择
OpenForm	打开窗体	窗体名称、Where 条件
OpenFunction	在设计视图或打印预览中打开函数	函数源、函数名称、数据模式
OpenModule	在设计视图中打开 Visual Basic 模块	模块名称、过程名称
OpenQuery	打开/运行查询	查询名称、视图种类、数据模式
OpenReport	打开报表	报表名称、视图种类、Where 条件
OpenTable	打开表	表名称、视图种类、数据模式
Save	保存指定对象	对象类型、对象名称
2. 运行/控制类		
Quit	退出 Microsoft Office Access	选择一种保存选项：提示/全部保存/退出
RunCommand	执行菜单命令	输入/选择将执行的命令
RunMacro	执行另一个宏	宏名、重复次数、重复表达式
RunSQL	执行 SQL 语句	定义输入 SQL 语句
RunApp	执行另一个应用程序	输入命令信息
3. 记录/字段操作类		
GoToRecord	指定对象记录	对象类型、对象名称、记录、偏移量等
FindNext	查找符合条件的最近的下一条记录	无
FindRecord	查找符合条件的记录	查找内容、匹配、格式化等
Requery	指定重新查询或刷新	控件名称
4. 外观控制与信息提示类		
Beep	使计算机发出嘟嘟声	无
Maximize	窗口最大化，充满 Access 窗口	无
Minimize	窗口最小化，变成 Access 底部小标题	无
MsgBox	显示警告或提示消息框	消息内容、类型、标题、是否发声
Restore	将窗口恢复到原来的大小	无
SetValue	为数据对象设置属性值	项目、表达式
SetWarnings	关闭或打开所有的系统消息	打开警告，选择是/否
5. 导入/导出数据类		
TransferDatabase	数据库之间导入、导出或链接数据	迁移类型、对象类型、源、目标等
TransferSpreadsheet	与电子表格 Excel 文件之间的导入导出	迁移类型、电子表格类型、表名称、范围等
TransferText	与文本文件之间的导入导出数据	迁移类型、规格名称、HTML 名称、代码页等

8.2 宏的创建与编辑

在 Access 中，宏设计器是创建宏的唯一环境。在"宏"设计窗口中，可以完成选择宏，设置宏条件、宏操作、宏操作参数，添加或删除宏，更改宏顺序等一系列操作。

8.2.1 序列宏的创建

【例 8.1】 在"教学管理"数据库中，创建操作序列宏，宏名称为"打开与学生信息有关的对象"。要求执行该宏时依次打开表"学生"、表"学生其他情况"、查询"学生情况详细浏览"、窗体"学生信息浏览"和打印预览报表"学生信息浏览"。

操作步骤如下。

（1）在"教学管理"数据库的"宏"对象窗口中，单击"数据库"窗口工具栏上的"新建"按钮 ，打开"宏"设计窗口，如图8.1所示。

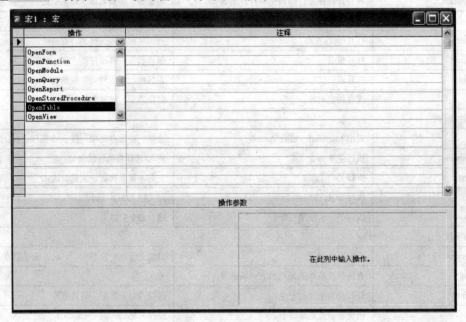

图 8.1 "宏"设计窗口

（2）选择宏命令并设置相关参数。单击"宏"设计窗口的"操作"列中第一行右边的下拉箭头，打开操作命令列表，选择"OpenTable"（打开表命令），并从下方操作参数区域中"表名称"列表中选择"学生"，其余参数（"视图"和"数据模式"）保留默认，在"宏"设计窗口的"注释"列中对应行上输入注释信息：打开"学生"表，则一条宏操作命令设置完毕，如图8.2所示。

参照图8.2所示，以类似的操作方法设置其他宏操作命令。

在第二行上选择操作"OpenTable"（打开表），在下方的表名称中选择"学生其他情况"；

在第三行上选择操作"OpenQuery"（打开查询），在下方的查询名称中选择"学生情况详细浏览"；

在第四行上选择操作"OpenForm"（打开窗体），在下方的窗体名称中选择"学生信息浏览"；

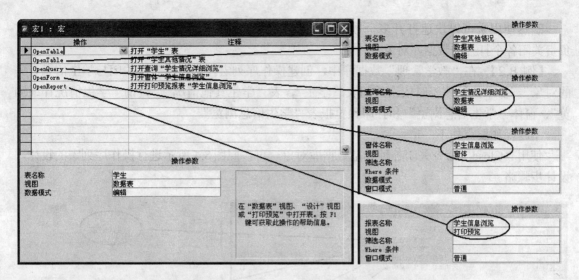

图 8.2 "宏"设计窗口中的宏操作命令及其对应参数设置

在第五行上选择操作"OpenReport"（打开报表），在下方的报表名称中选择"学生信息浏览"，"视图"选择"打印预览"。

（3）关闭"宏"设计窗口，保存宏，将宏命名为"打开与学生信息有关的对象"。

（4）运行宏。在"教学管理"数据库的"宏"对象窗口中，双击宏"打开与学生信息有关的对象"，同时打开的五个数据库对象如图 8.3 所示。由此看出，使用宏可以方便数据库操作。

图 8.3 运行一次宏"打开与学生信息有关的对象"，同时打开的五个数据库对象

既然使用宏可以快速打开多个数据库对象，当然也可以反向操作，即设计一个宏，让它负责关闭各个打开的数据库对象。

【例 8.2】 在"教学管理"数据库中，创建操作序列宏，宏名称为"关闭与学生信息有关的对象"。要求执行该宏时依次关闭表"学生"、表"学生其他情况"、查询"学生情况详细浏览"、窗体"学生信息浏览"和打印预览报表"学生信息浏览"。

本题操作要点如下：

使用"Close"命令关闭各种类型数据库对象。可参照图8.4 所示进行操作序列宏的设计，设计步骤略。

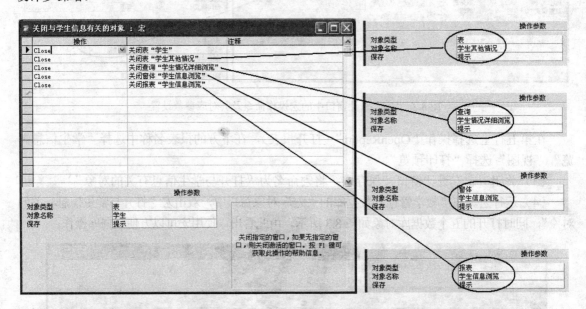

图 8.4 宏"关闭与学生信息有关的对象"设计窗口中的宏操作命令及其对应参数设置

当在运行了宏"打开与学生信息有关的对象"之后，再运行宏"关闭与学生信息有关的对象"，就会发现设计一个宏用于关闭多个数据库对象是如此的方便、快捷。

8.2.2 宏组的创建

宏组就是在同一个宏的设计窗口中包含多个宏的集合。应特别注意的是，宏组中的各个宏之间没有关联，宏组中的每个宏都是单独运行的，即如果在"宏"对象窗口中，通过双击一个宏组名来运行该宏组，则只能运行宏组中最前面的第一个宏名下的操作命令，从第二个宏名之后的宏不会自动执行。当一个数据库中创建的宏的数量很多时，将相关的宏分组到不同的宏组中有助于更好地管理宏。也就是说，使用宏组的目的仅仅是更加有序地管理数据库中的宏对象。

在宏组中，为了方便调用，每个宏需要有一个名称。在宏的设计窗口中，"宏名"列的默认状态是关闭的，在创建宏组过程中，需要先将其"宏名"列打开。

【例 8.3】 在"教学管理"数据库中，创建一个宏组，宏组名称为"学生成绩对象操作"。要求宏组中包含两个宏"打开"和"关闭"，其中，"打开"宏包括依次打开表"成绩"、查询"学生成绩详细浏览"、窗体"学生成绩浏览查询的数据表窗体"、窗体"学生主窗体"和打印预览报表"按专业和学号分组输出学生成绩"；"关闭"宏则包含关闭上述打开的各个数据库对象。设计完成的宏组如图8.5所示。

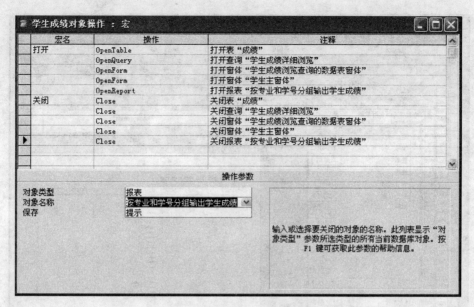

图 8.5　宏组"学生成绩对象操作"的设计窗口

操作步骤如下。

（1）在"教学管理"数据库的"宏"对象窗口中，单击"数据库"窗口工具栏上的"新建"按钮 新建(N)，打开"宏"设计窗口，如图8.1所示。

（2）添加"宏名"列并分别设计"打开"和"关闭"宏。选择"视图"|"宏名"命令，则在"宏"设计窗口中增加一个新列"宏名"，如图8.5所示。

在"宏名"列下的第一行输入宏组中包含的第一个宏名"打开"，在该宏名下，参照例8.1的做法，添加打开各个数据库对象的操作命令（可参考图8.5，注意一个宏名下的多个操作命令共享同一个宏名，该宏名只出现在第一个操作命令行上，其下其余的操作命令前的"宏名"处均为空白）；另起一行，再在"宏名"列中输入宏组中包含的第二个宏名"关闭"，在该宏名下，参照例8.2的做法，添加关闭各个数据库对象的操作命令（图8.5）。

（3）保存并运行宏组，观察其中宏的运行情况。保存宏组，并命名为"学生成绩对象操作"。在"教学管理"数据库的"宏"对象窗口中，直接双击宏组名"学生成绩对象操作"，或选中宏组名后单击"运行"按钮 运行(R)，同时打开的五个数据库对象类似图8.6所示。从图8.6可以看出，运行宏组时，仅相当于运行了宏组中的第一个宏名（这里是其中的宏"打开"）。而其中包含的第二个宏名"关闭"则没有被执行。如何执行宏组中的其他宏，参见8.3节。

8.2.3　条件宏的创建

在某些情况下，可能希望当一些特定条件为真时才在宏中执行一个或多个操作。这种带条件的宏的创建是在"宏"设计窗口中添加"条件"列来进行控制的。

【例 8.4】　复制例8.1创建的序列宏"打开与学生信息有关的对象"，并取宏名为"带条件打开与学生信息有关的对象"。在新宏的设计视图中添加"条件"列，设置条件如图8.7所示，并观察运行结果。

操作步骤如下。

（1）在"教学管理"数据库的"宏"对象窗口中选中宏"打开与学生信息有关的对象"，通过复制、粘贴操作得到新宏"带条件打开与学生信息有关的对象"。

图 8.6 运行宏组"学生成绩对象操作"相当于运行宏组中的第一个宏名

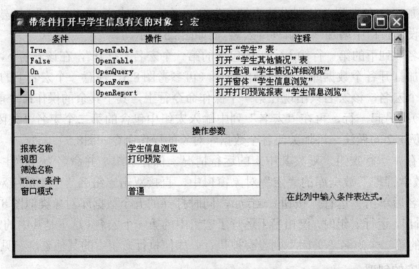

图 8.7 宏"带条件打开与学生信息有关的对象"的设计视图

（2）选中宏"带条件打开与学生信息有关的对象"，单击"设计"按钮 ，进入宏的设计窗口，如图8.8所示。

（3）插入"条件"列。选择"视图"|"条件"命令，则得到插入了"条件"列的宏设计窗口，如图8.9所示。

（4）参照图8.7中的条件设置，在对应操作前的条件列内输入各个条件。

（5）保存并运行宏后，可以看到只有条件列中值为真（"True"、"On"和"1"代表真）的三个对应操作窗口是打开的，而条件列中值为假（"False"、"Off"和"0"代表假）的两个对应操作窗口没有打开。

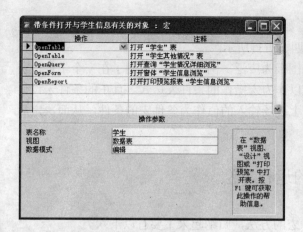
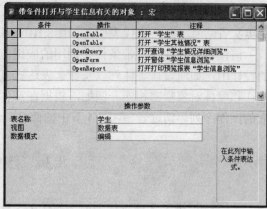

图 8.8 进入宏的设计窗口 　　　　　　　图 8.9 添加了"条件"列的宏设计窗口

说明: 在包含条件列的宏设计中,只有当对应操作前的条件值为真时,该操作才会被执行,否则操作不会执行。下面是对常用表达式结果进行的归纳。

(1) 条件列值为真的常用表达式有:

① 代表真的常量,如 True、Yes、On。

② 非零数值,如 1、3.2、-1.5 等。

③ 结果为真的关系表达式,如 3>2、4<6、"ABCD"="ABCD"、"张三"="张三"、Left("abc",2)="ab"等。

④ 省略号(...)。在条件宏设计过程中,如果遇到当一个条件值为真时,需要执行多条操作命令,可将条件值输入到第一个要执行的操作命令前的条件列中,并在其下其余操作命令前的条件列中输入英文的省略号(...),如图8.10中第一、二、三行所示。

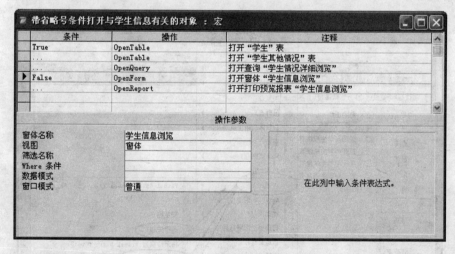

图 8.10 宏"带省略号条件打开与学生信息有关的对象"中的省略号条件

(2) 条件列值为假的常用表达式有:

① 代表假的常量,如 False、No、Off。

② 数值零,即 0。

③ 结果为假的关系表达式,如 3<2、"ABCD"="ABC"、"张三"="李四"、Left("abc",2)="bc"等。

④ 省略号（…）。在条件宏设计过程中，如果遇到一个条件值为假时，其下各行中紧跟的英文省略号（…）也代表假，如图8.10中第四、五行所示。

请读者特别注意，带条件宏调用的应用范围极为广泛。例 8.4 只是说明了在一个带条件宏的设计中，如何设计条件列以及什么表达式可以作为宏操作的条件表达式。真正的条件宏设计往往和窗体对象紧密相连。例如，根据在窗体上现场输入的值作为条件宏的条件，从而决定后面的操作序列。请读者参考 8.4 节中的例 8.6。

8.3 宏的运行方法

Access 提供了多种执行宏或宏组中的各个宏的方法，归纳起来主要有以下六类。

（1）从"宏"设计窗口中运行宏，单击工具栏上的"运行"按钮 。
（2）从数据库的"宏"对象窗口中运行宏，双击将要执行的宏名。
（3）通过"工具"|"宏"|"运行宏"命令运行宏。
（4）通过创建单独的宏组菜单运行宏组中的各个宏。
（5）通过创建单独的宏组工具栏运行宏组中的各个宏。
（6）通过窗体、报表上各控件的事件（如按钮的单击事件等）运行宏。
下面分别介绍几种常用的宏的运行方法。

8.3.1 通过"工具"|"宏"|"运行宏"命令

"工具"菜单中的"宏"选项非常有用，如图8.11所示。其下不仅包括"运行宏"命令，而且还包括"用宏创建菜单"、"用宏创建工具栏"和"用宏创建快捷菜单"等操作命令，用户应熟练掌握。

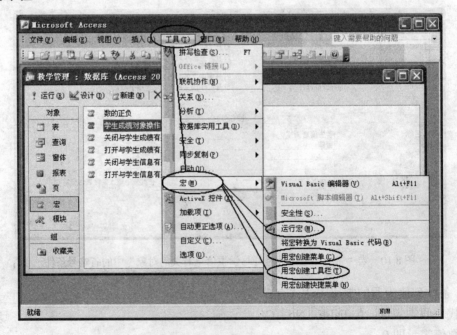

图 8.11 "工具"菜单下的"宏"命令包含的功能

运行宏或包含多个宏名的宏组中的某个宏时，一种方法就是选择"工具"｜"宏"｜"运行宏"命令，打开"执行宏"对话框，如图8.12所示。在"宏名"文本框中输入要执行的宏组名称及其包含的宏名，如"学生成绩对象操作.关闭"，单击"确定"按钮，选定的宏即被执行。

图 8.12 "执行宏"对话框

8.3.2 创建单独的宏组菜单

运行包含多个宏名的宏组中的某个宏时，另一种方便、快捷的方法是为宏组创建一个专门菜单。

操作步骤如下：

先选定宏组名，再选择"工具"｜"宏"｜"用宏创建菜单"命令，则新创建的宏组菜单就会出现在窗口顶部，如图8.13所示。

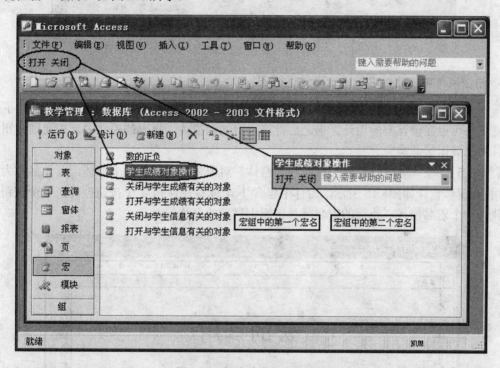

图 8.13 创建单独的宏组菜单

通过单击宏组菜单中的某个宏名，如"打开"或"关闭"，即可完成对宏组中宏的调用。此法对包含多个宏名的宏组特别实用，读者应熟练掌握。

8.3.3 创建单独的宏组工具栏

运行包含多个宏名的宏组中的某个宏时，第三种方法是为宏组创建一个专门的工具栏。

操作步骤如下：

先选定宏组名，再选择"工具"｜"宏"｜"用宏创建工具栏"命令，则新创建的宏组工具栏就会出现在窗口顶部的工具栏附近，如图8.14所示。

通过单击宏组工具栏中的某个宏名，如"打开"或"关闭"，即可完成对宏组中宏的调用。

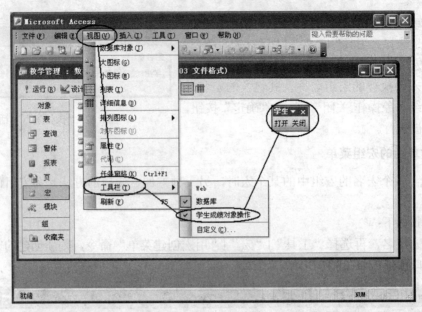

图 8.14　创建单独的宏组工具栏（经鼠标拖动后变为图中样式）

8.3.4　通过窗体中按钮控件的单击事件运行宏

前面介绍的几种运行宏的方法都是直接运行宏，通常情况下，直接运行宏只是为了对宏进行测试。可以在确保宏的设计无误之后，将宏附加到窗体、报表的控件中，如通过按钮的单击事件做出调用宏的响应。

【例 8.5】　在"教学管理"数据库的"窗体"对象窗口中创建一个窗体，窗体名称为"宏的调用"。窗体设计如图8.15所示，窗体中包含 1 个标签控件和 4 个按钮控件，每个按钮控件对应执行一个宏名操作（执行的宏名就是按钮上显示的名称）。

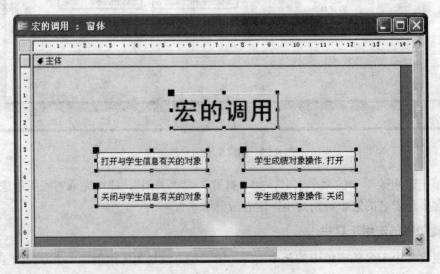

图 8.15　窗体"宏的调用"的设计窗口

操作步骤如下。

（1）在"教学管理"数据库的"窗体"对象窗口中，双击"在设计视图中创建窗体"图标，打开"窗体"设计窗口，参照图8.15所示添加所需的 1 个标签控件，并设置其标题（内容）、字体、字号、颜色等属性。

（2）添加第一个命令按钮控件并启动"命令按钮向导"。在窗体设计窗口中，添加命令按钮控件之前应首先保证工具箱中的"控件向导"按钮 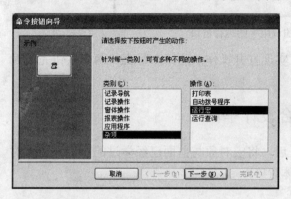 处于按下状态（即可用状态）。单击工具箱中的命令按钮 控件，在窗体中添加一个命令按钮控件的同时打开了"命令按钮向导"，如图8.16所示。

（3）在图 8.16 左侧的"类别"中选择"杂项"，在其右侧的"操作"中选择"运行宏"，单击"下一步"按钮，进入到"命令按钮向导"选择运行宏对话框，如图8.17所示。

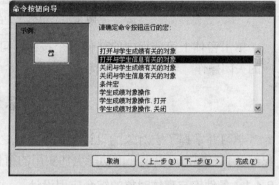

图 8.16 "命令按钮向导"对话框之一　　　　图 8.17 "命令按钮向导"对话框之二

（4）在图 8.17 中列出的所有宏名中选择"打开与学生信息有关的对象"，单击"下一步"按钮，进入到"命令按钮向导"确定按钮是显示文字还是显示图片对话框，如图8.18所示。

（5）在图 8.18 中首先单击"文本"表示在按钮上显示文本，并在"文本"后的文本框中输入宏名"打开与学生信息有关的对象"，单击"下一步"按钮，进入到"命令按钮向导"确定按钮名称对话框，保留默认名称。单击"完成"按钮，结束"命令按钮向导"操作，返回到窗体设计窗口，如图8.19所示。

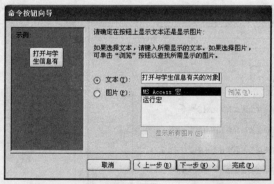

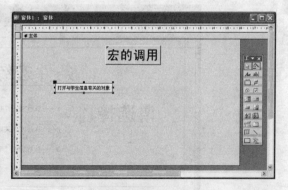

图 8.18 "命令按钮向导"对话框之三　　　图 8.19 使用"命令按钮向导"创建完成的一个命令按钮

（6）类似地重复（2）～（5）步的操作，选择运行不同的宏或宏组中的宏（参照图 8.15 中各按钮上显示的宏名），即可完成另外三个按钮的设计。

（7）保存并运行窗体。关闭窗体设计窗口，并以名称"宏的调用"保存窗体。再运行窗体，即可得到图8.20所示的窗体运行窗口。

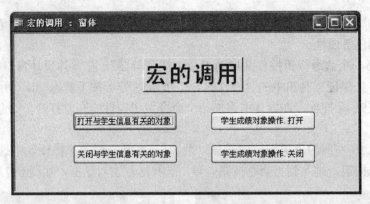

图 8.20　窗体"宏的调用"的运行窗口

单击窗体上第一行中的任何一个按钮，可实现打开操作，而第二行上的两个按钮完成对应的关闭操作，非常方便、快捷。

8.4　宏综合设计举例

学习并掌握了宏对象的设计与调用方法之后，将宏对象与前面已经学过的查询和窗体对象综合到一起，可以设计出功能更加实用的窗体对象。

8.4.1　条件宏与窗体对象的综合应用设计

能够根据窗体上文本框控件中输入的不同值，自动判断并转去执行相应的宏或宏组，在宏综合设计中其功能非常实用，请看下面的例子。

【例 8.6】　在"教学管理"数据库的"窗体"对象窗口中创建一个窗体，窗体名称为"条件宏练习"。窗体设计如图 8.21 所示，窗体中包含三种控件：一个未绑定文本框控件，用于键盘输入数字 1～4；一个按钮控件，用于确定输入选项；其余的全是标签控件。窗体的功能：当输入一个数字（在 1～4 之间）并单击"确定"按钮后，系统自动转去执行相应的宏，完成相应宏中规定的操作，并给出提示信息。

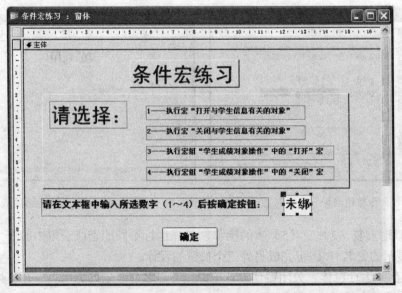

图 8.21　窗体对象"条件宏练习"的设计窗口

本例题设计思路及要点如下。

（1）确定最终设计对象以及总体设计思路。首先明确本例题最终创建的是一个"窗体"对象，在窗体运行过程时，输入选项数字，通过单击按钮事件，调用并执行相应宏操作。这是一个"窗体设计+单击事件+条件宏编程"的综合设计题目。

（2）查看将要执行的宏或宏组是否已经存在。从图8.21所示的四个选项可以看出，例题中用到的两个宏和一个宏组正是例 8.1、例 8.2 和例 8.3 已经创建好的，不需要新建（如果没有，则需新建）。

（3）如何读取窗体上文本框中输入的数据，这是本例题的设计难点与重点之一。Access 提供了以下语法结构，用于引用窗体或报表上的控件值：

[Forms]![窗体名称]![控件名称]

[Forms]![报表名称]![控件名称]

本例题设计的是一个窗体，窗体名称为"条件宏练习"，未绑定文本框控件的名称为"输入数字"。套用上述适合窗体的语法结构，得到：

[Forms]![条件宏练习]![输入数字]

这就是读取窗体上文本框中输入数据的方法。

（4）单击"确定"按钮后，系统如何根据文本框中输入数字，自动转去执行相应的宏。这个问题的实质是一个分支结构编程问题（关于编程问题，在第 9 章中有详细讲述），在此，使用带有条件表达式的宏（条件宏）来完成设计功能，这是该例题的设计难点与重点之二。

操作步骤如下。

（1）在"教学管理"数据库的"窗体"对象窗口中，双击"在设计视图中创建窗体"图标，打开"窗体"设计窗口，参照图 8.21 所示添加所需的标签控件（7 个），并参照图中所示设置各个标签的标题（内容）、字体、字号、颜色等属性。

（2）添加一个文本框控件并设置属性。在窗体设计窗口中，添加文本框控件之前首先单击工具箱中的"控件向导"按钮 🔧，目的是取消控件的向导功能，再添加一个未绑定的文本框控件。根据前面设计思路分析，要读取文本框中数据，需要知道文本框控件的准确名称，为便于理解，将文本框名称更改为"输入数字"。操作方法：在窗体设计视图中，选中文本框控件，打开其"属性"窗口，参照图8.22所示，主要修改其"名称"属性，将原来的默认名称（如"Text1"）改为"输入数字"，也可修改其字体字号属性。

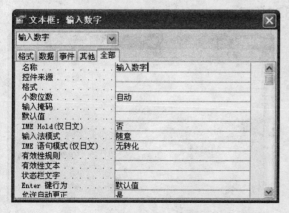

图 8.22　文本框控件的"属性"设置窗口（主要改动：名称属性）

（3）添加按钮控件，并设置按钮的单击事件以及创建条件宏。在窗体设计窗口中，添加一个命令按钮控件（仍然不要启动控件向导），并打开该按钮的属性窗口，将"标题"属性设置为"确定"，如图8.23(a)所示。

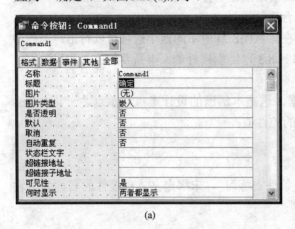

(a)

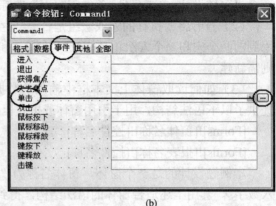

(b)

图 8.23　命令按钮控件的"属性"设置窗口（修改标题属性并设置"事件"选项卡中的"单击"事件）

单击属性窗口中的"事件"选项卡，从中找到"单击"属性，再单击行尾的"选择生成器"按钮⋯，如图8.23(b)所示，打开"选择生成器"对话框，如图8.24所示。

选择其中的"宏生成器"，单击"确定"按钮后，弹出宏名称保存对话框，输入名称"条件宏"，如图8.25所示。

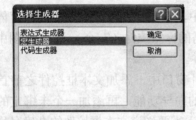

图 8.24　"选择生成器"对话框

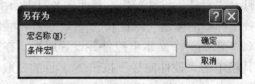

图 8.25　"另存为"对话框

单击"确定"按钮后进入"条件宏"设计窗口，如图8.26所示。

（4）加入"条件"列。选择"视图" | "条件"命令或单击工具栏上的"条件"按钮，则得到添加了"条件"列的宏设计窗口，如图8.27所示。

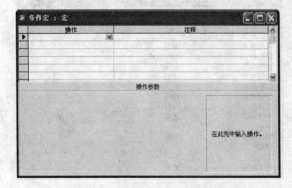

图 8.26　"条件宏"的设计窗口

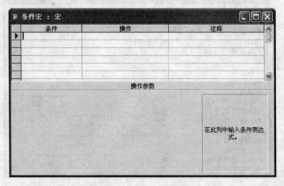

图 8.27　添加"条件"列的"条件宏"设计窗口

（5）具体设计"条件宏"。根据前面的设计思路分析，在运行窗体时，如果在文本框中输入数字"1"，将执行宏"打开与学生信息有关的对象"。上述设计思想中的条件表达式即可表示为：

[Forms]![条件宏练习]![输入数字]=1

在一个宏中执行另外一个宏，可使用宏操作命令"RunMacro"，并在操作参数中选择适当的宏名即可。参见图8.28中的第一行设计，并对应图中下方的参数选择。

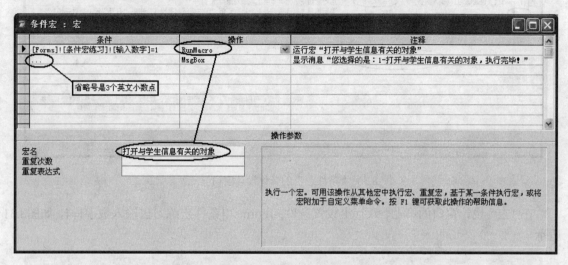

图 8.28　"条件宏"的具体设计窗口（一）

注意：在条件宏设计中，如果满足一个条件，需要执行多条宏操作时，只在该条件对应的第一行（首行）输入条件表达式，其下其余各行的"条件"列中均输入省略号（…，英文状态的三个小数点符号），如图 8.28 中的第二行所示（增加了一条显示提示信息的宏命令"MsgBox"）。以类似的思路设计其他选项。

在"宏"设计窗口的第三、四行上设置条件：[Forms]![条件宏练习]![输入数字]=2，如图8.29所示。

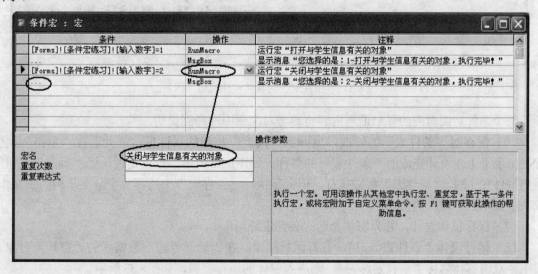

图 8.29　"条件宏"的具体设计窗口（二）

在"宏"设计窗口的第五、六行上设置条件：[Forms]![条件宏练习]![输入数字]=3，如图8.30所示。

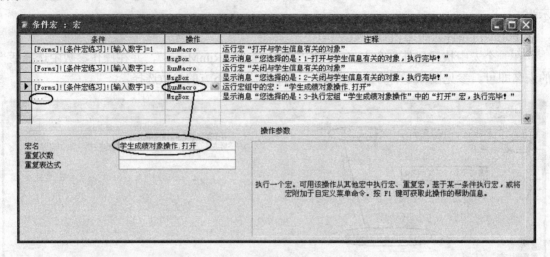

图 8.30 "条件宏"的具体设计窗口（三）

在"宏"设计窗口的第七、八行上设置条件：[Forms]![条件宏练习]![输入数字]=4，如图8.31所示。

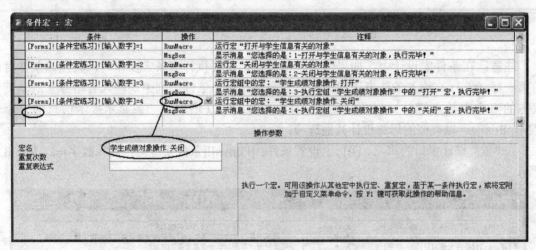

图 8.31 "条件宏"的具体设计窗口（四）

每个条件后面对应的显示消息内容可参考对应图中注释列说明。

（6）保存对"条件宏"的修改，返回到"确定"按钮的属性窗口，此时在"单击"属性行上出现了上面设计完成的"条件宏"的名称，如图8.32所示。也就是说，当"确定"按钮的单击事件发生时，"条件宏"将被执行，但究竟执行"条件宏"中的哪一个分支结构的宏操作，取决于文本框中输入的值。

（7）保存窗体设计，并为窗体命名"条件宏练习"。

（8）运行窗体"条件宏练习"，查看运行结果。在"教学管理"数据库的"窗体"对象窗口中，双击窗体名称"条件宏练习"，则进入窗体的运行窗口，如图8.33所示。

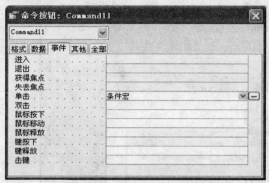
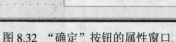

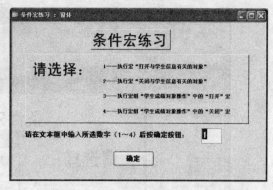

图 8.32 "确定"按钮的属性窗口　　　　　　　图 8.33　窗体"条件宏练习"的运行窗口

在窗口的文本框中输入"1",单击"确定"按钮,则得到执行宏"打开与学生信息有关的对象"的操作结果,从屏幕下方的任务栏上可以清楚地看到各个数据库对象的图标,如图8.34所示。

图 8.34　在窗体文本框中输入"1"后的运行结果

单击处于最前面的活动窗口中的"确定"按钮,再从任务栏上单击窗体"条件宏练习"的图标,将其置于前台,在文本框中输入选项"2"后单击"确定"按钮,则执行宏"关闭与学生信息有关的对象",刚才打开的数据库对象窗口全部关闭,并看到提示信息,如图8.35所示。

类似地,在窗体的文本框中输入"3"得到执行宏组"学生成绩对象操作"中的"打开"宏的操作结果,如图 8.36 所示。在窗体的文本框中输入"4"得到执行宏组"学生成绩对象操作"中的"关闭"宏的操作结果,如图8.37所示。

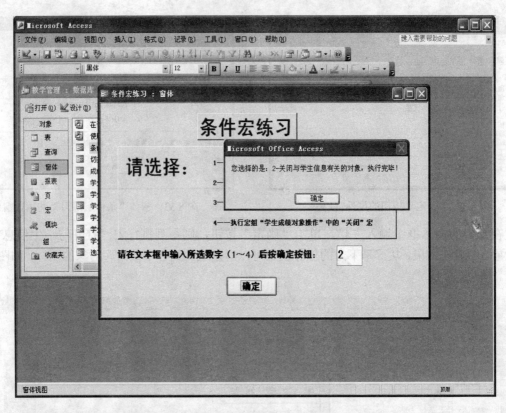

图 8.35 在窗体文本框中输入 "2" 后的运行结果

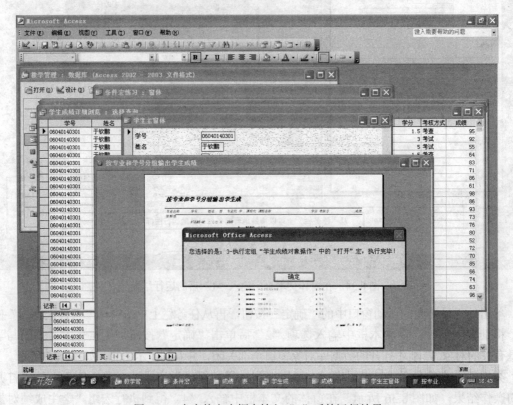

图 8.36 在窗体文本框中输入 "3" 后的运行结果

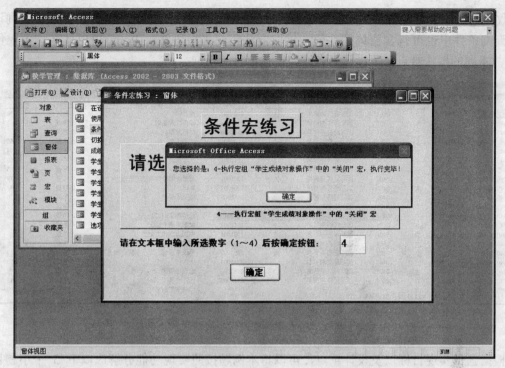

图 8.37　在窗体文本框中输入"4"后的运行结果

　　像例 8.6 这样，通过设计带条件的宏来解决实际操作中一些重复性的、烦琐的操作是一种很好的选择，用户可以借鉴该例题的设计思路，进一步拓宽条件宏的应用范围。

8.4.2　宏与窗体对象、查询对象的综合应用设计

　　宏对象、窗体对象、查询对象三者之间也可以相互调用，从而实现更加灵活的查询操作。

　　【例 8.7】　在"教学管理"数据库的"窗体"对象窗口中创建一个窗体，窗体名称为"输入学号查询学生成绩"。窗体设计如图 8.38 所示，当运行窗体时，通过在文本框中输入一个学号（图8.39），单击"查询"按钮，即可得到如图8.40所示的查询结果。

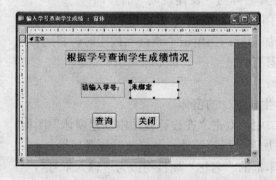

图 8.38　窗体"输入学号查询学生成绩"的设计窗口

图 8.39　窗体"输入学号查询学生成绩"的运行窗口

　　本例题设计思路及要点如下。

　　乍一看图8.38，好像本题设计并不复杂，感觉就像例 8.6 那样设计一个条件宏即可以完成对输入学号的查询工作。其实不然，例 8.6 只有 4 个选择，而本题的学号有成千上万，根本不可能设计一个包含那么多个分支的条件宏完成查询功能，况且该条件宏中操作命令对应的查询

无法收到输入的学号。经上述分析后，本题设计不能采用条件宏方法。由于 Access 查询设计器的查询条件中也可包含窗体控件值，读取方法仍然采用语法：[Forms]![窗体名称]![控件名称]，故本题的操作难点在于设计带有读取窗体信息的查询。

学号	姓名	性别	专业代码	专业名称	学期	课程代码	课程名称	学分	考核方式	成绩
06040140308	王艳	女	0401	国际经济与贸易	1	0404001	商品学	1.5	考查	88
06040140306	王艳	女	0401	国际经济与贸易	1	0412001	经济管理基础	3	考试	64
06040140306	王艳	女	0401	国际经济与贸易	1	0512509	经济数学A（一）	5	考试	87
06040140306	王艳	女	0401	国际经济与贸易	1	1004501	大学语文	1.5	考查	68
06040140306	王艳	女	0401	国际经济与贸易	1	1004502	演讲与口才	1.5	考查	94
06040140306	王艳	女	0401	国际经济与贸易	1	1111001	大学英语（一）	3.5	考查	69
06040140306	王艳	女	0401	国际经济与贸易	1	1601001	体育（一）	2	考查	85
06040140306	王艳	女	0401	国际经济与贸易	1	1901001	思想道德修养与法律基础	2	考查	79
06040140306	王艳	女	0401	国际经济与贸易	1	9906001	军训	2	考查	93
06040140306	王艳	女	0401	国际经济与贸易	2	0412002	微观经济学	3	考试	70
06040140306	王艳	女	0401	国际经济与贸易	2	0412004	会计学	3	考试	51
06040140306	王艳	女	0401	国际经济与贸易	2	0512510	经济数学A（二）	5	考试	60
06040140306	王艳	女	0401	国际经济与贸易	2	1111002	大学英语（二）	4	考试	78
06040140306	王艳	女	0401	国际经济与贸易	2	1301001	中国近现代史纲要	2	考查	85
06040140306	王艳	女	0401	国际经济与贸易	2	1601002	体育（二）	2	考查	85
06040140306	王艳	女	0401	国际经济与贸易	2	1901002	毛泽东思想、邓小平理论和"三	3	考查	69
06040140306	王艳	女	0401	国际经济与贸易	2	2011001	大学IT	3	考试	63
06040140306	王艳	女	0401	国际经济与贸易	3	0412003	宏观经济学	2.5	考试	96
06040140306	王艳	女	0401	国际经济与贸易	3	0412005	国际贸易	3	考试	73
06040140306	王艳	女	0401	国际经济与贸易	3	0512511	经济数学A（三）	3	考查	93

图 8.40　窗体"输入学号查询学生成绩"的查询结果

　　根据题目实现目标以及设计重点，可以将本例题按照实现功能分解成以下 5 个小题目，逐一进行设计，最终实现总体查询功能。

　　（1）利用设计视图建立一个名为"输入学号查询学生成绩"的窗体，主要包含以下控件：

　　① 两个标签。

　　② 一个未绑定文本框控件，其"名称"属性修改为"输入学号"。

　　③ 两个命令按钮，标题分别为"查询"和"关闭"。

　　（2）建立一个名为"窗体查询"的查询对象，查询数据源为"学生成绩详细浏览"，该查询可根据在窗体文本框"输入学号"中输入的学号显示数据源中该学号所有的课程成绩信息，查询结果包含数据源中所有字段。

　　（3）建立一个名为"查询宏"的宏，功能为打开名称为"窗体查询"的查询。

　　（4）建立一个名为"关闭宏"的宏，功能为关闭名称为"输入学号查询学生成绩"的窗体。

　　（5）修改窗体"输入学号查询学生成绩"，增加功能：当单击"查询"按钮时，将运行宏"查询宏"；当单击"关闭"按钮时运行宏"关闭宏"。

　　操作步骤如下。

　　（1）参照图8.38，创建名为"输入学号查询学生成绩"的窗体。

　　① 在"教学管理"数据库的"窗体"对象窗口中，双击"在设计视图中创建窗体"图标，打开"窗体"设计窗口，参照图8.38所示。首先添加两个标签控件，并修改其标题属性。

　　② 再添加一个未绑定的文本框控件，并将文本框的"名称"属性更改为"输入学号"。

　　③ 再添加两个按钮控件，并设置按钮的"标题"属性为"查询"和"关闭"。

　　（2）创建名为"窗体查询"的查询对象。

　　① 在数据库"教学管理"的"查询"对象窗口中，打开"新建查询"对话框，并选择"设计视图"。选择查询"学生成绩详细浏览"作为数据源后，进入到查询设计器窗口，如图8.41所示。

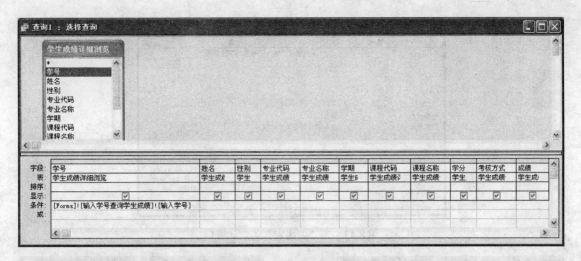

图 8.41 查询"窗体查询"的设计窗口

② 根据要求选择数据源中的所有字段，如图8.41所示。

③ 根据题目要求，在字段"学号"下面的条件行上输入查询条件（这是本题的设计关键，如图8.41所示）：[Forms]![输入学号查询学生成绩]![输入学号]。

④ 保存查询，并取名为"窗体查询"。

（3）创建名为"查询宏"的宏。在"教学管理"数据库的"宏"对象窗口中，单击"数据库"窗口工具栏上的"新建"按钮 新建(N)，打开"宏"设计窗口，参照图8.42所示选择并配置有关宏参数，最后以名称"查询宏"保存。

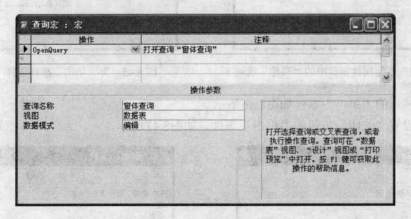

图 8.42 宏"查询宏"的设计窗口

（4）创建名为"关闭宏"的宏。在"教学管理"数据库的"宏"对象窗口中，单击"数据库"窗口工具栏上的"新建"按钮 新建(N)，打开"宏"设计窗口，参照图8.43所示选择并配置有关宏参数，最后以名称"关闭宏"保存。

（5）修改窗体"输入学号查询学生成绩"，增加按钮的单击事件。再次进入窗体"输入学号查询学生成绩"的设计窗口，右击"查询"按钮，从弹出的快捷菜单中选择"属性"命令，打开"查询"按钮的属性窗口，选中"事件"选项卡，将光标放置于事件"单击"后的文本框中（图8.44），打开右侧的下拉箭头，从中选择"查询宏"，如图8.45所示。

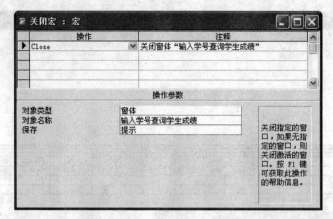

图 8.43　宏"关闭宏"的设计窗口

图 8.44　"查询"按钮属性窗口中的"事件"选项卡　　　　图 8.45　为"单击"事件选择"查询宏"

　　选择完成后的"单击"事件如图8.46所示。

　　同理，设置"关闭"按钮的"单击"事件，如图8.47所示。

图 8.46　"查询"按钮属性窗口中的"单击"事件　　　　图 8.47　"关闭"按钮属性窗口中的"单击"事件

关闭属性窗口，保存对窗体的修改。至此，所有设计全部完成。

（6）运行窗体，并输入数据源中存在的学号，则可得到类似图8.40的查询结果。可以进一步将例8.7在窗体文本框中输入学号改为从窗体组合框中选择（或输入）学号。主要改动设计中的两处位置：一是将窗体上的文本框控件改为组合框控件，并指定选择字段；二是修改"窗体查询"中条件行上的条件，可参照下面的例8.8进行修改。

【例8.8】 在"教学管理"数据库的"窗体"对象窗口中创建一个窗体，窗体名称为"选择或输入专业代码查询教学计划"。窗体设计如图8.48所示，当运行窗体时，通过在窗体组合框中选择或输入一个专业代码后（图8.49），单击"查询"按钮，即可得到如图8.50所示的教学计划查询结果。

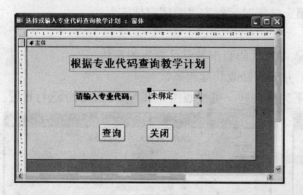
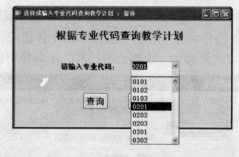

图8.48 窗体"选择或输入专业代码查询教学计划"的设计窗口　　图8.49 窗体的运行窗口（选择或输入专业代码）

专业代码	专业名称	专业所在学院名称	开课学期	课程代码	课程名称	开课学院名称	课程类型	方向标识
0201	计算机科学与技术	计算机与通信工程学院	1	0202001	计算机导论	计算机与通信工程	学科基础与专业必修课	无方向课程
0201	计算机科学与技术	计算机与通信工程学院	1	0206001	专业认识	计算机与通信工程	学科基础与专业必修课	无方向课程
0201	计算机科学与技术	计算机与通信工程学院	1	0212002	C语言程序设计	计算机与通信工程	学科基础与专业必修课	无方向课程
0201	计算机科学与技术	计算机与通信工程学院	1	0512501	高等数学A（一）	数学与信息科学学	学科基础与专业必修课	无方向课程
0201	计算机科学与技术	计算机与通信工程学院	1	1111001	大学英语（一）	外国语学院	学科基础与专业必修课	无方向课程
0201	计算机科学与技术	计算机与通信工程学院	1	1601001	体育（一）	体育学院	公共必修课	无方向课程
0201	计算机科学与技术	计算机与通信工程学院	1	1901001	思想道德修养与法律基础	马列教学部	学科基础与专业必修课	无方向课程
0201	计算机科学与技术	计算机与通信工程学院	1	9906001	军训	其他	学科基础与专业必修课	无方向课程
0201	计算机科学与技术	计算机与通信工程学院	2	0202003	Visual Basic 程序设计	计算机与通信工程	学科基础与专业必修课	无方向课程
0201	计算机科学与技术	计算机与通信工程学院	2	0206003	C语言程序设计课程设计	计算机与通信工程	学科基础与专业必修课	无方向课程
0201	计算机科学与技术	计算机与通信工程学院	2	0212003	电路与电子技术	计算机与通信工程	学科基础与专业必修课	无方向课程
0201	计算机科学与技术	计算机与通信工程学院	2	0512502	高等数学A（二）	数学与信息科学学	学科基础与专业必修课	无方向课程
0201	计算机科学与技术	计算机与通信工程学院	2	0512506	线性代数	数学与信息科学学	学科基础与专业必修课	无方向课程
0201	计算机科学与技术	计算机与通信工程学院	2	0602503	普通物理实验B（一）	物理与电子科学学	学科基础与专业必修课	无方向课程
0201	计算机科学与技术	计算机与通信工程学院	2	0612503	普通物理B（一）	物理与电子科学学	学科基础与专业必修课	无方向课程
0201	计算机科学与技术	计算机与通信工程学院	2	1111002	大学英语（二）	外国语学院	学科基础与专业必修课	无方向课程
0201	计算机科学与技术	计算机与通信工程学院	2	1301001	中国近现代史纲要	历史文化与旅游学	学科基础与专业必修课	无方向课程
0201	计算机科学与技术	计算机与通信工程学院	2	1601002	体育（二）	体育学院	公共必修课	无方向课程

记录：14 ◀ 1 ▶ ▶| ▶* 共有记录数：86

图8.50 窗体"选择或输入专业代码查询教学计划"的查询结果

本例题设计思路及要点如下。

本例题设计与例8.7一样，首先将实现功能分解成以下5个小题目，再逐一进行设计。

（1）利用设计视图建立一个名为"选择或输入专业代码查询教学计划"的窗体，包含以下控件：

① 两个标签。

② 一个组合框控件，其数据来源为表"专业"中的字段"专业代码"，并将组合框控件的"名称"属性修改为"组合框"。

③ 两个命令按钮，标题分别为"查询"和"关闭"。

（2）建立一个名为"查询教学计划"的查询对象，查询数据源为"教学计划详细浏览"，该查询可根据在窗体组合框控件（名称为"组合框"）中选择或输入的专业代码显示数据源中该专业的教学计划信息，查询结果包含数据源中所有字段（这样只是为了说明简便，或如图8.50中所示字段，或自己指定字段）。

（3）建立一个名为"查询教学计划宏"的宏，功能为打开名称为"查询教学计划"的查询。

（4）建立一个名为"关闭窗体宏"的宏，功能为关闭名称为"选择或输入专业代码查询教学计划"的窗体。

（5）修改窗体"选择或输入专业代码查询教学计划"，增加功能：当单击"查询"按钮时，将运行宏"查询教学计划宏"；当单击"关闭"按钮时运行宏"关闭窗体宏"。

操作步骤如下。

（1）参照图8.48，创建名为"选择或输入专业代码查询教学计划"的窗体。

① 添加两个标签控件和两个按钮控件，并分别修改其标题属性。

② 添加一个组合框控件，在向导引领下完成创建。可参照图8.51～图8.56所示进行设置。

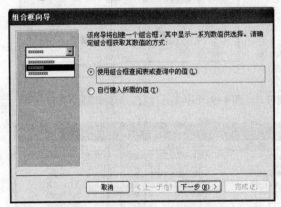

图8.51 "组合框向导"之一：选择组合框获取数值方式

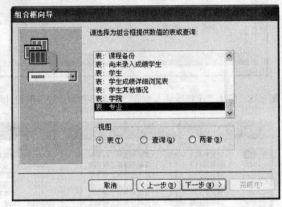

图8.52 "组合框向导"之二：选择为组合提供数值的表

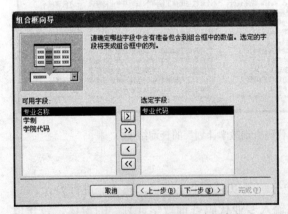

图8.53 "组合框向导"之三：选择字段

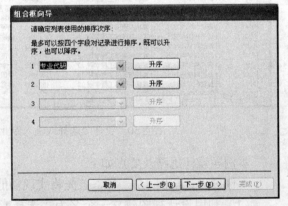

图8.54 "组合框向导"之四：选择排序次序

注意：此处图8.51所示的组合框向导之一中只有两种选择，原因是此时窗体没有和一个数据源捆绑，可对照前面第5章例5.13中的图5.83。

由于组合框前有两个标签，出现了重复，选中并删除组合框控件向导建立的多余标签控件"专业代码"。

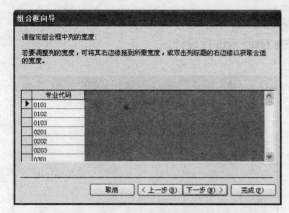

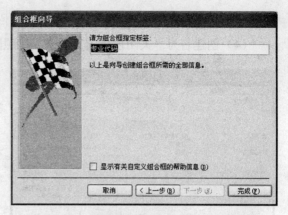

图 8.55 "组合框向导"之五：确定字段宽度　　　　图 8.56 "组合框向导"之六：指定标签

建立完成的组合框控件如图8.48所示。为了便于使用组合框控件，再将组合框控件的"名称"属性修改为"组合框"，如图8.57所示。

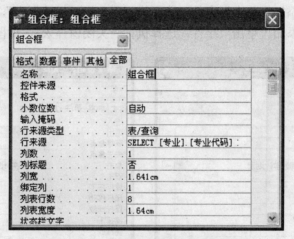

图 8.57　为组合框控件修改"名称"属性

（2）创建名为"查询教学计划"的查询对象。参照图8.58进行设计。主要难点是字段"专业代码"条件行上的条件应该设计为：[Forms]![选择或输入专业代码查询教学计划]![组合框]。

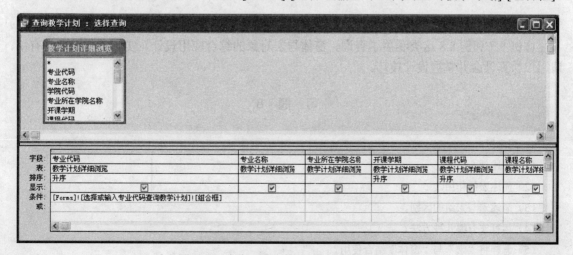

图 8.58　查询"查询教学计划"的设计窗口

（3）创建名为"查询教学计划宏"的宏。参照图8.59所示进行设计。

（4）创建名为"关闭窗体宏"的宏。参照图8.60所示进行设计。

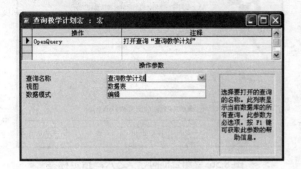 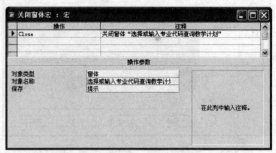

图 8.59　宏"查询教学计划宏"的设计窗口　　　　图 8.60　宏"关闭窗体宏"的设计窗口

（5）修改窗体"选择或输入专业代码查询教学计划"，增加按钮的单击事件。

为"查询"按钮添加"单击"事件，选择执行"查询教学计划宏"，如图8.61所示。

为"关闭"按钮添加"单击"事件，选择执行"关闭窗体宏"，如图8.62所示。

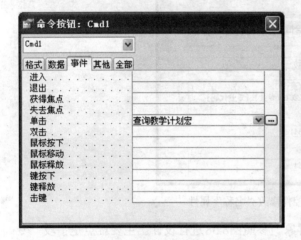 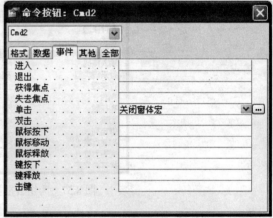

图 8.61　"查询"按钮属性窗口中的"单击"事件　　　图 8.62　"关闭"按钮属性窗口中的"单击"事件

保存并运行窗体"选择或输入专业代码查询教学计划"，即可验证设计效果。

像例 8.7 和例 8.8 这类涵盖了查询、窗体与宏对象的综合应用设计，实际工作中非常有用，请用户认真领会并掌握设计技巧。

习　题　8

1．思考题

（1）简述什么是宏。

（2）简述宏的作用。

（3）简述宏与宏组的区别。

（4）运行宏有哪几种方法？

（5）怎样将"宏"与"窗体"结合使用？

2．选择题

（1）能够创建宏的设计器是_____。

    A）窗体设计器   B）表设计器   C）宏设计器   D）表达式编辑器

（2）以下关于"宏"的说法错误的是_____。

    A）宏可以是多个命令组合在一起的宏   B）宏一次能完成多个操作

    C）宏是使用编程的方法来实现的   D）生成宏的操作码，用户必须记忆

（3）用于打开一个窗体的宏命令是_____。

    A）OpenTable   B）OpenReport

    C）OpenForm   D）OpenQuery

（4）用于打开一个报表的宏命令是_____。

    A）OpenTable   B）OpenReport

    C）OpenForm   D）OpenQuery

（5）用于打开一个查询的宏命令是_____。

    A）OpenTable   B）OpenReport

    C）OpenForm   D）OpenQuery

（6）用于关闭数据库对象的命令是_____。

    A）Close   B）Close All

    C）Exit   D）Quit

（7）以下关于宏的描述错误的是_____。

    A）宏是 Access 的对象之一   B）宏操作能实现一些编程的功能

    C）所有的"宏"均可以转换为相应的模块代码   D）宏命令中不能使用条件表达式

（8）用于显示消息框的命令是_____。

    A）InputBox   B）MsgBox

    C）Beep   D）Maximize

（9）在设计条件宏时，对于连续重复的条件，其替代符号是_____。

    A）…   B）=   C）,   D）;

（10）在一个宏中运行另一个宏的命令是_____。

    A）RunApp   B）RunCommand

    C）RunMacro   D）DoCmd

3．上机操作题

在"教学管理"数据库中，创建以下宏。

（1）创建例 8.1～例 8.5 中的各个宏。

（2）创建操作序列宏，宏名称为"打开与教学计划有关的对象"。要求执行该宏时依次打开表"专业"、表"教学计划"、查询"计划执行情况详细浏览"、窗体"教学计划详细浏览查询的数据透视表窗体"和打印预览报表"按专业分学期输出教学计划"。

（3）创建一个宏组，宏组名称为"教学计划对象操作"。要求宏组中包含两个宏"打开"和"关闭"，其中"打开"宏包括依次打开表"专业"、表"教学计划"、查询"计划执行情况详细浏览"、窗体"教学计划详细浏览查询的数据透视表窗体"和打印预览报表"按专业分学期输出教学计划"；"关闭"宏则包含关闭上述打开的各个数据库对象。

（4）创建一个窗体，窗体名称为"宏调用"。要求窗体中包含 1 个标签控件和 2 个按钮控件，每个按钮

控件对应执行宏组"教学计划对象操作"中的一个宏名操作,即单击第一个按钮时,执行宏组中的"打开";单击第二个按钮时,执行宏组中的"关闭"。

实验 14 宏的创建及其应用

一、实验目的和要求

1. 熟悉宏的作用,熟悉宏与宏组的定义。
2. 掌握常用宏命令的功能及其用法。
3. 掌握序列宏的创建方法。
4. 掌握宏组的创建方法。
5. 掌握条件宏的创建方法。
6. 掌握宏的运行方法。

二、实验内容

1. 完成例 8.1 的设计要求。

本实验内容练习重点:

① 掌握序列宏的创建方法。

② 一条完整的宏命令包括三个组成部分,一是选择操作命令,二是配置操作参数,三是添加必要的注释。其中前两部分是重点,不加注释并不影响宏的功能。

③ 选择宏命令并设置相关参数的操作方法与技巧,这是任何一条宏命令操作的关键所在。不同的宏命令需要设置不同的参数。

④ 运行宏,体验宏的执行速度,并观察辨别运行宏时打开的所有对象窗口(也可结合任务栏上的程序图标进行辨别)。

2. 完成例 8.2 的设计要求。

本实验内容练习重点:

① 本实验内容是实验内容 1 的反向操作。

② 同样是宏命令 Close,但配置不同的操作参数,就会执行不同的关闭操作。

③ 分两种情况运行宏"关闭与学生信息有关的对象":

一是首先运行宏"打开与学生信息有关的对象",5 个不同对象窗口将依次打开,不要手动关闭任何对象的窗口,此时可从任务栏上的应用程序图标中找到并单击"教学管理"数据库,再双击运行宏"关闭与学生信息有关的对象",就会发现刚刚打开的 5 个不同对象窗口瞬间全部关闭,说明设计一个宏用于关闭多个数据库对象窗口是如此的方便快捷。

二是在没有执行宏"打开与学生信息有关的对象"的情况下,双击并运行宏"关闭与学生信息有关的对象",屏幕上没有任何反应。此时不要认为该宏没有执行(宏确实被执行了),只是因为宏命令中将要关闭的对象窗口本来就处于关闭状态。

④ 在设置宏命令参数时,最好从参数右侧的列表中进行选择(如对象名称),而不要采用手动输入方式,以免输入有误,造成执行错误。

3. 完成例 8.3 的设计要求。

本实验内容练习重点:

① 创建宏组过程中,添加"宏名"列的方法。

② 一个宏名可对应若干个宏操作命令。

③ 通过双击运行创建的宏组名，相当于仅运行宏组中的第一个宏名。要运行宏组中的其他宏名（从第二个宏名开始），可参考实验内容 6。

4．完成例 8.4 的设计要求。

本实验内容练习重点：

① 创建条件宏过程中，添加"条件"列的方法。

② 记住条件列值为真（或假）的常用表达式类型。

③ 掌握英文省略号（…）的使用技巧及其代表意义。

5．宏的常用运行方法。

本实验内容练习重点：

参照教材 8.3.1 节～8.3.3 节进行练习。

6．完成例 8.5 的设计要求。

本实验内容练习重点：

① 在窗体对象的设计视图中直接调用宏，一般是通过命令按钮控件实现的。

② 虽然本实验内容设计的窗体对象"宏的调用"中仅包含 4 个命令按钮，而且命令按钮打开的都是有关宏与宏组的操作。将这种设计思路推广开来，可以设计一个（或几个）窗体对象，其中包含更多的命令按钮（多少由用户确定），这些命令按钮负责打开的对象类别可以是表、窗体、报表、页、宏等。这种窗体对象的设计功能，已经突破了前面设计的"切换面板"主窗体的功能范围，从而实现对数据库多种类别对象更大范围的统一管理与调度。

实验 15　宏与窗体、查询对象的综合设计

一、实验目的和要求

1．掌握条件宏与窗体对象的综合应用设计方法。

2．掌握常用宏命令的功能及其用法。

3．掌握序列宏的创建方法。

4．掌握宏组的创建方法。

5．掌握条件宏的创建方法。

6．掌握宏的运行方法。

二、实验内容

1．完成例 8.6 的设计要求。

本实验内容练习重点：

① 首先明确本实验内容最终创建的是一个"窗体"对象，是在窗体运行过程时，输入选项数字，通过单击按钮事件，调用并执行相应宏操作的。可以将本实验内容看做是一个"窗体设计+单击事件+条件宏编程"的综合设计问题。

② 窗体对象"条件宏练习"的设计重点有两个：

一个设计重点是未绑定文本框。其功能是接收从键盘上输入的一个数字（1～4），当单击"确定"按钮后，条件宏读取该数字，从而执行该数字所对应的宏名。要读取文本框中数据，需要知道文本框控件的准确名称，为便于理解，将文本框的"名称"属性更改为"输入数字"。

另一个设计重点是"确定"按钮的单击事件。从键盘上输入一个数字（1～4）到文本框中之后，只有单击"确定"按钮，条件宏才会被有选择地执行。设计"确定"按钮的单击事件（条件宏的设计也包含在内）是本题所有操作中的重点和难点。

③ 本实验内容中条件宏的创建入口并不是数据库的"宏"对象窗口，而是从窗体对象"条件宏练习"的设计视图中"确定"按钮的属性窗口进入的。

④ 在"条件宏"设计窗口加入"条件"列的方法（选择"视图"|"条件"命令）。

⑤ 读取窗体上文本框中输入数据的命令格式：

[Forms]![窗体名称]![控件名称]

具体到本实验内容中，则命令格式就是：

[Forms]![条件宏练习]![输入数字]

⑥ "条件宏"的设计步骤与技巧。

⑦ 当"条件宏"设计完成之后，虽然在数据库的"宏"对象窗口中出现了"条件宏"对象，但双击该宏时将得到警告信息。此警告信息并不说明"条件宏"设计有问题，而是说明"条件宏"应当从运行窗体对象"条件宏练习"中得到调用并执行。

⑧ 本实验内容提供了一种执行宏组中所有宏的方法，可供用户借鉴。

2. 完成例 8.7 的设计要求。

本实验内容练习重点：

① 根据题目实现目标，将大题目按照实现功能分解成 5 个小题目，再逐一进行设计的分析思路。

② 创建窗体对象时，将一个未绑定文本框控件的"名称"属性修改为"输入学号"，是为了引用方便。

③ 创建查询对象时，条件：[Forms]![输入学号查询学生成绩]![输入学号]，是本题的设计关键。

④ 通过单独设计宏，打开一个查询对象或关闭一个窗体对象，再通过窗体中按钮的单击事件执行宏操作是用户应该熟练掌握的操作技巧。

⑤ 窗体上按钮的单击事件设计方法。

⑥ 本题目的执行入口是窗体对象。

3. 完成例 8.8 的设计要求。

本实验内容练习重点：

① 本题目的设计思路和方法与例 8.7 基本相同。

② 创建窗体对象时，使用组合框代替文本框主要是为了提高输入速度。

③ 例 8.7 和例 8.8 这种综合设计应用广泛，用户应熟练掌握。

第 9 章　模块与 VBA

在 Access 系统中，通过宏与窗体的结合，能完成一些较为简单的数据库对象管理工作。例如，打开或关闭一个表、一个窗体、一个报表，输出一个消息框等，但是宏的功能有限。它只能处理一些简单的操作，对实现较复杂的操作，例如循环、判断、与其他高级语言的接口以及对数据库中的数据项的直接操作（例如直接操作数据表以及多表间的操作）等，就需要编程语言的支持与配合。

在 Access 系统中，编程的应用在"模块"对象下实现，采用的编程语言叫 VBA。VBA（Visual Basic for Applications）是微软为 Microsoft Office 组件开发的程序设计语言，主要应用于 Access，是 Visual Basic 的子集，其语法与 Visual Basic 完全兼容。

本章介绍 VBA 的编程语法及其在 Access 中的应用，以及数据库中模块对象的使用方法。

9.1　面向对象的基本概念

Access 是一种面向对象的开发环境，内嵌的 VBA 采用目前主流的面向对象机制和可视化编程环境。面向对象概念主要包括类、对象、属性、方法和事件。

1. 对象（Object）

对象是面向对象方法中最基本的概念。对象可以用来表示客观世界中的任何实体，它既可以是具体的物理实体的抽象，也可以是人为的概念，或者是任何有明确边界和意义的东西。例如，一个人、一本书和一台电视机等都是对象，在 Access 中通过数据库窗口可以方便地访问和处理表、查询、窗体、报表、页、宏和模块对象。VBA 中可以使用这些对象以及范围更广泛的一些可编程对象，例如窗体和报表中的控件。

面向对象程序设计中的对象也可以包含其他对象，如窗体本身是一个对象，它又可以包含标签、文本框、命令按钮等对象。包含其他对象的对象称为容器对象。

客观世界中的实体通常都具有静态的属性，又具有动态的行为，因此，面向对象方法学中的对象是由描述该对象属性的数据以及可以对这些数据施加的所有操作封装在一起构成的统一体。

2. 类（Class）

某一种类型的对象具有一些共同的属性，将这些共同属性抽象出来就组成一个类。也就是说，类是具有共同属性、共同操作性质的对象的集合。类是对象的抽象描述，对象是类的实例。例如，每名学生都有学号、姓名、性别、出生年月、专业代码等属性，将所有学生具有的共同属性抽象出来就组成"学生"类，每个具体的学生都是"学生"类中的一个对象实例。同理，汽车是具有汽车共同特性的汽车类，具体到某辆汽车，便是一个汽车对象。

3. 属性（Property）

现实世界中的每个对象都有许多特性，每个特性都有一个具体的值。例如，一个人有姓名、性别、身高、体重等许多特性，而李明、男、1.80m、75kg 等则是描述某一个人的具体数据。

在面向对象程序设计中，对象的特性称为对象的属性，描述该对象特性的具体数据称为属性值。

在 VBA 编程代码中引用某对象的某个属性的方法为：对象名.属性名。

例如，对于窗体上的一个标签控件，假设其名称属性为"Label2"，标题的属性名称为"caption"，则：Label2.caption="宏的调用"，表示将该标签显示的内容改为"宏的调用"。

提示：由于 Access 经过汉化后，在对象的属性窗口里看到的属性为中文，但要在 VBA 代码中引用必须使用对应的英文名。如果要确切知道某个属性的英文名，可将光标定位在该属性上，然后按 F1 键，可弹出对该属性的帮助信息，包括其英文名。

表 9-1 列出了部分常用的属性。

表 9-1 常用控件属性

中文属性	英文属性	说　　明
名称	name	所有控件均有此属性，代码中使用名称来引用一个对象，同一窗体中每个控件的名称是唯一的
标题	Caption	标签、按钮、窗体有此属性，而文本框、组合框等输入控件没有此属性。下面示例将"条件宏练习"窗体上标签"Label0"的内容改为"请选择："Forms("条件宏练习").Controls("Label0").Caption="请选择:"
记录源	recordSource	窗体或报表属性，指定数据来源的表或查询
控件来源	ControlSource	将该文本框同记录源中的某个字段绑定，用于显示或修改该字段的内容
可见性	Visible	一般控件均有此属性，False 不可见，True 可见，在运行时有效
可用	Enabled	是否可用，True 可用，False 不可用，不可用时灰色显示。如文本框不能输入
字体名称	FontName	为文本指定字体
字号	FontSize	为文本指定磅值大小，如 Lable2.FontSize=16
前景色（字体颜色）	ForeColor	指定一个控件的文本颜色。可以使用 RGB 函数来设置该属性，也可以使用 QBColor 函数来设置该属性
字体粗细	FontWeight	调整显示或打印字符所用的线宽：100—细；200—特细；300—淡；400—普通；500—中等；600—半粗；700—加粗；800—特粗；900—浓
宽度	Width	一般控件均有此属性，调整对象宽度
高度	Height	一般控件均有此属性，调整对象高度
特殊效果	SpecialEffect	其中：0—平面；1—凸起；2—凹陷；3—蚀刻；4—阴影；5—凿痕。下面示例将"条件宏练习"窗体上文本框"输入数字"的外观设置为凸起 Forms("条件宏练习").Controls("输入数字").SpecialEffect = 1
文本对齐	TextAlign	其中：0—常规；1—左；2—居中；3—右；4—分散。下面示例将"条件宏练习"窗体上文本框"输入数字"的文本右对齐：Forms("条件宏练习"). Controls("输入数字").TextAlign = 3

4. 方法（Method）

方法就是事件发生时对象执行的操作。方法与对象是紧密联系的。例如，单击某个命令按钮时执行某个宏操作或显示消息框，则这个执行宏操作或显示消息框就是命令按钮对象在识别到单击事件时的方法。

属性和方法描述了对象的性质和行为。方法的引用形式为：对象名.方法名。

Access 中除数据库的 7 个对象外，还提供了一个重要的对象：DoCmd 对象。它的主要功能是通过调用包含在内部的方法来实现 VBA 编程中对 Access 的操作。例如，利用 DoCmd 对象的 OpenForm 方法打开窗体"宏的调用"的语句格式为：

DoCmd.OpenForm "宏的调用"

5. 事件（Event）

事件就是对象可以识别和响应的操作。事件是预先定义的特定的操作。不同的对象能够识别不同的事件。例如鼠标能识别单击、双击、右击等操作。键盘则能识别键按下、键释放、击键等操作。

事件驱动是面向对象编程和面向过程编程之间的一大区别。在视窗操作系统中，用户在操作系统下的各个动作都可以看成是激发了某个事件。比如单击了某个按钮，就相当于激发了该按钮的单击事件。在 Access 系统中，可以通过两种方式处理窗体、报表或控件中的事件响应。一是使用宏对象设置事件属性，例如第 8 章中的例8.6至例8.8；二是为某个事件编写 VBA代码过程，完成指定动作，这样的代码过程称为事件过程。

不同控件可能具有不同的事件，通过控件的属性窗口，可以看到该控件具有哪些事件。例如，在窗体"宏的调用"的设计视图中，打开某个按钮的属性窗口后，单击其"事件"选项卡，即可看到按钮控件具有的事件，如图 9.1 所示。而打开窗体"条件宏练习"中的文本框控件的属性窗口，看到其"事件"选项卡中包含的事件如图 9.2 所示。

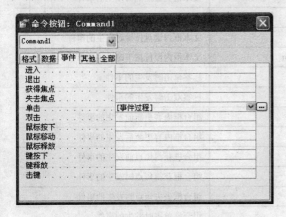

图 9.1　命令按钮控件包含的"事件"列表　　　图 9.2　文本框控件包含的"事件"列表

表 9-2 所示是一些主要对象的事件。

表 9-2　Access 的主要对象事件

对象名称	事件动作的中文名称	事件动作的英文名称	动作说明
窗体	加载	OnLoad	窗体加载时发生的事件
	卸载	OnUnLoad	窗体卸载时发生的事件
	打开	OnOpen	窗体打开时发生的事件
	关闭	OnClose	窗体关闭时发生的事件
	单击	OnClick	窗体单击时发生的事件
	双击	OnDblClick	窗体双击时发生的事件
	鼠标按下	OnMouseDown	窗体上鼠标按下时发生的事件
	击键	OnKeyPress	窗体上键盘按键时发生的事件
	键按下	OnKeyDown	窗体上键盘键按下时发生的事件
报表	打开	OnOpen	报表打开时发生的事件
	关闭	OnClose	报表关闭时发生的事件

对象名称	事件动作的中文名称	事件动作的英文名称	动作说明
命令按钮	单击	OnClick	命令按钮单击时发生的事件
	双击	OnDblClick	命令按钮双击时发生的事件
	进入	OnEnter	命令按钮获得焦点前发生的事件
	获得焦点	OnGotFocus	命令按钮获得焦点时发生的事件
	鼠标按下	OnMouseDown	命令按钮上鼠标按下时发生的事件
	击键	OnKeyPress	命令按钮上键盘按键时发生的事件
	键按下	OnKeyDown	命令按钮上键盘键按下时发生的事件
文本框	更新前	BeforeUpdate	文本框内容更新前发生的事件
	更新后	AfterUpdate	文本框内容更新后发生的事件
	进入	OnEnter	文本框获得焦点前发生的事件
	获得焦点	OnGotFocus	文本框获得焦点时发生的事件
	失去焦点	OnLostFocus	文本框失去焦点时发生的事件
	更改	OnChange	文本框内容更新时发生的事件
	击键	OnKeyPress	文本框内键盘按键时发生的事件
	鼠标按下	OnMouseDown	文本框内鼠标按下时发生的事件
标签	单击	OnClick	标签单击时发生的事件
	双击	OnDblClick	标签双击时发生的事件
组合框	更新前	BeforeUpdate	组合框内容更新前发生的事件
	更新后	AfterUpdate	组合框内容更新后发生的事件
	进入	OnEnter	组合框获得焦点前发生的事件
	获得焦点	OnGotFocus	组合框获得焦点时发生的事件
	失去焦点	OnLostFocus	组合框失去焦点时发生的事件
	单击	OnClick	组合框单击时发生的事件
	双击	OnDblClick	组合框双击时发生的事件
	击键	OnKeyPress	组合框内键盘按键时发生的事件
选项组	更新前	BeforeUpdate	选项组内容更新前发生的事件
	更新后	AfterUpdate	选项组内容更新后发生的事件
	进入	OnEnter	选项组获得焦点前发生的事件
	获得焦点	OnGotFocus	选项组获得焦点时发生的事件
	失去焦点	OnLostFocus	选项组失去焦点时发生的事件
单选按钮	击键	OnKeyPress	单选按钮内键盘按键时发生的事件
	获得焦点	OnGotFocus	单选按钮获得焦点时发生的事件
	失去焦点	OnLostFocus	单选按钮失去焦点时发生的事件
复选框	更新前	BeforeUpdate	复选框内容更新前发生的事件
	更新后	AfterUpdate	复选框内容更新后发生的事件
	进入	OnEnter	复选框获得焦点前发生的事件
	单击	OnClick	复选框单击时发生的事件
	双击	OnDblClick	复选框双击时发生的事件
	获得焦点	OnGotFocus	复选框获得焦点时发生的事件

9.2 VBA 编程环境（VBE）

VBE 是 Visual Basic Editor 的缩写，是编写 VBA 程序的一个编程界面。进入 VBE 可以选择以下几种方式：

在窗体或者报表的"设计视图"中，进入 VBE 环境有两种方法。一种方法是单击工具栏上的"代码"按钮 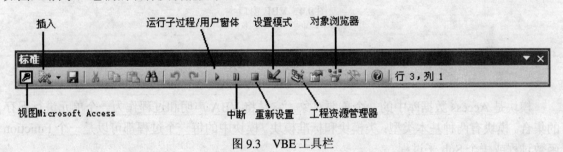。另一种方法是在某控件上右击，从弹出的快捷菜单中选择"事件生成器"命令，并在打开的"选择生成器"对话框中选择"代码生成器"项，然后单击"确定"按钮即可。

在窗体或者报表之外，进入 VBE 环境也有两种方法。一种方法是选择"工具"|"宏"|"Visual Basic 编辑器"命令。另一种方法是在数据库的"模块"对象窗口中，单击"新建"按钮或者双击一个已经存在的模块对象。

（1）VBE 工具栏介绍。进入 VBE 设计窗口之后，默认的 VBE 工具栏即处于打开状态，如图9.3所示，它们的名称及功能如表 9-3 所示。

插入　　　　　　　　　运行子过程/用户窗体　设置模式　对象浏览器

标准

视图Microsoft Access　　　　　　　中断　重新设置　工程资源管理器

图 9.3　VBE 工具栏

表 9-3　VBE 工具栏说明

图标	名　称	功　能
	视图 Microsoft Access	切换到 Access 窗口
	插入	可选择插入：——模块；——类模块；——过程
	运行子过程/用户窗体	运行模块中的程序
	中断	中断正在运行的程序
	重新设置	结束正在运行的程序
	设置模式	在设计模式和非设计模式之间切换
	工程资源管理器	用于打开工程资源管理器
	对象浏览器	用于打开对象浏览器

（2）VBE 窗口。启动后的 VBE 窗口如图9.4所示。VBE 窗口是由多个子窗口组合而成的，这些子窗口有代码窗口、工程资源管理器窗口、属性窗口、立即窗口、本地窗口和监视窗口，所有子窗口的打开与关闭都在"视图"菜单中集中管理。其中的立即窗口、本地窗口和监视窗口在开始启动的 VBE 窗口中默认是处于关闭状态的，需要时再从"视图"菜单中打开即可。

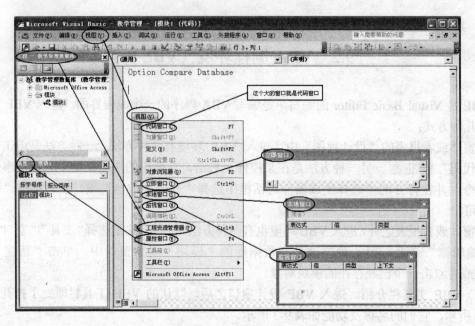

图 9.4　VBE 窗口

9.3　模　　块

模块是 Access 数据库中的一个重要对象，它是将 VBA 声明和过程作为一个单元进行保存的集合。模块有两种基本类型：类模块和标准模块。模块中的每一个过程都可以是一个 Function 函数过程或一个 Sub 子过程。

9.3.1　标准模块

标准模块包含的是通用过程和常用过程，这些通用过程不与任何对象相联系，常用过程可以在数据库的任何位置运行。

标准模块的创建方法有两种：一是在数据库窗口或 VBE 窗口中，选择"插入"|"模块"命令，则会插入一个新模块。二是在数据库的"模块"对象窗口中，单击"新建"按钮，则会创建一个新模块，在右侧窗口中输入该模块内容即可。

9.3.2　类模块

类模块是可以包含新对象定义的模块。新建一个类实例时，也就新建了一个对象。在 Access 中，类模块是可以单独存在的。实际上，窗体模块和报表模块都是类模块。而且它们各自与某一窗体或报表相关联。窗体和报表模块通常都含有事件过程，该过程用于响应窗体或报表中的事件。可以使用事件过程来控制窗体或报表的行为，以及它们对用户操作的响应，例如用鼠标单击某个命令按钮。为窗体或报表创建第一个事件过程时，Access 将自动创建与之关联的窗体或报表模块。如果要查看窗体或报表的模块，可以单击窗体或报表的设计视图工具栏上的"代码"按钮。

类模块的创建方法也有两种：一是在数据库窗口或 VBE 窗口中，选择"插入"|"类模块"命令，则会插入一个新的类模块。二是在 VBE 的"工程"窗口下，右击"模块"项，从弹出的快捷菜单中选择"插入"|"类模块"命令，就会建立一个新的类模块。

9.3.3 将宏转化为模块

宏的每个操作都有对应的 VBA 语句，因此可以将宏转化为模块。

【例 9.1】 将"教学管理"数据库"宏"对象窗口中的宏"学生成绩对象操作"转化为模块"学生成绩对象操作模块"。

操作步骤如下。

（1）在"教学管理"数据库的"宏"对象窗口中，选中宏"学生成绩对象操作"。

（2）选择"文件"|"另存为"命令，打开"另存为"对话框，如图9.5所示。

（3）选择"保存类型"为"模块"，输入新名称"学生成绩对象操作模块"，单击"确定"按钮，弹出如图9.6所示的"转换宏"对话框。

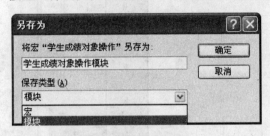

图 9.5 宏的"另存为"对话框

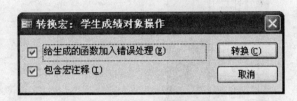

图 9.6 "转换宏"对话框

（4）单击"转换"按钮，系统自动进行转换并弹出"转换完毕"对话框，单击"确定"按钮后系统自动进入 VBE 窗口，在"工程"窗口的"模块"下面找到并双击"被转换的宏—学生成绩对象操作"，则打开转换模块，如图9.7所示。

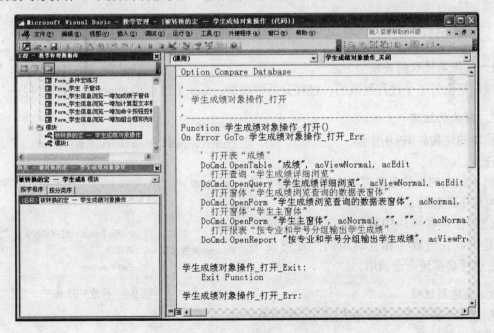

图 9.7 宏转换模块的 VBE 窗口

单击工具栏上的"运行"按钮 ▶，可从任务栏上看到宏中各个对象的运行图标（注意活动窗口仍然是模块窗口），经任务栏切换后可得到如图9.8所示的运行结果窗口。

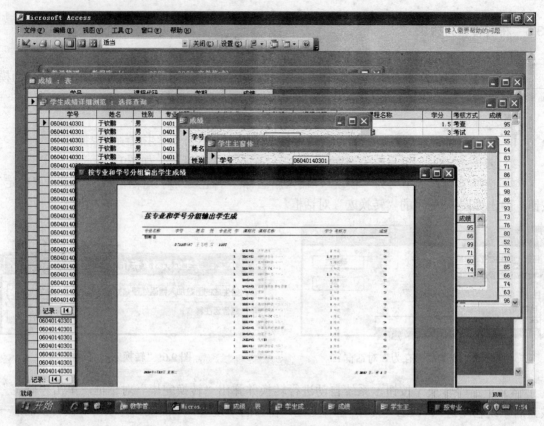

图 9.8　宏的运行窗口

9.3.4　创建新过程

1. 模块与过程的关系

模块是由若干个过程组成的。过程分两种类型：Sub 子过程和 Function 函数过程。

2. 模块的结构

模块的结构如图9.9所示。

注意：

（1）保存的模块名是可以在数据库的"模块"对象下运行的。

（2）保存在模块中的过程仅建立了过程名，是可以在过程中相互调用的，还可使用 CALL 过程名实现命令调用。

声明区域：

Option Compare Database（此行由系统自动生成）

Sub子过程
$$\begin{cases} \text{Public Sub过程名1( )} \\ \text{语句行　　　——用户自行设计} \\ \text{End Sub} \end{cases}$$

Function函数过程
$$\begin{cases} \text{Public Function过程名2( )} \\ \text{语句行　　　——用户自行设计} \\ \text{End Function} \end{cases}$$

图 9.9　模块的结构

3. 创建新过程

创建一个新过程必须是在创建了的模块中产生。

操作步骤如下。

（1）在数据库的"模块"对象下，单击"新建"按钮 ，进入模块的 VBE 编辑窗口，在其右边代码窗口中的顶部系统已自动添加了声明语句"Option Compare Database"，如图9.10所示。

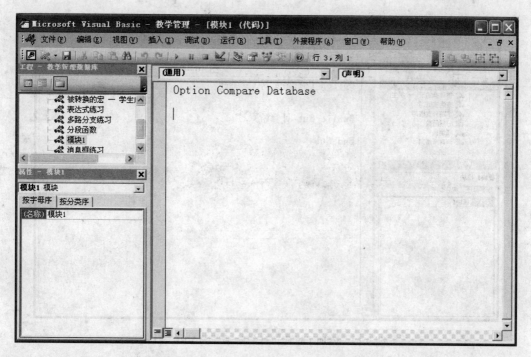

图 9.10　新建"模块 1"的 VBE 窗口

（2）选择 VBE 窗口"插入"|"过程"命令，弹出"添加过程"对话框，如图9.11所示。

（3）也可以在 VBE 窗口中，通过单击工具栏上的"过程"按钮（图9.12），启动"添加过程"对话框。

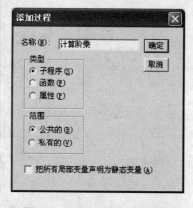

图 9.11　"添加过程"对话框

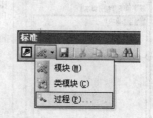

图 9.12　使用 VBE 工具栏按钮添加过程

（4）在"添加过程"对话框中，通过"类型"栏选择创建"子程序"或创建"函数"，系统默认选项为"子程序"；通过"范围"栏选择创建"公共的"或创建"私有的"，系统默认选项为"公共的"；在"名称"文本框中输入过程名，例如输入"计算阶乘"，单击"确定"按钮，系统返回 VBE 窗口，并在代码窗口的声明语句后自动插入了新建过程"计算阶乘"的过程说明语句，同时光标已经处于过程体内，准备接受语句行输入，如图9.13所示。

（5）在过程体内（Public Sub 计算阶乘( )与 End Sub 之间）编写具体程序代码，如图9.14所示。

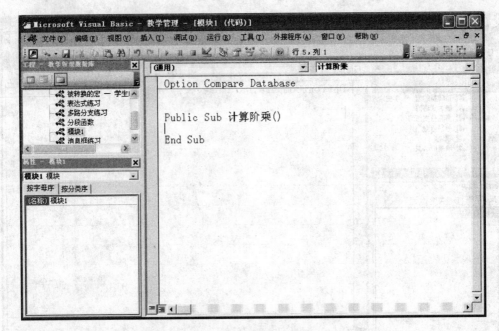

图 9.13 添加了过程 "计算阶乘" 的 VBE 窗口

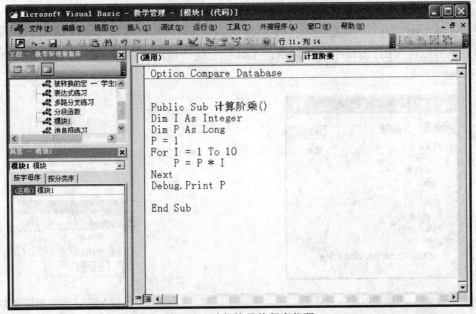

图 9.14 过程的具体程序代码

（6）保存模块。单击工具栏上的 "保存" 按钮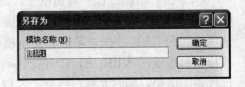
或选择 VBE "文件" | "保存" 命令，弹出如图 9.15 所
示的 "另存为" 对话框。例如在 "模块名称" 文本框
中输入 "阶乘练习"，单击 "确定" 按钮后，"阶乘练
习" 就会出现在数据库的 "模块" 对象窗口中。

图 9.15 模块的 "另存为" 对话框

注意：最后保存的是整个模块的名称（可能该模
块中包含多个过程或函数），而不仅仅是模块中的某个过程名称。

9.4 VBA 编程基础

VBA 是构成 Access 模块的程序语言，本节介绍 VBA 的基本语法。

9.4.1 数据类型

VBA 程序设计中具有 Access 表中除 OLE 对象外的所有类型，如表 9-4 所示。

表 9-4　VBA 的常用数据类型

数据类型	类型符号	占用字节	说　明
Boolean（布尔）	无	2	True 或 False
Byte（字节）	无	1	取值范围：0～255
Integer（整型）	%	2	取值范围：-32768～32767
Long（长整型）	&	4	取值范围：-2147483648～2147483647
Single（单精度）	!	4	负数：-3.402823E38～-1.401298E-45 正数：1.401298E-45～3.402823E38
Double（双精度）	#	8	负数：-1.79769313486232E308～-4.94065645841247E-324 正数：4.94065645841247E-324～1.79769313486232E308
Currency（货币）	@	8	取值范围：-922337203685477.5808～922337203685477.5807
Date（日期型）	无	8	100-01-01～9999-12-31
String（字符型）	$	不定	0～65400 个字符（定长字符型）
Object（对象型）	无	4	储存对象地址来引用对象
Variant（变体型）	无	不定	由最终的数据类型决定（可表示上述任何一种类型）

9.4.2 常量

常量是在程序中可直接引用的实际值，其值在程序运行过程中保持不变。

在 VBA 中，有文字常量、符号常量和系统常量。

1. 文字常量

文字常量实际上就是常数，数据类型的不同决定了常量的表现也不同。例如：

（1）数值型常量，直接输入数值，如-126.37、78、3.47856E5。

（2）字符型常量，直接输入文本或者以英文双引号括起来，如法学、"ABCD"、"山东省青岛市"。

（3）日期型常量，直接输入或者用符号#括起来，如 2010-03-31、#2009-11-12 10:36:17#。

2. 符号常量

在 VBA 程序设计中需要反复使用的常数，为了便于记忆和维护，可以采用一个名字来表示，即符号常量。定义符号常量的格式如下：

[Public | Private] Const 常量名 [as 数据类型|类型符号] = <表达式>

[，常量名 [as 数据类型|类型符号] = <表达式>]

说明：

（1）Public 只能用在标准模块中，表示该常量可以在所有模块中使用。

（2）Private 定义的常量只在声明它的模块中使用。

例如：

Public Const A as Integer=236　　　或　　Public Const　　A% =236

——定义符号常量 A，其值为整型数 236

Const N1%=18 , PI As single = 3.14159 , N2% =N1+19

——定义符号常量 N1，其值为整型数 18，定义符号常量 PI，其值为单精度型 3.14159，定义符号常量 N2，其值也是整型数 37。

注意：在程序中符号常量不能进行二次赋值，这是它与变量不同的地方。如下面的程序是错误的：

Const A as Integer=236

A=236

在这两个语句中，尽管看上去符号常量 A 的值似乎没有变化，但是先后两次对符号常量 A 进行了赋值，这是 VBA 所不允许的，会弹出编译错误的警告窗口，如图9.16所示。

图 9.16　编译错误警告窗口

3. 系统常量

系统常量是 VBA 预先定义好的，用户可直接引用。例如：

vbRedvbOKvbYes

9.4.3　变量

变量在程序运行过程中其值可以改变。这里所讲的是一般意义上的简单变量（又称内存变量）。

在 VBA 程序中，每一个变量都必须有一个名称，用以标识该变量在内存单元中的存储位置，用户可以通过变量标识符使用内存单元存取数据；变量是内存中的临时单元，它可以用来在程序的执行过程中保留中间结果与最后结果，或者用来保留对数据进行某种分析处理后得到的结果；在给变量命名时，一定要定义好变量的类型，变量的类型决定了变量存取数据的类型，也决定了变量能参与哪些运算。

1. 变量的声明

VBA 为弱类型语言，它的变量可以不加声明而直接使用，但是这不利于程序的阅读。因此应该养成一个良好的习惯，在程序中使用变量之前，应该先对变量进行声明。

格式一：dim 变量名 [as 数据类型] [，变量名 [as 数据类型]]

格式二：dim 变量名[类型符号] [，变量名[类型符号]]

说明：

① 如果变量声明格式一中的变量名后带有"as 数据类型"选项，或变量声明格式二中的变量名后带着"类型符号"选项，则这样声明的变量是有明确数据类型的变量，该变量只能存储声明类型的值。

② 如果变量声明中缺省了"as 数据类型"或变量名后不带有"类型符号"选项，即声明语句变成：

　　　dim 变量名

则这样声明的变量类型为变体类型，可以存放任何类型的值。

③ 建议用户最好使用带有明确数据类型的变量声明，即使用带"as 数据类型"或带"类型符号"选项。

变量声明举例：

Dim name as string 　或　 Dim name$ 　　——定义字符型变量 name

Dim I as Integer , Avg as single 　或　 Dim I%, Avg! ——定义整型变量 I，单精度型变量 Avg

Dim X 　　　　——定义变体型变量 X，X 可以存放各种类型的值

比较以下两个声明语句的区别：

Dim X As Integer, Y As Integer, Z As Integer

Dim X, Y, Z As Integer

在第二个声明语句中，只有 Z 被声明为 Integer，而 X 和 Y 均为变体（Variant）型。

2. 变量的赋值

对于已经声明过的变量，可以使用赋值号"="进行赋值。例如，对于上述定义的变量，可赋值如下：

name="李明"

I=126

Avg=34.78

X="男" 　　——因为变量 X 是变体型，可以存放任何类型

3. 改变变量的值

变量的值在程序中是可以改变的。这不同于前面介绍的符号常量。例如：

X=X+1 　　——将变量 X 的值增加 1

9.4.4 数组

数组是包含一组相同数据类型的变量集合，由变量名和下标组成。在 VBA 中，按照维数分类，数组可以分为一维数组和多维数组；按照类型分类，数组可以分为整型数组、实型数组和字符串数组等。

VBA 中的数组具有以下特点。

（1）数组是一组相同类型的元素的集合。

（2）数组中各元素有先后顺序，它们在内存中按排列顺序连续存储在一起。

（3）同一个数组中的所有数组元素共用一个数组名，采用下标来区分不同的数组元素。

（4）使用数组前，必须对数组进行声明，即先声明后使用。数组的声明就是对数组名、数组元素的数据类型、数组元素的个数进行定义。

1. 一维数组声明

格式一：Dim 数组名（n） as 数据类型

格式二：Dim 数组名 1（n1） as 数据类型

　　　　　　[，数组名 2（n2） as 数据类型]

　　　　　　……[，数组名 m（nm） as 数据类型]

格式三：Dim 数组名（<下标的下界> to <下标的上界>） as 数据类型

说明：

① 数组声明格式一中的 n 代表数组元素下标的最大上界，格式一默认数组元素的最小下标为 0，共计包括 n+1 个数组元素。例如：

Dim X(10) as Single

表示声明的数组 X 共有 11 个单精度型数组元素，它们是 X(0), X(1), X(2), …, X(9), X(10) 。

② 数组声明格式二说明可以在一个声明语句中同时声明多个数组。其中，n1、n2、…、nm 代表对应数组中数组元素下标的最大上界，这些数组默认的数组元素的最小下标均为 0。例如：

Dim N(10) as Integer , B(5) as Single , C(10) as String

表示在一个声明语句中，同时声明了三个数组：数组 N 含有 11 个整型数组元素 N(0)~N(10)、数组 B 含有 6 个单精度型数组元素 B(0)~B(5)、数组 C 含有 11 个字符型数组元素 C(0)~C(10)。

③ 数组声明格式三中的"下标的下界"代表数组元素下标的起始值，而"下标的上界"代表数组元素下标的结束值。格式一是格式三中"下标的下界"为 0 的简化形式。例如：

Dim M(5 to 10) as Integer

表示声明的数组 M 共有 6 个整型数组元素，它们是 M(5), M(6), M(7), M(8), M(9), M(10) 。

2. 二维数组声明

格式一：Dim 数组名（m , n） as 数据类型

格式二：Dim 数组名（<一维下界> to <一维上界> , <二维下界> to <二维上界>）as 数据类型

例如：Dim AVG(2 , 3) as Integer

表示声明了一个整型二维数组 AVG，其中两个下标的下界均为 0，共有元素数：（2+1）×（3+1）=12。它们是：AVG（0，0）、AVG（0，1）、AVG（0，2）、AVG（0，3）、

AVG（1，0）、AVG（1，1）、AVG（1，2）、AVG（1，3）、

AVG（2，0）、AVG（2，1）、AVG（2，2）、AVG（2，3）

对于数组的使用而言，一般来说，数组通常和循环配合使用。对于数组的操作就是针对数组中的元素的操作。数组中的元素在程序中的地位和变量是等同的。

9.4.5　数据库对象变量

Access 中建立的数据库对象及其属性均可被看成是 VBA 程序代码中的变量及指定的值来加以引用。

窗体对象的引用格式为：Forms!窗体名称!控件名称[.属性名称]

报表对象的引用格式为：Reports!报表名称!控件名称[.属性名称]

例如：

Forms!宏的调用! Label0. ForeColor=255

表示将"窗体"对象窗口中的窗体名称为"宏的调用"中的标签控件 Label0 的前景色（即字体颜色）设置为红色。

9.4.6　表达式

表达式是由变量、常量、函数、运算符和圆括号组成的式子。在 VBA 编程中，表达式是不可缺少的。根据运算符的不同，通常可以将表达式分成五种：算术表达式、字符表达式、关系表达式、逻辑表达式和对象表达式。

1. 算术表达式

算术表达式由算术运算符和数值型常量、数值型变量、返回数值型数据的函数组成，其运算结果仍然是数值型常数。

算术运算符是最为基本也是最为常用的运算符，用来进行数学计算。Access 提供了七种算术运算符供用户使用，其用法及功能如表 9-5 所示。

表 9-5　算术运算符

运算符	功　能	举　例	结　果
+	两个数值表达式相加	12.5+6 [成绩]+12	18.5 成绩字段值加上 12 后得到的值
−	两个数值表达式相减	56-33 [成绩]-7	23 成绩字段值减去 7 后得到的值
*	两个数值表达式相乘	12*3 [成绩]*0.8	36 成绩字段值乘以 0.8 后得到的值
/	两个数值表达式相除	35/7 [成绩]/6	5 成绩字段值除以 6 后得到的值
\	整除	7\3（求 7 除以 3 的整数商） -7\3	2 −2，商的符号仅取决于被除数的符号
^	乘方运算	3^2	9
mod	取余数运算	7 mod 3（求 7 除以 3 的余数） -7 mod 4	1 −3，余数的符号仅取决于被除数的符号

在进行算术表达式计算时，要遵循以下优先顺序：先括号，在同一括号内，按先乘方（^），再乘除（*、/），再模运算（mod 或\），后加减（+、−）。

例如：计算算术表达式 −5+4*3 mod 3^(7\3) 的值。

计算过程如下。

（1）计算括号内的算式 7\3 的结果，得到结果为 2，算式简化为：

　　　−5+4*3 mod 3^2

（2）计算乘方 3^2，得到结果为 9，算式简化为：

　　　−5+4*3 mod 9

（3）计算 4*3，得到结果为 12，算式简化为：

　　　−5+12 mod 9

（4）计算 12 mod 9，得到结果为 3，算式简化为：

　　　−5+3

（5）最终结果为：−2

2. 字符表达式

字符表达式由字符运算符和字符型常量、字符型变量、返回字符型数据的函数组成，其结果是字符型常数。

字符运算符是指将两个字符串连接成一个字符串的运算符，有"+"和"&"两种。其功能如表 9-6 所示。

表 9-6　字符运算符

运算符	功　能	举　例	结　果
+	仅用于两个字符表达式相连接	"abc"+"def" "计算机"+"文化"	"abcdef" "计算机文化"
&	可用于两个字符表达式相连接，也可连接不同类型表达式	"abc"&"def" "计算机"&"文化"	"abcdef" "计算机文化"

说明：运算符"&"不仅仅能够连接字符表达式，还能连接其他类型的表达式。

例如：

    a$ = "张洋"
    b% = 26
    c$ = a$ & b%

则字符串变量 c$ 所存放的内容是字符串"张洋 26"。

3. 关系表达式

关系表达式由关系运算符和字符表达式、算术表达式组成，其运算结果为逻辑型常量。

关系运算符用于进行表达式的比较运算。如果成立，返回结果为逻辑值 True；如果不成立，返回结果为逻辑值 False。其用法及功能如表 9-7 所示。

表 9-7　关系运算符

运算符	功　能	举　例	结　果
>	大于	3+5>6 "abc">"def"	True False
<	小于	2<7 "a"<"ab"	True True
>=	大于等于	3>=2	True
<=	小于等于	12.56<=7.6	False
=	等于	"abcd"="abcd"	True
<>	不等于	"abcd"<>"abcd"	False

这 6 个关系运算符的优先级是相同的，但是比算术运算符的优先级低。如果它们出现在同一个表达式中，按照从左到右的顺序依次计算。

注意：输入关系运算符中的">="和"<="时，两个符号中间不能有空格。

4. 逻辑表达式

逻辑表达式由逻辑运算符和逻辑型常量、逻辑型变量、返回逻辑型数据的函数和关系表达式组成，其运算结果仍为逻辑型常量。

逻辑运算符用来对两个表达式进行逻辑连接，它的结果只有逻辑值 True 和 False 两种。常用的逻辑运算符及其功能如表 9-8 所示。

表 9-8　逻辑运算符

运算符	功　能	举　例	结　果
NOT	逻辑非	NOT 3>6 NOT 3+5>6	True False
AND	逻辑与	2<7 AND 3>2 2<7 AND 3>5	True False
OR	逻辑或	3>=2 OR 5<4	True

计算逻辑表达式的值时，逻辑运算符的优先顺序为括号、NOT、AND、OR。

以上各类表达式遵守的运算规则是：在同一个表达式中，如果只有一种类型的运算，则按各自的优先级进行计算；如果有两种或两种以上类型的运算，则按照函数运算、算术运算、字符运算、关系运算、逻辑运算的顺序进行计算。

5. 对象表达式

对象表达式由对象运算符和各种对象、对象的属性组成，其运算结果为一个对象或对象的某个属性。

在 VBA 中，对象运算符有两个，分别是 "!" 和 "."。其功能如表 9-9 所示。

表 9-9　对象运算符

运算符	功能	举例	结果
!	引用对象	Forms![宏的调用]	引用窗体 "宏的调用"
.	引用对象的属性	Label0.Forecolor	引用标签 Label0 的 Forecolor 属性

6. 由另外几个运算符组成的条件表达式

除了前面介绍的五类表达式及其常用运算符之外，在 Access 中还有一些运算符如 Between … and、In、Like、Is Null、Is Not Null 以及通配符 "*"、"?"，使用这些运算符可以构成查询、统计等的条件表达式。这些运算符的功能及用法如表 9-10 所示。

表 9-10　其他运算符

运算符	功能	举例	说明
* ?	通配符：*代表任意多个字符；?代表任意一个字符	张* 040? Like "赵*"	由 "张" 开头的字符串 可以是 0401、0402、0403 等 由 "赵" 开头的人名
Between … and	指定数据范围	Between 80 and 90	数据介于 80 和 90 之间
In	指定值域	In（"山东省","江苏省","安徽省"）	统计（或计算）数据（如籍贯）只要在山东省、江苏省、安徽省中都将满足条件
Like	Like 运算符常与通配符连用，用来比较字符串中是否包含某些字符	Like "赵*"	若出现在姓名字段的条件中，则可理解为查找姓 "赵" 的人
Is Null	用于指定一个字段为空	Is Null	字段值为空时的判断条件
Is Not Null	用于指定一个字段为非空	Is Not Null	字段值不为空时的判断条件

例如，Between 70 and 80，这等价于使用 and 的逻辑表达式 >=70 and <=80。

又如，In ("微观经济学","宏观经济学","销售管理","国际贸易法")，这等价于条件："微观经济学" Or "宏观经济学" Or "销售管理" Or "国际贸易法"。

在查询条件中灵活使用这些运算符，是设计查询的重要操作技巧。

9.4.7 标准函数

Access 提供了大量的标准函数，如数学函数、字符函数、日期/时间函数和统计函数等。利用这些函数可以更好地构造查询条件，也为用户更准确地进行统计计算、实现数据处理提供了有效的方法。标准函数一般用于表达式中，其使用格式为：

函数名(<参数 1>[, 参数 2,…])

其中，函数名必不可少，函数的参数放在函数名后的圆括号中，参数可以是常量、变量或表达式，可以有一个或多个，少数函数为无参函数。每个函数被调用时都会返回一个函数值。需要注意的是，函数的参数和返回值都有特定的数据类型对应。

根据每个函数的类别，可将标准函数分为数学函数、字符函数、日期/时间函数、聚合函数、其他函数等。

1. 数学函数

常用的数学函数如表 9-11 所示。

表 9-11 常用数学函数

函数名	语法格式	功能	举例
Abs	Abs(number) 其中：number 代表有效数值表达式，下同	返回参数 number 的绝对值，其类型和参数相同	Abs(50.3) '返回 50.3 Abs(−50.3) '返回 50.3
Int	Int(number)	取整，返回不大于参数 number 的整数部分。特别当 number 为负数时，Int 返回小于或等于 number 的第一个负整数	Int(99.8) '返回 99 Int(−99.8) '返回 −100
Fix	Fix(number)	取整，仅返回参数 number 的整数部分	Fix(99.2) '返回 99 Fix(−99.8) '返回 −99
Exp	Exp(number)	计算 e（自然对数的底，其值约为 2.718282）的 number 次方	Exp(3) '返回 20.0855369231877 Exp(−2)'返回.135335283236613
Log	Log(number)	返回指定参数 number 的自然对数值（以 e 为底）	Log(1) '返回 0 Log(10)'返回 2.30258509299405
Rnd	Rnd 或者 Rnd( ) 或者 Rnd(number)	返回小于 1 但大于或等于 0 的随机数值。特别当 number 为负数时，每次运行均返回相同结果	Rnd 或者 Rnd()或者 Rnd(大于 0 的值) '均返回一个随机数值 Rnd(−5) '均返回一个相同数值 Int((100 * Rnd) + 1) '会产生 1 到 100 之间的一个随机整数
Round	Round(exp1 [,exp2]) 其中：exp1 表示将要四舍五入的数值表达式；exp2 表示预保留位数	返回一个数值，该数值是对表达式 exp1，并按指定的小数位数 exp2，进行四舍五入运算的结果	Round(12.4563,2) '返回 12.46 Round(−5.8678, 3) '返回−5.868
Sqr	Sqr(number)	返回指定参数 number 的算术平方根	Sqr(144) '返回 12 Sqr(156)'返回 12.489995996797
Sgn	Sgn(number)	返回参数 number 的正负号	number>0, Sgn(number)返回 1 number=0, Sgn(number)返回 0 number<0, Sgn(number)返回−1
Sin	Sin(number)	返回参数 number 的正弦值。number 以"弧度"为单位	Sin(3.1415926/2) '返回 1 Sin(−23)'返回−.846220404175171
Cos	Cos(number)	返回参数 number 的余弦值	Cos(0) '返回 1
Tan	Tan(number)	返回参数 number 的正切值	Tan(20)'返回 2.23716094422474

2. 字符函数

字符函数在查询条件设置以及日常应用过程中用途非常广泛，用户应加强对字符函数的重视程度和使用力度。常用的字符函数如表 9-12 所示。

表 9-12 常用字符函数

函数名	语法格式	功能	举例
Asc	Asc(string) 其中：string 为有效的字符串表达式	返回字符串首字母的字符值（ASCII 值）。返回值正常范围为 0~255	Asc("A") '返回 65 Asc("a") '返回 97 Asc("Apple") '返回 65
Chr	Chr(charcode) 其中：charcode 是一个用来代表某字符的整数值	返回代码 charcode(正常范围为 0~255)所代表的字符	Chr(65) '返回"A" Chr(97) '返回"a" Chr(10) '返回换行符（回车键）
InStr	InStr(string1, string2) 其中：string1 为接受搜索的字符串表达式；string2 为被搜索的字符串表达式	返回字符串 string2 在另一字符串 string1 中最先出现的位置	str1="Hello World" InStr(str1,"Wor") '返回 7 InStr("abcdabcd","cd") '返回 3

函数名	语法格式	功 能	举 例
Len	Len(string | varname) 其中：string 为有效的字符串表达式；varname 为有效的变量名称，二者选一	返回字符串或变量包含的字符的数目（长度）	Len("abcdeFH") '返回 7 若：xm="张国庆" 则：Len(xm) '返回 3
Left	Left(string, length) 或 Left$(string, length) 其中：length 表示截取长度	返回字符串 string 中从左边算起指定数量 length 的字符串	Left("张国庆",1) '返回 "张" Str1="Hello World" Left(Str1,5) '返回"Hello"
Right	Right(string, length) 或 Right$(string, length)	返回字符串 string 中从右边算起指定数量 length 的字符串	Right("张国庆",1) '返回 "庆" Right(Str1,5) '返回"World"
Mid	Mid(string,start[,length]) Mid$(string,start[,length]) 其中：start 为开始截取位置	返回字符串 string 中从左边第 start 开始，指定数量 length 的字符串	Mid(Str1,7,5) '返回"World" Mid(Str1,7) '返回"World"
LTrim	LTrim(string) 或 LTrim$(string)	去除字符串开头的空格	str1=" Hello World " LTrim(str1) 将去除开头空格，即返回 "Hello World "；
RTrim	RTrim(string) 或 RTrim$(string)	去除字符串结尾的空格	RTrim(str1) 将去除结尾空格，即返回 " Hello World"；
Trim	Trim(string) 或 TRim$(string)	将字符串两头空格全部去除	Trim(str1) 将去除两头空格，即返回 "Hello World"
LCase	LCase(string) 或 LCase$(string)	返回全部小写的字符串	str1="Hello World" LCase(str1)，返回"hello world"
UCase	UCase(string) 或 UCase$(string)	返回全部大写的字符串	UCase(str1)，返回"HELLO WORLD"
Space	Space(number) 或 Space$(number)	得到指定数目空格	Space(10)得到 10 个空格字符串

3．日期/时间函数

常用的日期/时间函数如表 9-13 所示。

表 9-13 常用日期/时间函数的常规用法

函数名	语法格式	功 能	举 例
Date 或 Date$	Date 或者 Date() Date$ 或者 Date$()	返回系统当前的日期	Dim MyDate MyDate = Date 'MyDate 的值为系统当前的日期
Time 或 Time$	Time 或者 Time() Time$ 或者 Time$()	返回系统当前的时间	Dim MyTime MyTime = Time '返回系统当前的时间
Now	Now 或者 Now()	返回系统当前的日期与时间	Dim Today Today = Now '将系统当前的日期与时间给变量
Year	Year(date) 其中：date 是有效的日期表达式，下同	返回某个日期表达式 date 中的年份（一个整数）	mydate = #11/12/2009# Year(mydate) '返回 2009
Month	Month(date)	返回某个日期表达式 date 中的月份（在 1 到 12 之间）	mydate = #11/12/2009# Month(mydate) '返回 11
Day	Day(date)	返回某个日期表达式 date 中的某一天（在 1 到 31 之间）	mydate = #11/12/2009# Day(mydate) '返回 12

函数名	语法格式	功 能	举 例
Hour	Hour(time) 其中：time 是有效的时间表达式，下同	返回某个时间表达式 time 中的小时数（在 0 到 23 之间）	MyTime = #4:28:17 PM# MyHour = Hour(MyTime) 'MyHour 的值为 16
Minute	Minute(time)	返回某个时间表达式 time 中的分钟数（在 0 到 59 之间）	MyMinute=Minute(MyTime) 'MyMinute 的值为 28
Second	Second(time)	返回某个时间表达式 time 中的秒数（在 0 到 59 之间）	MySecond=Second(MyTime) 'MySecond 的值为 17
Weekday	Weekday(date)	将日期表达式 date 转换为代表星期几的一个整数（1~7） 结果：1 代表星期日 2 代表星期一 …… 7 代表星期六	Mydate = #11/12/2009# MyWeekDay=Weekday(MyDate) 'MyWeekDay 的值为 5，因为 MyDate 是星期四
WeekdayName	WeekdayName(number) 其中：number 是 1 到 7 之间的一个整数	得到整数 number 代表的星期几的字符串	WeekdayName(3) '返回"星期二" WeekdayName(1) '返回"星期日" WeekdayName(7) '返回"星期六"
IsDate	IsDate(expression) 其中：expression 是日期表达式或字符串表达式	如果表达式是一个日期，或可以作为有效日期识别，IsDate 返回 True；否则返回 False	MyDate=#2/12/2009# NoDate="Hello" IsDate(MyDate) '返回 True IsDate(NoDate) '返回 False

4. 聚合函数

聚合函数大部分出现在汇总统计运算中，例如查询设计过程中的"总计"行上出现的函数等。常用的聚合函数如表 9-14 所示。

表 9-14　常用聚合函数

函数名	语法格式	功 能	举 例
Sum 或 总计	Sum(expr) 其中：expr 可以是表中字段、常量或某些函数，下同	返回表达式 expr 中所包含的一组值的总和	在查询中使用 sum 函数计算某些字段（如成绩）的总和
Count 或 计数	Count(expr)	计算具有表达式 expr 的个数，或者统计基本查询的记录数，可以统计包括文本在内的任何类型数据	在查询中使用 count 函数统计满足某种条件的记录数
Avg 或 平均值	Avg(expr)	计算指定表达式 expr 中所包含的一组值的算术平均值	在查询中使用 Avg 函数计算某些字段（如成绩）的平均值
Max 或 最大值	Max(expr)	计算指定表达式 expr 中所包含的一组值的最大值	在查询中使用 Max 函数计算某个字段（如成绩）的最高分
Min 或 最小值	Min(expr)	计算指定表达式 expr 中所包含的一组值的最小值	在查询中使用 Min 函数计算某个字段（如成绩）的最低分
First 或 第一条记录	First(expr)	返回结果集中的第一个记录的字段值	在具有汇总功能的查询中，按照分组条件选择使用 First 或 Last 之一（两者结果相同）
Last 或 最后一条记录	Last(expr)	返回结果集中的最后一条记录的字段值	在具有汇总功能的查询中，按照分组条件选择使用 First 或 Last 之一（两者结果相同）

5. 其他函数

除了前面介绍的几类常用函数外，还有几个常用函数如表 9-15 所示。

表 9-15　其他函数

函数名	语法格式	功　能	举　例
RGB	RGB(N1,N2,N3) 其中：N1,N2,N3 的取值范围均为 0～255 之间的一个整数	通过 N1,N2,N3（分别代表红、绿、蓝）3 种基本颜色代码产生一种颜色	RGB(255,0,0)　　'红色 RGB(0,255,0)　　'绿色 RGB(0,0,255)　　'蓝色 RGB(255,255,255)　'白色 RGB(0,0,0)　　'黑色
Str	Str(expr) 其中：expr 为数值表达式	将数值表达式转换成字符数据	Str(12.56)　　'得到"12.56"
Val	Val(String) 其中：String 为字符表达式	将字符表达式转换成数值型数据	Val("12.56")　　'得到数值 12.56
MsgBox	MsgBox(提示[,对话框类型代码][,标题]) 其中："提示"表示要在对话框中显示的字符串；"对话框类型代码"是由按钮个数与类型+对话框中显示的图标+默认按钮三组代码组合而成；"标题"指定对话框标题栏中要显示的字符串；"对话框类型代码"见表 9-16	在屏幕上弹出一个指定格式的对话框，等待用户单击按钮，并返回一个 Integer 告诉用户单击哪一个按钮	MsgBox("Hello") Dim N1%, N2%, N3%, N4%, N5%, N6% N1=MsgBox("Hello",1,"消息框标题") N2=MsgBox("Hello",2,"消息框标题") N3=MsgBox("Hello",3,"消息框标题") N4=MsgBox("Hello",19,"消息框标题") N5=MsgBox("Hello",67,"消息框标题")
InputBox	InputBox(提示[,标题][,默认]) 其中："提示"、"标题"与 MsgBox 函数对应的参数相同；"默认"为字符串表达式，当在输入对话框中无输入时，则该默认值作为输入的内容	在一对话框中显示提示，等待用户输入正文或按下按钮，并返回包含文本框内容的 String	Dim Str1 As String Str1= InputBox("请输入姓名:", "InputBox 示例","张三") MsgBox ("您输入的名字是: " & Str1)
IIf	IIf(expr,truepart,falsepart) 其中：expr 为判断真伪的表达式，truepart 或 falsepart 为一个具体值或一个表达式	如果 expr 为真，返回值为 truepart；如果 expr 为假，返回值为 falsepart	IIf(score>=60, "及格","不及格") 如果 score>=60 为真,返回 "及格"； 如果 score>=60 为假,返回 "不及格"

其中 **MsgBox** 函数中的"对话框类型代码"的含义与功能如表 9-16 所示，**MsgBox** 函数的返回值如表 9-17 所示。

表 9-16　MsgBox 函数中对话框类型代码含义与功能　　　　表 9-17　MsgBox 函数返回值

组别	代码	按钮图标形式	代码的含义
第 1 组： 按钮个数 与类型	0	确定	只显示 OK（确定）按钮
	1	确定　取消	显示 OK 及 Cancel 按钮
	2	终止(A)　重试(R)　忽略(I)	显示 Abort、Retry 及 Ignore 按钮
	3	是(Y)　否(N)　取消	显示 Yes、No 及 Cancel 按钮
	4	是(Y)　否(N)	显示 Yes 及 No 按钮
	5	重试(R)　取消	显示 Retry 及 Cancel 按钮
第 2 组： 显示图标	16	⊗	显示 Critical Message 图标
	32	?	显示 Warning Query 图标
	48	⚠	显示 Warning Message 图标
	64	ⓘ	显示 Information Message 图标
第 3 组： 默认按钮	0		第一个按钮是默认值
	256		第二个按钮是默认值
	512		第三个按钮是默认值

按钮名称	返回值
确定	1
取消	2
终止	3
重试	4
忽略	5
是	6
否	7

MsgBox 函数和 **InputBox** 函数的使用方法及其参数设置技巧参见例 9.2 和例 9.3 等。

9.5 程序基本结构

本节将介绍常见的三种程序控制结构：顺序结构、分支结构、循环结构，以及过程和用户自定义函数。

9.5.1 编码规则

1. 标识符的命名规则

标识符是用户给编程过程中使用的常量、变量、数组、控件、对象、函数以及过程等起的名称标识。在 VBA 中，对标识符的命名规则有以下约定：

（1）标识符只能以字母或汉字开头，其后可跟字母、汉字、数字、下划线。

（2）标识符长度小于 256 个字符。

（3）标识符不区分大小写，即 VBA 认为变量 A 和 a 是同一个变量。

（4）标识符不能使用 VBA 中的专用保留字，如不能使用 if、for 等作为变量名。

2. 程序注释

程序注释用来对编写的程序加以说明和注释，以便于程序的阅读、修改和使用。VBA 编译时会自动忽略注释。在程序中增加注释有两种语法格式：

格式一：rem 注释内容

格式二：' 注释内容

说明：格式一通常用于编写单独的注释行，而格式二用在程序行尾部，对本程序行起说明作用。

3. 语句行的连写与换行

在 VBA 中，通常每条语句占一行，一行最多允许有 255 个字符；如果要在一行中书写多条语句，语句之间用冒号（：）隔开；如果某条语句一行写不完，可在换行处使用连接符（连接符由空格加下划线组成）。

9.5.2 顺序结构

顺序结构是在程序执行时，按照语句的前后书写顺序依次执行的语句序列。

出现在顺序结构中的常见语句有赋值语句（=）、输入语句、输出语句、注释语句以及函数调用语句等。

顺序结构语句的执行流程如图9.17所示。

【**例 9.2**】 在"教学管理"数据库的"模块"对象窗口中新建模块"表达式练习"，模块内容参照图9.21所示，练习在模块中输出表达式的运算结果。

操作步骤如下。

（1）在"教学管理"数据库的"模块"对象窗口中，单击"新建"按钮 新建(N)，打开新建"模块 1"的 VBE 窗口。

（2）添加一个过程。选择"插入" | "过程"命令，在弹出的"添加过程"对话框中输入子程序名"表达式练习"，如图9.18所示。

（3）单击"确定"按钮，返回插入了过程"表达式练习"的"模块 1"窗口，如图9.19所示。

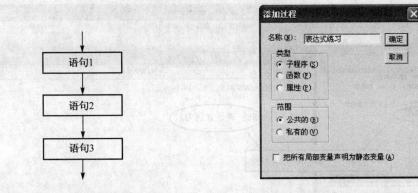

图 9.17　顺序结构语句的执行流程　　　　　　图 9.18　添加过程"表达式练习"

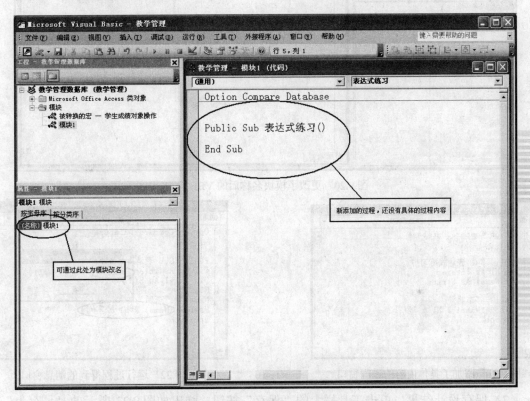

图 9.19　添加了过程后的 VBE 窗口

（4）更改模块名称。在图9.19左下角的模块"属性"窗口的"名称"框中，将原名称"模块1"更改为"表达式练习"，并按 Enter 键确认更改模块名称，此时在左上角的"工程资源"窗口中"模块"下就会看到改名后的"表达式练习"模块，如图9.20所示。

（5）为过程"表达式练习"添加具体内容。在图 9.20 右边的"代码"窗口中，将光标定位于过程体中（过程头语句 Public Sub 表达式练习（）之下，过程尾语句 End Sub 之上），添加具体的过程处理内容，如图9.21所示。

（6）执行过程并查看执行结果。单击工具栏上的"运行子过程/用户窗体"按钮 ▶，即可得到执行该过程的运行结果：一个弹出的 MsgBox 消息框，在其中显示了连接两个变量 Name1、N1 和一个字符型常量"岁"之后形成的字符表达式"李明 19 岁"，如图9.22所示。

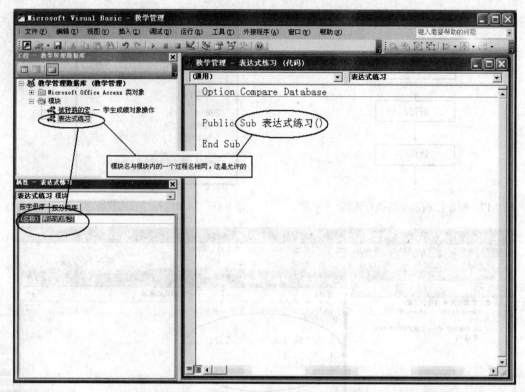

图 9.20　更改了模块名称后的 VBE 窗口

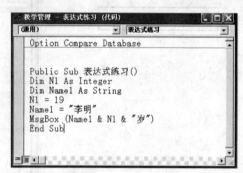

图 9.21　添加了具体内容的过程窗口

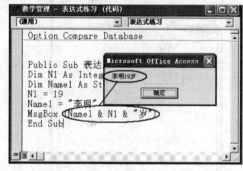

图 9.22　运行过程得到的消息窗口

（7）保存设计结果。单击工具栏上的"保存"按钮，弹出如图 9.23 所示的"另存为"对话框，如果不再改名就可以单击"确定"按钮。

注意：如果此时没有单击"保存"按钮，而是直接关闭 VBE 窗口，返回到数据库的"模块"窗口，则将看不到刚才新建的模块名称，只有等到关闭整个数据库窗口时，才会弹出如图 9.24 所示的是否保存对模块"表达式练习"的设计的更改的对话框，此时一定要单击"是"按钮，再在弹出的"另存为"对话框中单击"确定"按钮，才能保证能够保存前面的模块修改。再次打开数据库时，就能从"模块"对象窗口中看到已经保存了的"表达式练习"模块图标。

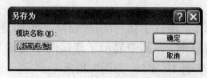

图 9.23　模块的"另存为"对话框

图 9.24　关闭数据库时弹出的模块保存提示

说明： 在例9.2创建的"表达式练习"过程体内，可以进行各种表达式的输入、输出练习。

【例 9.3】 在"教学管理"数据库的"模块"对象窗口中新建模块"消息框练习"，模块内容参照图9.25所示，练习在模块中使用 **MsgBox** 函数输出信息（对照表 9-16 和表 9-17 中各参数设置）。

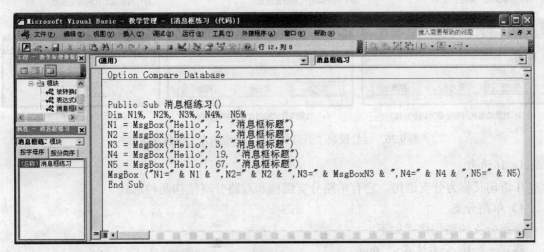

图 9.25 模块"消息框练习"的代码窗口

操作步骤如下。

（1）在"教学管理"数据库的"模块"对象窗口中，单击"新建"按钮 新建(N)，打开新建"模块 1"的 VBE 窗口。

（2）添加过程并更改模块名称。选择"插入"|"过程"命令，在弹出的"添加过程"对话框中输入子程序名"消息框练习"。单击"确定"按钮，返回插入了过程"消息框练习"的"模块 1"窗口。在模块 1 左下角"属性"窗口的"名称"框中，将原名称"模块 1"更改为"消息框练习"，并按 Enter 键确认更改模块名称，此时在左上角的"工程资源"窗口中"模块"下就会看到改名后的"消息框练习"模块。

（3）为过程"消息框练习"添加具体内容。在 VBE 的"代码"窗口中，将光标定位于过程体中（过程头语句 Public Sub 消息框练习（）之下，过程尾语句 End Sub 之上），添加具体的过程处理内容，如图9.25所示（特别注意 MsgBox 函数的第 2 个参数代表的意义，可对照表 9-16）。

（4）保存并运行模块，观察、对比各个 MsgBox 函数的参数区别。单击工具栏上的"保存"按钮，保存对模块"消息框练习"的修改。再单击工具栏上的"运行子过程/用户窗体"按钮 ▶，即可得到执行过程"消息框练习"的运行结果：先后弹出六个 MsgBox 消息框，其中前五个消息对话框分别对应 MsgBox 函数中第 2 个参数（对话框类型代码）的五种不同组合：1、2、3、19=3+16、67=3+64（可对照表 9-16），而最后一个 MsgBox 消息框中显示的是前面五个 MsgBox 函数返回值情况：N1=1、N2=3、N3=6、N4=6、N5=6（可对照表 9-17），如图9.26所示。

9.5.3 分支结构

分支结构是程序的三种基本结构之一，分支结构是在程序执行时，根据不同的条件，选择执行不同的程序语句，用来解决按照条件进行选择的问题。

分支语句有如下几种基本形式。

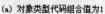

(a) 对象类型代码组合值为1

(b) 对象类型代码组合值为2

(c) 对象类型代码组合值为3

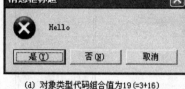

(d) 对象类型代码组合值为19 (=3+16)

(e) 对象类型代码组合值为67 (=3+64)

(f) 前面五个MsgBox函数的返回值

图 9.26　运行模块"消息框练习"出现的六个消息对话框

1．If 语句

If 语句又称为分支语句，它有单路分支结构和双路分支结构两种形式。

1）单路分支

单路分支的语句格式如下：

格式一： If ＜表达式＞ then

    ＜语句序列＞

   End If

格式二： If ＜表达式＞ then ＜语句＞

功能：先计算＜表达式＞的值，当＜表达式＞的值为真时，执行＜语句序列＞或＜语句＞，当执行完这些语句后，继续执行 If 语句的下一条语句；否则，将跳过这些＜语句序列＞或＜语句＞，直接执行 If 语句的下一条语句。单路分支语句的流程图如图9.27(a)、(b)所示。

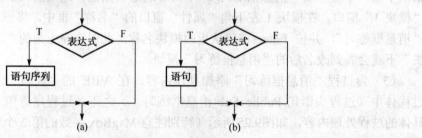

图 9.27　单路分支语句的流程图

2）双路分支

双路分支的语句格式如下：

格式一： If ＜表达式＞ then

    ＜语句序列 1＞

   Else

    ＜语句序列 2＞

   End If

格式二： If ＜表达式＞ then ＜语句 1＞ Else ＜语句 2＞

功能：先计算＜表达式＞的值，当＜表达式＞的值为真时，执行＜语句序列 1＞或＜语句 1＞；否则，执行＜语句序列 2＞或＜语句 2＞；执行完这些语句后，继续执行 If 语句的下一条语句。

双路分支语句的流程图如图9.28(a)、图9.28(b)所示。

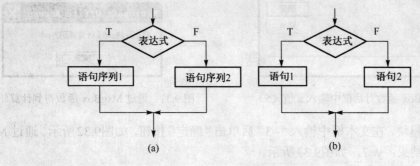

图 9.28　双路分支语句的流程图

【例 9.4】　利用分支结构 If 语句，设计计算分段函数 $y=\begin{cases}1+x & (x\geqslant 0) \\ 1-2x & (x<0)\end{cases}$ 的程序模块。

操作步骤如下。

（1）在"教学管理"数据库的"模块"对象窗口中，单击"新建"按钮 新建(N)，打开新建"模块1"的 VBE 窗口。

（2）添加过程并更改模块名称。选择"插入"|"过程"命令，在弹出的"添加过程"对话框中输入子程序名"分段函数"。单击"确定"按钮，返回插入了过程"分段函数"的"模块1"窗口。在模块 1 左下角"属性"窗口的"名称"框中，将原名称"模块1"更改为"分段函数"，并按 Enter 键确认。

（3）为过程"分段函数"添加具体内容。在 VBE 的"代码"窗口中，将光标定位于过程体中，添加具体的过程处理内容，如图9.29所示。

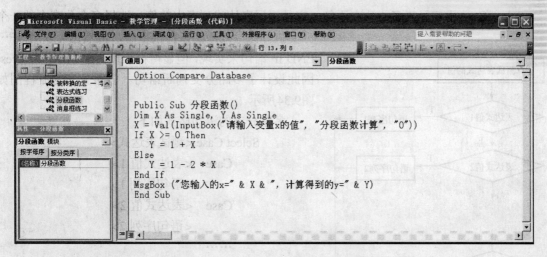

图 9.29　模块"分段函数"的代码窗口

（4）保存并运行模块。单击工具栏上的"保存"按钮，保存对模块"分段函数"的修改。再单击工具栏上的"运行子过程/用户窗体"按钮，即可得到执行过程"分段函数"的运行结果：首先弹出 InputBox 函数输入对话框，在文本框中输入"5"后单击"确定"按钮，如图9.30所示。通过 MsgBox 消息框得到计算结果：y=6，如图9.31所示。

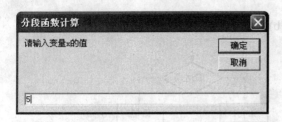

图 9.30 在 InputBox 函数对话框中输入 x 值（5）

图 9.31 通过 MsgBox 函数得到计算结果 y=6

再次运行该模块，在文本框中输入"−3"后单击"确定"按钮，如图9.32所示。通过 MsgBox 消息框得到计算结果：y=7，如图9.33所示。

图 9.32 在 InputBox 函数对话框中输入 x 值（-3）

图 9.33 通过 MsgBox 函数得到计算结果 y=7

说明：在本例题中，由于 InputBox 函数接受的键盘输入默认为字符型数据（输入的 5，默认为"5"，输入的-3，默认是"-3"），故在计算之前，需要进行类型转换，使用 Val 函数将字符型数据转换为数值型数据：X = Val (InputBox ("请输入变量 x 的值", "分段函数计算", "0"))。

这种使用方法具有普遍性，初学者应很好地领会并掌握这一使用技巧。

2. Select Case 语句

Select Case 语句又叫多路分支语句。它是根据表达式列表中的值，选择多个分支中的一个分支执行。当判断的条件很多时，虽然也可以用 IF…END IF 语句来实现，但显得很烦琐，容易出错，Access 因此设计了多路分支判断语句。多路分支的流程图如图9.34所示。

多路分支的语句格式如下：

```
Select Case <测试表达式>
    Case    <表达式值 1>
            <语句序列 1>
    Case    <表达式值 2>
            <语句序列 2>
    ……
    Case    <表达式值 n>
            <语句序列 n>
    [Case Else
            <语句序列 n+1>]
End Select
```

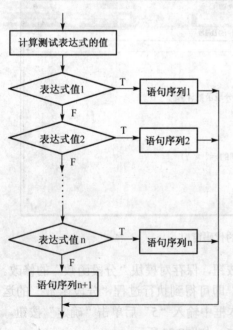

图 9.34 多路分支的流程图

功能：该语句执行时，根据<测试表达式>的值，从上到下依次检查 n 个<表达式值>，如果有一个与<测试表达式>的值相匹配，程序将执行该<表达式值>下的<语句序列>；当所有 Case 中的<表达式值>都没有与<测试表达式>的值相匹配时，如果有 Case Else 项，则执行<语句序列 n+1>；执行完上述语句后，都将转到 End Select后面去执行下一条语句；否则，直接执行 End Select 后面的下一条语句。

【例 9.5】 利用多路分支语句设计程序，实现输入百分制考试成绩，输出成绩的五个等级之一。假设：90 分以上为"优秀"、80～89 分为"良好"、70～79 分为"中等"、60～69 分为"及格"、60 分以下为"不及格"。

操作步骤略。代码内容及设计要点如图9.35所示。

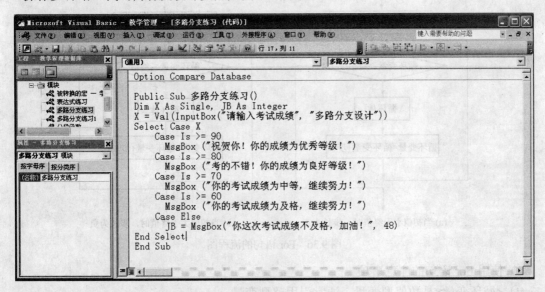

图 9.35 模块"多路分支练习"的代码窗口

注意：在本例题的多路分支语句设计过程中，每个 Case 后面的<表达式值 1>、…、<表达式值 n>的正确描述方法为：　　　　　　　Case >=90

而不能写成：　　　　　　　　　　　　　　Case X>=90

系统会自动将语句：　　　　　　　　　　　Case >=90

翻译成：　　　　　　　　　　　　　　　　Case Is >= 90

否则会得到错误结果，用户应特别注意。

9.5.4 循环结构

顺序、分支结构在程序执行时，每条语句只能执行一次，循环结构则能够使某些语句或程序段重复执行若干次。如果某些语句或程序段需要在一个固定的位置上重复操作，使用循环语句是最好的选择。

1. For 循环语句

For 循环语句又称"计数"型循环控制语句，它以指定的次数重复执行一组语句。

1）For 循环语句的格式

　　　For <循环变量>=<初值> to <终值> [Step <步长>]

　　　　　<循环体>

　　　　　[Exit For]

　　　　Next <循环变量>

　　功能：用循环计数器<循环变量>来控制<循环体>内语句的执行次数。

　　执行该语句时，首先将<初值>赋给<循环变量>，然后判断<循环变量>是否超过<终值>，若结果为真，则结束循环，执行 Next 后面的下一条语句；否则，执行<循环体>内的语句，<循环变量>自动按<步长>增加或减少，再重新判断<循环变量>当前的值是否超过<终值>，若结果为真（True），则结束循环，否则继续重复上述过程，直到其结果为真。

　　For 语句的流程图如图9.36所示。

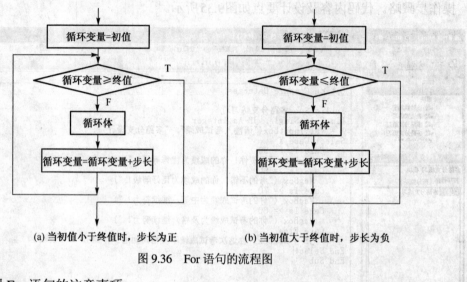

(a) 当初值小于终值时，步长为正　　　　　　　(b) 当初值大于终值时，步长为负

图 9.36　For 语句的流程图

　　2）使用 For 语句的注意事项

　　① <循环变量>是数值型变量，通常引用整型变量。

　　② <初值>、<终值>、<步长>是数值表达式，当其值不是整数时，系统会自动取整，<初值>、<终值>和<步长>3 个参数的取值决定了<循环体>的执行次数，计算公式为

$$循环次数=Int((<终值>-<初值>)/<步长>)+1$$

　　③ <步长>是<循环变量>的增量，通常取大于 0 或小于 0 的整数，其中：

　　当<初值>小于<终值>时，<步长>应为正整数。此时<循环变量>超过<终值>，意味着<循环变量>大于<终值>。

　　当<初值>大于<终值>时，<步长>应为负整数。此时<循环变量>超过<终值>，意味着<循环变量>小于<终值>。

　　不管哪种情况，如果出现了<步长>为 0，则应在循环体内设计专门的分支语句，并使用 Exit For 语句控制循环结束，否则会出现死循环。

　　④ <循环体>可以是一条或多条语句。

　　⑤ [Exit For]是出现在<循环体>内的退出循环的语句，它一旦在<循环体>内出现，就一定要有分支语句控制它的执行。

　　⑥ Next 中的<循环变量>和 For 中的<循环变量>是同一个变量。

　　【例 9.6】 利用 For 循环语句，求函数 $sum = \sum_{n=1}^{100} n$ 的值。

操作步骤如下。

（1）在"教学管理"数据库的"模块"对象窗口中，单击"新建"按钮 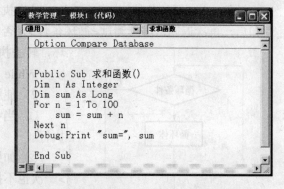 新建(N)，打开新建"模块1"的 VBE 窗口。

（2）添加过程并更改模块名称。选择"插入"|"过程"命令，在弹出的"添加过程"对话框中输入子程序名"求和函数"。单击"确定"按钮，返回插入了过程"求和函数"的"模块1"窗口。在模块1左下角"属性"窗口的"名称"框中，将原名称"模块1"更改为"求和函数"，并按 Enter 键确认。

（3）为过程"求和函数"添加具体内容。在 VBE 的"代码"窗口中，将光标定位于过程体中，添加具体的过程处理内容，如图9.37所示。

（4）保存并运行模块。单击工具栏上的"保存"按钮，保存对模块"求和函数"的修改。

图9.37　模块"求和函数"的代码窗口

选择"视图"|"立即窗口"命令，打开"立即窗口"。再单击工具栏上的"运行子过程/用户窗体"按钮 ，即可得到执行过程"求和函数"的运行结果，如图9.38所示。

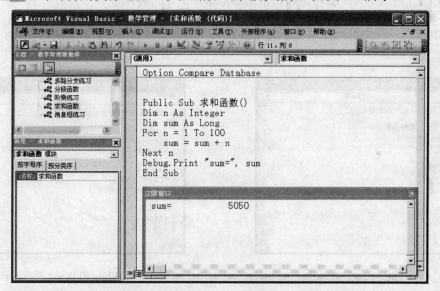

图9.38　运行"求和函数"后在立即窗口中得到输出结果

说明：当要输出程序中表达式（常量、变量、函数等）的值时，可以使用 Debug 对象来输出结果。Debug 对象有两个方法可以调用——Assert 和 Print，通常使用其 Print 方法进行结果输出。由于 Debug 对象在运行时将输出结果发送到立即（Immediate）窗口，故在执行包含 Debug.Print 输出的模块时，应打开 VBE 的立即窗口（通过选择"视图"|"立即窗口"命令得到）。

2．While 循环语句

While 循环语句又称"当"型循环控制语句，它是通过"循环条件"控制重复执行一组语句。

1）While 循环语句的两种常用格式

格式一：　　Do While　＜循环条件＞

　　　　　　　　＜循环体＞

```
                    Loop
格式二：    While  <循环条件>
                 <循环体>
         Wend
```

功能：当<循环条件>为真（True）时，执行<循环体>内的语句，遇到 Loop（或 Wend）语句后，再次返回，继续测试<循环条件>是否为 True，直到<循环条件>为假（False）结束循环，转去执行 Loop（或 Wend）语句的下一条语句。

While 循环语句的执行流程如图9.39所示。

2）使用 While 循环语句的注意事项

① 当<循环条件>恒为真时，<循环体>将无终止地执行。

② 如果第一次测试<循环条件>为假（False），<循环体>一次也不执行。

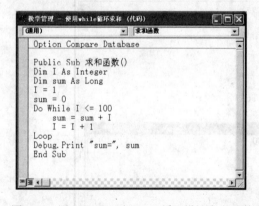

③ 要注意语句的正确配对。Do While 和 Loop 是一对组合，而 While 和 Wend 是另一对组合。

图 9.39 While 循环语句的执行流程

【例 9.7】 利用 While 循环语句，求函数 $sum = \sum_{n=1}^{100} n$ 的值。

操作步骤略，只给出两种 While 语句格式的代码窗口，如图9.40和图9.41所示，用户参照自行设计。

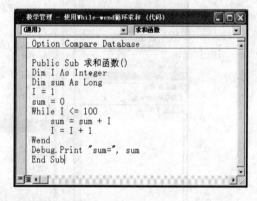

图 9.40 用 Do While 和 Loop 循环设计求和函数　　　图 9.41 用 While 和 Wend 循环设计求和函数

【例 9.8】 按照图9.42所示，建立窗体"求 1 到 n 整数的和"，要求在文本框中输入 n 的值后，单击"开始计算"按钮，即可求出 1 到 n 的整数的累加和，显示结果如图9.43所示。

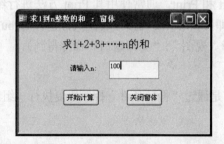

图 9.42 窗体"求 1 到 n 整数的和"的运行界面　　　图 9.43 窗体的输出结果

设计过程如下。

（1）窗体界面包含的控件及其主要属性设置。窗体包含两个标签控件，其标题属性分别是"求 1+2+3+…+n 的和"、"请输入 n："；一个未绑定文本框控件，修改其名称属性为 num（只是为了引用方便）；"开始计算"按钮不使用按钮向导，其名称属性为"Command1"，"单击"事件设计见第（2）步；"关闭窗体"按钮功能最好使用向导创建，其功能就是关闭本窗体。

（2）"开始计算"按钮的"单击"事件设计。打开"开始计算"按钮的属性对话框，单击"事件"选项卡"单击"属性最右边的"选择生成器"按钮，在弹出的对话框中选择"代码生成器"，单击"确定"按钮后进入 VBE 窗口，光标位于按钮 1 的单击事件过程（Command1_Click）之中。编写代码如下：

```
Private Sub Command1_Click()
    Dim i As Integer
    Dim sum As Long
    Dim n As Integer
    sum = 0
    i = 1
    n = num
    Do While i <= n
        sum = sum + i
        i = i + 1
    Loop
    MsgBox "1 到" + num + "的累加和=" + CStr(sum)
End Sub
```

（3）保存窗体设计，运行窗体即可实现题目要求。

说明：

（1）代码设计中对于文本框值的引用直接采用文本框名称 num 即可实现 n = num。

（2）用 MsgBox 输出的显示结果是一个连接字符串，使用了字符串连接运算符"+"和转换函数 CStr。

9.6 过 程 调 用

前面例题中设计的几个过程都不带参数。下面给出带参数的过程设计格式及调用方式。

9.6.1 带参数的 Sub 子过程

Sub 子过程的功能是将一定的语句组合起来，可接受相应的参数，完成一定的任务。

1）Sub 子过程的定义格式

```
[Private|Public] Sub 子过程名（[参数[as 类型], …]）
    语句
    [Exit Sub]
    语句
End Sub
```

2）说明

① Private 表明该过程只能在本模块中被调用，例如例 9.8 中"开始计算"按钮的单击事件过程就是 Private 选项，一般与窗体和控件相联系的事件过程都是只能在本模块中使用的，故都选择 Private 选项；而 Public 表明该过程能在所有模块中被调用，用户设计的标准模块中的过程大多选择 Public 选项，故这些过程可供所有模块调用。

② Sub 子过程中所带的参数被称为形式参数。只有该过程被调用时将实际参数传给形式参数后，该参数才有具体内容。

③ Exit Sub 立即退出该过程，即 Exit Sub 和 End Sub 之间的部分不被执行。

④ 带参数的 Sub 子过程没有返回值，仅供调用。

3）调用格式

　　　Call 过程名（实际参数）

【例 9.9】 修改例 9.8。将原来"开始计算"按钮的单击事件代码中的"计算 1 到 n 的累加和"部分设计成一个带参数的 Public 过程，取名为 addup（n），"开始计算"按钮的单击事件代码改为调用该过程求得 1 到 n 的累加和。

操作步骤如下。

（1）建立带参数的 Public 过程 addup（n）。下面是操作要点。

① 在数据库的"模块"对象窗口中，单击"新建"按钮 ，打开新建"模块 1"的 VBE 窗口。

② 添加过程 addup。选择"插入"｜"过程"命令，在弹出的"添加过程"对话框中输入子程序名"addup"。单击"确定"按钮，返回插入了过程"addup"的"模块 1"窗口，并将"模块 1"改名为"计算 1 到 n 的累加和"。

③ 为过程添加参数并设计过程体代码。经过第②步添加的过程是不带参数的，将光标移动到代码窗口新添加的过程名 addup 后的括号中，加入参数"n As Integer"，再添加过程体程序代码部分，如图9.44所示。

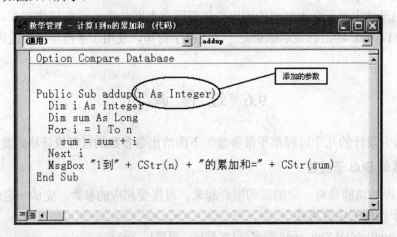

图 9.44　为过程 addup 添加参数和过程体代码

④ 保存过程和模块"计算 1 到 n 的累加和"，返回数据库窗口。

（2）复制窗体"求 1 到 n 的累加和"，粘贴为新窗体名称"利用过程调用求 1 到 n 的累加和"。

（3）修改窗体"利用过程调用求 1 到 n 的累加和"中按钮"开始计算"的单击事件代码。打开窗体"利用过程调用求 1 到 n 的累加和"的设计视图，打开"开始计算"按钮的属性对话框，单击"事件"选项卡"单击"属性最右边的"选择生成器"按钮，进入 VBE 窗口，参照图9.45，修改其程序代码。

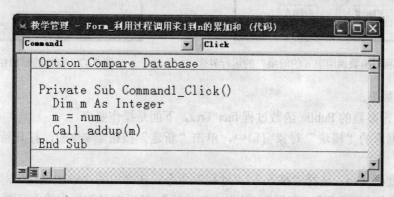

图 9.45　修改按钮"开始计算"的单击事件代码（利用过程调用语句）

（4）保存窗体修改，并运行窗体。虽然运行结果和例 9.8 类似，但实现方法却有了很大的改变（通过过程调用实现）。

9.6.2　带参数的自定义函数

带参数的函数过程与带参数的 Sub 子过程实现的功能是类似的，但带参数的函数过程有它独特的优势，即它可以向调用它的过程返回一个函数值，而带参数的 Sub 子过程是没有返回值的。下面介绍带参数的函数过程的格式及使用技巧。

1）函数定义格式

[Private|Public] Function 函数名（[参数[as 类型]，…]）[as 类型]

　　　语句

　　　[Exit Function]

　　　语句

　　　函数名=表达式

End Function

2）说明

① 函数过程中的 Private、Public 选项意义以及形式参数的意义都与 Sub 子过程中的一样。

② 函数过程的返回值语句为函数名=表达式，其中"="右边的"表达式"的值即为函数的返回值。该语句所处位置一般应是函数体的最后一个语句。

3）函数调用格式

　　　变量=函数名（实际参数）

【例 9.10】　设计一个带参数的函数过程 fact（n），用于计算 n 的阶乘。再参照图9.46，设计一个窗体"利用函数调用求 n 的阶乘"，当运行窗体时，在文本框中接收一个来自键盘输入的整数值 n，然后单击"开始计算"按钮时调用函数过程 fact（n），计算出 n 的阶乘，并给出图9.47所示的显示结果。

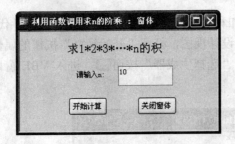

图 9.46　窗体"利用函数调用求 n 的阶乘"的运行界面　　　　　图 9.47　窗体的输出结果

操作步骤如下。

（1）建立带参数的 Public 函数过程 fact（n）。下面是操作要点。

① 在数据库的"模块"对象窗口中，单击"新建"按钮 新建(N)，打开新建"模块 1"的 VBE 窗口。

② 添加过程 fact。选择"插入"|"过程"命令，在弹出的"添加过程"对话框中首先选择"类型"栏中的"函数"和"范围"栏中的"公共的"，然后在名称框中输入函数过程名"fact"。单击"确定"按钮，返回插入了函数过程"fact"的"模块 1"窗口，并将"模块 1"改名为"利用函数过程求 n 的阶乘"。

③ 为函数过程添加参数并设计函数体代码。经过第②步添加的函数过程是不带参数的，将光标移动到代码窗口中新添加的过程名 fact 后的括号中，加入参数"n As Integer"，再添加函数体程序代码部分，如图9.48所示。

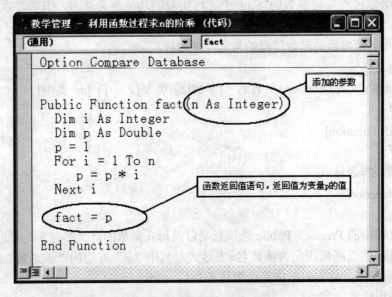

图 9.48　为函数过程 fact 添加参数和函数体代码

④ 保存函数过程和模块"利用函数过程求 n 的阶乘"，返回数据库窗口。

（2）复制窗体"利用过程调用求 1 到 n 的累加和"，粘贴为新窗体 "利用函数调用求 n 的阶乘"。

（3）修改窗体"利用函数调用求 n 的阶乘"中标签标题的内容和按钮"开始计算"的单击事件代码。打开窗体"利用函数调用求 n 的阶乘"的设计视图，首先参照图9.46修改标签内容；再打开"开始计算"按钮的属性对话框，单击"事件"选项卡"单击"属性最右边的"选择生成器"按钮▦，进入 VBE 窗口，参照图9.49所示，修改其程序代码。

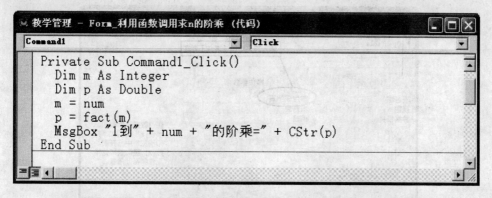

图9.49 修改按钮"开始计算"的单击事件代码（利用函数过程调用语句）

（4）保存窗体修改，并运行窗体，就会得到图9.46和图9.47所示的运行结果。

说明：

（1）由于函数过程具有返回值，故在按钮的单击事件过程代码中使用了赋值语句 p=fact（m），即把函数过程的返回值赋给变量 p，而 Sub 子过程没有返回值（使用语句：Call 过程名）。

（2）注意对照例 9.10 和例 9.9 中 MsgBox 消息框的使用位置的区别。例 9.10 中的 MsgBox 消息框出现在按钮的单击事件过程体中，而例 9.9 中的 MsgBox 消息框出现在公共模块"求 1 到 n 的累加和"的子过程体中，用户应注意区分并熟练掌握它们的使用技巧。

9.7　程序的调试与出错处理

程序设计完成后，很少能够一次运行成功，必须反复地检查修改，只有经过多次调试后才能得到预期效果。

9.7.1　程序的错误类型

常见程序错误有编译错误、运行错误和逻辑错误三种类型。

1）编译错误

一般是语法上的错误，如 If 没有对应的 enfif、sub 没有对应的 end sub、将英文引号打成中文引号等。

2）运行错误

在运行程序时发生的错误，例如计算表达式时遇到除数为 0、要打开的表或窗体不存在等。

3）逻辑错误

没有得到预期结果，例如用错了计算公式、函数等，得到了不正确的结果。

9.7.2　出错处理

对于编译错误，只有按照正确的语法要求对程序进行修改。逻辑错误要对算法进行重新设计。但是运行错误的发生有时是有条件的，例如要打开一个表，如果该表存在，就没有发生错误，而如果该表不存在，则会发生错误。

【例 9.11】 设计一个宏，如图 9.50 所示，使用命令 OpenTable 打开表"学生成绩表"（但该表并不存在），为宏取名"打开一个不存在的表"，观察该宏运行时的错误提示。

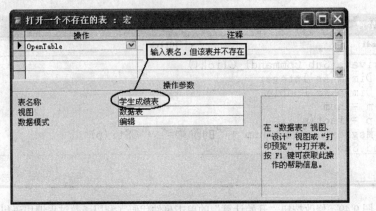

图 9.50 宏"打开一个不存在的表"的设计窗口

操作步骤如下。

（1）宏的设计过程略。

（2）运行宏，观察错误提示。在数据库的"宏"对象窗口中，双击宏名"打开一个不存在的表"，则弹出如图 9.51 所示"找不到对象'学生成绩表'"的错误提示，并给出了一些建议供用户参考。

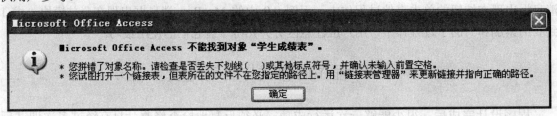

图 9.51 找不到对象"学生成绩表"的错误提示

（3）单击"确定"按钮，弹出如图 9.52 所示的"操作失败"详细报告。单击"停止"按钮，结束操作。根据提示，用户可去查看数据表的正确名称。

【例 9.12】 排除窗体"利用过程调用求 1 到 n 的累加和"设计过程中的一处运行错误。

操作步骤如下。

（1）在创建完例 9.9 的窗体"利用过程调用求 1 到 n 的累加和"之后，运行该窗体时，弹出了如图 9.53 所示的运行错误提示。

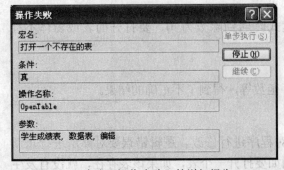

图 9.52 本次"操作失败"的详细报告

图 9.53 运行窗体时弹出的错误提示（类型不匹配）

（2）如果单击"结束"按钮，则返回到窗体运行初始状态（类似图9.42所示），但这样做不容易发现和改正错误；单击"调试"按钮，系统会自动打开并追踪到错误所在行，并用箭头和黄颜色作了特别标识，如图9.54所示。

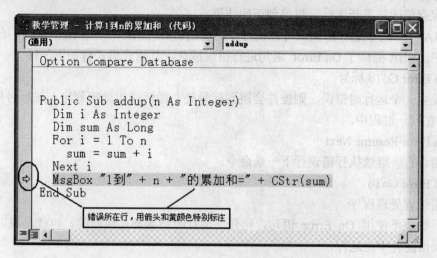

图9.54　单击"调试"按钮，系统会自动打开并追踪到错误所在行

（3）排错。根据图9.53中给出"类型不匹配"的错误提示和图9.54给出的错误位置，很容易找出错误原因：变量 n 为整型数据，与字符型数据无法进行连接运算。只要将变量 n 用转换函数 CStr 转换为字符型即可。语句应改为

　　　　MsgBox "1 到" + CStr(n) + "的累加和=" + CStr(sum)

（4）保存修改，再次运行将得到正确结果。

【例 9.13】　排除窗体"利用函数调用求 n 的阶乘"设计过程中的一处编译错误。

操作步骤如下。

（1）在创建完例 9.10 的窗体"利用函数调用求 n 的阶乘"之后，运行该窗体时，弹出了如图9.55所示的编译错误提示。系统在给出错误提示的同时，还自动打开代码窗口并选中了错误产生源代码。

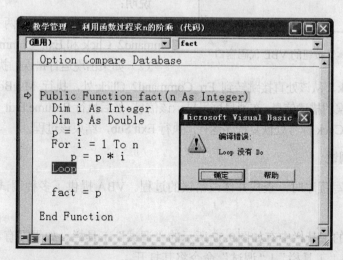

图 9.55　运行窗体"利用函数调用求 n 的阶乘"时系统给出的编译错误提示

（2）根据给出的编译错误提示："Loop 没有 Do"，用户很容易联想到错误出在循环语句配对上。For 应该和 Next 配对，Do While 和 Loop 配对，只要按照一种循环语句格式修改即可，例如此处可将 Loop 改为 Next i。

（3）保存修改，重新运行，将得到正确结果。

在 VBA 中，对于运行错误，可以设置专门的错误处理程序，当出现错误时，自动转到错误处理程序。VBA 提供了 On Error 语句进行错误捕获。其捕获形式有如下 3 种。

1）On Error GoTo 标号

如果发生一个运行时错误，则控件会跳到标号处，激活错误处理程序，该标号应该和 On Error 语句在同一过程中。

2）On Error Resume Next

忽略错误行，继续执行错误行下一条命令。

3）On Error GoTo

不使用错误处理程序。

说明：如果不使用 On Error 语句，则任何运行时错误都是致命的。也就是说，结果会导致显示错误信息并中止运行。

【例 9.14】 查看窗体"利用函数调用求 n 的阶乘"中使用命令按钮向导生成的"关闭窗体"按钮的程序代码（图9.56），其按钮名称为 Command2。其代码如下：

图 9.56 "关闭窗体"按钮的 VBE 代码窗口

```
Private Sub Command2_Click()
    On Error GoTo Err_Command2_Click
        DoCmd.Close
    Exit_Command2_Click:
        Exit Sub
    Err_Command2_Click:
        MsgBox Err.Description
        Resume Exit_Command2_Click
End Sub
```

说明：

（1）这段代码中有两个标号——Err_Command2_Click 和 Exit_Command2_Click。

（2）如果出现运行错误，执行 On Error GoTo Err_Command2_Click，从该处直接跳转到 Err_Command2_Click:处，执行 MsgBox Err.Description，Err.Description 是错误的描述信息。在消息框里显示该信息，然后执行 Resume Exit_Command2_Click，从 Exit_Command2_Click 标号处恢复程序运行，执行 Exit Sub，结束该过程。

9.7.3 VBA 程序调试

调试是指在编写程序时，查找并修改错误的过程。VBA 提供了多种调试工具和方法。

1. 调试工具

在 VBA 窗口的工具栏中有如图9.57所示的"调试"工具栏。如果没有看到该工具栏，可通过选择"视图"|"工具栏"|"调试"命令将其打开。

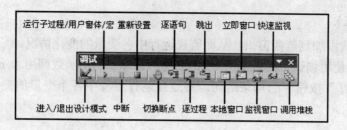

运行子过程/用户窗体/宏　重新设置　　逐语句　　跳出　　立即窗口　快速监视

调试

进入/退出设计模式　　中断　　切换断点　逐过程　本地窗口　监视窗口　调用堆栈

图 9.57　"调试"工具栏

"调试"工具栏中各按钮的功能如表 9-18 所示。

表 9-18　"调试"工具栏中各按钮的功能

图标	名　　称	功　　能
	设计模式/退出设计模式	进入/退出设计模式
	运行子过程/用户窗体 运行宏	运行程序
	中断	当一程序正在运行时停止其执行
	重新设置	清除执行堆栈及模块级变量并重置工程
	切换断点	在当前的程序行上设置或删除断点
	逐语句	一次一个语句的执行代码
	逐过程	在"代码"窗口中一次一个过程的执行代码
	跳出	跳出正在执行的过程
	本地窗口	自动显示所有当前过程中的变量声明及变量值
	立即窗口	当程序处于中断时，列出表达式的当前值；使用 Debug.Print 输出表达式值时的结果显示窗口
	监视窗口	显示监视表达式的值
	快速监视	可以直接显示表达式的值
	调用堆栈	显示"调用"对话框，列出当前活动的过程调用（应用中已开始但未完成的过程）

2．设置断点

设置断点可以使程序在运行到该处时，暂停下来，这时若需检查程序中各变量的参数，可以直接将光标移到要查看的变量上，Access 会显示出该变量的值。

设置或取消断点的方法有以下几种。

（1）单击要设置断点处命令行左边空白区域（断点设置区），再次单击可取消。

（2）定位命令行，选择"调试"|"切换断点"命令，设置或取消断点。

（3）定位命令行，单击"调试"工具栏上的"切换断点"按钮，设置或取消断点。

（4）定位命令行，按 F9 键，设置或取消断点。

3．单步跟踪

设置断点只能查看程序运行到此处的各个变量状态。程序运行到断点处停止运行后，如果需要继续往下一步一步运行，则可以使用跟踪功能。当运行到某个断点后，选择"调试"|"逐语句"命令或按 F8 键，就可以使程序运行到下一行，这样逐步检查程序的运行情况，直至找到问题所在。

4. 设置监视点

可以将表达式添加到监视窗口，从而监视运行中各变量的变化情况。

【例 9.15】 使用调试工具调试例 9.10 创建的窗体"利用函数调用求 n 的阶乘"。要求单步调试"开始计算"按钮中的每条语句，并监视运行过程中各个变量的变化情况。断点设置情况如图9.58所示。

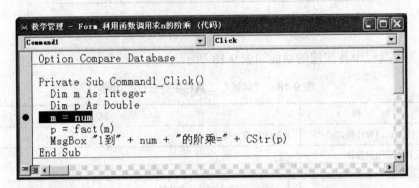

图 9.58　断点设置情况

操作步骤如下。

（1）打开窗体"利用函数调用求 n 的阶乘"的设计视图，进入命令按钮"开始计算"的单击事件过程代码窗口。

（2）设置断点。在图9.58所示的按钮单击事件过程中，利用上面介绍的设置断点的 4 种方法之一，将语句"m=num"设置为断点（即图9.58中圆点所在灰色区域行）。

（3）保存所做修改。

（4）运行窗体"利用函数调用求 n 的阶乘"。双击窗体"利用函数调用求 n 的阶乘"，进入窗体运行状态，如图9.59所示。

（5）在文本框中输入数字"5"，单击"开始计算"按钮，程序进入调试界面，如图9.60 所示。程序暂停在语句"m=num"命令行上，并且从界面下方的"本地窗口"中变量 m 和 p 的值均为 0，

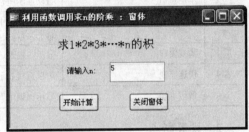

图 9.59　窗体"利用函数调用求 n 的阶乘"的运行界面

可以推断出该行命令尚未执行。如果"本地窗口"没有打开，可以单击工具栏上的"本地窗口"按钮▦将其打开。

（6）单语句调试并观察本地窗口中变量的变化情况。单击"调试"工具栏上的"逐语句"按钮▦或按 F8 键，程序运行一行，窗口左下方的"本地窗口"中变量 m 的值变为 5（说明 m 得到了文本框 num 的值），代码窗口中一个黄色箭头和被黄色覆盖的语句行将是下一次执行的语句，此时箭头指向语句"p=fact（m）"，正是函数调用语句。

（7）继续单语句调试并观察程序跳转情况。再次按 F8 键，得到如图9.61所示的运行窗口。

从图9.61中下方的"本地窗口"的变量 n（形式参数）的值为 5 得知，函数调用时参数的传递已经完成。

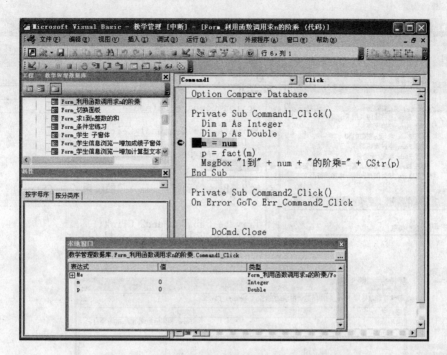

图 9.60　程序进入调试界面后的 VBE 窗口情况

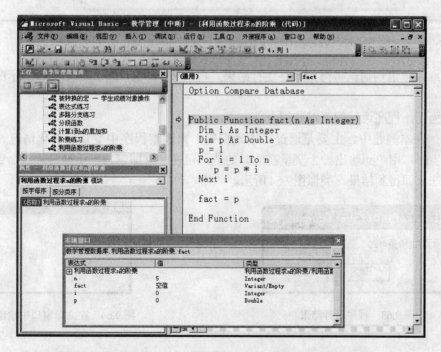

图 9.61　程序执行函数调用语句后切换了模块（进入函数过程）

（8）继续单击"逐语句"按钮（或按 F8 键），用户可从"本地窗口"中观察循环运行过程中，变量 i、p 值的详细变化情况，也能看到循环结束后阶乘的值为 p=120，函数值返回语句"fact=p"执行后函数返回值就是 120。当执行完 End Function 语句后程序再次跳转回到"开始计算"按钮的单击事件过程中，如图9.62所示。

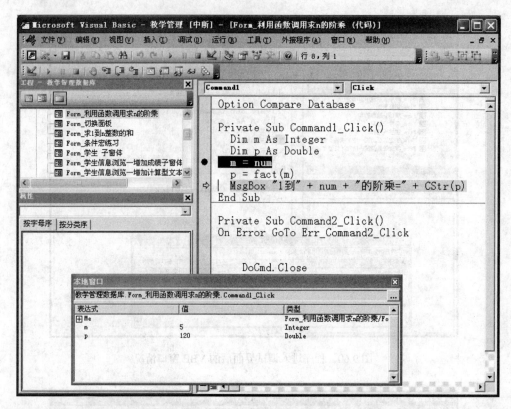

图 9.62　程序执行完函数调用过程后返回按钮单击事件过程中

（9）继续单语句调试将得到最终运行结果。再次按 F8 键，得到如图9.63所示的运行结果窗口。

到此为止，程序运行的跟踪监视全部完成。

说明：在本例题中，主要是通过"本地窗口"来观察程序中变量的变化情况。如果在执行到某一步时，用户想输出一个变量在此时的值，可在"立即窗口"中通过输入命令"? 变量名"的方法立即得到结果，类似图9.64所示。

图 9.63　程序运行结果

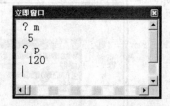

图 9.64　在立即窗口中输出变量

习　题　9

1. 思考题

（1）在 VBA 中，变量类型有哪些？类型符是什么？

（2）在 VBA 中有哪几种类型的表达式？

（3）表达式是由什么构成的？

（4）分支结构语句有几个？它们各有什么区别？

（5）循环结构语句有几个？它们各有什么区别？

（6）建立过程的目的是什么？

（7）Sub 过程与 Function 过程有什么不同？

2．选择题

（1）VBA 程序中，多条语句写在同一行，必须使用符号_____。

A）；   B），   C）、   D）：

（2）VBA 表达式"abcd"+"de"的值为_____。

A）"abcde"   B）"abcdde"   C）"abcd de"   D）"abcd"

（3）在下列函数中，能返回系统当前时间的函数为_____。

A）Time（）   B）Date（）   C）Weekday（）   D）Day（）

（4）将数字转换为字符串的操作通常是经过_____函数来实现的。

A）Str（）   B）Asc（）   C）Chr（）   D）Val（）

（5）能正确表达条件"a 和 b 都是奇数"的表达式是_____。

A）a mod 2=1 or b mod 2=1   B）a mod 2=1 and b mod 2=1

C）a mod 2=0 or b mod 2=0   D）a mod 2=0 and b mod 2=0

（6）使文本框在输入内容时，达到显示密码"*"号的效果，则应设置的属性为_____。

A）"默认值"属性   B）"标题"属性

C）"密码"属性   D）"输入掩码"属性

（7）已知窗体中有一个命令按钮，单击此按钮可以打开表"成绩"的 VBA 代码为_____。

A）Docmd.OpenTable "成绩"   B）Docmd.OpenForm "成绩"

C）Docmd.OpenView "成绩"   D）Docmd.OpenReport "成绩"

（8）Asc（"abcd"）的函数值为_____。

A）65   B）97   C）68   D）100

（9）若 a=0，b=1，则 VBA 表达式 a>b 的值为_____。

A）T   B）F   C）True   D）False

（10）假如有以下代码：

```
n = 0
For i = 1 To 3
    For j = -4 To -1
        n = n + 1
    Next j
Next i
```

运行完毕后，n 的值为_____。

A）0   B）3   C）4   D）12

3．上机操作题

（1）在 VBE 的立即窗口中输出以下函数的结果。

① Sqr（3+4*7）

② Int（123.456）

③ Int（-123.456）

④ Left（"高等教育出版社"，4）

⑤ Right（"高等教育出版社"，3）

⑥ Mid（"高等教育出版社"，3，2）

⑦ Asc（"A"）

⑧ Asc（"a"）

⑨ Asc（"abcd"）

⑩ IsDate（#4/26/2010#）

（2）编写一个过程，实现输出任意两个数中最大的数的功能。

（3）编写一个过程，实现统计功能：输出任意 10 个数中负数的个数、偶数的个数及奇数的和。

（4）求 S 的值。S=1+（1+2）+（1+2+3）+（1+2+3+4）+ … +（1+2+3+…+N），令 N=100

（5）求 P 的值。P=1！+2！+3！+ … +10！

实验 16　VBA 编程基础

一、实验目的和要求

1. 熟悉面向对象的基本概念，熟悉 VBA 编程环境（VBE）的进入方法，熟悉 VBE 窗口的组成。

2. 掌握标准模块的创建方法，掌握创建新过程的方法。

3. 掌握 VBA 程序设计中用到的常用数据类型的符号表示方法，掌握常量、变量的使用方法，掌握常用运算符和表达式的使用方法，掌握常用标准函数的使用方法。

4. 掌握顺序结构和分支结构语句的设计方法。

二、实验内容

1. 启动 VBE 编程环境，认识 VBE 窗口组成。

2. 完成例 9.1 的设计要求。

本实验内容练习重点：

① 将宏转换为模块的操作方法。

② 在 VBE 窗口中查看模块"被转换的宏—学生成绩对象操作"的方法。

③ 运行模块的方法。当一个模块中包含多个过程时，将光标放置于代码窗口中的一个 Function 函数过程（或 Sub 子过程）体内，再单击工具栏上的"运行"按钮 ▶ 或选择"运行"| "运行子过程/用户窗体"命令，即可运行光标所在的过程。

④ 观察"模块"对象窗口中保存的对象名称（由宏转换而来）。

3. 完成例 9.2 的设计要求。

本实验内容练习重点：

① 在新建模块中添加过程的方法。

② 更改模块名称的方法。

③ 为过程添加具体内容的方法。

④ MsgBox 函数的使用方法。

⑤ 保存设计模块的一般方法及特殊操作。

4. 完成例 9.3 的设计要求。

本实验内容练习重点：

① MsgBox 函数的语法格式与功能。

② 特别注意 MsgBox 函数中的第 2 个参数代表的意义。

5．完成例 9.4 的设计要求。

本实验内容练习重点：

① 使用 Dim 定义多个变量的语法格式。

② InputBox 函数的语法格式与功能。

③ Val 函数的语法格式与功能。

④ 语句 X = Val (InputBox ("请输入变量 x 的值", "分段函数计算", "0")) 的意义。

⑤ 语句 MsgBox ("您输入的 x=" & x & "，计算得到的 y=" & y) 中使用了多个字符连接运算符 "&"，将两个字符串和两个变量值连接成为一个长字符串并显示出来，这种使用方法同样具有普遍性。

6．完成例 9.5 的设计要求。

本实验内容练习重点：

① 多路分支语句的使用方法与技巧。

应特别注意，在本例题的多路分支语句设计过程中，每个 Case 后面的<表达式值 1>、…、<表达式值 n>的正确描述方法为：　　　　　　　Case >=90

而不能写成：　　　　　　　　　　　　　　　　Case X>=90

系统会自动将语句：　　　　　　　　　　　　Case >=90

翻译成：　　　　　　　　　　　　　　　　　Case Is >= 90

否则会得到错误结果。

② 语句 x = Val(InputBox("请输入考试成绩", "多路分支设计")) 中的 InputBox 函数参数中缺少了 "默认值" 选项，故在运行时会看到弹出的对话框中文本框的内容为空白（没有默认值）。

实验 17　VBA 综合编程

一、实验目的和要求

1．进一步熟悉面向对象的基本概念、VBA 编程环境（VBE）的进入方法以及 VBE 中各个窗口的调用方法。

2．掌握循环结构程序设计的方法与技巧。

3．掌握过程调用（包括带参数的 Sub 子过程、带参数的自定义函数）的设计方法与技巧。

4．熟悉程序的错误类型与出错处理方法，掌握一般编译错误和运行错误的排除方法。

5．熟悉 VBA 程序的调试流程，掌握设置断点和单步跟踪的方法与技巧。

二、实验内容

1．完成例 9.6 的设计要求。

本实验内容练习重点：

① For 循环语句的使用方法与设计技巧。

② 熟悉使用 Debug. Print 方法输出结果。

③ 立即窗口的打开与关闭方法。

2．完成例 9.7 的设计要求。

本实验内容练习重点：

① 模块更名（即重命名）、复制与粘贴的操作方法。

② 通过复制与粘贴操作得到的新模块中的过程名并没有改变（Sub 子过程，都叫"求和函数"）。

③ 本实验内容主要练习三种循环语句的编程方法，并借此说明程序设计的灵活性，即可以使用不同的语句格式来实现相同的编程目的。

④ 掌握三种循环语句的格式，不可将三种循环语句中的匹配关键字混淆。

3．完成例 9.8 的设计要求。

本实验内容练习重点：

① 创建窗体中未绑定文本框控件，并修改其名称属性为 num（只是为了引用方便）的操作方法。

② 注意创建的"开始计算"按钮不使用按钮向导，将其名称属性修改为"Command1"，"标题"属性修改为"开始计算"。

③ 按钮控件的"单击"事件代码设计，这是本实验内容的设计重点和难点。

④ 注意本实验内容中设计的代码没有存放于一个单独的模块名称之中（此时"模块"对象列表窗口中没有增加新名称）。

⑤ 运行窗体并观察验证计算结果，体验"事件过程"的设计效果。

4．完成例 9.9 的设计要求。

本实验内容练习重点：

① 建立带参数的 Public 过程 addup（n）的操作方法。特别提醒，需要为过程名 addup 加入参数"n As Integer"。

② 修改"开始计算"按钮的单击事件过程代码，采用过程调用的代码设计。

③ 保存并运行窗体，结果虽然和实验内容 3 设计的窗体相同，但实现方法却有了很大的改变（通过过程调用实现）。

④ 为过程调用而设计的模块"计算 1 到 n 的累加和"，一般不能单独运行（如双击模块名），因为缺少参数提供者。

5．完成例 9.10 的设计要求。

本实验内容练习重点：

① 建立带参数的 Public 函数过程 fact（n）的操作方法。

② 特别提醒，一是需要为函数过程 fact 加入参数"n As Integer"；二是需要在函数过程体内最后设计一条函数返回值语句"fact = p"。

③ 将新设计的模块保存为"利用函数过程求 n 的阶乘"。

④ 复制窗体"利用过程调用求 1 到 n 的累加和"，粘贴得到新窗体"利用函数调用求 n 的阶乘"，并修改新窗体得到正确结果（修改标签显示和按钮的单击事件代码）。

⑤ 注意函数调用与 Sub 子过程调用的设计区别。

⑥ 为函数调用而设计的模块"利用函数过程求 n 的阶乘"，一般不能单独运行（如双击模块名），因为缺少参数提供者。

6．完成例 9.12 的设计要求。

本实验内容练习重点：

① 人工设置模块"计算 1 到 n 的累加和"代码设计过程中的一处运行错误。

② 保存对模块的修改，返回数据库窗口。再切换到"窗体"对象列表窗口，通过鼠标双击运行窗体对象"利用过程调用求 1 到 n 的累加和"，得到错误提示信息（类型不匹配错误）。

③ 只有单击"调试"按钮，系统才会追踪到错误所在行，并用箭头和黄颜色给出特别的标识。

7．完成例 9.15 的设计要求。

本实验内容练习重点：

① 断点设置方法。

② 运行窗体并进入调试界面后通过"本地窗口"观察调试运行情况。

第10章 数据安全

数据库中的数据从开始建立到不断充实完善，需要花费大量人力、物力，其中的许多数据都是非常关键和重要的。因此，在数据库的使用过程中，为了保证数据的安全可靠、正确可用，Access 提供了一系列安全保护措施，本章主要介绍如何运用这些措施来加强数据库的安全保护，如密码保护、设置用户权限、数据库加密及创建 MDE 文件等。

10.1 设置数据库密码

为数据库设置用户使用密码是最基本的防护措施。但是，如果忘记了用户密码，将不能使用数据库。

10.1.1 设计和使用密码

【例 10.1】 为数据库"教学管理"设置进入密码。

操作步骤如下。

（1）以独占方式打开数据库"教学管理"，如图10.1所示。

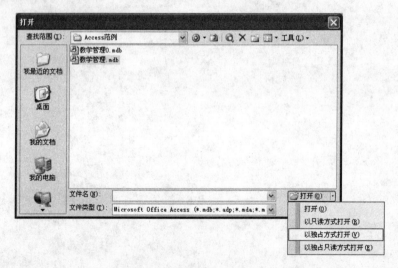

图 10.1 以独占方式打开"教学管理"数据库

（2）选择"工具"|"安全"|"设置数据库密码"命令，如图10.2 所示。

（3）在打开的"设置数据库密码"对话框中输入密码，并在下面的"验证"文本框中再次输入一遍密码，如图10.3所示。

（4）单击"确定"按钮，密码设置完成。

说明：

（1）如果在打开一个数据库时，没有选择"以独占方式打开"，在进行设置密码操作时，会弹出如图10.4所示的警告信息。

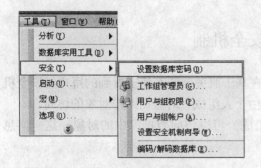

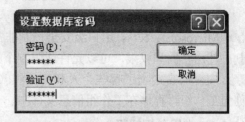

图 10.2　选择"设置数据库密码"命令　　　　　　图 10.3　"设置数据库密码"对话框

图 10.4　没有选择"以独占方式打开"时的警告信息

（2）对数据库设置了使用密码后，下次打开数据库时，就会弹出如图 10.5 所示的"要求输入密码"对话框，只有正确输入使用密码后才能打开和使用数据库。

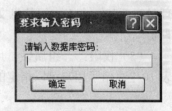

10.1.2　撤消密码

只有设置了使用密码的数据库，才能执行撤消密码（更换密码前也要先执行撤消密码操作）操作。

图 10.5　"要求输入密码"对话框

【例 10.2】　撤消数据库"教学管理"的使用密码。

操作步骤如下。

（1）首先以独占方式打开数据库"教学管理"，如图 10.1 所示。接下来输入正确密码后进入数据库窗口。

（2）选择"工具" | "安全" | "撤消数据库密码"命令，如图10.6 所示。

（3）在打开的"撤消数据库密码"对话框中输入正确密码，如图10.7所示。

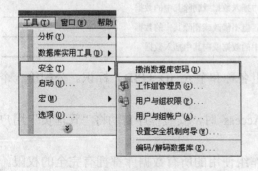

图 10.6　选择"撤消数据库密码"命令　　　　　　图 10.7　"撤消数据库密码"对话框

（4）单击"确定"按钮，撤消密码操作完成。

10.2 用户级安全机制

Microsoft Access 用户级安全机制非常类似于在基于服务器的系统上看到的用户级安全机制。使用密码和权限，可以允许或限制个人、组（由个人组成）对数据库中对象的访问。

安全账户定义了哪些个人和哪些组（由个人组成）可以访问数据库中的对象。这一信息称为工作组，存储在工作组信息文件中。

10.2.1 常用名词解释

在介绍创建和使用 Access 用户级安全机制之前，首先介绍部分常用名词术语。

（1）用户账户：由用户名和个人 ID（PID）标识的账户，创建它的目的是在 Access 工作组中管理用户对数据库对象的访问权限。

（2）个人 ID：区分大小写的字母数字字符串，长度为 4～20 个字符，在 Access 中与账户名结合用于标识 Access 工作组中的用户或组。

（3）工作组：多用户环境中的一组用户，其中的成员共享数据和同一个工作组信息文件。

（4）工作组 ID：区分大小写的字母数字字符串，长度为 4～20 个字符，在用"工作组管理员"新建一个工作组信息文件时要输入工作组 ID。它唯一地标识该工作组文件对应的"管理员"组。

（5）权限：一组属性，用于指定用户对数据库中的数据或对象所拥有的访问权限类型。表 10-1 总结了用户可以指定的各种权限。

表 10-1 用户可以指定的各种权限

权限	允许用户
打开/运行	打开数据库、窗体、报表或者运行数据库中的宏
以独占方式打开	以独占访问权限打开数据库
读取设计	在"设计"视图中查看表、查询、窗体、报表或宏
修改设计	查看和更改表、查询、窗体、报表或宏的设计，或进行删除
管理员	对于数据库，设置数据库密码、复制数据库并更改启动属性。对于表、查询、窗体、报表和宏，具有对这些对象和数据的完全访问权限，包括指定权限的能力
读取数据	查看表和查询中的数据
更新数据	查看和修改表和查询中的数据，但并不向其中插入数据或删除其中的数据
插入数据	查看表和查询中的数据，并向其中插入数据，但不修改或删除其中的数据
删除数据	查看和删除表和查询中的数据，但不修改其中的数据或向其中插入数据

（6）组账户：工作组中用户账户的集合，由组名称和个人 ID（PID）标识。分配给一个组的权限适用于组中所有用户。

（7）管理员账户：默认的用户账户。在安装 Access 时，安装程序自动将"管理员"用户账户包括到它所创建的工作组信息文件中。

（8）管理员组：系统管理员的组账户，对工作组使用的所有数据库都拥有完全的权限。安装程序自动将默认的管理员用户账户添加到管理员组。

（9）用户组：该组账户中包含所有用户账户。在创建用户账户时，Access 会将其自动添加到用户组中。

（10）所有者：使用安全机制时，对数据库或数据库对象进行控制的用户账户。默认情况下，创建数据库或数据库对象的用户账户即是所有者。

（11）工作组信息文件：Access 在启动时读取的包含工作组中用户信息的文件。该信息包括用户的账户名、密码以及所属的组。

（12）用户级安全机制：在 Access 数据库中使用用户级安全机制时，数据库管理员和对象的所有者可以为各个用户或几组用户授予对表、查询、窗体、报表和宏的特定权限。

10.2.2 "设置安全机制向导"的使用方法

为数据库设置用户级安全机制不是一个简单的事情，但 Access 提供的"用户级安全机制向导"，使这一过程变得容易，它可以通过每一步操作快速完成 Access 数据库安全机制设置。"用户级安全机制向导"可帮助创建用户账户、组账户以及指定账户权限，也可以针对某个数据库及其中已有的表、查询、窗体、报表和宏等对象的安全机制进行设置。

【例 10.3】 使用 Access 提供的"设置安全机制向导"为"教学管理"数据库建立一个完整的系统安全机制。首先建立安全机制信息文件，在此基础上，建立两个账户 user1 和 user2，均选择"完全权限组"。

操作步骤如下。

（1）打开"教学管理"数据库。

（2）选择"工具"|"安全"|"设置安全机制"命令，打开"设置安全机制向导"对话框，如图10.8所示。

（3）选中"新建工作组信息文件"或"修改当前工作组信息文件"单选按钮，如果是第一次使用用户级的安全机制向导，只能选择前者。单击"下一步"按钮，进入到指定工作组编号对话框，如图10.9所示。

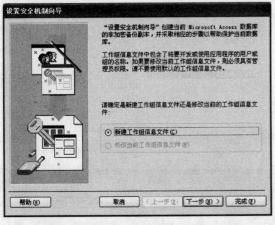
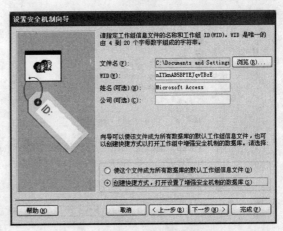

图 10.8 "设置安全机制向导"对话框　　　　图 10.9 指定工作组编号对话框

（4）在创建工作组信息文件时，需要为它分配一个唯一的工作组编号（WID），其长度为4~20 个字符。如果使用向导，Access 会自动创建一个 WID，根据需要可在这个对话框中更改 WID。此处使用默认的 WID。图10.9下方有两个单选按钮："使这个文件成为所有数据库的默认工作组信息文件"与"创建快捷方式，打开设置了增强安全机制的数据库"，此处选择后者。单击"下一步"按钮，进入到选择被设置安全机制的对象对话框，如图10.10所示。

（5）图 10.10 中列出了"教学管理"数据库中已创建的对象。从安全的角度考虑，可以单击"全选"按钮。再单击"下一步"按钮，进入到指定用户所在的权限组对话框，如图 10.11所示。

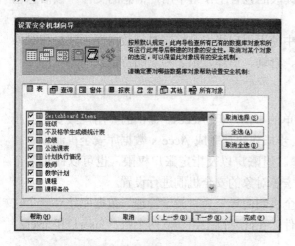

图 10.10　选择被设置安全机制的对象对话框　　　　图 10.11　指定用户所在的权限组对话框

（6）选中"完全权限组"复选框，该组对所有数据库对象具有完全的权限，但不能对其他用户指定权限。除了在该对话框中创建的组之外，向导还将自动创建一个管理员组和一个用户组。再单击"下一步"按钮，进入到权限分配对话框，如图10.12所示。

（7）选中"是，是要授予用户组一些权限"单选按钮，可以给新创建的组赋予某些权限，如"管理员"等。再单击"下一步"按钮，进入到在工作组信息文件中添加用户对话框，如图10.13所示。

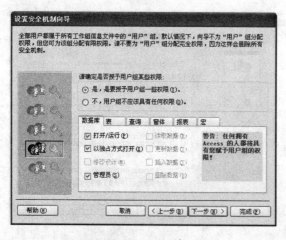
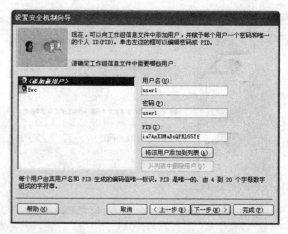

图 10.12　权限分配对话框　　　　　　图 10.13　在工作组信息文件中添加用户对话框

（8）在图 10.13 中，指定工作组信息文件中的用户账户名，例如"user1"，同时输入该用户密码。单击"将该用户添加到列表"按钮，则用户"user1"进入到用户列表中，如图10.14所示。

（9）再添加"user2"用户到工作组信息文件中，如图10.15所示。

（10）单击"下一步"按钮，进入到将用户分配到组对话框，如图10.16所示。

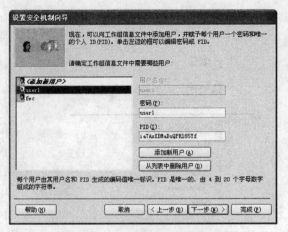

图 10.14 用户"user1"进入列表　　　　　　　　图 10.15 用户"user2"进入列表

（11）选中"选择用户并将用户赋给组"单选按钮，从"组或用户名称"下拉列表中逐个选择所定义的用户，并在其下的复选框中指定用户所属的组（仅用户"fwc"同时指定"管理员组"和"完全权限组"）。完成全部分配工作后，单击"下一步"按钮，进入到命名备份副本文件对话框，如图10.17所示。

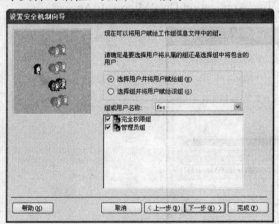

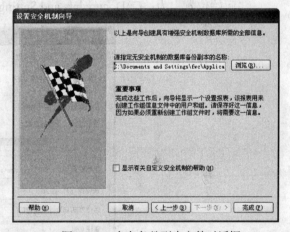

图 10.16 将用户分配到组对话框　　　　　　　图 10.17 命名备份副本文件对话框

（12）在图10.17中，为数据库建立一个无安全机制的数据库备份副本，指定副本的文件名，也可以使用默认的数据库名。单击"完成"按钮，系统创建一张名为"单步设置安全机制向导报表"的报表（可能有多页），类似图10.18所示，以表明该数据库已经建立了安全机制。该报表内容非常重要，包括建立安全机制的数据库名称、数据库副本名称、安全机制实施的对象列表以及组和用户名、ID、密码等信息，最好妥善保管。

（13）安全机制完成之后，在桌面上生成了带有安全机制功能的数据库快捷方式文件（本例题为"教学管理.mdb"）。

10.2.3　打开已建立安全机制数据库

数据库的安全机制建立完成后，这个数据库只能以建立的特定方式打开。可以从桌面上的数据库快捷方式文件的"属性"窗口了解打开信息。右击桌面上的"教学管理.mdb"文件，从弹出的快捷菜单中选择"属性"命令，打开"教学管理.mdb"文件的"属性"窗口，如图10.19所示。关注其中的"目标"与"起始位置"。

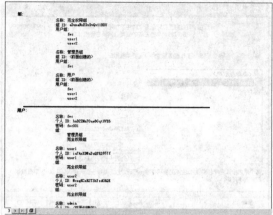

图 10.18　从"单步设置安全机制向导报表"中截取的两个页面

"目标"为：C:\Program Files\Microsoft Office\OFFICE11\MSACCESS.EXE" "C:\Documents and Settings\fwc\Application Data\Microsoft\Access\教学管理.mdb" /WRKGRP "C:\Documents and Settings\fwc\Application Data\Microsoft\Access\Security.mdw"

"起始位置"为：C:\Documents and Settings\fwc\Application Data\Microsoft\Access\

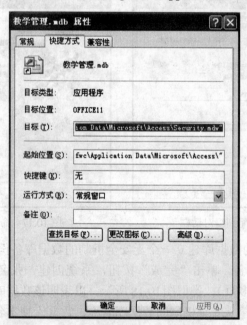

图 10.19　快捷方式"教学管理.mdb"的属性窗口

打开已建立安全机制的数据库的操作步骤如下。

（1）双击桌面上数据库文件的快捷方式，弹出如图10.20所示的"登录"对话框。

（2）输入用户账户名称和密码。

（3）单击"确定"按钮，如果用户账户名称和密码都正确，则将打开并进入数据库。

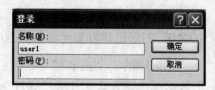

图 10.20　"登录"对话框

10.2.4 删除数据库中已建立的安全机制

删除用户级安全机制的操作步骤如下。

（1）打开使用用户级安全机制保护的数据库并以工作组管理员（"管理员"组成员）身份登录。

（2）授予用户组对数据库中所有表、查询、窗体、报表和宏的完全权限。

（3）退出并重新启动 Access。

（4）新建一个空数据库。

（5）从原有数据库将所有对象导入到新数据库中。

（6）如果在打开数据库时会使用当前的工作组信息文件，则要清除"管理员"的密码以关闭当前工作组的"登录"对话框，如果使用安装 Microsoft Access 时创建的默认工作组信息文件，不必执行这一步。

新建数据库是完全没有保护的。

10.3 管理安全机制

Access 系统提供了管理安全机制的若干方法，主要包括增加用户与组账户、删除用户与组账户、更改账户权限、打印账户列表等。

10.3.1 增加账户

【例 10.4】 在例 10.3 创建的"教学管理"数据库安全机制中增加新用户"user3"，并将其归入"完全权限组"。

操作步骤如下。

（1）打开已建立安全机制的"教学管理"数据库（双击桌面上数据库文件的快捷方式），并在弹出的"登录"对话框中输入具有管理员资格的用户名称及其密码（此处用户可为"fwc"，密码为"fwc001"。不能使用"user1"或"user2"登录），如图10.21所示。

（2）在打开的数据库窗口中，如图10.22所示，选择"工具"|"安全"|"用户与组账户"命令，打开"用户与组账户"对话框，如图10.23所示。

图 10.21 以管理员资格用户登录

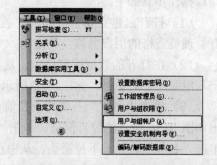

图 10.22 菜单中的"用户与组账户"命令

（3）单击"新建"按钮，打开"新建用户/组"对话框，输入用户名称"user3"，个人 ID 也为"user3"（注意个人 ID 不是密码），如图 10.24 所示。单击"确定"按钮后返回到"用户与组账户"对话框中。

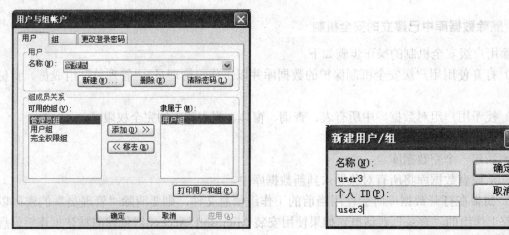

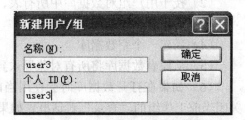

图 10.23 "用户与组账户"对话框　　　　　　　图 10.24 "新建用户/组"对话框

（4）再为用户"user3"指定隶属的组。选中
"可用的组"中的"完全权限组"，单击 添加(D) >>
按钮，完成将用户"user3"归入"完全权限组"设
置，如图10.25所示。

（5）单击"确定"按钮，增加新用户账户工作
完成。

说明：

（1）只有管理员组成员（例如这里的用户
"fwc"）才具有增加账户的操作权限。

（2）增加一个新的组账户的操作与之非常类
似，这里不再赘述。

10.3.2　删除账户

图 10.25　将用户"user3"归入"完全权限组"

与增加账户一样，只有管理员组成员具有删除账户的操作权限。

【例10.5】　从"教学管理"数据库的安全机制中删除用户"user3"。

操作步骤如下。

（1）打开已建立安全机制的"教学管理"数据库，并在弹出的"登录"对话框中输入具
有管理员资格的用户名称及其密码。

（2）在打开的数据库窗口中，选择"工具"|"安全"|"用户与组账户"命令，打开"用
户与组账户"对话框，如图10.23所示。

（3）单击"名称"右侧的下拉箭头，从中找到用户名"user3"，再单击"删除"按钮，弹
出如图10.26所示的警告信息。单击"是"按钮后返回到"用户与组账户"对话框中。此时若
单击"名称"右侧的下拉箭头，从中已找不到用户名为"user3"的账户了。

图 10.26　删除用户"user3"账户时的警告信息

（4）如果继续删除其他的账户，重复第（3）步操作即可。

（5）单击"确定"按钮，关闭"用户与组账户"对话框。

删除一个组账户的操作与上述删除用户账户类似，不同之处仅在于需要先选中"组"选项卡。

10.3.3 更改账户权限

根据需要，可能要对某用户账户或组账户进行权限的变更。更改账户权限也只有具有管理员组资格的用户账户才能实施。

【**例 10.6**】 从"教学管理"数据库的安全机制中更改用户"user1"的操作权限。

操作步骤如下。

（1）打开已建立安全机制的"教学管理"数据库，并在弹出的"登录"对话框中输入具有管理员资格的用户名称及其密码。

（2）在打开的数据库窗口中，选择"工具"|"安全"|"用户与组权限"命令，打开"用户与组权限"对话框，从"用户名/组名"列表中选中"user1"，更改下方的"权限"内容，单击"应用"按钮；再更换"对象类型"，继续更改"权限"内容，类似图10.27和图10.28所示。

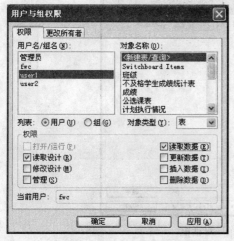

图 10.27 更改"user1"权限（表/查询对象）　　图 10.28 更改"user1"权限（窗体对象）

（3）如果继续更改其他账户的权限，重复第（2）步操作即可。

（4）单击"确定"按钮，关闭"用户与组权限"对话框。

10.3.4 打印用户和组账户列表

当工作组信息文件发生变化（如增加或删除了账户、更改了账户权限等）后，需要打印保存新的工作组信息文件时，可参照下述步骤进行打印操作。

（1）打开已建立安全机制的数据库，并在弹出的"登录"对话框中输入具有管理员资格的用户名称及其密码。

（2）在打开的数据库窗口中，选择"工具"|"安全"|"用户与组账户"命令，打开"用户与组账户"对话框，如图10.23所示。

（3）单击"打印用户和组"按钮，弹出"打印安全性"对话框，如图10.29所示。

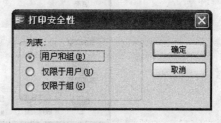

图 10.29 "打印安全性"对话框

（4）若从列表中选择"用户和组"单选按钮，可以打印用户账户和组账户的信息报表；若从列表中选择"仅限于用户"单选按钮，则可以打印一个显示为当前工作组定义的所有用户的报表；若从列表中选择"仅限于组"单选按钮，则可以打印一个显示为当前工作组定义的组报表。

Access 打印的报表列出了所有的账户及其所属的组，也列出了所有的组和组中的所有成员。

10.4　编码/解码数据库

对信息安全要求极高的数据库，可以采用对数据库进行编码的方法来进一步加强安全机制。为数据库编码和解码实际上是加密和解密数据库文件，对于防范使用电子方式传输数据库或者向 U 盘、移动硬盘等存储介质转存数据库文件时，进行编码非常有效。

只有数据库的所有者和具有管理员资格的用户才能对数据库进行编码或解码。

操作步骤如下。

（1）启动 Access。

（2）选择"工具"|"安全"|"编码/解码数据库"命令，打开"编码/解码数据库"对话框，如图10.30所示。

图 10.30　"编码/解码数据库"对话框

（3）选择要进行编码的数据库文件，再单击"确定"按钮，进入"数据库编码后另存为"对话框，如图10.31所示。

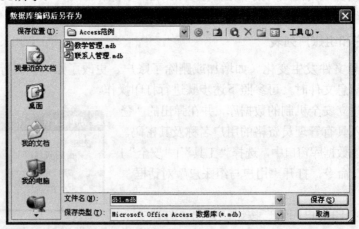

图 10.31　"数据库编码后另存为"对话框

（4）输入编码后的数据库文件名称，再单击"保存"按钮，结束数据库编码操作。

数据库解码操作是编码的逆过程。

习 题 10

1. 思考题

（1）简述"用户级安全机制向导"的作用。

（2）简述"设置安全机制向导"的操作过程。

（3）简述管理安全机制的主要方法。

（4）简述编码/解码数据库的作用。

2. 选择题

（1）在更改数据库密码前，一定＿＿＿＿＿＿＿＿。

  A）要先进入数据库   B）不能修改数据库

  C）要先编辑数据库   D）要先恢复原来的设置

（2）在建立、删除用户和更改用户权限时，一定要先使用＿＿＿＿＿＿＿进入数据库。

  A）管理员账户   B）普通账户

  C）具有读写权限的账户   D）没有限制的账户

（3）在建立数据库安全机制后，进入数据库要依据建立的＿＿＿＿＿＿＿方式。

  A）安全机制，包括账户、密码、权限等   B）组的安全

  C）账户的 PID   D）权限

（4）在创建工作组信息文件时，需要为它分配一个唯一的工作组编号，其长度必须为4到＿＿＿个字符。

  A）10   B）15   C）20   D）8

（5）建立好数据库的安全机制后，还可以增加、＿＿＿＿＿＿＿账户。

  A）升级   B）删除   C）备份   D）重组

3. 上机操作题

（1）为"教学管理"数据库设置密码。

（2）为数据库设置用户级安全机制。

（3）更改带有安全机制数据库的用户权限。

（4）编码一个数据库。

部分习题参考答案

习题 1 选择题

(1) A   (2) A   (3) D   (4) A   (5) B   (6) D

(7) B   (8) D   (9) C   (10) D   (11) D   (12) D

习题 2 选择题

(1) B   (2) C   (3) B   (4) D

习题 3 选择题

(1) C   (2) B   (3) B   (4) B   (5) D   (6) C

(7) B   (8) A   (9) B   (10) A   (11) C

习题 4 选择题

(1) D   (2) A   (3) B   (4) D   (5) D   (6) A

(7) D   (8) B   (9) D   (10) A   (11) C   (12) D

习题 5 选择题

(1) D   (2) B   (3) B   (4) B   (5) A   (6) B

(7) D   (8) C   (9) D   (10) A   (11) C   (12) D

习题 6 选择题

(1) B   (2) D   (3) D   (4) C   (5) C

(6) A   (7) D   (8) D   (9) B   (10) A

习题 7 选择题

(1) D   (2) D   (3) A   (4) C   (5) A

习题 8 选择题

(1) C   (2) D   (3) C   (4) B   (5) D

(6) A   (7) D   (8) B   (9) A   (10) C

习题 9 选择题

(1) D   (2) B   (3) A   (4) A   (5) B

(6) D   (7) A   (8) B   (9) D   (10) D

习题 10 选择题

(1) A   (2) A   (3) A   (4) C   (5) B

参 考 文 献

陈恭和. 2008. 数据库基础与 Access 应用教程. 北京：高等教育出版社

陈桂林. 2008. Access 数据库程序设计实训与考试指导. 北京：高等教育出版社

冯伟昌. 2011（a）. Access 2003 数据库技术与应用. 北京：高等教育出版社

冯伟昌. 2011（b）. Access 2003 数据库技术与应用实验指导及习题解答. 北京：高等教育出版社

胡孔法，等. 数据库原理及应用学习与实验指导教程. 北京：机械工业出版社

黄德才，许芸，王文娟. 2010. 数据库原理及其应用教程. 3 版. 北京：科学出版社

李雁翎. 2008. Access 2003 数据库技术及应用. 北京：高等教育出版社

卢湘鸿. 2007. Access 数据库技术应用. 北京：清华大学出版社

于繁华. 2008. Access 基础教程. 3 版. 北京：中国水利水电出版社

余芳，苏庆. 2007. 中文 Access 2003 应用实例教程. 北京：冶金工业出版社

张磊. 2009. C 语言程序设计实验与实训指导及题解. 2 版. 北京：高等教育出版社

周安宁，等. 2007. 数据库应用案例教程（Access）. 北京：清华大学出版社

附录A　第4章查询设计例题关系图

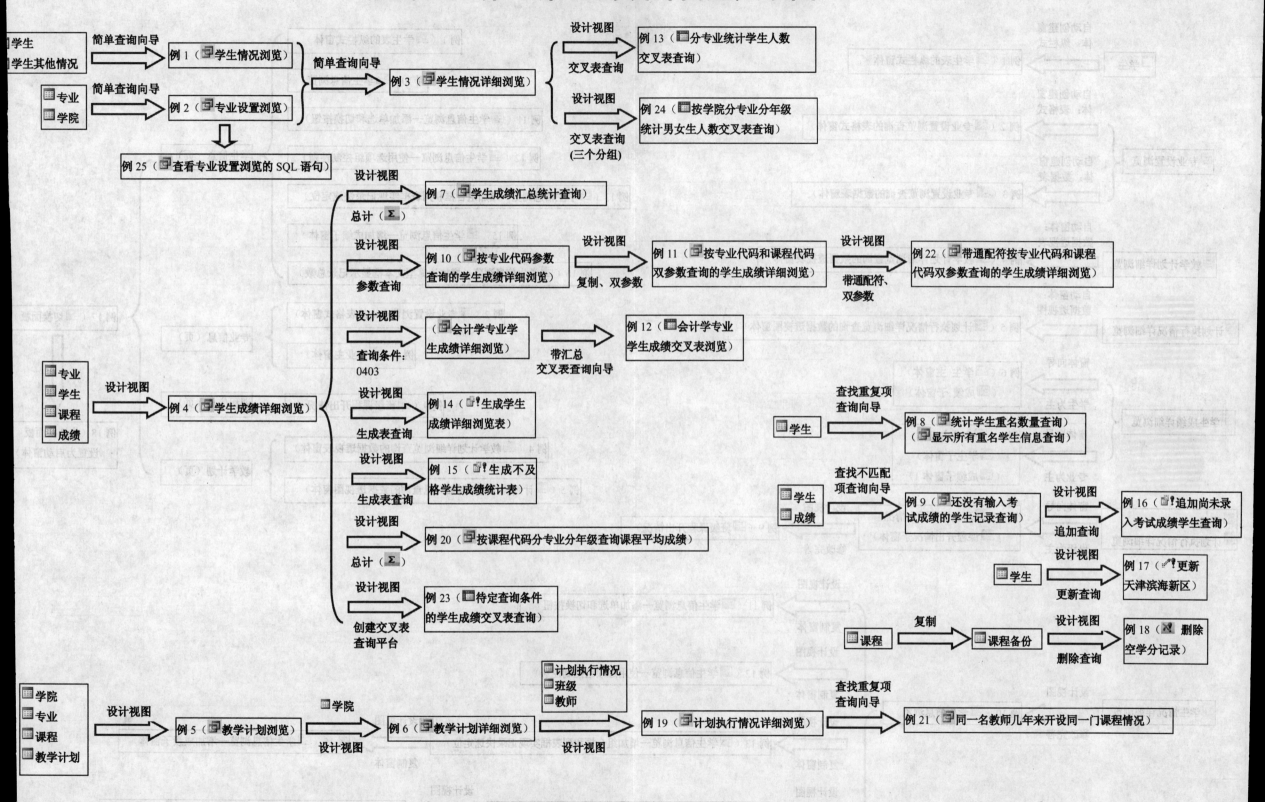

附录 B 第 5 章窗体设计例题关系图

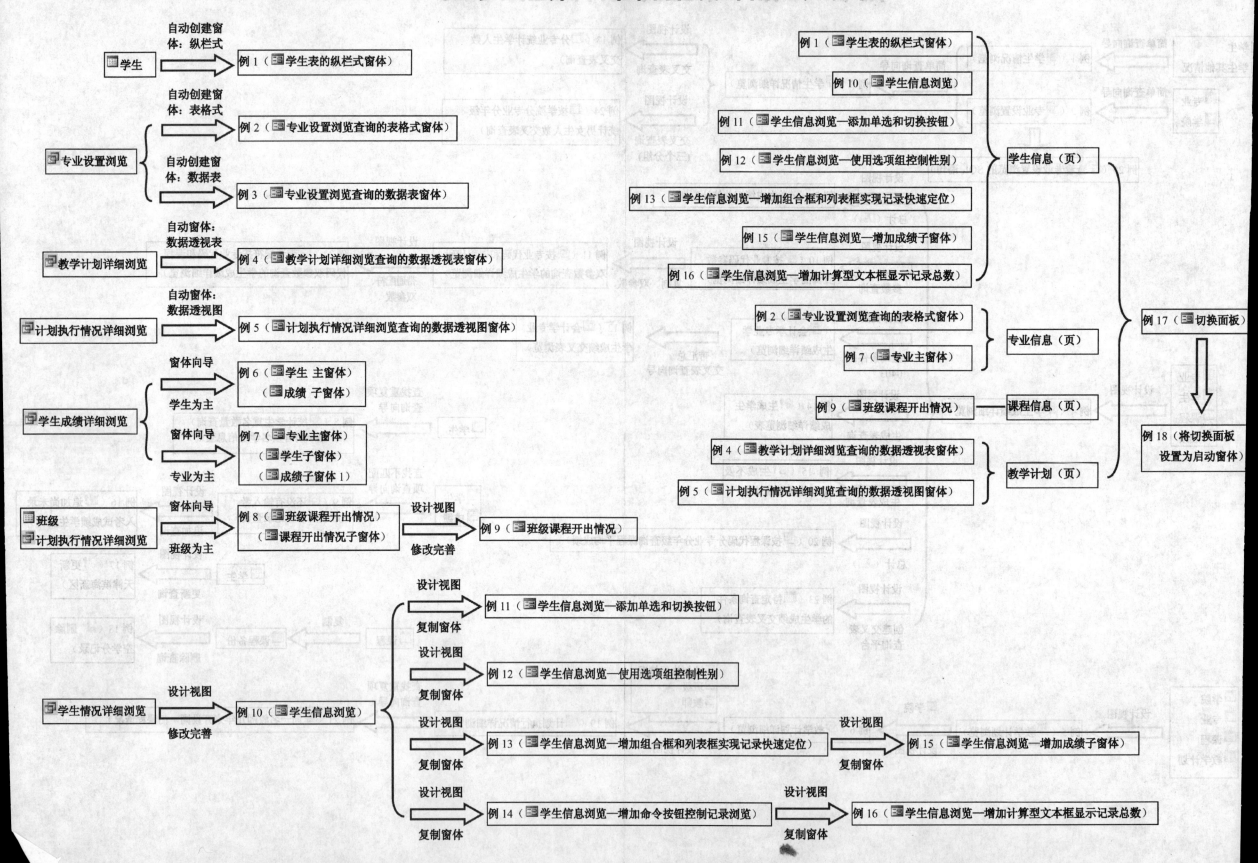